# 室内艺术设计

## CAD制图案例教程

主　编　李远林　吕　宙　吴志强

副主编　黄胤程　肖伊琳　张　骐

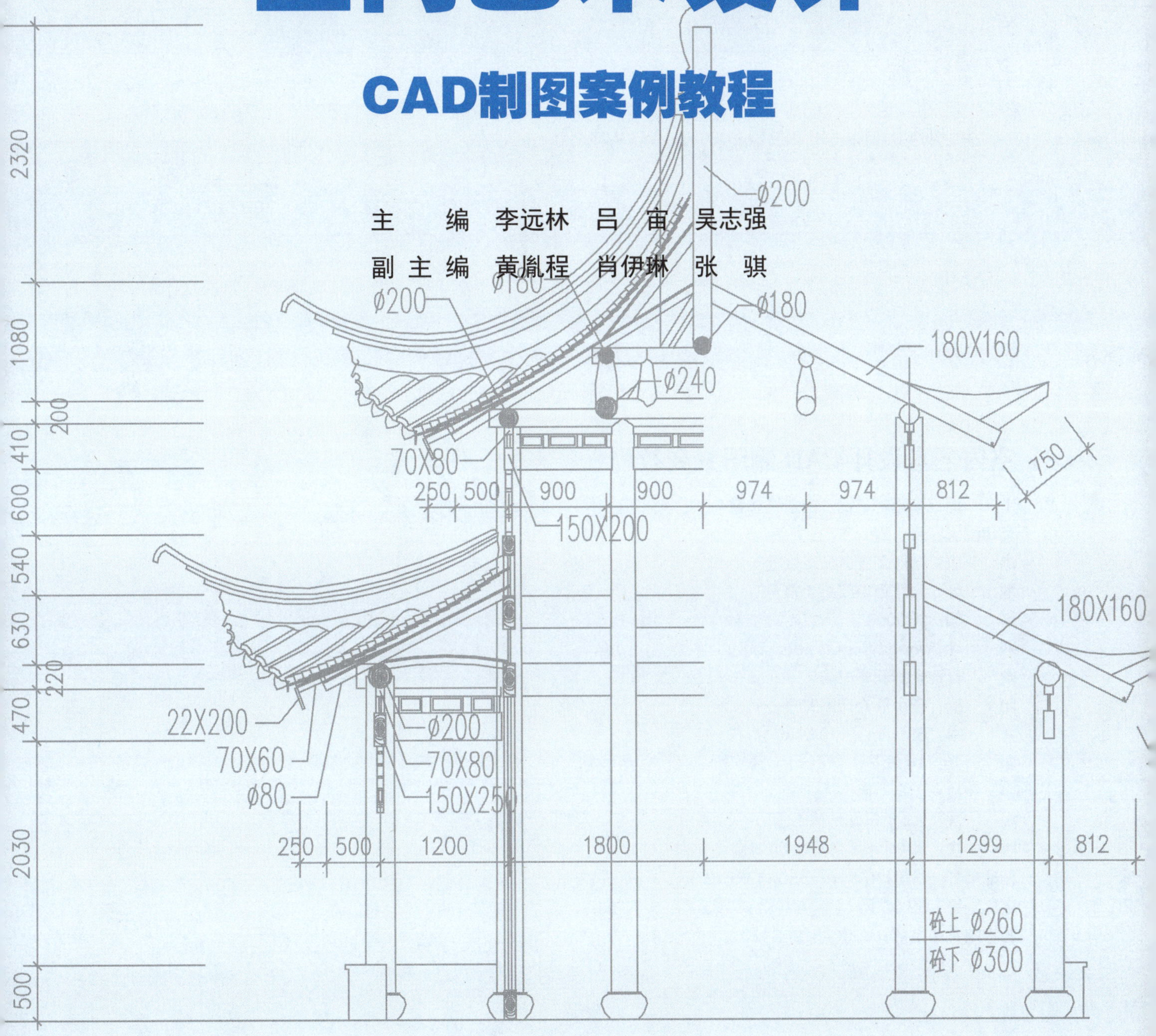


合肥工业大学出版社

**图书在版编目（CIP）数据**

室内艺术设计 CAD 制图案例教程 / 李远林，吕宙，吴志强主编. -- 合肥：合肥工业大学出版社，2021.2（2024.8 重印）

ISBN 978-7-5650-4929-3

Ⅰ. ①室… Ⅱ. ①李… ②吕… ③吴… Ⅲ. ①室内装饰设计－计算机辅助设计－ AutoCAD 软件 Ⅳ. ① TU238.2-39

中国版本图书馆 CIP 数据核字 (2020) 第 113623 号

**室内艺术设计 CAD 制图案例教程**

**主　　编**：李远林　吕　宙　吴志强
**责任编辑**：袁　媛
**出　　版**：合肥工业大学出版社
**地　　址**：合肥市屯溪路 193 号
**邮　　编**：230009
**网　　址**：www.hfutpress.com.cn
**发　　行**：全国新华书店
**印　　刷**：安徽联众印刷有限公司
**开　　本**：889mm×1194mm　1/16
**印　　张**：16.25
**字　　数**：210 千字
**版　　次**：2021 年 2 月第 1 版
**印　　次**：2024 年 8 月第 3 次印刷
**标准书号**：ISBN 978-7-5650-4929-3
**定　　价**：59.00 元
**艺术编辑部电话**：0551-62903120

# 目录

CONTENTS

# 前言

AutoCAD 是一种开发较早、用户群庞大的技术性应用软件。经过多年的发展和不断完善，其功能已覆盖机械、建筑、服装、电子、气象、地理等多个学科，并在全球建立了较为广泛而牢固的用户网络。目前 AutoCAD 作为计算机辅助软件，在室内艺术设计、环境艺术、土木和建筑等专业领域应用较为广泛。相对于过去传统手工绘图它有不少优势，无论在精度、准度及修改图纸的便捷性等方面，还是从绘图规整美观角度，都远超过去的传统手工绘制。因此，对于其相关专业领域的读者来说，AutoCAD 是一种必须要掌握的软件，它不仅具有强大的二维平面绘制功能，而且具有出色、灵活可靠的三维建模功能，是进行建筑室内、环境装饰工程设计绘图等最为得力的工具之一。使用 AutoCAD 绘制建筑室内施工图，可利用人机交互界面适时地进行修改，而且还可以较快地将设计者的构思及时反映在方案中。在该教材编写过程中，我们不求事无巨细地将 AutoCAD 知识点进行全面讲解，而是主要针对室内艺术设计和环境设计或行业需求，以实际案例为抓手，利用 AutoCAD 大体知识脉络为线索，帮助读者尽快掌握 AutoCAD 软件，以便更好地应用于设计实践。

本教材以丰富的实际案例操作为主线，配合理论基础解析，有目地地有效突出 AutoCAD 在室内艺术设计或环境设计中不可或缺的应用能力。全书结合案例实际，对 AutoCAD 如何具体应用于室内与环境设计等方面进行详解，对有关室内和环境艺术设计所涉及的平面图、立面图、剖面图及详图等图样的具体绘制和操作方法也进行了简明扼要、深入浅出的详细诠释。希望通过案例学习，让读者能够从中受益，并能在潜移默化中快速掌握 AutoCAD 软件操作的方法。这样以实际项目案例驱动的内容编排，可大大增强或提升读者在今后工程设计中的实操能力。本教材的突出特点：其一，专业权威。编著者拥有多年计算机辅助设计领域的工作经验和教学经验，并总结多年积累的经验和体会，历时数载，精心编著，力求全面而精准地展现 AutoCAD 在室内艺术设计或环境设计等领域中的突出功能和使用方法。其二，案例经典。此教材引用的案例均来自室内艺术设计工程实践，典型而实用。这些实例均经过编著者精心提炼和编排，不仅可保证读者掌握好知识点，更重要的是能够帮助他们提升实际的操作技能。其三，涵盖广泛。本教材不仅详细分析了 AutoCAD 基础知识及各种案例分享，还以家居空间、办公空间、酒店空间为实例，阐述了其室内设计的制图和出图方法。本教材集文字、图形于一体，可有效帮助读者较全面地掌握 AutoCAD 软件的多种使用功能，并将其灵活地应用于室内艺术设计、环境工程设计等图纸的绘制。此教材可供高职高专、成人教育、各种培训班的教师和学员使用，也可供机电类相关专业技术人员参考，是一本适合自学和课堂教学的专用教材。同时在本教材的具体使用过程中，将严格遵照室内设计相关规范和国家标准，目的为培养读者严谨细致的工程素养，传播规范的工程设计理念和应用知识。

本教材由湖南科技职业学院艺术设计学院李远林教授、湖南科技职业学院艺术设计学院环境艺术设计教研室吕宙主任、湖南科技职业学院艺术设计学院实训中心吴志强主任共同担任主编，副主编由湖南科技职业学院艺术设计学院黄胤程、肖伊琳老师，安徽文达信息工程学院新媒体艺术学院张骐老师担任。全书由李远林教授统稿审定。

由于编者时间及水平有限，书中难免有不妥之处，恳请广大读者批评指正。

本书配套教学资源见，http://www.hfutpress.com.cn/cmsbook/37490.jhtml

李远林

2020年7月1日

# 第一章　AutoCAD 中文版软件基本知识

## 本章知识前导

了解 AutoCAD 中文版软件的简单发展过程和应用范围；掌握它的工作界面及组成部分；了解它的各种操作方式（鼠标、菜单、对话框、命令操作等）；掌握绘图的基本设置情况，如系统配置、坐标功能、设置绘图的辅助功能、设定图形界限、图形单位和图层线型等。

## 第一节　AutoCAD 中文版软件介绍

学习重点：

- 通过讲解，了解 AutoCAD 中文版软件的发展、应用。
- 通过演示，了解利用 AutoCAD 中文版软件绘图的实例。

技能要求：

能正常启动 AutoCAD 中文版软件。

实训课题：

- 利用实例了解 CAD 绘制的建筑施工图。

（打开“范例文件”，范例文件 / 第一章 / 第一节 /01.dwg。）

- 利用实例了解 CAD 绘制的建筑装饰施工图。

（打开“范例文件”，范例文件 / 第一章 / 第一节 / 02.dwg。）

### 一、AutoCAD 软件的发展历程

AutoCAD(Autodesk Computer Aided Design) 是由美国欧特克（Autodesk）公司开发的，专门用于计算机辅助设计与制图的软件。自 20 世纪 80 年代 Autodesk 公司推出 AutoCAD R1.0 版本以来，延续发展到现在的 AutoCAD 2020，一直深受广大工程设计人员的青睐，在全球范围内得到了广泛应用。

### 二、AutoCAD 软件的应用范围与实例

AutoCAD 中文版软件广泛用于建筑、机械、电子、服装、土木、航空航天、石油化工等工程设计领域。它在各行业辅助设计过程中，由于其功能强大、操作方便、命令简捷、适用面广而倍受欢迎。

## 第二节　AutoCAD 中文版软件工作界面

学习重点：

- 通过讲练结合和上机操作，重点掌握标题栏、菜单栏、工具栏、绘图窗口、命令行、状态栏等的操作方法与要点。
- 理解 AutoCAD 中文版软件工作界面各详尽内容。

技能要求：

- 熟练掌握 AutoCAD 中文版软件工作界面各组成部分。
- 了解 AutoCAD 中文版软件各工作界面的功能和操作方式。

AutoCAD 中文版软件的工作界面主要由标题栏、菜单栏、工具栏、绘图窗口、命令行、状态栏等部分组成。开启后的 AutoCAD 中文版软件，其工作界面如图 1-1 所示。

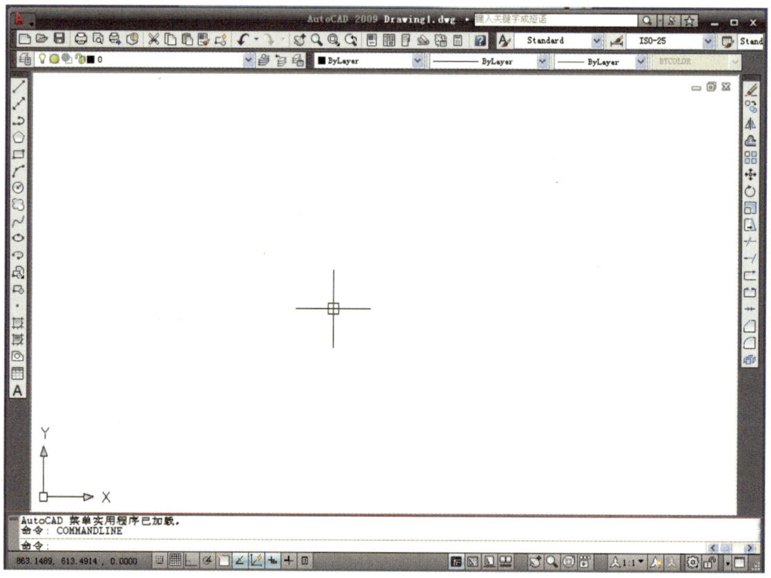


图 1-1　AutoCAD 中文版工作界面

### 一、标题栏与菜单栏

1．标题栏

它位于视窗最顶端。该栏中间显示 AutoCAD 的软件名称、当前所绘图形的名字（此名称随所选文件的不同而有所不同；刚开启软件或图形文件尚未保存时，通常显示的名称是 Drawing1.dwg）。最右边有三个按钮，分别是窗口最小化、还原和关闭软件。标题栏如图 1-2 所示。

图 1-2　标题栏

2．菜单栏

在标题栏下面有一个由“文件、编辑、视图、插入、格式、工具、绘图、标注、修改、窗口、帮助”

等字样组成的行列，这就是 AutoCAD 的菜单栏，具体如图 1-3 所示。

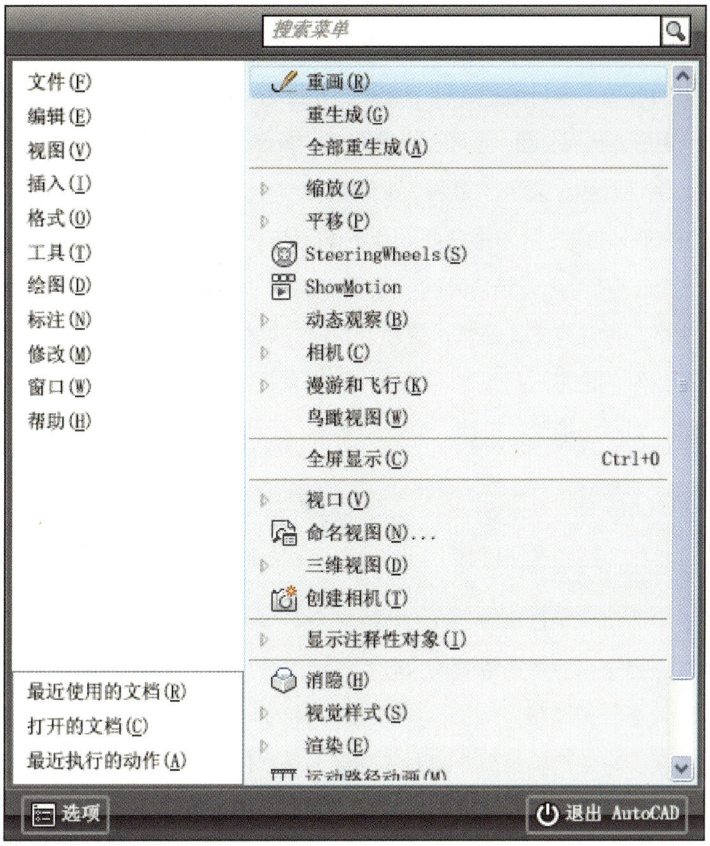


图 1-3　菜单栏

在菜单栏相对应的命令下面有一下拉菜单，其主要功能分别如下。

文件：用于对图形文件的管理，包括新建、新建图纸集、打开、打开图纸集、加载标记集、关闭、保存、另存为、电子传递、网上发布、输出、页面设置管理器、绘图仪管理器、打印样式管理器、打印预览、打印、发布、绘图实用程序、发送、图形特性、绘图历史和退出等。

编辑：用于对文件进行常规编辑操作，包括放弃、重做、剪切、复制、带基点复制、复制链接、粘贴、粘贴为块、粘贴为超链接、粘贴到坐标、选择性粘贴、清除、全部选择、OLE 链接、查找等。

视图：用于管理操作界面，如重画、重生成、全部重生成、缩放、平移、鸟瞰视图、清除视图、清除屏幕、视口、命名视图、三维视图、三维动态观察器、消隐、着色、渲染、显示和工具栏等操作。

插入：主要用于绘图时，插入所需的图块或其他格式的文件，包括块、外部参照、光栅图像、字段、布局、3D Studio、ACIS 文件、二进制图形交换、Windows 图元文件、OLE 对象、外部参照管理器、图像管理器和超链接等。

格式：用于设置与绘画环境有关的参数，包括图层、颜色、线型、线宽、比例缩放列表、文字样式、标注样式、打印样式、点样式、多线样式、单位、厚度、图形界限、重命名等。

工具：为用户设置了一些辅助绘图工具，包括拼写检查、快速选择、绘图顺序、查询、更新字段、块编辑器、外部参照和块在位辑器、属性提取、特性、设计中心、工具选项板窗口、图纸集管理器、信息选项板、数据库连接、标记集管理器、快速计算器、命令行、加载应用程序、运行脚本、宏、AutoISP、显示图像、命名 UCS、正交 UCS、移动 UCS、新建 UCS、CAD 标准、向导、草图设置、数字化仪、自定义、选项等。

绘图：通过该菜单中的各项命令可绘制各种二维和三维图形，包括直线、射线、构造线、多线、多段线、三维多段线、正多边形、矩形、圆弧、圆、圆环、样条曲线、椭圆、块、表格、点、图案填充、渐变色、边界、面域、区域、区域覆盖、修订云线、文字、曲面、实体等。

标注：通过该菜单中的各项命令可对用户所制作的图形进行尺寸标注，菜单中包含了所有形式的标注命令，包括快速标注、线性、对齐、弧长、坐标、半径、折弯、直径、角度、基线、连续、引线、公差、圆心标记、倾斜、对齐文字、标注样式、替代、更新、重新关联标注等。

修改：用于对前面所绘制的图形进行编辑、修改，其中有特性、特性匹配、对象、剪裁、删除、复制、镜像、偏移、阵列、移动、旋转、缩放、拉伸、拉长、修剪、延伸、打断、合并、倒角、圆角、三维操作、实体编辑、分解等。

窗口：提供了关闭、全部关闭、工作空间、锁定位置及同时打开多个图形窗口的层叠、水平平铺、垂直平铺、排列图标等命令操作方法。

帮助：提供了在使用 AutoCAD 时所需的帮助信息。有帮助、信息选项板、新功能专题研习、Subscription e-Learning 目录、创建支持请求、查看支持请求、编辑 Subscription 中心配置、其他资源、关于等。

AutoCAD 软件开启后，在使用菜单命令时对下列情况要加以注意：

(1) 命令显示为黑色字符时，表示菜单可用，即有效菜单；用灰色字符标明的菜单项目表示该项在当前状态下不可使用，需要选定符合要求的对象之后才能使用，这种菜单也称为无效菜单。

(2) 菜单命令后带有“‣”符号，表示该命令还有子命令，可以选择下一级菜单中的命令进行绘图。

(3) 菜单命令后带有“…”符号，表示选择该命令后可打开一个对话框，在对话框中可以按需求更改命令的各项指定参数。

(4) 菜单命令后跟有一些字母或英文单词，表示点按相对应的键就可执行命令编辑，也称之为快捷键。

(5) 菜单命令后紧跟某些组合方式，如 Ctrl+ 字母等。这就是平常作图时经常用的组合键，也是快捷键。通过快捷键操作，可以更容易地对图形进行操作，从而提高工作效率。

## 二、工具栏与状态栏

### 1. 工具栏

它是我们制图时采用的另一种方式，由许多图标按钮组成，如图 1-4 所示。

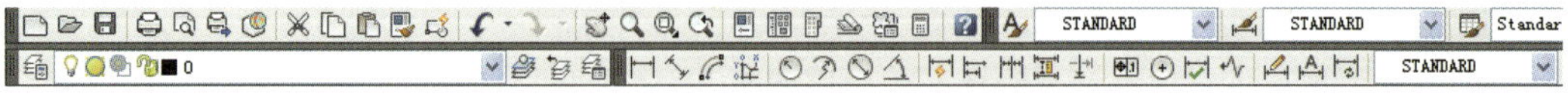


图 1-4　工具栏

工具栏可以浮动摆放，在窗口中随意拖动，任意放置。要调用适当的工具条时，只需把鼠标移动放置在菜单下面的工具栏上，点按鼠标的右键就会弹出一栏菜单，如图 1-5 所示，再选择相对应的栏项，就可以得到需要的工具栏。

操作步骤

将光标移到操作界面中已存在的某个工具栏上，单击鼠标右键，系统弹出如图 1-5 所示菜单，在该菜单中选择所需选项即可调用相应的工具栏。

在菜单栏中，点选“视图 / 工具栏”，弹出如图 1-6 所示的“自定义用户界面”对话框，再点选在 “工具栏” 左侧的“+”按钮，同样会显示一个菜单，选择所需的选项按“确定”即可。

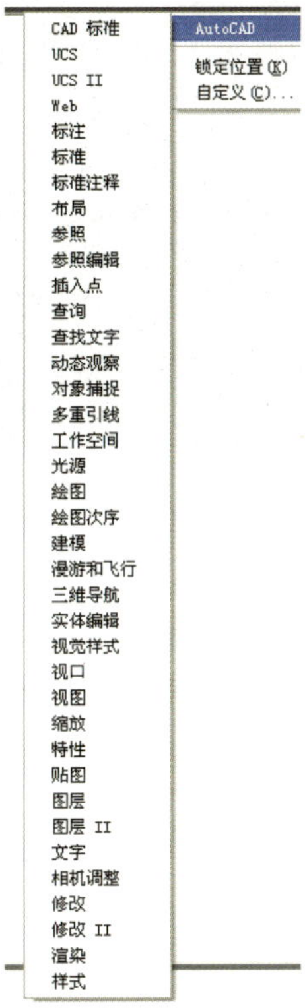


图 1-5　右键点击工具栏效果

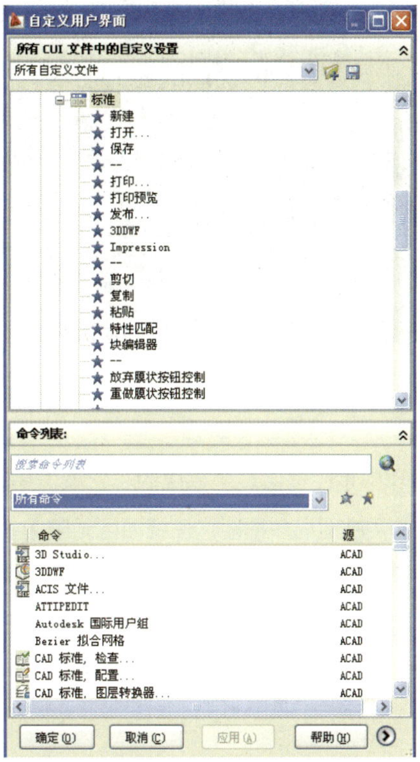


图 1-6　“自定义用户界面”对话框

2. 状态栏

如图 1-7 所示，状态栏是用来显示 AutoCAD 当前状态的，例如当前的命令、各功能按钮和坐标位置等。

图 1-7　状态栏

状态栏在工作界面最下部，状态栏最左边显示的是当前十字光标所在的坐标信息，中间部分是 AutoCAD 绘图辅助工具的开关，包括捕捉、栅格、正交、极轴、对象捕捉、对象追踪、DYN、线宽和模型等按钮。分别点击这些按钮，可切换成打开或关闭状态。通过使用状态栏上的工具按钮能提高绘图效率，既方便又快捷。

## 三、视图窗口与命令窗口

### 1. 视图窗口

在 AutoCAD 中文版界面上，视线正中央这个最大的空白窗口便是视图窗口（视窗），也叫绘图区。它可以调整为任一颜色，在默认情况下，绘图区的显示颜色为黑色如图 1-8 所示，具体操作参考后面章节介绍。

图 1-8　视图窗口

所有的绘图操作都是在该区域中完成的。它就像平时制图时用的图纸，可以自由设定图纸尺寸。区域内没有边界，可以使用视窗缩放功能，使绘图区无限增大或缩小。所以，再大的图形均可绘置其中。

视窗的右边和下边均有滚动条，可以移动视窗上下或左右进行察看。左下部有模型、布局 1 和布局 2 三个按钮，是用于模型空间和图纸的切换。在绘图区左下角显示了当前的坐标，标示右方向为 X 轴正方向，向上为 Y 轴正方向。

### 2. 命令窗口

命令窗口位于绘图区的底部，用于输入命令，并显示 AutoCAD 提示的信息。它也可以拖放为浮动窗口。该窗口由两部分组成：命令行和命令历史记录窗口，如图 1-9 所示。

图 1-9　命令窗口

命令行用于显示用户从键盘输入的内容；命令历史记录窗口含有 AutoCAD 启动后所用过的全部命令及提示信息，该窗口有垂直滚动条，可上下滚动。

命令窗口是用户和 AutoCAD 进行对话的窗口。通过该窗口发出的绘图命令，与菜单和工具栏按钮操作等效。在绘图时应特别注意加以利用。输入后的命令，都将在该窗口中显示。

# 第三节 AutoCAD 中文版软件操作方式

学习重点：

- 通过讲练结合上机操作，重点掌握鼠标、菜单、对话框、命令操作的方法与要点。
- 理解鼠标、菜单、对话框、命令操作的执行方式。

技能要求：

- 能灵活选用 AutoCAD 中文版软件各操作方式进行图形绘制。
- 善于利用各种操作方式，扬长避短。

## 一、鼠标操作

对于用户来说，鼠标是绘图最主要的工具。就 AutoCAD 中文版软件来说，鼠标操作是进行制图、编辑的理想操作。合理地使用鼠标，可以提高绘图效率、加快绘图速度。

鼠标有左右两个键，分别有选择和确定等功能作用。移动鼠标时，状态栏上的三维坐标数值也随之改变，同步显示出当前十字光标的读数。

一般情况下，在 AutoCAD 中文版软件中，鼠标显示在绘图区的是一个短十字光标┼，但在一些选择、编辑等状态下，光标形状会随之改变。

1．鼠标左键

把光标移至某一对象上，点击一下左键，可以执行多个操作。

（1）选择目标。

（2）显示十字光标在绘图区的坐标。

（3）单击“工具”按钮，执行命令。

（4）移动绘图区的水平、垂直滚动条。

（5）更改对话框中的参数，执行相关命令。

2．鼠标右键

通常情况下（在 AutoCAD 中文版软件中），点击一下右键，会出现多种情况。

（1）把光标移动到工具栏中的任意工具按钮上点击一下右键，将出现一下拉菜单，此时移动光标选择所需选项，即可得到一个工具条，这就是定制工具条。

（2）在绘图过程中，可以先选择也可后选择工作目标，然后点击右键，确定选择后（相当于键盘上的“Enter”键），继续执行后续操作命令。

（3）在绘图过程中，很多情况下都要重复执行上一次所操作的命令。此时，在绘图区内任意处右击，会弹出一个菜单供选择。这时右键的作用也是确认的功能。

## 二、菜单操作

在 AutoCAD 中文版软件中，有很多操作命令均可采用菜单命令来执行，其结果与其他方式操作是等效的。菜单栏包含了在绘图时所需的命令（其详细命令在本章第二节已介绍过，这里不再重复），用户只需移动鼠标至相对应菜单，点击左键在下拉菜单中选择命令即可执行操作。

### 三、对话框操作

对话框方便、直观，能够把复杂的信息、要求，反映得清晰透彻。在制图过程中，执行的一部分命令，就是通过对话框来进行操作的，它是程序与用户进行信息交换的一种方式。对话框的组成与应用程序窗口有许多相似的地方，如顶部有标题栏、控制按钮，也可以移动等。但对话框大小尺寸是固定的，不能随意改变。

1．移动和关闭对话框

只需要用鼠标左键单击标题栏后按下不放并拖动至目的地，然后松开左键即为移动对话框。双击控制图标，或者单击标题栏右侧的“关闭”按钮，或者单击对话框中的“取消”按钮，或者按“Esc”键，均可关闭对话框。

2．在对话框中激活选项

鼠标单击某个选项，该选项将产生一个虚线框，这就表示激活了该选项。使用“Tab”键可以使虚线框从左至右、从上至下在各选项之间移动。同一组选项中，可以使用方向键移动虚线框。

### 四、命令操作

在 AutoCAD 中文版软件中，有很多操作命令，除用菜单、工具条等方式来执行外，还有直接在命令行中输入命令来进行工作的方法，其结果是相同的。但是在具体操作的过程中，命令操作常常有独到的地方，它简单、方便，又可以使用快捷键（包括用户定制的快捷方式），还能够有效地提高绘图效率、加快绘图速度。

通常情况下，AutoCAD 中文版软件中，很多绘图命令都有快捷方式，如“zoom” 的快捷方式为“z”，“trim”的快捷方式为“tr”，“line” 的快捷方式为“l”，“erase” 的快捷方式为“e”等。

## 第四节　AutoCAD 中文版软件绘图设置

学习重点：

- 通过讲练结合上机操作，重点掌握用户系统配置、坐标系统、绘图的辅助功能的操作方法与要点。
- 理解绘图界限、图形单位、图层与线型设置的执行方式。

技能要求：

- 能灵活设置绘图界限、绘图的辅助功能以及图层与线型。
- 能在上机操作过程中熟练运用坐标系统进行切换。

实训课题：

- 利用图层与线型，设置好在绘图过程中图层的名称、颜色、线型种类、开启状态等。

## 一、用户系统配置

AutoCAD 软件安装好后，系统将自动完成默认初始配置。为了日常工作的方便，可以根据自己所在行业的需求特点以及已形成的制图习惯来调整 AutoCAD 用户系统配置，以便提高绘图工作效率。

在一般情况下，可以通过“选项”对话框来调整系统配置，如图 1-10 所示。

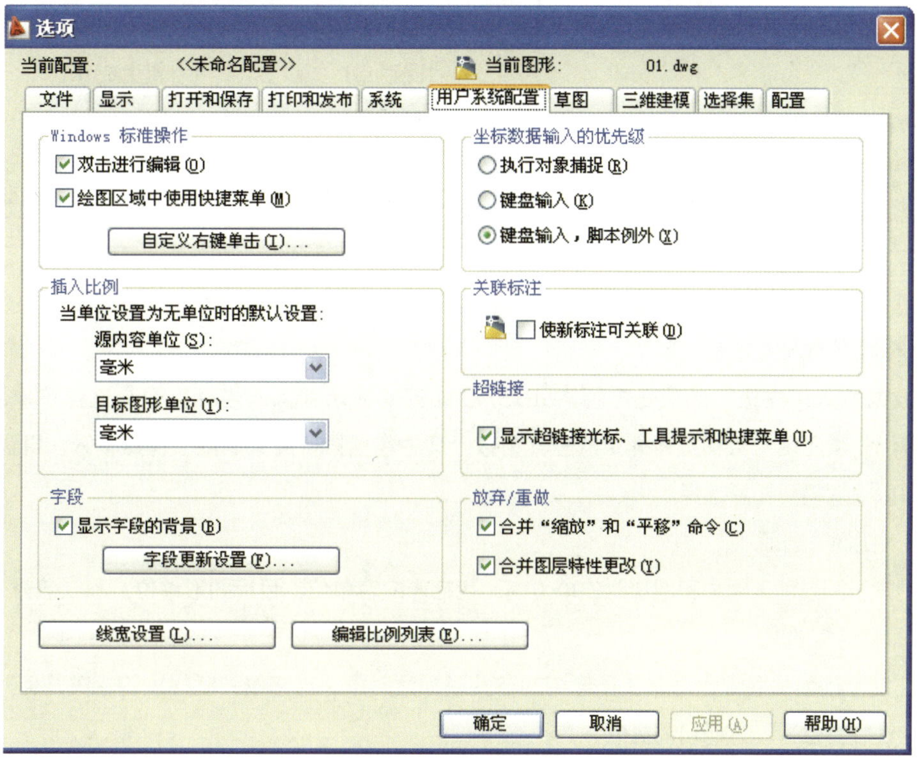


图 1-10 “选项”对话框

操作步骤

从菜单栏中找到“工具”选项。

从命令提示行输入“Config”或“Options”并单击“Enter”键。

通过以上两个步骤，即可弹出如图 1-10 所示对话框，在对话框中可以修改、调整某些选项，进行“用户系统配置”。使用该选项可设置 AutoCAD 支持文件、菜单文件、驱动程序和其他系统文件的搜索路径。现将该选项卡中的各选项说明如下：

1. “Windows 标准操作”选项

该选项控制 AutoCAD 当前图形文件是否使用 Windows 标准按键动作方式。

2. “绘图区域中使用快捷菜单”选项

该选项表示在当前绘图过程中，右击鼠标后是否打开快捷菜单。若不勾选该复选框，右击鼠标相当于单击“Enter”键。

3. “自定义右键单击”选项

单击“自定义右键单击”后，打开对话框，如图 1-11 所示。用户可根据自己的操作习惯在该对话框中设置有关右击鼠标后的操作选项。

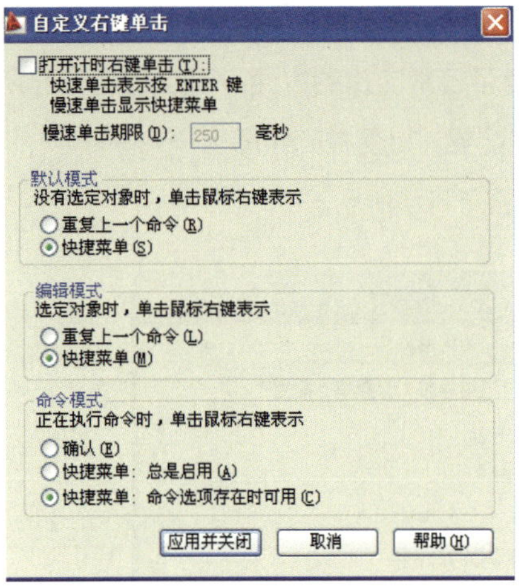


图 1-11　“自定义单击右键”对话框

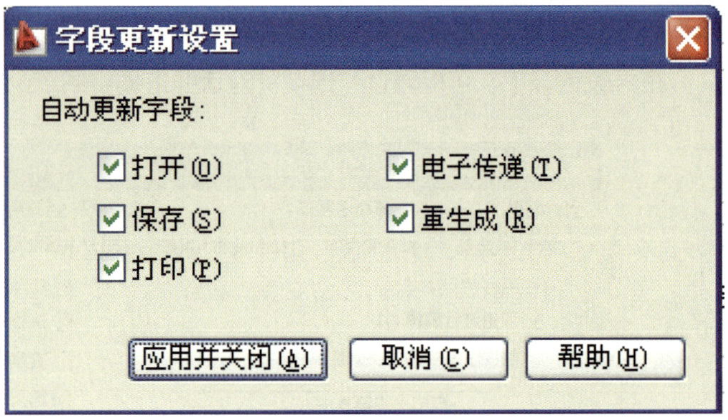


图 1-12　“字段更新设置”对话框

4. “坐标数据输入优先级”选项

“坐标数据输入优先级”选项是控制 AutoCAD 如何响应所输入的坐标参数。选择该单选按钮后，AutoCAD 将优先响应由对象捕捉所确定的坐标参数，其中包括执行对象捕捉、键盘输入、键盘输入脚本例外内容，可以根据需要任意选择。

5. “插入比例”选项

该选项规定引用或插入对象和图块时的单位值，包括源内容单位、目标图形单位，默认值为毫米。

6. “关联标注”选项

该选项控制是创建关联标注对象还是传统的非关联标注对象。当修改关联标注的相关几何对象时，关联标注将自动调整其位置、方向和测量值。

7. “超链接”选项

该选项控制有关“超链接”显示设置的各选项功能。

8. “字段”选项

该选项控制字段显示的背景，点击“字段更新设置”按钮后，对话框中“自动更新字段”的选项默认值全部勾选（也可按需要进行调整），如图 1-12 所示。

在“选项”对话框最下面还有一栏按钮，分别是隐藏线设置、线宽设置、编辑比例列表等。

9. “隐藏线设置”选项

单击“隐藏线设置”按钮后，弹出如图 1-13 所示的对话框。

在“暗显直线” 选项中，线型的默认值为关，也可点击按钮，在下拉菜单中进行线型选择；颜色也可按需调整，点击“颜色”选项中按钮，可以重新选择颜色类型。

在“面的交线”选项中，“显示交线”默认值不勾选，“颜色”选项呈现灰色，表示不可用；勾选后，“颜色”选项就可进行调整。

10. “线宽设置”选项

单击“线宽设置”按钮后，弹出如图 1-14 所示的对话框。通过该对话框，可以对线宽进行设置。现将该对话框中各选项内容介绍如下：

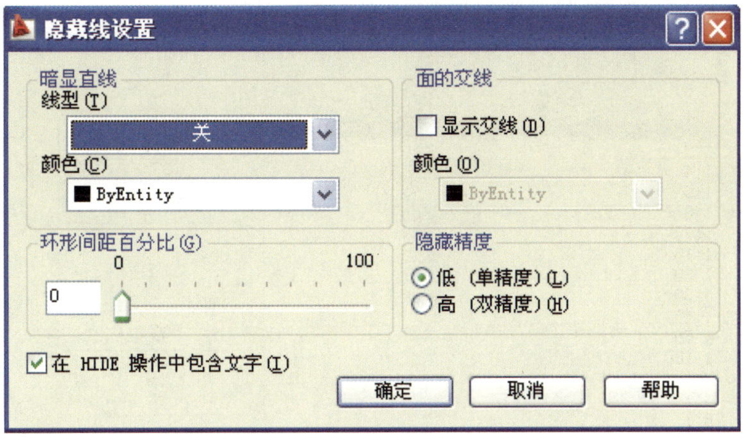


图 1-13 “隐藏线设置”对话框

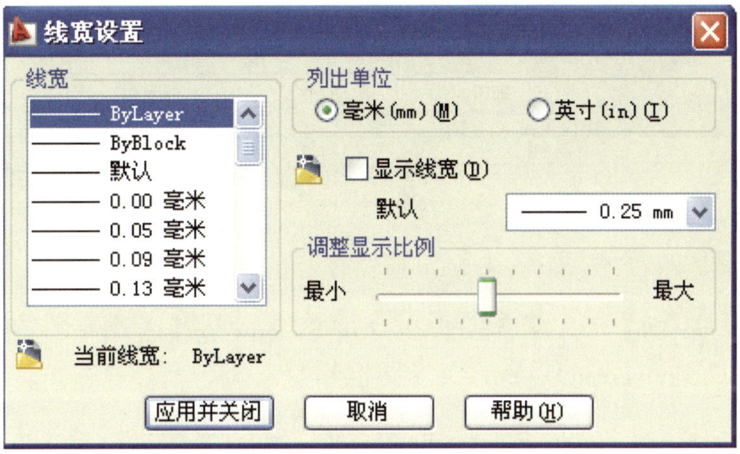


图 1-14 “线宽设置”对话框

(1) “线宽”选项：该选项显示可供选择的线宽数值。单击该列表框中某个线宽选项后，软件将该线宽值设置为当前线宽值；此后所绘制的线宽值将保持不变，直至重新设置线宽值。

(2) “列出单位”选项：在该选项中，可选择毫米或英寸作为当前单位。

(3) “显示线宽”选项：勾选此选项，当前图形文件在模型空间和图纸空间中显示设置后的线宽。AutoCAD 显示线宽后，软件将增加重新生成图形文件的时间。建议不勾选该复选框，以提高计算机的运行效率。

(4) “调整显示比例”选项：控制在模型空间中线宽的显示比例。 在模型空间中，线宽是以像素形式显示的。

11. “编辑比例列表”选项

单击“编辑比例列表”按钮后，弹出如图 1-15 所示的对话框。

在该对话框中，可以按需要选择表中的数值，也可以点击“添加”按钮增加新比例值，还可以按“编辑”按钮在原有的比值中进行修改、调整等。

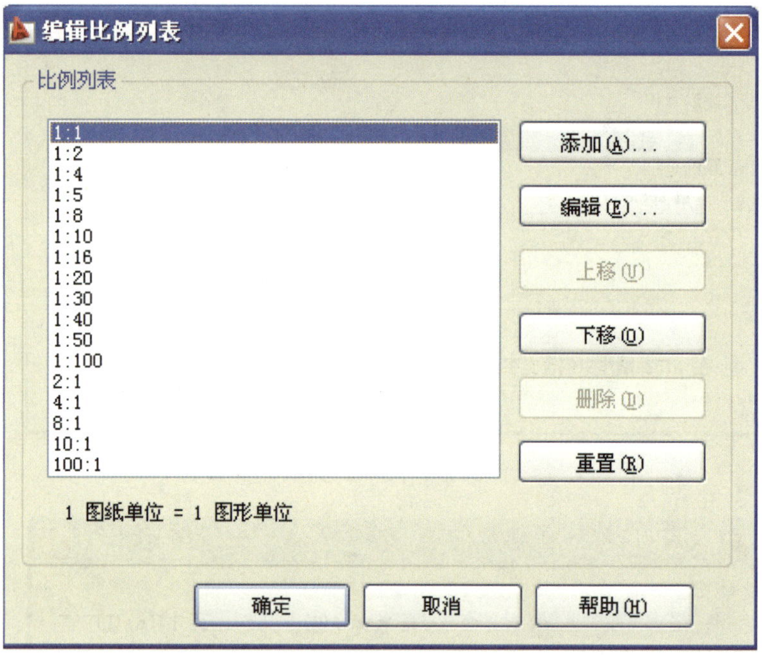


图 1-15 “编辑比例列表”对话框

## 二、坐标系统

1．坐标系统

在 Auto CAD 绘图软件中，坐标有世界坐标系（WCS）和用户坐标系（UCS）。在绘图过程中，通过坐标系可以精确地定点并绘制图形。

（1）世界坐标系（WCS）：WCS 是个默认的坐标系统，由三个垂直并相交的 X 轴、Y 轴和 Z 轴构成。X 轴代表水平方向，右方向为正；Y 轴代表垂直方向，向上的方向为正，如图 1-16 所示。

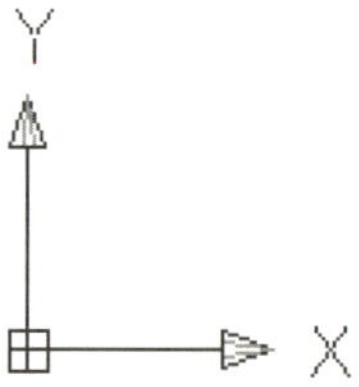


图 1-16 世界坐标系

（2）用户坐标系（UCS）：世界坐标系是固定的，在绘图的过程中不能改变，所以在绘图时会感到不便。因此，在实际绘图的过程中，根据需要创建的相对于 WCS 的坐标系叫作 UCS，即用户坐标系。它在原点位置没有方框标识。UCS 的原点可以位于用户坐标系内的每一个地方，其坐标轴可以任意旋转和倾斜，如图 1-17 所示。

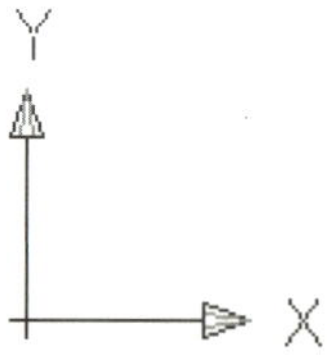


图 1-17 用户坐标系

操作步骤

在命令行中输入 UCS 命令，如命令：UCS

[ 新建 (N)/ 移动 (M)/ 正交 (G)/ 上一个 (P)/ 恢复 (R)/ 保存 (S)/ 删除 (D)/ 应用 (A)/?/ 世界 (W)]

< 世界 >: W

在“工具”菜单栏中，点击“命名 UCS”“正交 UCS”“移动 UCS”和“新建 UCS”命令或其中的子命令。

（1）坐标输入：绘图时，输入点的坐标很关键。表示点坐标的方法有直角坐标、极坐标。

①直角坐标：又分为绝对直角坐标、相对直角坐标两种。

绝对直角坐标是（0，0）或（0，0，0）出发位移，通过 X 轴、Y 轴、Z 轴坐标值来定义点的位置。当使用键盘输入点的 X 轴和 Y 轴坐标时，之间用逗号隔开，坐标值可以为负。

相对直角坐标是通过已有或相对已固定的点到一点的相对距离，用 (@x,y) 的方式来表示。

②极坐标：极坐标给定的是距离和角度，分为绝对极坐标和相对极坐标。表示方法是“数值 < 数值”，其中前一“数值”表示距离，后一“数值”表示角度。同时，在 AutoCAD 软件中规定了“角度”是以逆时针为正、顺时针为负。

绝对极坐标：是以原点为极点，表示方法是“数值 < 数值”。如 20<45，表示的是距离为 20 个图形值，角度为 45°。

相对极坐标：是指相对于某一点的 X 轴和 Y 轴位移或距离、角度。表示方法是“@ 数值 < 数值”。其中，“@”表示相对，其他与上述相同。如 @18<15，表示相对于上一操作点 18 个单位，角度是 15°的点。

（2）坐标显示：在绘图窗口中移动光标的十字指针时，状态栏上将显示当前指针的坐标，也就是当前光标所在的点坐标。在 AutoCAD 中文版软件中，快捷键是“F6”或“Ctrl+D”。坐标在状态栏共有以下三种显示方式，如图 1-18 所示。

按“F6”或“Ctrl+D”，可以在以下三种模式间循环切换。

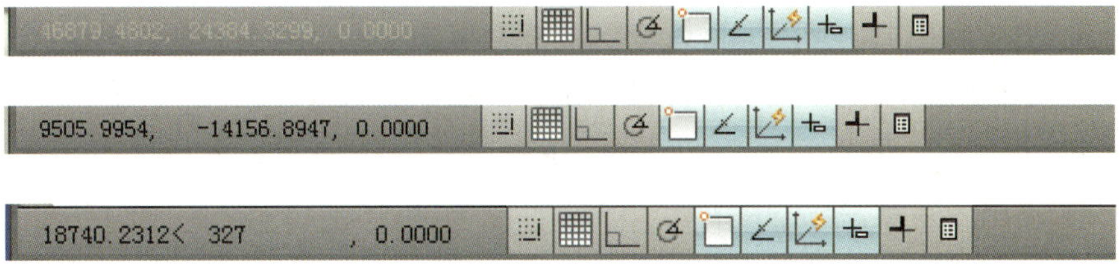


图 1-18 坐标在状态栏的三种显示方式

## 三、绘图辅助功能设置

在绘图的过程中，为了方便、快捷和精确，可以通过 AutoCAD 软件的状态栏、菜单栏中提供的辅助绘图工具，如捕捉、栅格、正交等来帮助精准绘图。图 1-19 所示就是“草图设置”的一些内容。

操作步骤

执行菜单命令：“工具”/“草图设置”。

把鼠标移动至状态栏上，任意右击“捕捉”“栅格”“正交”“极轴”“对象捕捉”等按钮，在弹出的快捷菜单中选择“设置”命令。

直接在命令行中输入 DSETTINGS 并确定。

1．“捕捉和栅格”选项

在图 1-20 所示的对话框中，F9 和 F7 分别是开、关捕捉和栅格的快捷键。

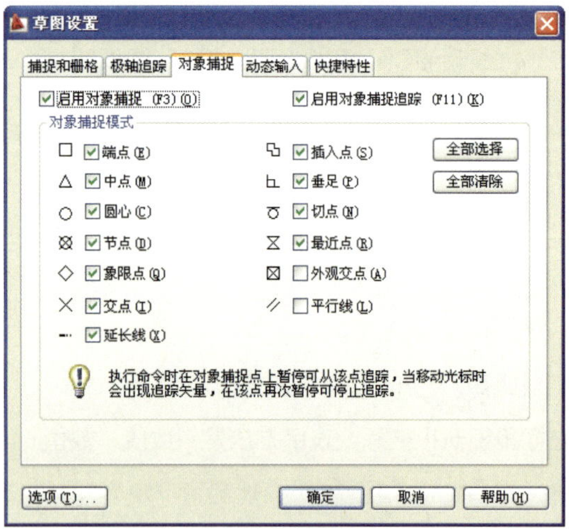

图 1-19 “草图设置”对话框

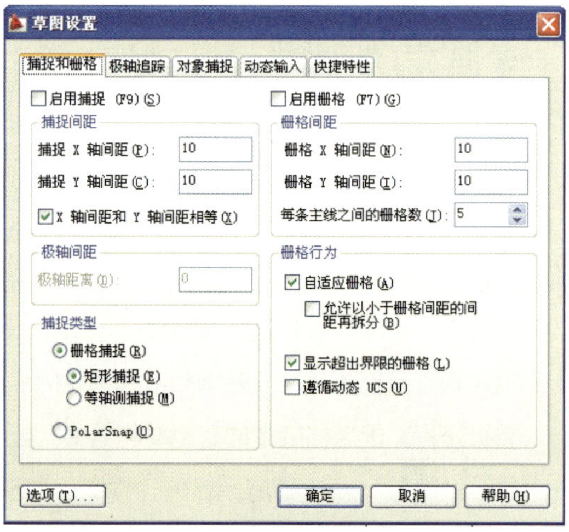

图 1-20 “捕捉和栅格”选项

在对话框中，可以设置指定的 X 轴、Y 轴的间距，默认值为 10。设置好后，光标按设定的值跳跃式移动，同时在视窗的绘图界限内显示一个栅格点阵。栅格显示模式的设置可让用户在绘图时有一个直观的定位参照。

2．“极轴追踪”选项

它是指按事先给定的角度增量来追踪特征点，在创建或修改对象时，可以使“极轴追踪”功能显示由指定的极轴角所定义的临时对齐路径。如图 1-21 所示，其中各选项的含义及功能有以下几个方面。

启用极轴追踪：设置打开 / 关闭极坐标追踪，F10 是快捷键。

(1) 极轴角设置：用于设置极坐标追踪使用角度，其选项有以下两个。

增量角：该下拉表框中列出了在极坐标追踪方向上可用的增量，包括 90、45、30、22.5、18、15、10 和 5，用户可任选一个值作为当前极角增量（默认的极角增量为 90）。

附加角：用于设置坐标追踪附加角度。当选用该项后，除了当前极角增量所确定的角度方向上将出现追踪线外，附加角度方向上也将出现追踪线。当增量角中的角度值不能满足需要时，可用附加角来增加新的所需角度，最多可增加 10 个角度，增加的角度将在框中显示。不用时，在列表框选中附加角值点击“删除键”取消。

(2) 对象捕捉追踪设置：该区域用于设置目标捕捉追踪。目标捕捉追踪就是以可获取目标捕捉点为极坐标基点，并在设定的极角方向上进行追踪。

仅正交追踪：设置目标捕捉追踪只在正交方向上进行。

用所有极轴角设置追踪：设置目标捕捉追踪在极坐标设置的角度和方向上进行。

(3) 极轴角测量：该区域用于设置追极角的测量基准。

3．“对象捕捉”选项

正确地使用对象捕捉功能，有利于快捷、准确地绘图。如图 1-22 所示的对话框中，可以同时选择一个或多个捕捉模式，F3 是快捷键。

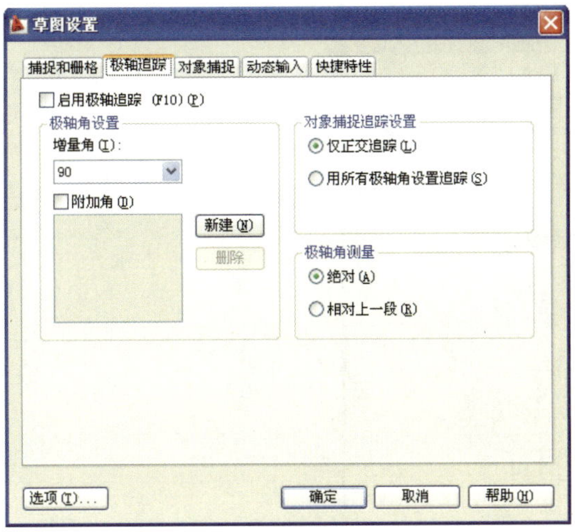


图 1-21 “极轴追踪”选项

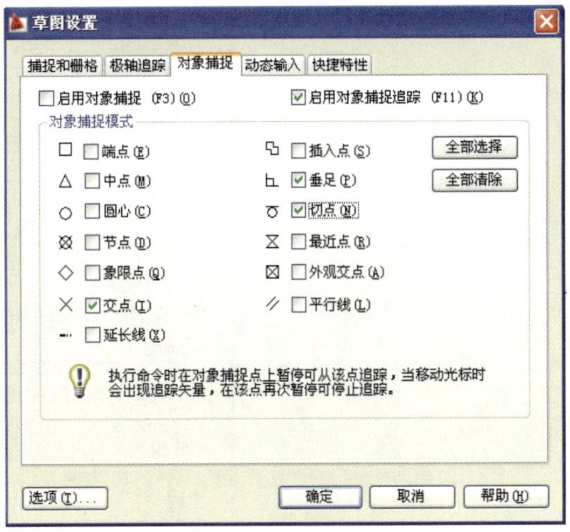


图 1-22 “对象捕捉”选项

操作步骤

点击“对象捕捉”选项后，先勾选“启用对象捕捉”，再在“对象捕捉模式”中勾选所需选项（可以是多个选项），点击“确定”键即可。

4. “正交模式”选项

“正交模式”开启时，光标只能在水平方向和垂直方向上移动；反之，光标可以在绘图区内随意移动。具体操作有以下几种方式：

（1）单击状态栏中的“正交”按钮，当该按钮呈凹下状态时，则启用了正交模式等。

（2）F8 为快捷键。

（3）在命令行中输入“ORTHO”命令。

## 四、绘图界限与图形单位设置

通常情况下，绘图前要设置好“图纸界限”和“绘图单位”，以方便制图。对绘图界限与图形单位的设置分别有以下两种方法：

1. 绘图界限设置

一是直接输入命令：limits。二是从菜单中选择“格式”/“图形界限选项”，指定左下角点或 [开 (ON)/关 (OFF)] <0.0000,0.0000>（一般取默认值，不改动数值）；指定右上角点 <420.0000,297.0000>: 42000,29700（根据绘图的需要设定图纸的大小，如 A1、A2、A3 图纸尺寸）。

2. 图形单位设置

一是直接输入命令：units。二是从“菜单”中选择“格式”/“单位”选项，弹出“图形单位”对话框，如图 1-23 所示。

在该对话框中，可以选择长度、角度的类型以及精度，按用户的需要进行设置。长度、角度的类型及精度的设置分别在对话框的长度及角度选项组中（下拉菜单）进行调整。

默认状态下，图形单位（UNITS）为十进制单位。在选项中分别有两个下拉列表框，其作用如下：

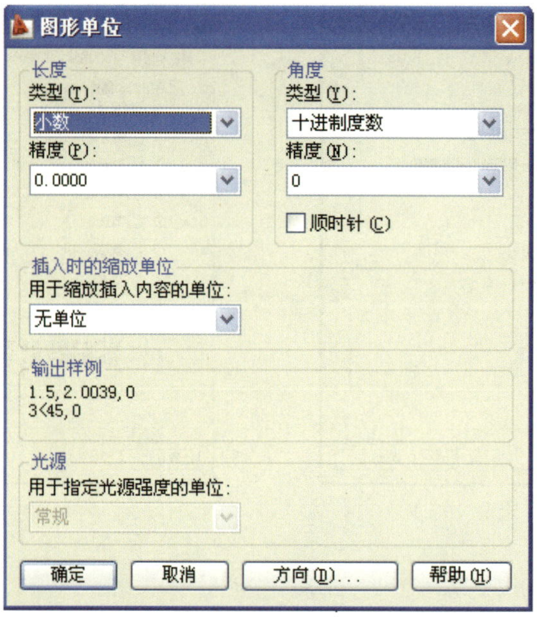


图 1-23 “图形单位”对话框

（1）类型：下拉菜单中设置长度或角度单位。

长度单位设置过程中，类型下拉菜单栏中有 5 个选项可供选择，分别是分数、工程、建筑、科学、小数。

①分数：分数单位，小数部分用分数表示。

②工程：工程单位，数值单位为英尺、英寸，英寸用小数表示。

③建筑：建筑单位， 数值单位为英寸、英尺，英寸用分数表示。

④科学：科学计数。

⑤小数：进制单位。

（2）精度：下拉菜单栏中有对应的多种选项，可依据需要进行设置。

角度单位设置过程中，类型下拉菜单栏中有 5 个选项可供选择，分别是百分度、十进制度数、度（分、秒）、弧度、勘测单位。

①百分度：规定在百分度格式中，直角为 100°，因此整个圆周为 400° （即 400g）。

②十进制度数：是 AutoCAD 的初始默认单位，如 90°、180°。

③度 / 分 / 秒：按六十进制划分。

④弧度：弧度角度，180° 为 π，即 3.14 个弧度。

⑤勘测单位：勘测角度。

精度下拉菜单栏中有对应的多种选项可依据需要进行设置，设置好各项参数后，单击“确定”按钮返回。

## 五、图层与线型设置

图层是绘图时用来管理图形文件的有效工具。它可以对位于不同图层上的对象同时进行编排操作、管理图纸内容。每个图层都有一定的属性和状态，包括图层名、开关状态、冻结状态、锁定状态、颜色、线型、线宽、打印样式和说明等，如图 1-24 所示。

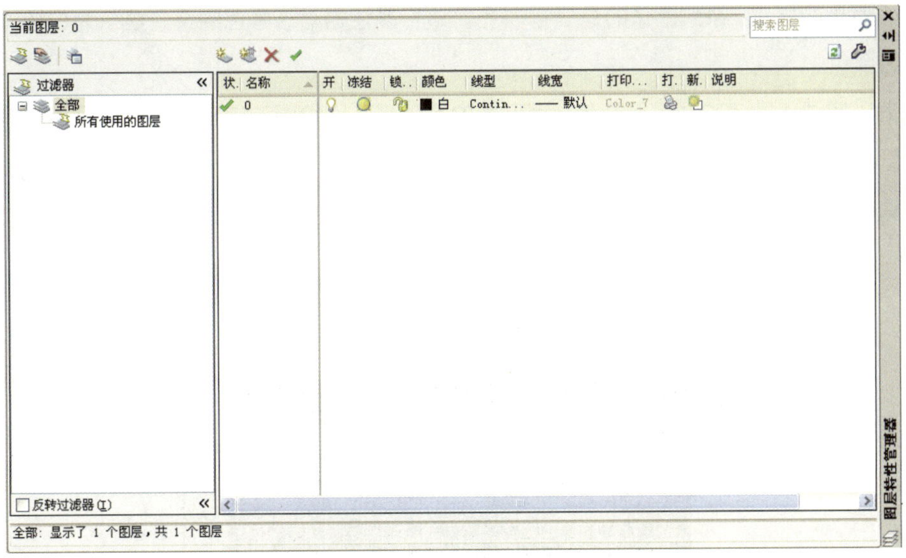


图 1-24 “图层”设置界面

1．建新图层

操作步骤

（1）通过“图层”工具栏，点击“新图层”按钮，如图 1-25 所示。

图 1-25 点击“新图层”按钮

（2）从菜单中选择“格式”/“图层”选项。

（3）直接输入命令：LAYER。

（4）弹出“图层特征性管理器”对话框，在此对话框中可以进行图层的各种操作。

① 新图层：单击按钮，列表中显示新建的图层。第一个新建图层，将显示为“图层 1”的图层（原有默认图层为 0），随后名称依次递加为“图层 2”“图层 3”……当该图层处于选中状态时，可以任意改写图层的名字。

② 删除图层：单击按钮，可以删除选定好的这个图层。

③ 置为当前：单击按钮，将选定图层设置为当前图层。创建的对象、绘图的内容将都被放置到当前图层中。

2．管理图层

在“图层特性管理器”对话框中的“图层”列表框中，用户可以对图层的特性和状态进行管理。特性管理包括名称、颜色、线型、线宽、打印样式、打印和说明等。

(1) 编辑图层：单击按钮后，默认名称处于可编辑状态，用户可以直接输入新的名称。

对于已经创建好的图层，如果需要修改图层的名称，用鼠标左键单击该图层的名称，图层名称就处于可编辑状态，直接输入新的名称即可。

(2) 图层颜色设置：每个图层都可以用一种颜色表示。在创建新图层的时候，图层的颜色和上一个图层的颜色相同，对于图层 0，系统默认的是 7 号颜色。该号颜色相对于黑色的背景显示为白色，相对于白色的背景显示为黑色。

在绘图时，需要对特定的线进行区分，用不同的颜色来区别绘图的内容。通常情况下就是管理图层的颜色，改变颜色则该图层所有对象的颜色也将随之改变。方法：单击图层中“颜色”下方的方框，弹出一个选择颜色对话框，在对话框中可以任选一种颜色对图层进行配置，如图 1-26 所示。

图 1-26　“选择颜色”对话框

在“选择颜色”对话框的“索引颜色”选项中，可直接单击需要的颜色，也可在“颜色”下的文本框中输入颜色号；在“真彩色”选项卡中，用户可以从系统提供的颜色表中选择一个标准表，然后移动滑块选择所需要的颜色，最后点击“确定”键即可。

(3) 调整、设置线型：在一张图纸中，根据不同的设计内容要采用不同的线型来达到设计的要求，如用点划线、虚线等。“图层”默认的线型是“Continuous”，不同的图层可以设置为不同的线型，也可以设置为相同的线型如图 1-27 所示。需要不同的线型时，点击“线型”下面的“Continuous”，系统会弹出对话框。

① 加载线型：点击“加载（L）…”，系统弹出“加载或重载线型”对话框，该对话框提供了标准的线型库，移动滑块可以从中选择合适的线型，如图 1-28 所示。

在 AutoCAD 软件中，系统默认的线型是“Continuous”，线型也采用默认值。在绘图过程中，如果用户希望绘制点画线、虚线等其他种类的线，就需要设置图层的线型和线宽。

操作步骤

如图 1-24 所示中，点击“线型”列表下的线型特征性图标“Continuous”，弹出如图 1-27 所示的“选择线型”对话框。此时，“选择线型”对话框中只有“Continuous”一种线型。

点击“加载”按钮，弹出如图 1-28 所示的“加载或重载线型”对话框，移动上下滑块，选择好绘图所需要的线型。

单击“确定”按钮返回“选择线型”对话框，选定刚刚加载的线型，单击“确定”按钮后，所需线型就设置好了。

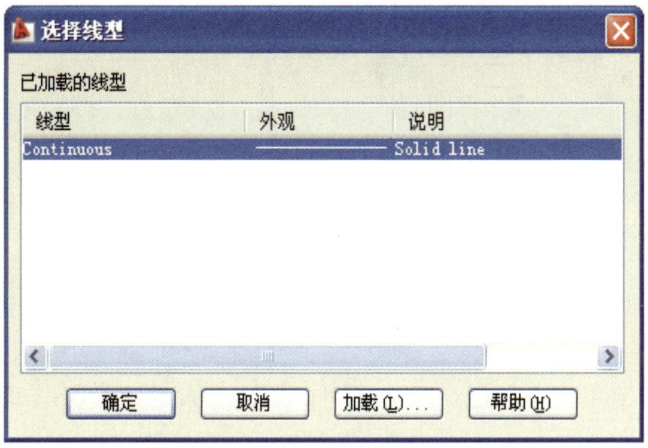


图 1-27　“选择线型”对话框

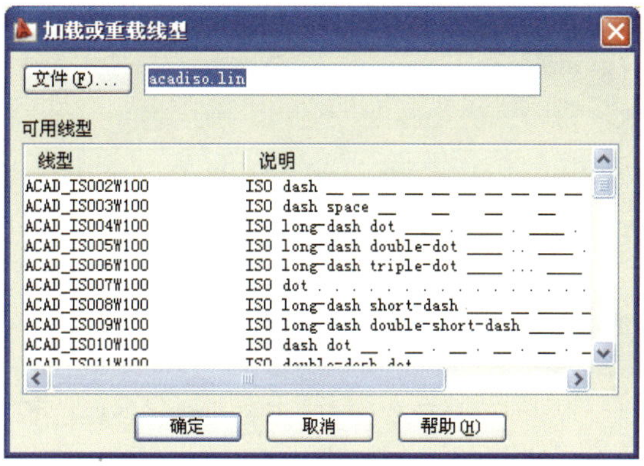


图 1-28　“加载或重载线型”对话框

② 调整线型比例：在 AutoCAD 定义的每种线型里，除了默认线型外，每种线型都是由一定的格式所构成的。要在绘图区把所调整好的线条按制图的标准显示及打印出来，就存在一个比例是否合适的问题，此时就需要调整线型比例（LTSCALE）。

操作步骤

在命令行中输入：LTSCALE

输入新线型比例因子 <1.0000>：（括号内的数值可以按需要加以调整）

(4) 图层的一些状态控制：包括图层开关、图层冻结和图层锁定。

表示图层处于打开状态，此时，处在图层上的图形对象可以显示在屏幕上，能被编辑和更改。

表示图层处于解锁状态，此时，处在图层上的图形对象能被编辑和更改。

表示图层处于锁定状态，此时，处在图层上的图形对象不能被编辑和更改。

表示图层处于解冻状态，此时，选定图层上的对象能被编辑和更改。

表示图层处于冻结状态，此时，选定图层上的对象不能被编辑、修改。

# 第二章 AutoCAD 基本图形绘制

## 本章知识前导

AutoCAD 软件为工程制图提供了多种绘图工具，如图 2-1 所示。每个人可以根据个人的绘图经验或习惯，选择任何一种画图方法。

图 2-1 AutoCAD 软件绘图工具

在绘图工具条上，共有直线、多段线、多边形、矩形、圆、圆弧、椭圆、椭圆弧、样条曲线等多种命令按钮。

## 第一节 直线与多段线

学习重点：

- 通过讲练结合上机操作，重点掌握直线与多段线命令的绘制方法与要点。
- 理解直线、多段线命令的各种执行方式。

技能要求：

- 能灵活运用直线、多段线命令进行图形绘制。
- 能在上机操作中熟练运用快捷操作方式。

实训课题：

- 利用直线命令绘制如图 2-2 所示的图形。
- 利用多段线命令绘制如图 2-3 所示的图形。

### 一、直线

绘制直线的命令是“LINE”，为常见、常用图形对象。执行画线命令“LINE”，需给定起点和终点，即可以画出一条线段，也可连续画出多条线段。

操作步骤

点击“菜单”命令“绘图”/“直线”；

在命令行输入：LINE；

点击“工具条”中的直线按钮 。

这时，AutoCAD 给出以下提示：

指定第一点：单击鼠标左键。

指定下一点或 [ 放弃 (U)]：鼠标移动位置并单击左键，这时就画出了一条线段，若输入“U”，则取消刚画出的线段。

指定下一点或 [ 放弃 (U)]：鼠标移动位置并单击左键，可以连续画直线，单击“Enter”键结束画线命令。取消已画的线条，可以在命令行中输入“U”，然后单击“Enter”键，也可使用快捷键“Ctrl+Z”。在画线的过程中可以利用 F8 键进入正交模式，切换画水平线和铅垂线等；也可利用对象捕捉等辅助工具来画线，以达到画图时要求的精确度。

## 二、多段线

多段线是常用的一种线，可以定义不同的线宽，绘制直线段、弧线段，还可以绘制两种相结合的组合线段，也就是既有直线也有弧线。

操作步骤

点击“菜单”命令中的“绘图”/“多线段”；

在命令行输入：PLINE；

点击“工具条”中的“多线段”按钮 。

这时，AutoCAD 给出以下提示：

指定起点：当前线宽为 0.0000

指定下一个点或 [ 圆弧 (A)/ 半宽 (H)/ 长度 (L)/ 放弃 (U)/ 宽度 (W)]：（括号内的选项组分别表示）

圆弧 (A)：选择该选项可以绘制圆弧方式的多段线，并给出相应命令选项提示，指定圆弧的端点或 [ 角度 (A)/ 圆心 (CE)/ 方向 (D)/ 半宽 (H)/ 直线 (L)/ 半径 (R)/ 第二个点 (S)/ 放弃 (U)/ 宽度 (W)]。

半宽 (H)：定义多段线的宽度。

长度 (L)：定义多段线的长度。

放弃 (U)：取消、删除多段线。

宽度 (W)：定义多段线的宽度，与半宽选项相似。

## 三、案例 2-1——直线与多段线图形绘制

1. 直线绘制

绘制如图 2-2 所示的直线图形。

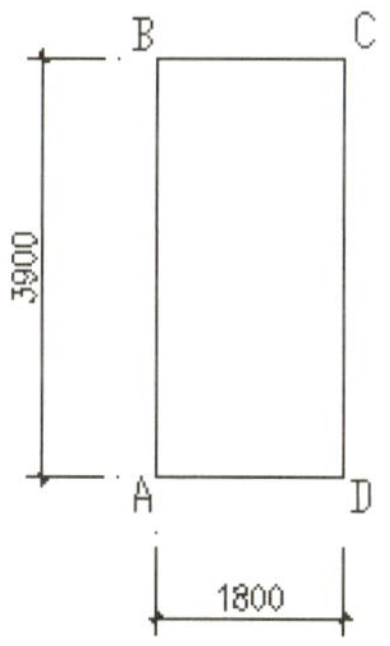


图 2-2　直线绘制效果图

操作步骤

点击“菜单”命令“绘图”/“线”

指定第一点：0,0（A 点）

指定下一个点或 [ 放弃 (U)]: @0,3900（B 点）

指定下一个点或 [ 放弃 (U)]: @1800< − 360（C 点）

指定下一个点或 [ 闭合 (C)/ 放弃 (U)]: @3900<270（D 点）

指定下一个点或 [ 闭合 (C)/ 放弃 (U)]: @1800<180 或输入字母“C”（回车确认）。

2. 多段线绘制

绘制如图 2-3 所示的多段线图形。

（a）多段线绘制方柜　　（b）多段线绘制 U 字形

图 2-3　多线段绘制效果图

绘制图 2-3（a）操作步骤：

命令：PL，指定起点：设定 A 点，当前线宽为 0.0000

指定下一个点或 [ 圆弧 (A)/ 半宽 (H)/ 长度 (L)/ 放弃 (U)/ 宽度 (W)]: W（设定线宽）

指定起点宽度 <0.0000>: 240

指定端点宽度 <240.0000>:

指定下一个点或 [ 圆弧 (A)/ 半宽 (H)/ 长度 (L)/ 放弃 (U)/ 宽度 (W)]: @3000,0（B 点）

指定下一个点或 [ 圆弧 (A)/ 闭合 (C)/ 半宽 (H)/ 长度 (L)/ 放弃 (U)/ 宽度 (W)]: @0,2100（C 点）

指定下一个点或 [ 圆弧 (A)/ 闭合 (C)/ 半宽 (H)/ 长度 (L)/ 放弃 (U)/ 宽度 (W)]: @-3000,0（D 点）

指定下一个点或 [ 圆弧 (A)/ 闭合 (C)/ 半宽 (H)/ 长度 (L)/ 放弃 (U)/ 宽度 (W)]: C

绘制图 2-3（b）操作步骤：

命令 :PLINE，指定起点：设定 A 点，当前线宽为 0.0000

指定下一个点或 [ 圆弧 (A)/ 半宽 (H)/ 长度 (L)/ 放弃 (U)/ 宽度 (W)]: W（设定线宽）

指定起点宽度 <0.0000>: 180

指定端点宽度 <180.0000>:

指定下一个点或 [ 圆弧 (A)/ 半宽 (H)/ 长度 (L)/ 放弃 (U)/ 宽度 (W)]: @1500,0（B 点）

指定下一个点或 [ 圆弧 (A)/ 闭合 (C)/ 半宽 (H)/ 长度 (L)/ 放弃 (U)/ 宽度 (W)]: a（转换画圆弧）

指定圆弧的端点或 [ 角度 (A)/ 圆心 (CE)/ 闭合 (CL)/ 方向 (D)/ 半宽 (H)/ 直线 (L)/ 半径 (R)/ 第二个点 (S)/ 放弃 (U)/ 宽度 (W)]: r（设定半径）

指定圆弧的半径 : 750

指定圆弧的端点或 [ 角度 (A)]: @0,1500（C 点）

指定圆弧的端点或 [ 角度 (A)/ 圆心 (CE)/ 闭合 (CL)/ 方向 (D)/ 半宽 (H)/ 直线 (L)/ 半径 (R)/ 第二个点 (S)/ 放弃 (U)/ 宽度 (W)]: 1( 转换画直线 )

指定下一个点或 [ 圆弧 (A)/ 闭合 (C)/ 半宽 (H)/ 长度 (L)/ 放弃 (U)/ 宽度 (W)]: @-2400,0（D 点）

指定下一个点或 [ 圆弧 (A)/ 闭合 (C)/ 半宽 (H)/ 长度 (L)/ 放弃 (U)/ 宽度 (W)]:（回车确认）

## 第二节 多边形与矩形

学习重点:

- 通过讲练结合上机操作，重点掌握多边形与矩形命令的操作方法与要点。
- 理解记忆多边形、矩形的各种执行方式。

技能要求:

- 能灵活运用多边形与矩形命令进行图形绘制。
- 能在上机操作中熟练运用快捷操作方式。

实训课题:

- 利用多边形命令完成如图 2-4 所示的图形。
- 利用矩形命令完成如图 2-5 所示的图形。

### 一、多边形

由多条线段组成的封闭图形就是多边形，利用绘制多边形命令可在 AutoCAD 软件中绘制边数为 3~1024 条的正多边形。

操作步骤

点击“菜单”命令“绘图”/“多边形”；

在命令行输入 : POLYGON ;

点击“工具条”中的多边形按钮 ⬠ 。

AutoCAD 给出提示 :

这时，polygon 输入边的数目 <4>:

指定正多边形的中心点或 [ 边 (E)]:

输入选项 [ 内接于圆 (I)/ 外切于圆 (C)] <I>:

## 二、矩形

利用此命令可以绘制矩形，也可对其进行倒角或倒圆角等。

操作步骤

点击“菜单”命令“绘图”/“矩形”；

在命令行输入：RECLANGLE;

点击“工具条”中的“矩形”按钮 后，系统提示：

指定第一角点或[倒角(C)/标高(E)/圆角(F)/厚度(T)/宽度(W)]：（其中每一选项分别表示）

倒角(C)：用于定义矩形的倒角数值。

圆角(F)：用于定义矩形的圆角数值。

宽度(W)：用于定义矩形的线宽。

标高(E)和厚度(T)是三维建模时常设数值。

## 三、案例2——多边形与矩形图形绘制

绘制如图2-4所示的正多边形。

操作步骤

输入命令：polygon

命令：输入边的数目 <4>: 8

指定正多边形的中心点或[边(E)]: 设定O点

输入选项[内接于圆(I)/外切于圆(C)] <I>: C（选择绘图方式）

指定圆的半径：2100（设定半径）回车键即可

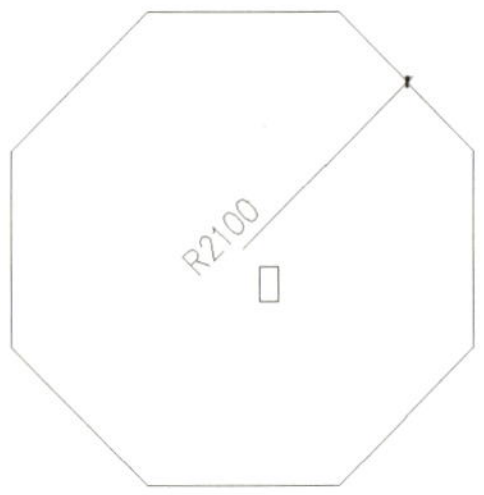


图2-4　正多边形绘制效果图

绘制如图2-5所示的矩形图形。

绘制图2-5(a) 操作步骤

命令：rectang

指定第一个角点或[倒角(C)/标高(E)/圆角(F)/厚度(T)/宽度(W)]: 0,0（设定A点）

指定另一个角点或[面积(A)/尺寸(D)/旋转(R)]: @200,300（设定B点）

绘制图2-5(b) 操作步骤

命令：rectang

指定第一个角点或[倒角(C)/标高(E)/圆角(F)/厚度(T)/宽度(W)]: c（设定选项）

指定矩形的第一个倒角距离 <0.0000>: 20（设定倒角值）

指定矩形的第二个倒角距离 <20.0000>

指定第一个角点或[倒角(C)/标高(E)/圆角(F)/厚度(T)/宽度(W)]: 0,0（设定A点）

指定另一个角点或[面积(A)/尺寸(D)/旋转(R)]: @200,300（设定B点）

绘制图 2-5(c) 操作步骤

命令 : rectang

当前矩形模式： 倒角 =20.0000 x 20.0000

指定第一个角点或 [ 倒角 (C)/ 标高 (E)/ 圆角 (F)/ 厚度 (T)/ 宽度 (W)]: f（设定选项）

指定矩形的圆角半径 <20.0000>: 30（设定圆角值）

指定第一个角点或 [ 倒角 (C)/ 标高 (E)/ 圆角 (F)/ 厚度 (T)/ 宽度 (W)]: 0,0（设定 A 点）

指定另一个角点或 [ 面积 (A)/ 尺寸 (D)/ 旋转 (R)]: @200,300（设定 B 点）

绘制图 2-5(d) 操作步骤

命令 : rectang

当前矩形模式： 圆角 =30.0000

指定第一个角点或 [ 倒角 (C)/ 标高 (E)/ 圆角 (F)/ 厚度 (T)/ 宽度 (W)]: w（设定选项）

指定矩形的线宽 <0.0000>: 10（设定线宽）

指定第一个角点或 [ 倒角 (C)/ 标高 (E)/ 圆角 (F)/ 厚度 (T)/ 宽度 (W)]: 0,0（设定 A 点）

指定另一个角点或 [ 面积 (A)/ 尺寸 (D)/ 旋转 (R)]: @200,300（设定 B 点）

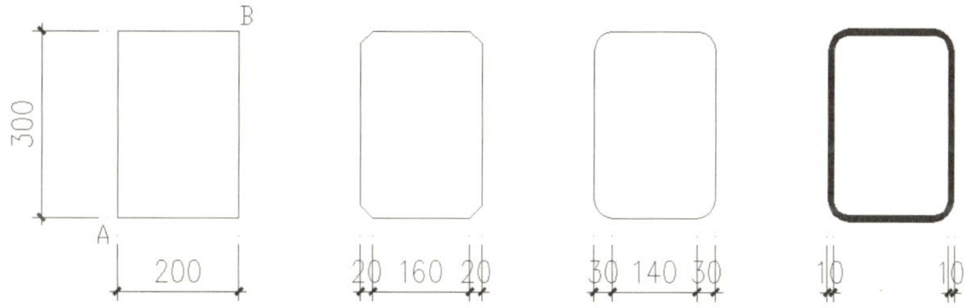


(a) 直接绘矩形　(b) 倒角的矩形　(c) 圆角的矩形　(d) 有线宽的矩形

图 2-5　矩形绘制效果图

## 第三节　圆、圆弧、椭圆与椭圆弧

学习重点:

- 通过讲练结合上机操作，重点掌握圆、圆弧、椭圆与椭圆弧命令的操作方法与要点。
- 理解记忆圆、圆弧、椭圆与椭圆弧命令的各种执行方式。

技能要求:

- 能灵活运用圆、圆弧、椭圆与椭圆弧命令进行图形绘制。
- 能在上机操作中熟练运用快捷操作方式。

实训课题:

- 利用椭圆命令完成如图 2-9 所示的图。
- 利用椭圆弧命令完成如图 2-10 所示的图。

## 一、圆与圆弧

### 1. 圆

在 AtuoCAD 2009 中可根据不同需要，选择不同的方法来画圆。

操作步骤

点击“菜单”命令“绘图”/“圆”；

在命令行输入：CIRCLE;

点击“工具条”中的“圆”按钮 。

这时，在 AutoCAD 中显示：

指定圆的圆心或 [ 三点 (3P)/ 两点 (2P)/ 相切、相切、半径 (T)]:

每一选项意义：

三点 (3P): 三点画圆。按顺序连接三个点，绘制出一个圆。

两点 (2P): 两点画圆。输入两个点，两点之间的距离为圆的直径。

相切、相切、半径 (T): 画圆与两个圆相切，T 为半径已知。

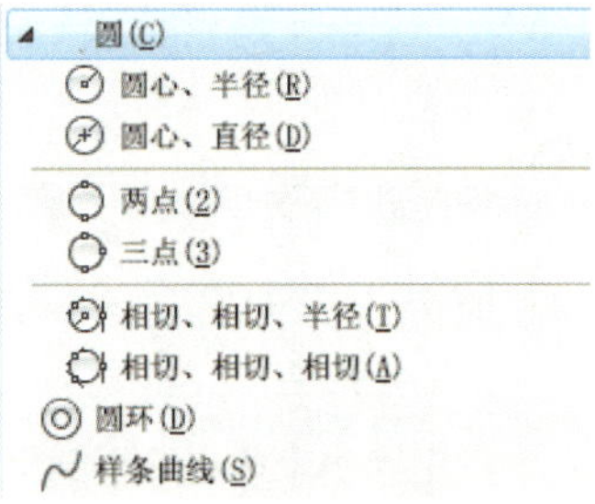


图 2-6　圆的下拉菜单

说明：点击“菜单”命令“绘图”/“圆”时，会出现一个下拉菜单，在菜单中选择各选项也可执行画圆操作，如图 2-6 所示 。

### 2. 圆弧

圆弧绘制的方法，可依照不同的情况选择不同的方式。

操作步骤

点击“菜单”命令“绘图”/“圆弧”；

在命令行输入：ARC;

点击“工具条”中的“圆弧”按钮 。

这时，在 AutoCAD 中显示：

指定圆弧的起点或 [ 圆心 (C)]:

指定圆弧的第二个点或 [ 圆心 (C)/ 端点 (E)]:

指定圆弧的端点：

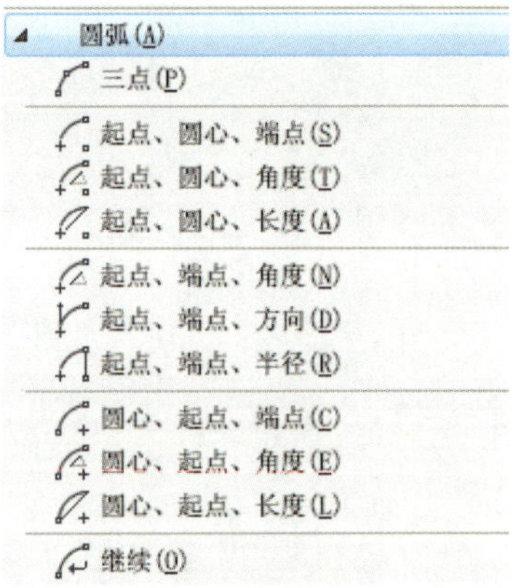


图 2-7　圆弧的下拉菜单

说明：从菜单命令绘图 / 圆弧后显示的菜单最为直接。从图 2-7 中可以看到画圆弧的方式有十几种，可根据需要进行选择。绘制圆弧时，逆时针为正，顺时针为负。

## 二、椭圆与椭圆弧

在 AutoCAD 中，绘制椭圆的方式有以下几种：

点击“菜单”命令“绘图”/“椭圆”；

在命令行输入：ELLIPSE;

点击“工具条”中的“椭圆”按钮 。

这时，在 AutoCAD 中显示：

指定椭圆的轴端点或 [ 圆弧 (A)/ 中心点 (C)]:

圆弧 (A) 表示 : 绘制椭圆弧。

中心点 (C): 选择该选项 , 先在绘图区定一点为椭圆中心点 , 一点为轴的端点 , 再给出半轴的距离。

说明：点击“菜单”命令“绘图”/“椭圆”后显示的菜单最为直接，如图 2-8 所示。

也可由图 2-8 绘制椭圆弧

操作步骤

“绘图”/“椭圆”/“圆弧”

指定椭圆的轴端点或 [ 圆弧 (A)/ 中心点 (C)]: a( 设定选项 )

指定椭圆弧的轴端点或 [ 中心点 (C)]:

指定轴的另一个端点 :

指定另一条半轴长度或 [ 旋转 (R)]:

指定起始角度或 [ 参数 (P)]:

指定终止角度或 [ 参数 (P)/ 包含角度 (I)]:

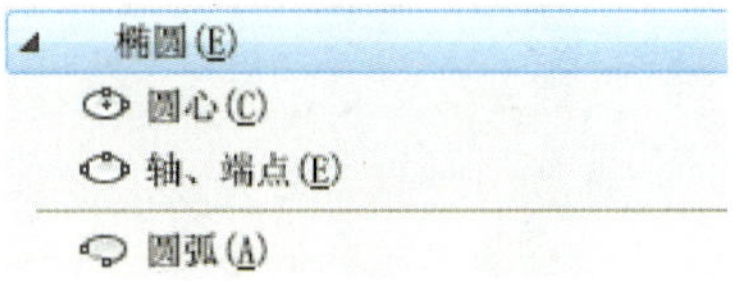


图 2-8 椭圆的下拉菜单

## 三、案例 3——弧形几何图形绘制

实例 1：绘制长轴为 80mm，短轴为 50mm 的椭圆，效果如图 2-9 所示。

操作步骤

命令 : ellipse

指定椭圆的轴端点或 [ 圆弧 (A)/ 中心点 (C)]:c

指定椭圆的中心点 :( 在绘图区设定点 o)

指定轴的端点 : @ − 40,0

指定另一条半轴长度或 [ 旋转 (R)]: @0,25

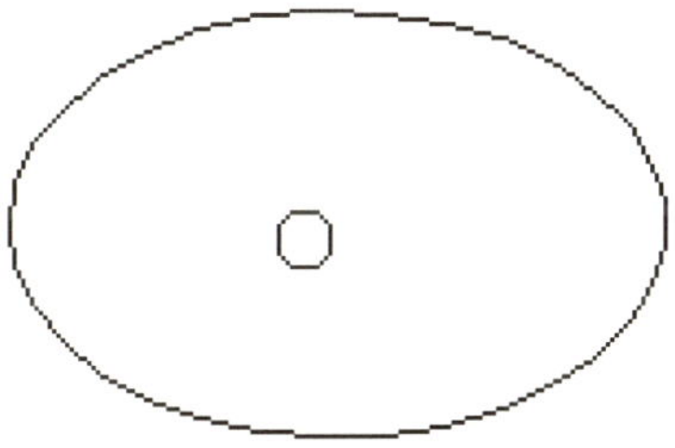

图 2-9 绘制椭圆的效果图

实例 2：绘制长轴为 150mm、短轴为 120mm, 起始角度为 30°、终止角度 245° 的椭圆弧，效果如图 2-10 所示。

操作步骤

命令 : ellipse

指定椭圆的轴端点或 [ 圆弧 (A)/ 中心点 (C)]:a

指定椭圆弧的轴端点或 [ 中心点 (C)]（设定起点位置）

指定轴的另一个端点 : @120<0

指定另一条半轴长度或 [ 旋转 (R)]: @150<90

指定起始角度或 [ 参数 (P)]: 30

指定终止角度或 [ 参数 (P)/ 包含角度 (I)]:245

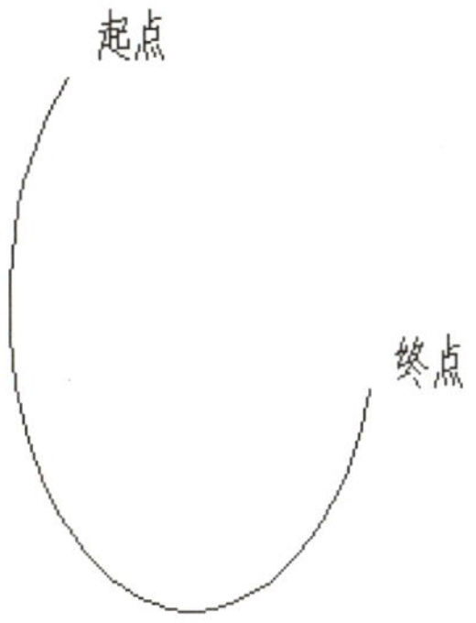


图 2-10 绘制椭圆弧的效果图

## 第四节 样条曲线、多线

学习重点：

- 通过讲练结合上机操作，重点掌握样条曲线、多线命令的操作方法与要点。
- 理解记忆样条曲线、多线命令的各种执行方式。

技能要求：

- 能灵活运用样条曲线、多线命令进行图形绘制。
- 能在上机操作中熟练运用快捷操作方式。

实训课题：

- 利用多线命令完成如图 2-11 所示的图形。

### 一、样条曲线

“样条曲线”通常是用来绘制光滑曲线，在绘图的过程中经常用到。绘制样条曲线的方式有以下几种：

点击“菜单”命令“绘图”/“样条曲线”；

在命令行输入：SPLINE;

点击“工具条”中的“样条曲线”按钮 。

执行命令后，提示：

指定第一个点或 [ 对象 (O)]:( 指定 F1 点 )

指定下一个点：( 指定 F2 点 )

指定下一个点或 [ 闭合 (C)/ 拟合公差 (F)] < 起点切向 >:( 指定 F3 点 )

指定下一个点或 [ 闭合 (C)/ 拟合公差 (F)] < 起点切向 >:( 指定 F4 点 )

指定下一个点或 [ 闭合 (C)/ 拟合公差 (F)] < 起点切向 >:( 指定 F5 点 )

指定起点切向：

指定端点切向：

操作效果如图 2-11 所示。

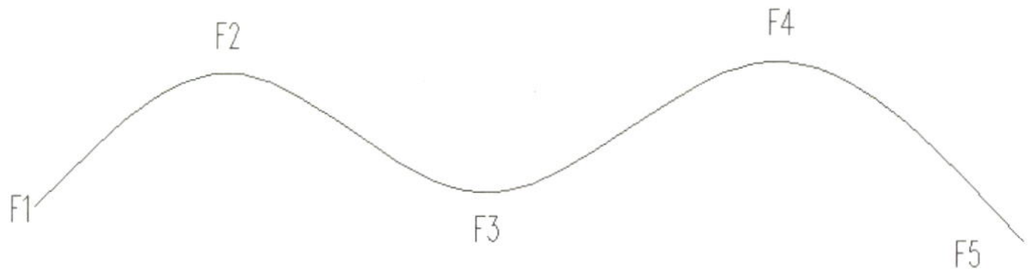


图 2-11 样条曲线效果图

### 二、多线

因为 AutoCAD 的多线命令具有方便、高效的特点，所以在绘制建筑施工图时，常常使用它。

绘制多线的方式有以下两种:

点击“菜单”命令“绘图”/“多线”;

在命令行输入:MLINE;

执行命令后,提示:

当前设置:对正 = 上,比例 = 20.00,样式 = STANDARD

指定起点或 [对正 (J)/ 比例 (S)/ 样式 (ST)]:

其中,对正 (J)、比例 (S)、样式 (ST) 各选项的含义是:

对正(J):用于确定绘制多线的对正方式。其对正类型有 [上 (T)/ 无 (Z)/ 下 (B)] 几种。

比例(S):用于定义多线的比例系数。

样式(ST):用于确定所绘多线时所使用的多线样式,默认样式为“Standard”。

在 AutoCAD 软件中提供了基本的多线绘制,其默认的对正 = 上,比例 = 20.00,样式 = STANDARD。可以自己创建和保存多线样式,还可以设置每个元素的颜色、线型等。

说明:在绘制多线时,还可以定义多线的样式,编辑多线。具体操作如下:

1. 定义多线的样式

点击“菜单”命令“格式”/“多线样式”,弹出“多线样式”对话框,如图 2-12 所示。

点击“多线样式”中的“新建”按钮,弹出“创建新的多线样式”对话框,在“新样式名”框中,输入如“W”等字样,继续 按钮呈现黑色时表示可用;呈现灰色时表示不可用,如图 2-13 所示。

点击 继续 按钮,弹出“新建多线样式:W”对话框,如图 2-14 所示。

在“图元”选项中,点击“添加”按钮,在元素栏内增加了一个元素;在“偏移”“颜色”和“线型”框中分别可以改变当前新增元素的偏移值、色彩与线型,如图 2-14 所示。

点击“确定”按钮,返回到“多线样式”对话框;点击“置为当前”按钮,就可以选择最新定义好的样式。

点击“确定”按钮,完成定义多线样式。

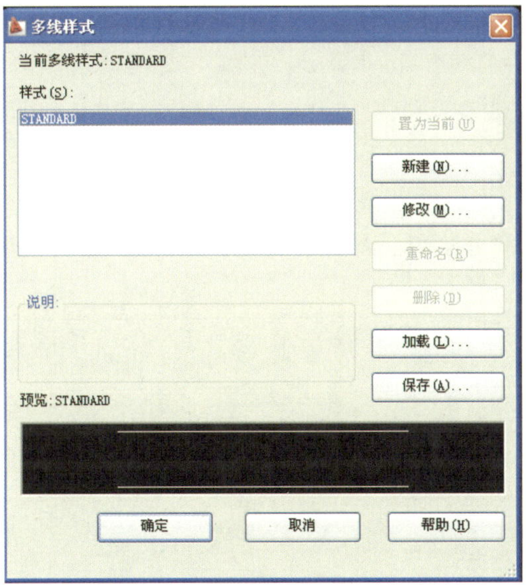


图 2-12 “多线样式”对话框

图 2-13 “创建新的多线样式”对话框

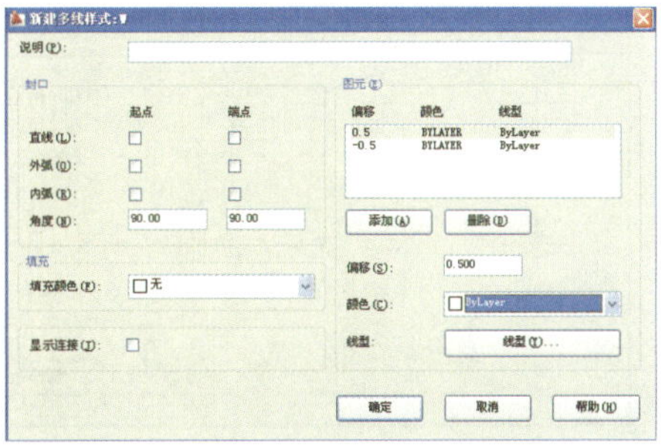

图 2-14 “新建多线样式:W”对话框

2. 多线的编辑

多线的编辑主要是通过“多线编辑工具”对话框来进行。具体操作方法是:

点击“菜单”命令“修改”/“对象”/“多线”;

在命令行输入:MLEDIT;

执行命令后,在绘图区弹出“多线编辑工具”对话框,如图2-15所示。用户可以通过选择对话框中的各选项工具,来编辑绘图区的多线,从而达到绘图要求。

## 三、案例4——墙体绘制

用多线绘制一个开间为3600mm、进深为4500mm、墙厚为240mm的图形,如图2-16所示。

操作步骤

点击“菜单”命令“格式”/“多线样式”,在“多线样式”对话框中,点击“新建”按钮;在弹出的对话框中新样式名后的框中直接输:QIANG;点击 继续 按钮后,在元素栏中添加偏移值分别为120、-120;点击“确定”按钮返回到“多线样式”对话框;点击“置为当前”按钮,把最新定义的样式“QIANG” 置为当前;最后点击“确定”按钮,完成定义多线样式。

命令:mline

当前设置:对正 = 上,比例 = 20.00,样式 = QIANG

指定起点或 [对正(J)/比例(S)/样式(ST)]: j

输入对正类型 [上(T)/无(Z)/下(B)] <上>: z

当前设置:对正 = 无,比例 = 20.00,样式 = QIANG

指定起点或 [对正(J)/比例(S)/样式(ST)]: s

输入多线比例 <20.00>: 1

指定下一点: <正交开> @0,4500

指定下一点或 [放弃(U)]: @3600,0

指定下一点或 [闭合(C)/放弃(U)]: @0, -4500

指定下一点或 [闭合(C)/放弃(U)]: c

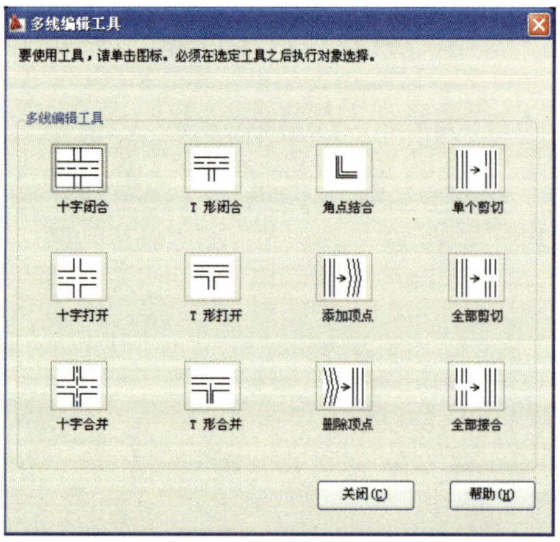


图2-15 “多线编辑工具”对话框

图2-16 墙体绘制

# 第五节 图案填充、图块与多行文字

学习重点：

- 通过讲练结合上机操作，重点掌握图案填充、图块与多行文字命令的操作方法与要点。
- 理解记忆图案填充、图块与多行文字命令的各种执行方式。

技能要求：

- 能灵活运用图案填充、图块与多行文字命令进行图形绘制、编辑与说明。
- 能在上机操作中熟练运用快捷操作方式。

实训课题：

- 利用图案填充命令完成如图 2-23 所示的图形。
- 利用图块命令完成如图 2-24 所示的图形。

## 一、图案填充

在绘图的过程中，为了表示各个图例之间的结构关系，需要填充一些复杂的图形。为此，在 AutoCAD 软件中提供了图案填充的功能。进行图案填充的方式有以下几种：

点击“菜单”命令“绘图”/“图案填充”；

在命令行输入：BHATCH、HATCH;

点击“工具条”中的  按钮。

执行命令后，打开“图案填充和渐变色”对话框，如图 2-17 所示。

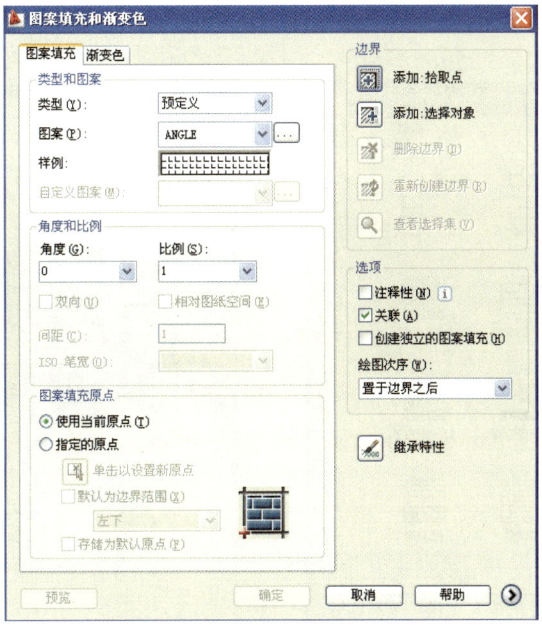


图 2-17 “图案填充和渐变色”对话框

在该对话框中包括两部分选项，分别是“图案填充”和“渐变色”。

（1）在“图案填充”框中，可以分别设置各选项的含义和功能。

“类型”：用于设置图案的类型，有预定义、用户定义、自定义选项。

“图案”：当处在“预定义”选项时，该列表框中有很多用于设置填充图案的样例。点击 按钮，弹出“填充图案选项板”，如图 2-18 所示。可根据需要，选择适当的图案，点击“确定”即可。

“样例”：显示当前被选的图样。

“自定义图案”：显示为灰色时表示不可用。只有调整好类型中采用“自定义”类型时，该选项才可用。

“角度”和“比例”：分别用于设置填充图案的旋转角度、比例值，旋转角度的默认值为 0、比例的默认值为 1。

“边界”：有几种进行图案填充时的选择对象方法，一是“拾取点”；二是“选择对象”。当选择“拾取点”选项时，在绘图区中鼠标要移至填充图案的中间任一位置再点击左键，此时，被选对象呈亮显状态；当选择“选择对象”选项时，鼠标以窗选的方式选择全部要填充的对象即可。

（2）在“渐变色”框中，可设置一种或多种颜色来填充图形。

各选项的功能如下，如图 2-19 所示。

“单色”：可使用由一种颜色产生的渐变颜色来填充图形。点击颜色后的 按钮，会弹出一个“选择颜色”的对话框，可以从索引颜色、真彩色、配色系统中选择所需要的渐变色，通过 暗 明 滑块来调整色彩的渐变程度。

“双色”：可使用由两种颜色产生的渐变色来填充图形。

“居中”：所需要的渐变色为均匀渐变。在其后的“角度”中，默认值是 0，点击下拉箭头可以设置渐变色的角度，如 15、30、45 等。

“边界”选项功能同上。

说明：在填充图案时，所有需要填充的全部区域，必须是全封闭的。

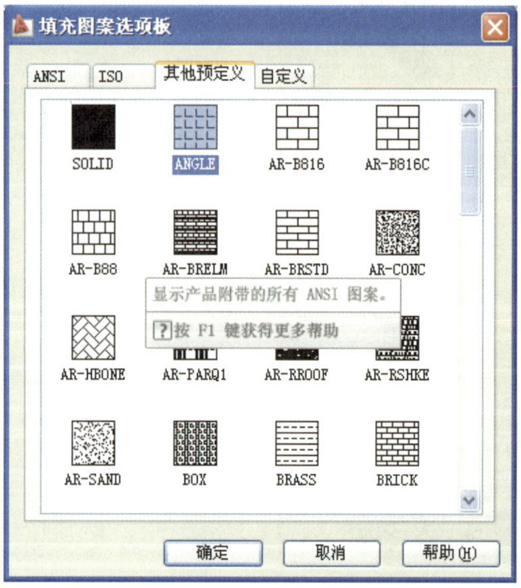


图 2-18 “填充图案选项板”对话框

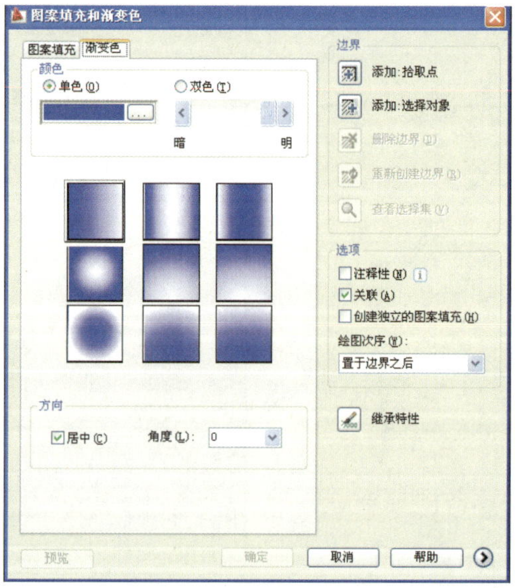


图 2-19 “图案填充和渐变色”对话框中的“渐变色选框”

## 二、图块

图块是一组图形的累加，是线型、颜色等的累加。在设计绘图过程中，经常要用到这类图块，根据实际需要可对图块进行各种编辑，如移动、缩放、旋转等。

1．创建图块

定义、创建一组图块，首先是绘制图形；然后，用“BLOCK”命令将绘制的图形对象定义成图块。

创建图块的命令有以下几种：

点击“菜单”命令“绘图”/“块”/“创建”；

在命令行输入：BLOCK，BMAKE；

点击“工具条”中的按钮 。

执行命令后，弹出 “块定义”对话框，如图 2-20 所示。

“块定义”对话框各功能选项：“名称”栏用于输入当前要创建的图块的名称。“基点”栏用于确定图块插入点的位置。“对象”选项是指设定图块所包含的内容，勾选“保留”，设定构成图块的图形能继续显示在绘图区，其他选项类推。

2．插入图块

已设定好的图块，用“DDINSERT”或“INSERT”命令就可以将块或整个图形插入到当前图形中。

插入图块的命令有以下几种：

点击“菜单”命令“插入”/“块”；

在命令行输入：DDINSERT，INSERT；

点击“工具条”中的按钮 。

执行命令后，弹出“插入”对话框，如图 2-21 所示。

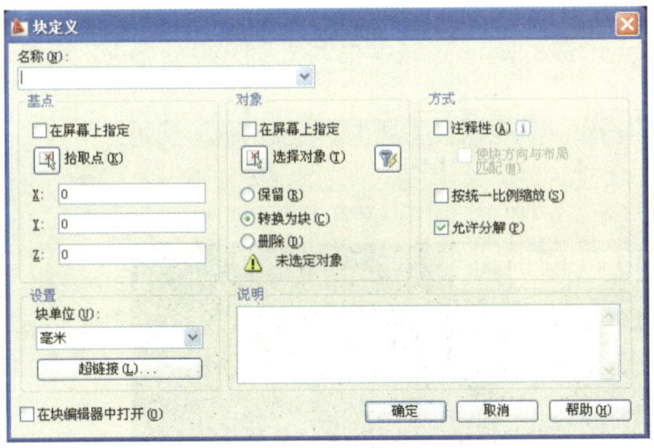


图 2-20 “块定义”对话框

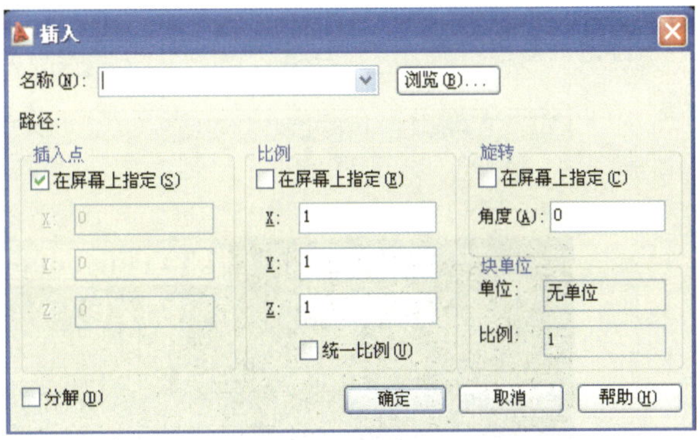


图 2-21 “插入”对话框

“插入”对话框中各功能选项：

“名称”框是用来输入已设定好的，需要插入到图形中的图块名，或点击“浏览”，在电脑的存取位置找到要插入的图块。

“插入点”是用来设定图块的插入位置，默认位置是勾选“在屏幕上指定”。

“比例”设置插入图块的比例尺度。可勾选“在屏幕上指定”，也可直接在“X”“Y”“Z”框中输入数据。

“旋转”设置插入图块的旋转角度。可勾选“在屏幕上指定”，也可直接在“角度”框中输入角度值。

勾选“分解”，插入后的图块会自动分解，可对其进行修改；如之后修改图块对象时，必须先对其进行分解（点击“菜单”命令“修改”/“分解”，再在绘图区选中操作对象即可），才能操作。

说明：所有的图形文件均可视作为图块插入。

## 三、多行文字

图纸画好后，常常需要在图纸上对具体的对象加以说明。在 AutoCAD 软件中提供了几种命令来标注文本，其中就包括多行文字常用命令。它由任意数目的单行文字或段落组成，可通过编辑命令对文本进行移动、旋转、删除等。

启动多行文字的命令有以下几种：

点击“菜单”命令“绘图”/“文字”/“多行文字”；

在命令行输入：MTEXT；

点击“工具条”中的按钮 A 。

执行命令后，提示：

指定对角点 [ 高度（H）/ 对正（J）/ 行距（L）/ 旋转（R）/ 样式（S）/ 宽度（W）]：

提示行中各选项简介如下：

高度（H）：设置标注文本的高度。

对正（J）：设置文字的排列方式。

行距（L）：设置文字行与行的间距。

旋转（R）：确定文字的倾斜角度。

样式（S）：设定文字的标注样式。

宽度（W）：确定文字框的宽度。

设定好各选项后，用户可以在 AutoCAD 中的两个对角点形成的矩形区域中书写文字，如图 2-22 所示。

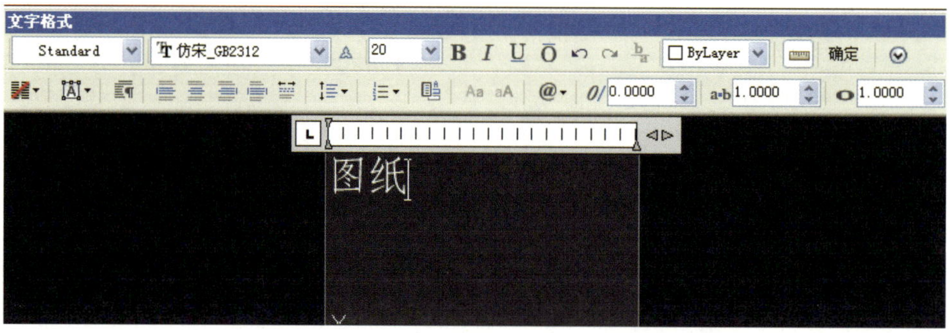


图 2-22　多行文字

## 四、案例 5——图案填充及块的创建

实例 1：在一长 3000mm、宽 2700mm 的区域内填充图案，如图 2-23 所示。

按上述条件在绘图区绘出一个 3000mm×2700mm 的矩形。

点击“菜单”命令“绘图”/“图案填充”后，弹出一个对话框——“图案填充和渐变色”。

在对话框中，点击“边界”下的按钮，此时，鼠标呈现 ＋ 状态；移动鼠标至已绘好的矩形中间点击左键，矩形的四条边会亮显起来，点击“Enter”键返回“图案填充和渐变色”对话框中。

点击“图案”选项后的 [...] 按钮，进入“填充图案选项板”框中，在“其他预定义”选项下选择一款符合要求的图样，点击“Enter”键返回 “图案填充和渐变色”对话框中。

点击“比例”下的 [▾] 按钮，选择一个比例值或者直接在框中输入指定数值均可，如 0.5 等。

点击 [预览] 按钮，在矩形中会显示出当前比例下的指定图样。若此时的填充达不到要求，可以按“空格”键返回到“图案填充和渐变色”对话框中继续调整“角度”“比例”等值，直至显示满意。

点击“Enter”键。填充图样效果图如图 2-23 所示。

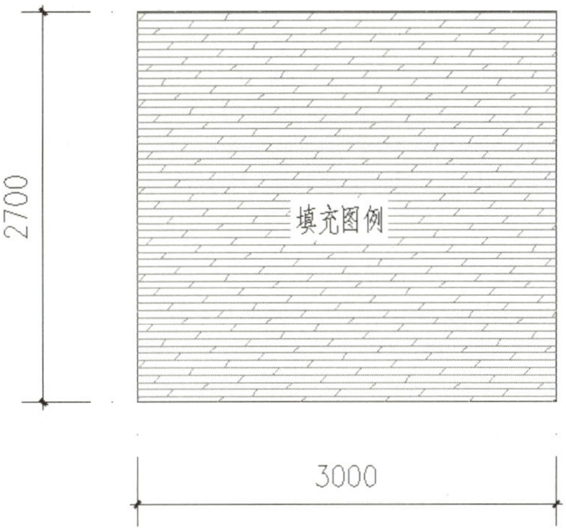

图 2-23 图案填充效果图

实例 2：创建、插入图块，如图 2-24 所示。

1. “创建”图块

点击“菜单”命令“绘图”/“块”/“创建”，弹出“块定义”对话框，如图 2-25 所示。

在“名称”框中输入“2”。

在“基点”选项中点击“拾取点”后，移动鼠标至图形 A 点上点击左键后，返回“块定义”对话框中。

在“对象”选项中点击“选择对象”后，移动鼠标在绘图区将图形全选。

点击“确定”即完成创建块。

图 2-24 创建图块效果图

2. “插入”图块

点击“工具条”中的按钮 ，弹出 “插入”对话框，如图 2-26 所示。

在“名称”框中输入“2”。

其他选项，如插入点、缩放比例、旋转等，均可取默认值。

点击“确定”按钮，移动鼠标在绘图区适当的位置点击左键，即可完成需要的图块插入。

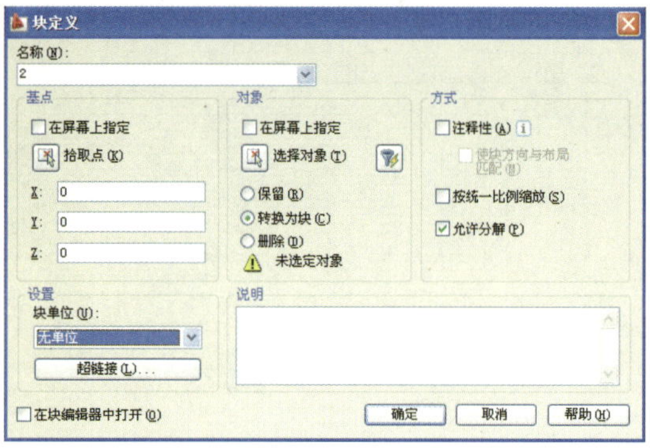


图 2-25 “块定义”对话框

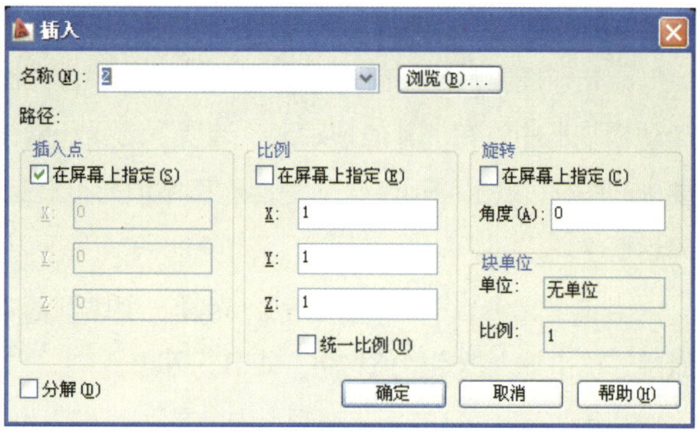


图 2-26 “插入”对话框

# 第三章 AutoCAD 图形的编辑操作

## 本章知识前导

在制图的过程中，用户需要对已绘制的图形进行调整，进一步修改其状态、尺度数据、坐标位置或删除复制；这些操作过程一般称为编辑操作或修改编辑。AutoCAD 中文版提供多种修改编辑命令以便于图形绘制，如图 3-1 所示。

图 3-1 “修改工具”按钮条

在“修改工具”按钮条中，共提供了删除、复制、镜像、偏移、阵列、移动、旋转、比例、拉伸、修剪、延伸、打断于点、打断、合并、倒角、圆角、分解等 17 种修改编辑命令按钮。

在对图形进行编辑操作之前，需要指定编辑的对象和选择编辑命令。AutoCAD 中文版提供两种编辑操作方式，其操作结果相等。至于读者愿意采用哪种操作方式，这取决于个人绘图习惯。

（1）先选择命令：先选择要编辑的命令，然后选择要修改的对象。

操作步骤

打开“范例文件”，范例文件 / 第三章 / 第一节 / 对象选择 01.dwg。

点击“删除工具”按钮，鼠标将变成拾取框，并提示选择对象。

将拾取框移动到左上方“椅子”上，“椅子”呈现预选择状态下的高亮虚线显示，如图 3-2 所示。

点击鼠标，选择“椅子”，“椅子”呈现被选择状态下的虚线显示，如图 3-3 所示。

点击“Enter”键或“空格”键确认命令，“椅子”被删除，鼠标恢复“十字光标”，命令完成如图 3-4 所示。

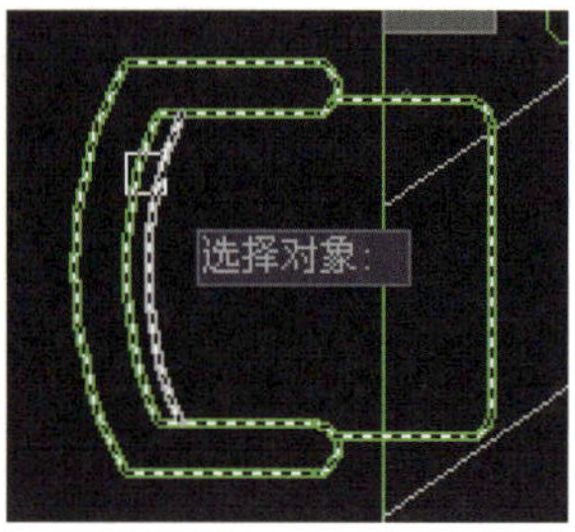


图 3-2 “椅子”呈现高亮虚线显示（1）

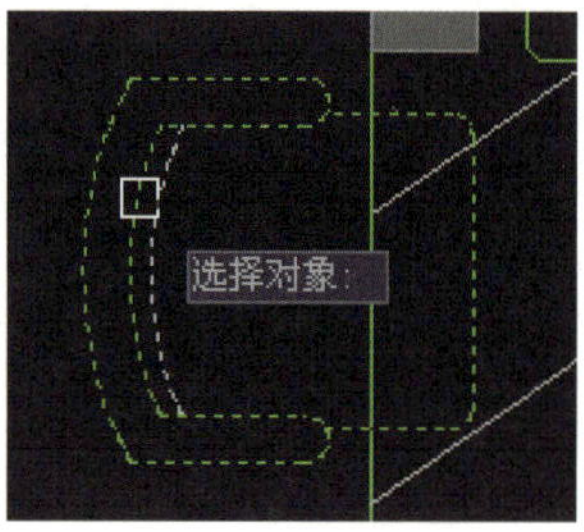


图 3-3 “椅子”呈现虚线显示（2）

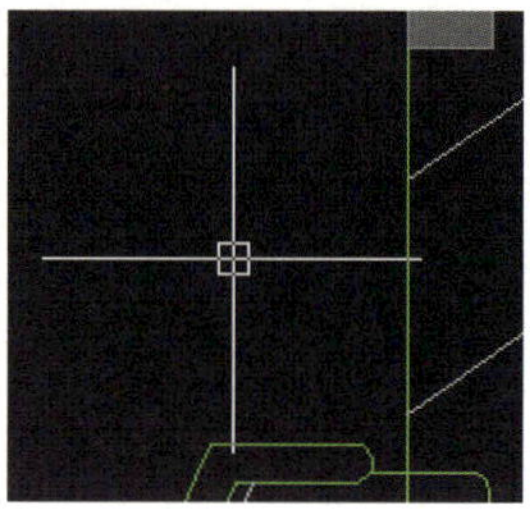

图 3-4　完成命令效果图

（2）先选择对象：先选择对象，然后启动编辑命令。另外，使用此方法时，对象上将会显示夹点，可以直接编辑。

操作步骤

打开“范例文件”，范例文件 / 第三章 / 第一节 / 对象选择 01.dwg。

将十字光标移动到左上方“椅子”上，“椅子”呈现预选择状态下的高亮虚线显示，如图 3-5 所示。

点击鼠标左键，确认选择，“椅子”呈现被选择状态下的虚线显示，如图 3-6 所示。

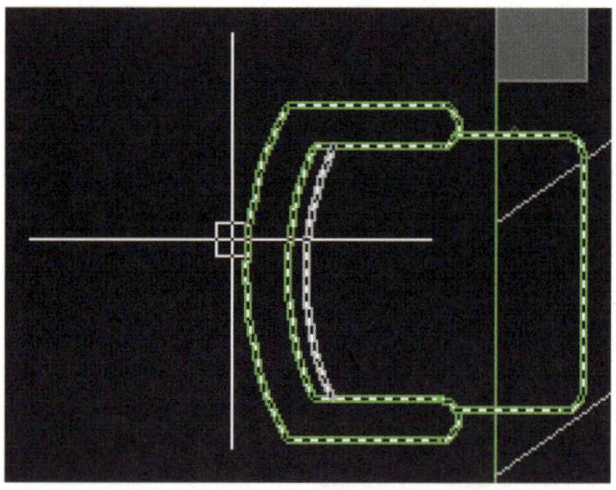

图 3-5　“椅子”呈现高亮虚线显示（1）

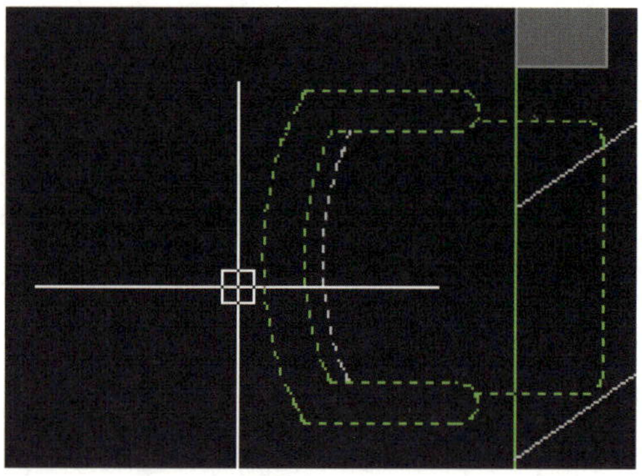

图 3-6　“椅子”呈现虚线显示（2）

点击“删除工具”按钮 ，椅子被删除，命令完成。

快捷应用提示：在先选择命令的操作方式下，鼠标将变成拾取框，这时可连续点选多个对象进行一次性删除操作。亦可在先选择对象的操作方式下同时选择多个对象，再点击“删除按钮”进行一次性删除操作。其他修改编辑也是如此。

## 第一节　选择、删除和复制

学习重点：

- 通过讲练结合上机操作，重点掌握选择、删除及复制命令的操作方法与要点。
- 理解选择、删除及复制的命令执行方式。

技能要求:

- 能灵活运用选择、删除及复制命令对图形进行修改与编辑。
- 能在上机操作中熟练运用快捷操作方式与命令。

实训课题:

- 利用删除命令完成转角沙发平面图。
- 利用复制命令完成双人床平面图。
- 利用选择、删除和复制命令完成组合沙发平面图。

## 一、选择命令

在 AutoCAD 软件中，选择对象的方法很多，可以用拾取框单击对象逐个选择，也可利用矩形窗口或交叉窗口来选择；可以选择最近创建的对象、前面的选择集或图形中的所有对象，也可以在选择集中添加或删除对象。

(1) 选择命令的作用范围：所有类型的对象或物体。

(2) 命令执行：在命令行输入“SELECT”，或直接利用鼠标左键点选、框选物体。

(3) 操作方式。

①点选：通过鼠标左键直接点击要选择的对象，可以同时点击其他对象进行连续选择。

操作步骤

打开“范例文件”，范例文件 / 第三章 / 第一节 / 对象选择 01.dwg。

将“十字光标”移动到中间“桌子”上，“桌子”呈现预选择状态下的高亮虚线显示，如图 3-7 所示。

点击鼠标左键，确认选择，“桌子”呈现被选择状态下的虚线显示，如图 3-8 所示。

继续移动“十字光标”到椅子上，“椅子”呈现预选择状态下的高亮虚线显示，如图 3-9 所示。

点击鼠标左键，确认选择，“椅子”与“桌子”同时呈现被选择状态下的虚线显示，如图 3-10 所示。

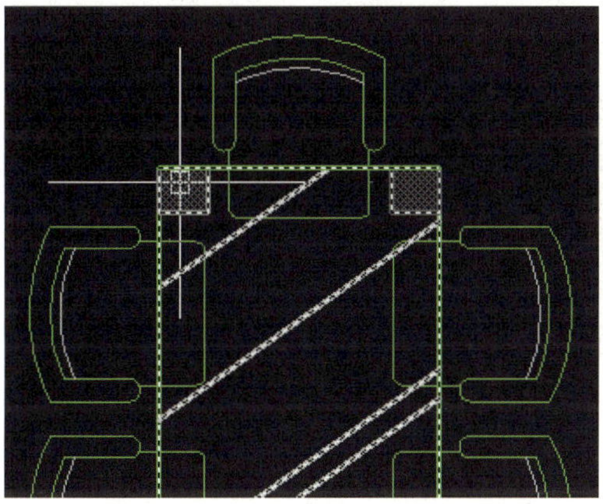

图 3-7 “桌子”呈现高亮虚线显示

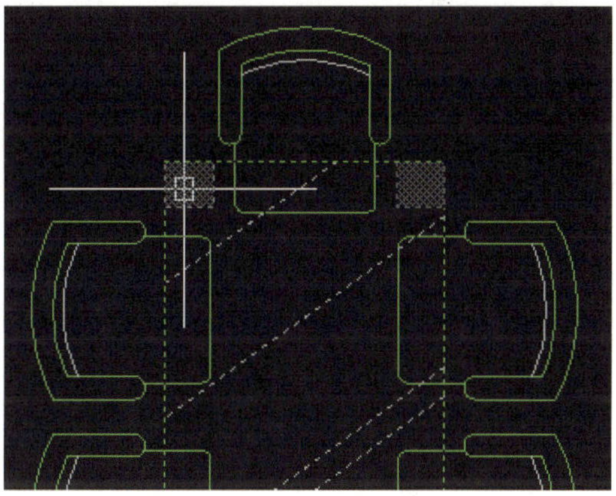

图 3-8 “桌子”呈现虚线

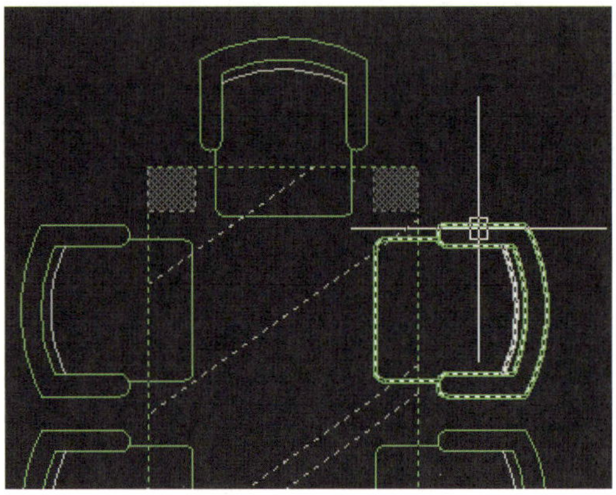

图 3-9 "椅子"呈现高亮虚线显示

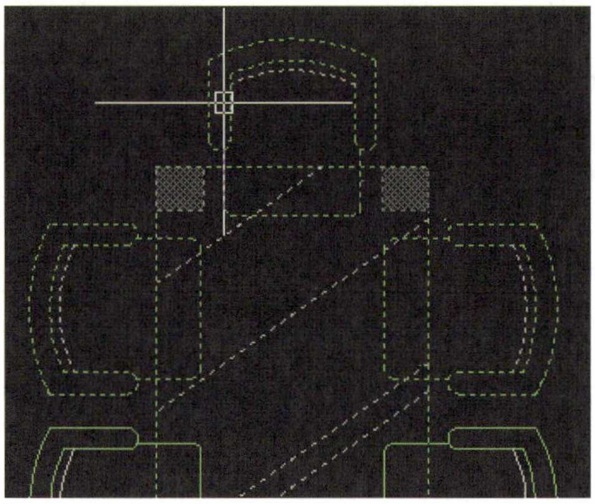

图 3-10 "椅子"与"桌子"同时呈现虚线显示

②框选：可以通过用一个矩形选择区域来选择这些对象。 绘图区域中的矩形选择区域是通过单击对角点定义的。指定角点的不同顺序将会产生不同的效果。

实线框选：从左向右拖动创建一个窗口，只能选择完全位于选择窗口内的对象。

操作步骤

打开"范例文件"，范例文件 / 第三章 / 第一节 / 对象选择 01.dwg。

将"十字光标"移动到图纸的左上角，点击鼠标左键，按住不放向右下角拖动，呈现"蓝色实线"选择框，如图 3-11 所示。

点击鼠标左键，确认"蓝色实线"选择框右下角；被"蓝色实线"选择框完全包含的对象呈现被选择状态下的虚线显示，如图 3-12 所示。

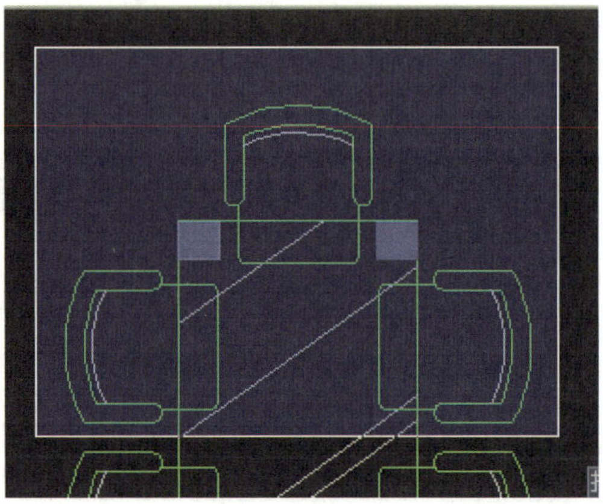

图 3-11 "蓝色实线"选择框

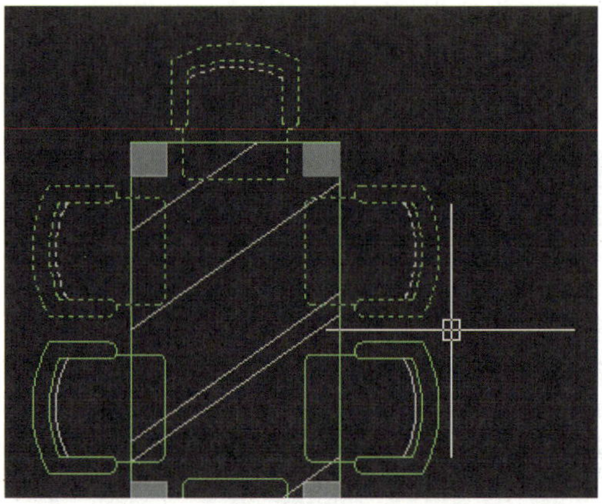

图 3-12 被选择状态下的虚线显示

虚线框选：从右向左拖动创建一个窗交选择，将选择窗口区域内以及与该窗口相交的对象。

操作步骤

打开"范例文件"，范例文件 / 第三章 / 第一节 / 对象选择 01.dwg。

将"十字光标"移动到图纸的右下角，点击鼠标左键，按住不放向左上角拖动，呈现"绿色虚线"选择框如图 3-13 所示。

点击鼠标左键，确认“绿色虚线”选择框左上角，被“绿色虚线”选择框完全包含的对象呈现被选择状态下的虚线显示，如图 3-14 所示。

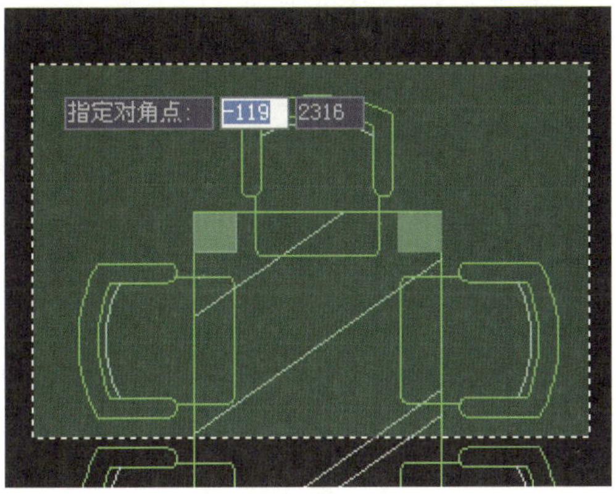


图 3-13 “绿色实线”选择框

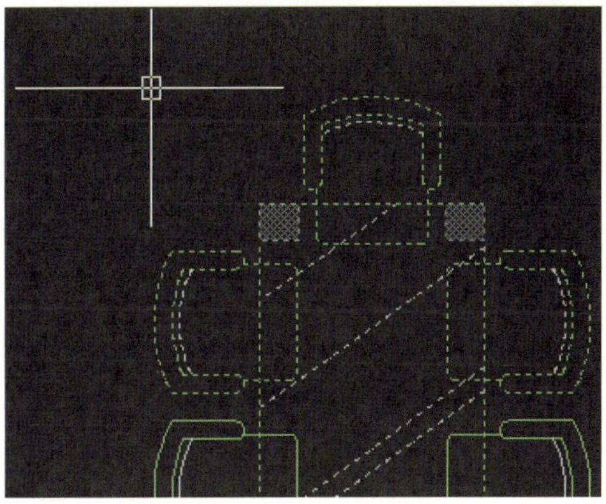

图 3-14 被选择状态下的虚线显示

③加选与减选：在需要加选对象时，可以通过点击对象选入选择集。同时，按住“Shift”键并单击要减选的对象，可以从选择集中减选对象。

操作步骤

打开“范例文件”，范例文件 / 第三章 / 第一节 / 对象选择 01.dwg。

通过“绿色虚线”选择框选择对象，被选择的对象呈现被选择状态下的虚线显示，如图 3-15 所示。

继续移动“十字光标”到未选择的“椅子”上，“椅子”呈现预选择状态下的高亮虚线显示，如图 3-16 所示。点击鼠标左键，确认选择，“新选择的椅子”呈现被选择状态下的虚线显示，如图 3-17 所示。

按住“Shift”键并单击要减选的“椅子”，所有“椅子”被减选出选择集，如图 3-18 所示。

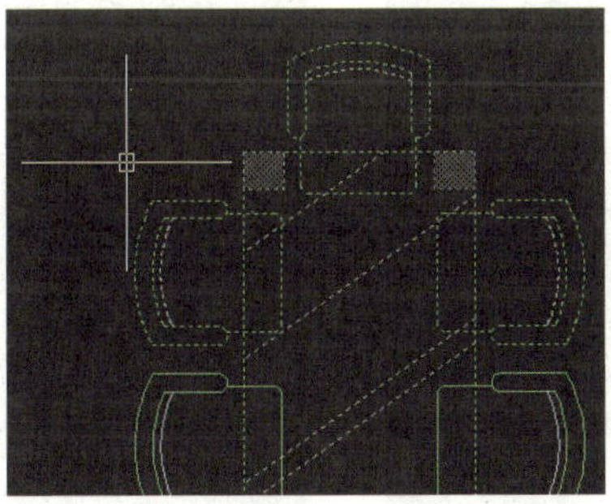

图 3-15 被选择状态下的虚线显示

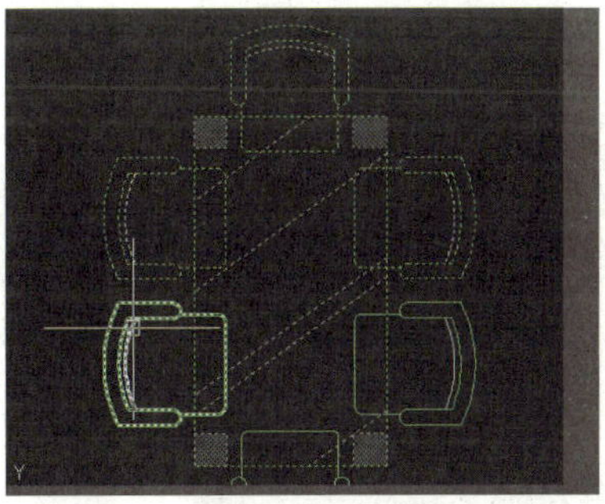

图 3-16 “椅子”呈现高亮虚线显示

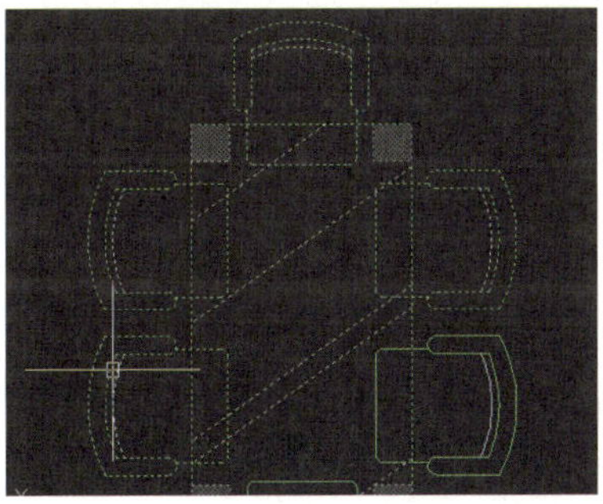

图 3-17 新“椅子”呈现虚线显示

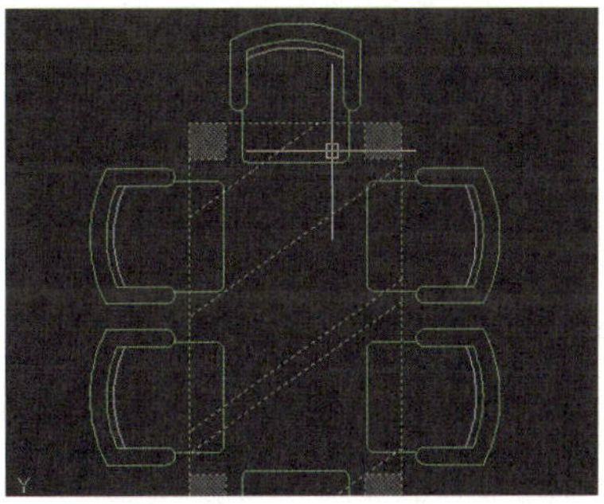

图 3-18 减选所有“椅子”显示

快捷应用提示：可以通过快捷键“S+Enter”快速调用选择命令。在这种模式下，鼠标将变成拾取框。需要选择多个对象时，可以有针对性地运用两种不同的框选方式进行快速选择。灵活运用加选和减选可加快制图速度。

## 二、删除命令

“删除命令”主要用于清除多余的或绘制错误的对象。在制图的过程中，用户可能需要绘制一些参照线或辅助物体，也可能出现画错的图形，需要使用“删除命令”进行修改编辑。

(1)“删除命令”的作用范围：所有类型的对象或物体。

(2) 命令执行：在命令行输入“ERASE”，或利用鼠标左键点击“修改工具”条中的“删除命令”按钮，或单击“修改”下拉菜单中的“删除命令”。

(3) 操作方式。

①按钮。

操作步骤

打开“范例文件”，范例文件 / 第三章 / 第一节 / 删除命令 01.dwg。

点击“修改工具”条中的“删除命令”按钮，鼠标由“十字光标”变为“拾取框”。

将拾取框移动到下方，点选“单座沙发图块”，“单座沙发”呈现被选择状态下的虚线显示，如图 3-19 所示。

继续移动拾取框，同时框选其他对象，“被选择对象”呈现被选择状态下的虚线显示，如图 3-20 所示。按下“Enter”键或“空格”键，确认删除，对象被删除，如图 3-21 所示。

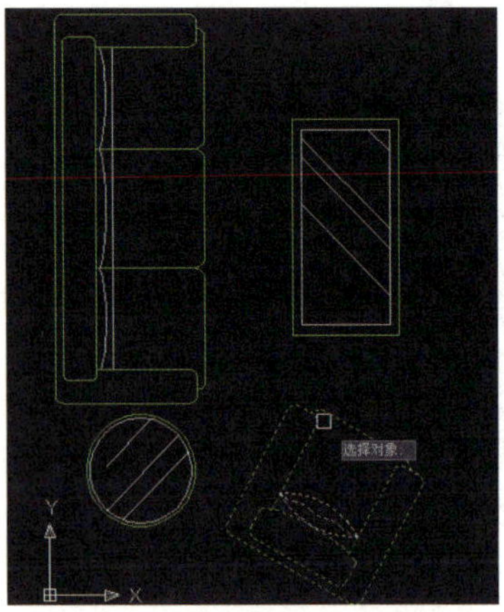


图 3-19 删除命令（1）

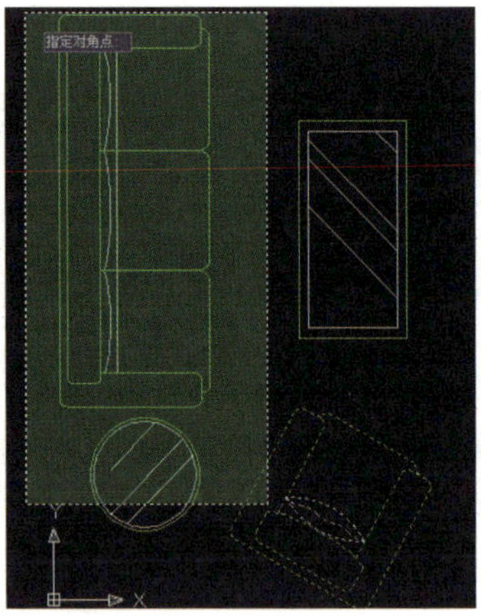


图 3-20 删除命令（2）

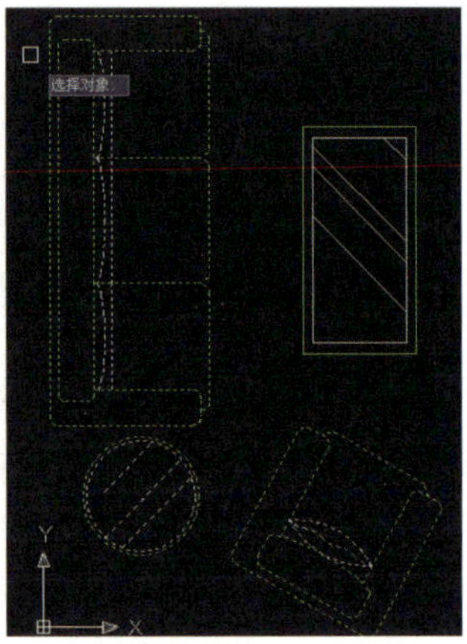


图 3-21 删除命令（3）

②键盘。

操作步骤

打开“范例文件”，范例文件 / 第三章 / 第一节 / 删除命令 01.dwg。

在命令行中输入“ERASE”，鼠标由“十字光标”变为“拾取框”，如图 3-22 所示。

移动“拾取框”，同时框选对象，“被选择对象”呈现被选择状态下的虚线显示，如图 3-23 所示。按下“Enter”键或“空格”键，确认删除，对象被删除，如图 3-24 所示。

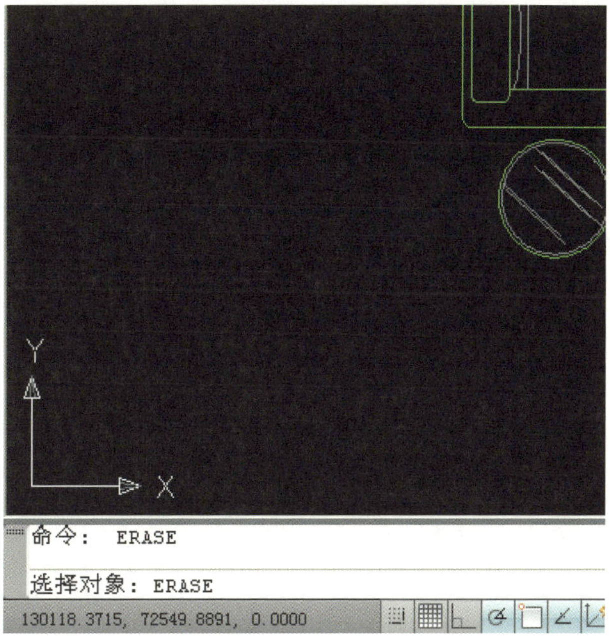


图 3-22　删除命令（4）

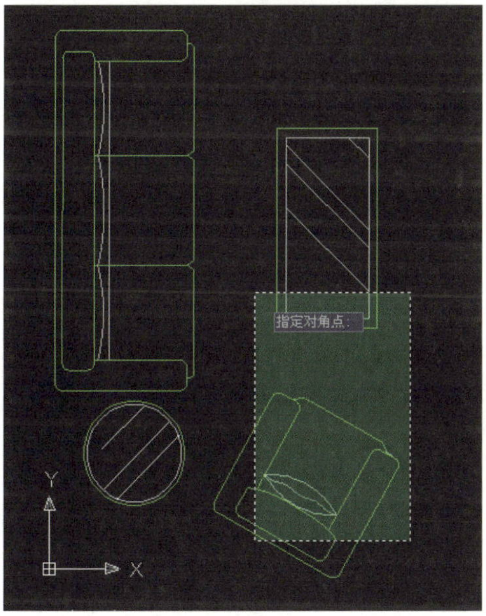


图 3-23　删除命令（5）

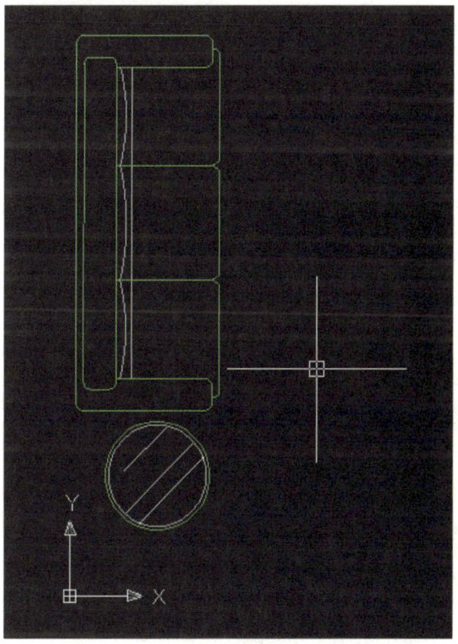


图 3-24　删除命令（6）

快捷应用提示：可以通过快捷键“E +Enter”快速调用“删除命令”。点击一次“删除命令”选择多个需要删除的对象有利于加快制图速度。如果需要恢复被删除的对象，可以用快捷键“Ctrl+Z”恢复操作。

## 三、复制命令

复制命令通常用于在指定位置建立一个与目标对象完全一样的新对象，AutoCAD 软件的复制命令与其他软件的拷贝与粘贴命令不同，需要先指定基点，然后再指定第二个点以确定复制的距离和方向，这两点可以是位于图形中任意的位置。

(1) 复制命令的作用范围：所有类型的对象或物体。

(2) 命令执行：在命令行输入“COPY”，或利用鼠标左键点击“修改工具”条中的“复制命令”按钮，或单击“修改”下拉菜单中的“复制命令”。

(3) 操作方式。

①指定基点。

操作步骤

打开“范例文件”，范例文件 / 第三章 / 第一节 / 复制命令 01.dwg。

点击“修改工具”条中的“复制命令”按钮，鼠标由“十字光标”变为“拾取框”。

将“拾取框”移动到左上方，框选“床头柜”，“床头柜”呈现被选择状态下的虚线显示，如图 3-25 所示。单击“Enter”键或“空格”键确认选择，“拾取框”变为“十字光标”，按下“F3”功能键打开“对象捕捉模式”（捕捉到端点），左键单击“床头柜”左上角“指定复制基点（第一点）”，如图 3-26 所示。

按下“F8”功能键打开“正交模式”，将“十字光标”向右移动，左键单击“双人床”右上角“指定复制位移点（第二点）”，如图 3-27 所示。

单击“Enter”键或“空格”键，确认复制操作，对象被复制，再单击“Enter”键或“空格”键结束命令，如图 3-28 所示。

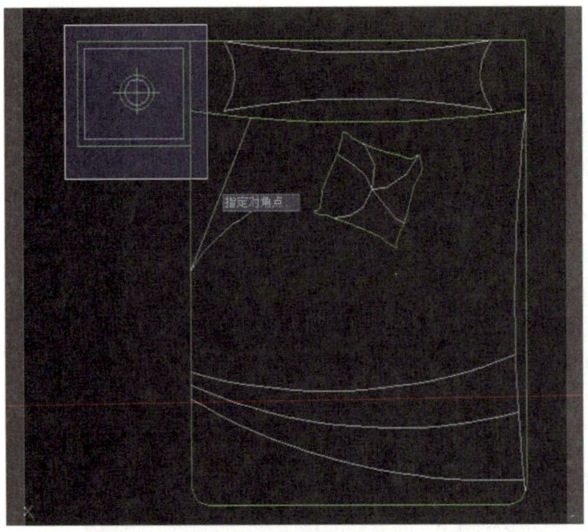


图 3-25　复制命令(1)

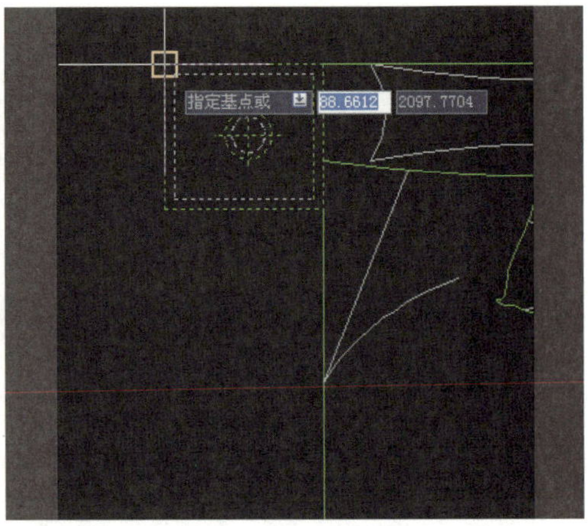


图 3-26　复制命令（2）

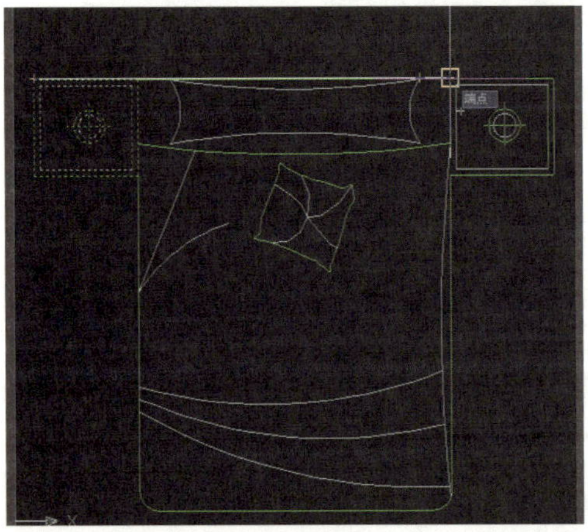


图 3-27　复制命令（3）

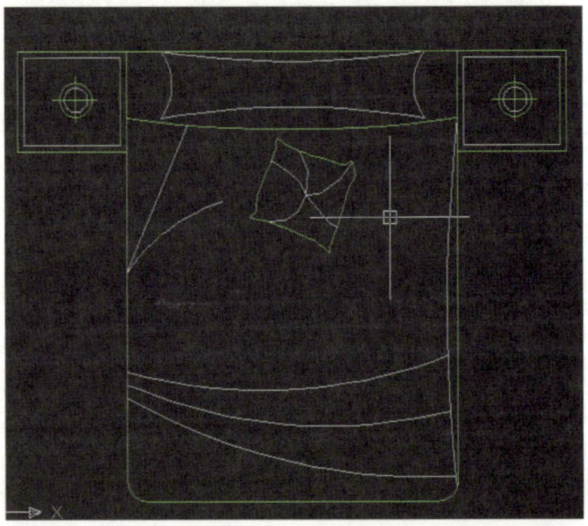

图 3-28　复制命令（4）

②指定数值。

操作步骤

打开“范例文件”，范例文件 / 第三章 / 第一节 / 复制命令 01.dwg。

在命令行输入“COPY”，鼠标由“十字光标”变为“拾取框”，如图 3-29 所示。

按下“F3”功能键打开“对象捕捉模式”（捕捉到端点），将“拾取框”移动到左上方，框选“床头柜”，“床头柜”呈现被选择状态下的虚线显示，如图 3-30 所示。

单击“Enter”键或“空格”键确认选择，“拾取框”变为“十字光标”，左键单击“床头柜”左上角“指定复制基点（第一点）”。

按下“F8”功能键打开“正交模式”，将“十字光标”向右移动，输入数字“2000”（床头柜加双人床的宽度数据），“指定复制位移点（第二点）”，如图 3-31 所示。

单击“Enter”键或“空格”键，确认复制操作，对象被复制，再单击“Enter”键或“空格”键结束命令，如图 3-32 所示。

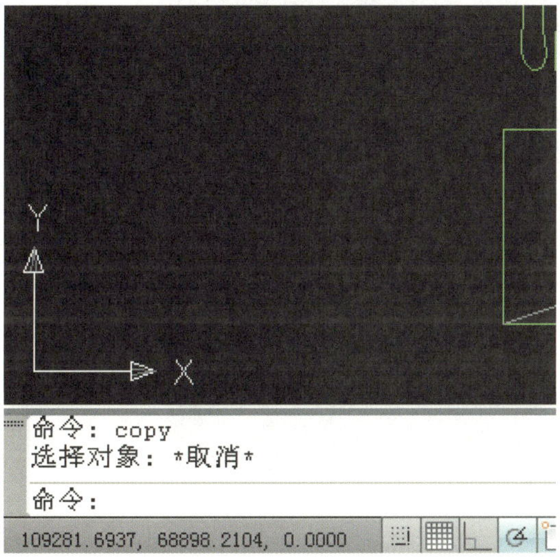


图 3-29 复制命令（5）

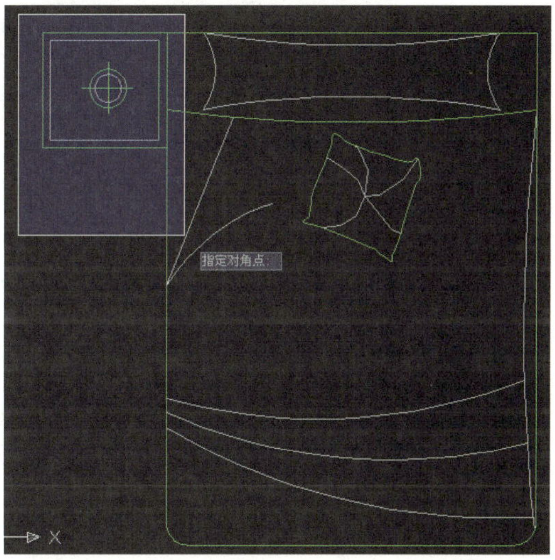


图 3-30 复制命令（6）

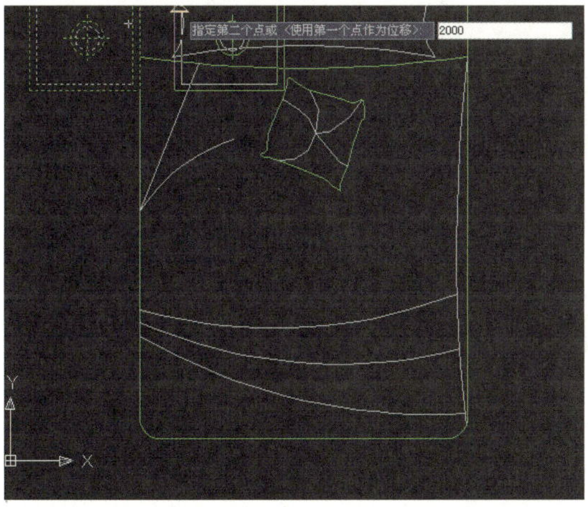


图 3-31 复制命令（7）

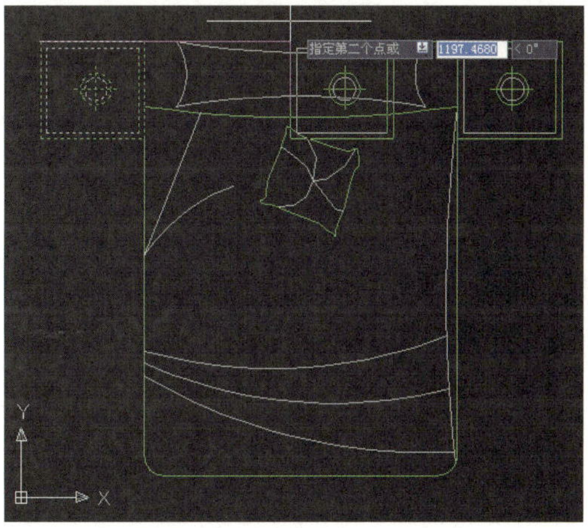


图 3-32 复制命令（8）

快捷应用提示：可以通过快捷键“C+O+Enter”快速调用复制命令。选择复制基点应全盘考虑。在复制一次后，AutoCAD 自动变为重复复制模式，有利于加快制图速度。

## 四、案例 3-1——组合沙发平面图绘制

(1) 实例训练课题：利用选择、删除和复制命令完成组合沙发平面图。

(2) 操作流程。

操作步骤

①打开文件，分析图纸，考虑合理的制图方法。

打开“范例文件”，范例文件 / 第三章 / 第一节 / 综合训练 01.dwg，如图 3-33 所示。

考虑综合运用“选择”“删除”和“复制”命令灵活制图。

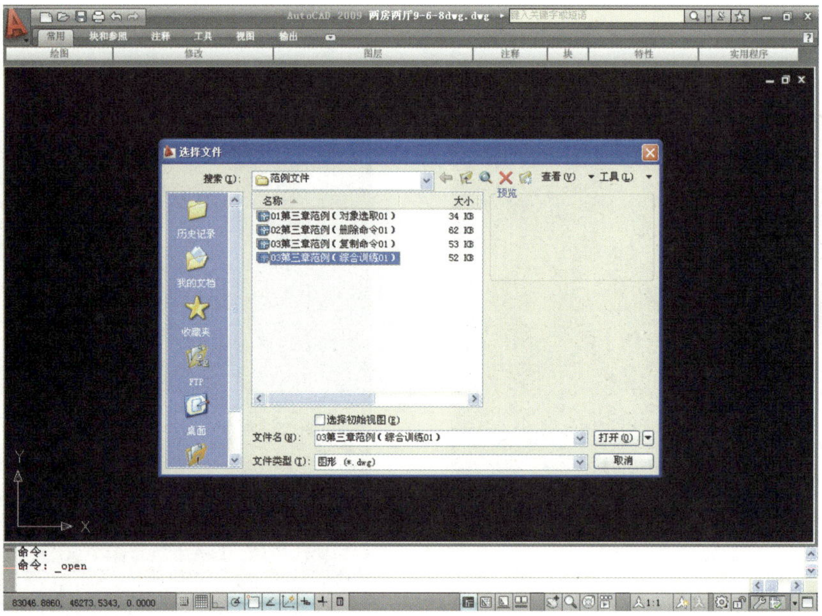


图 3-33　组合沙发平面图绘制（1）

②框选“单座沙发左边扶手及坐垫”，进行定点复制。

操作步骤

从左上角至右下角拉实线选择框，框选“单座沙发左边扶手及坐垫”，如图 3-34 所示。

点击“复制”按钮，被选择对象由夹点显示变为选中状态下的虚线显示，如图 3-35 所示。

按下“F3”功能键打开“对象捕捉模式”（捕捉到端点），将“十字光标”移动到右边扶手的左上角点，鼠标左键单击“指定复制基点”，如图 3-36 所示。

按下“F8”功能键打开“正交模式”，将“十字光标”向右移动到左边扶手的右上角点，鼠标左键单击“指定复制位移点”，如图 3-37 所示。

在没有结束命令的情况下，运用连续复制方式，再将“十字光标”移动到刚复制出的“沙发单元左边扶手”右上角，鼠标左键单击“指定复制位移点”，进行第二次复制，如图 3-38 所示。

单击“Enter”键或“空格”键，确认复制操作，结束命令，如图 3-39 所示。

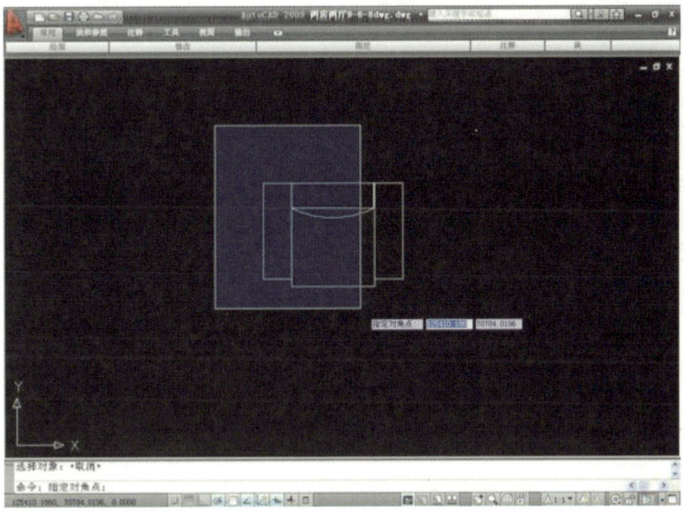

图 3-34 组合沙发平面图绘制（2）

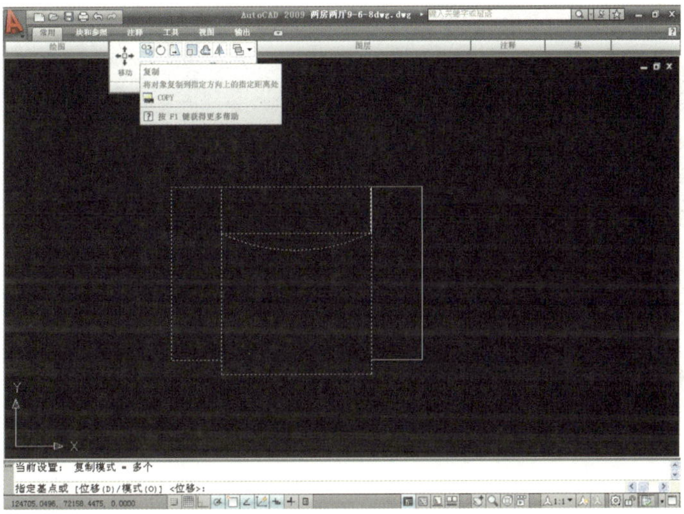

图 3-35 组合沙发平面图绘制（3）

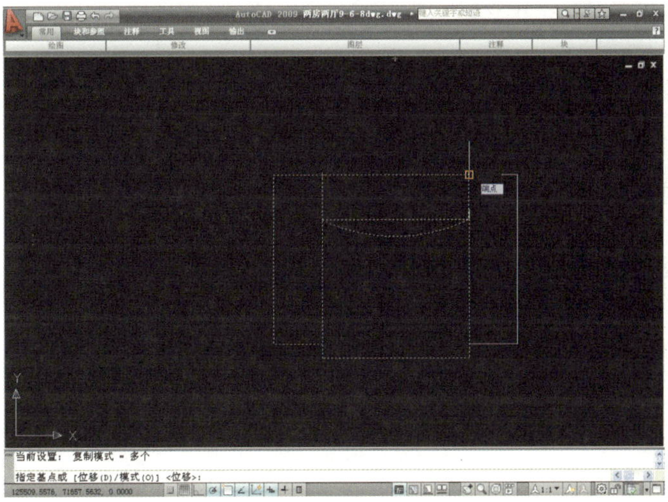

图 3-36 组合沙发平面图绘制（4）

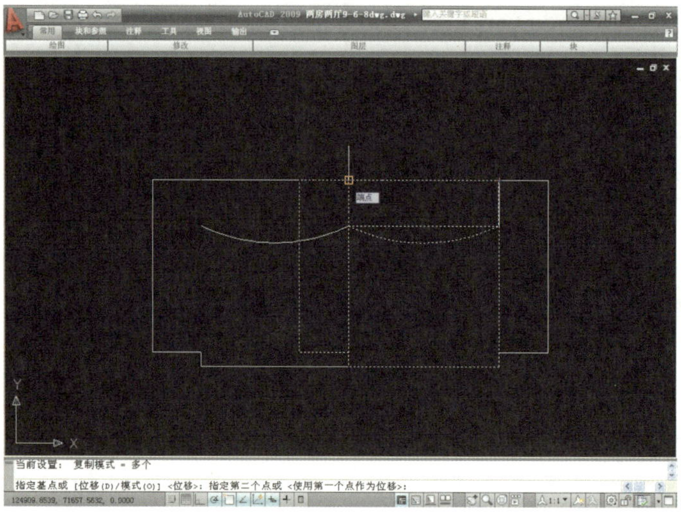

图 3-37　组合沙发平面图绘制（5）

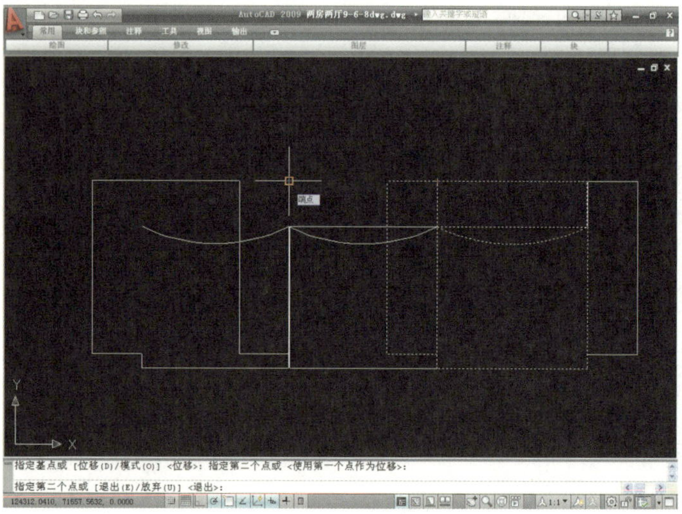

图 3-38　组合沙发平面图绘制（6）

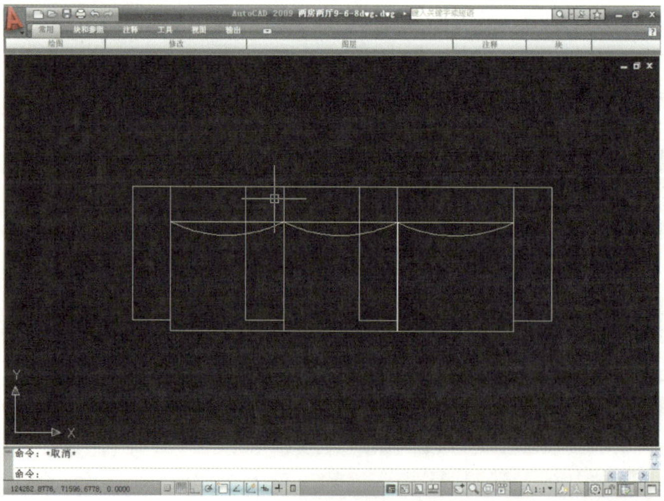

图 3-39　组合沙发平面图绘制（7）

③删除多余的扶手，完成制图。

从右下角至左上角拉虚线选择框，框选“多余的沙发扶手”，如图 3-40 所示。

继续拉虚线选择框，框选其他多余的沙发扶手，如图 3-41 所示。

点击“删除按钮”，结束制图，如图 3-42 所示。

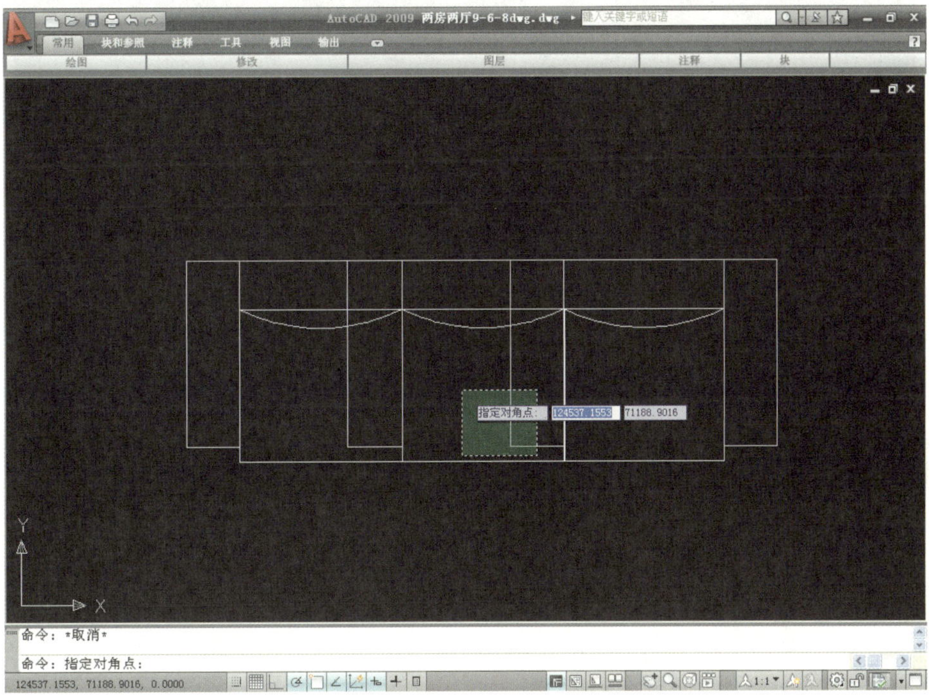


图 3-40　组合沙发平面图绘制（8）

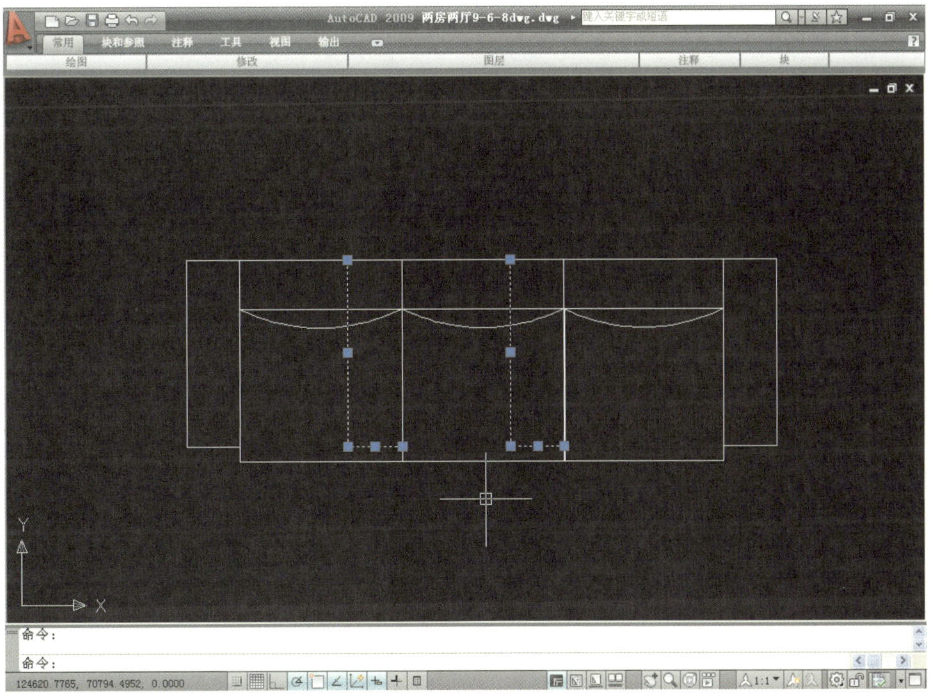


图 3-41　组合沙发平面图绘制（9）

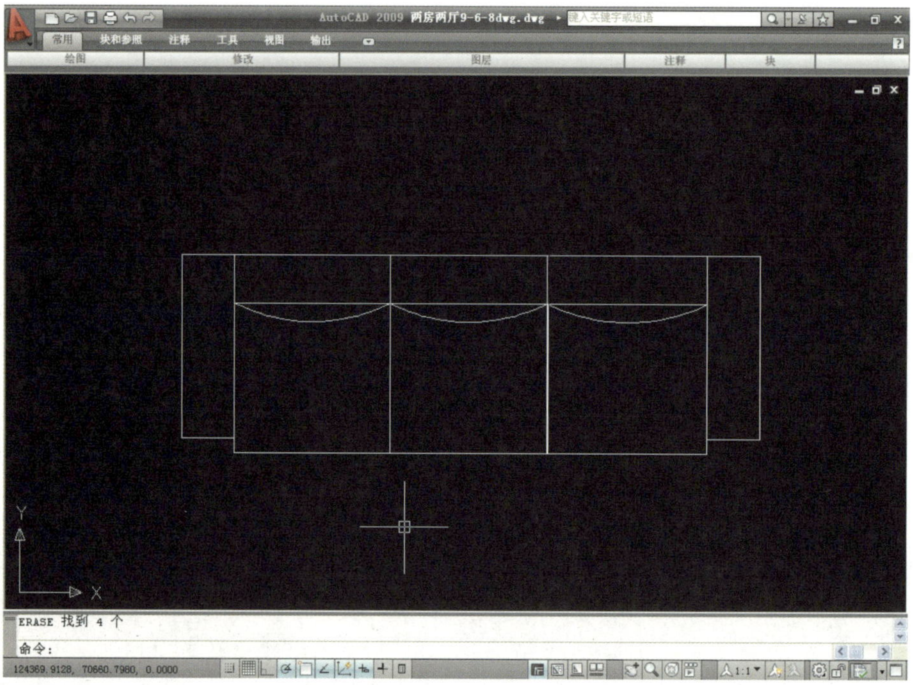

图 3-42　组合沙发平面图

## 第二节　镜像、偏移与阵列

学习重点：

- 通过讲练结合上机操作，重点掌握镜像、偏移与阵列命令的操作方法与要点。
- 理解镜像、偏移与阵列的命令执行方式。

技能要求：

- 能灵活运用镜像、偏移与阵列命令对图形进行编辑与修改。
- 能在上机操作中熟练运用快捷操作方式与命令。

实训课题：

- 利用镜像命令完成六人位方形餐桌椅平面图。
- 利用偏移命令完成四方桌平面图。
- 利用阵列命令完成十人位圆形餐桌椅平面图。
- 综合运用镜像、偏移与阵列命令完成双人床立面图。

### 一、镜像命令

镜像命令实际上也是一种复制图形对象的方法，只不过复制的对象具有对称特征或部分对称特征，可以运用它将对象以镜像线为中线进行对称复制。

（1）镜像命令的作用范围：所有类型的对象或物体。

（2）命令执行：在命令行输入“MIRROR”，或利用鼠标左键点击“修改工具”条中的“镜像命令”按钮，或单击“修改”下拉菜单中的“镜像命令”。

（3）操作方式：先选择对象再选择镜像命令，或先选择镜像命令再指定对象。

**操作步骤**

打开“范例文件”，范例文件 / 第三章 / 第二节 / 镜像命令 01.dwg。

从右下角至左上角拉虚线选择框，框选“左边和上面的椅子”，椅子呈现夹点显示状态，如图 3-43 所示。点击“修改工具”条中的“镜像命令”按钮，椅子呈现被选择状态下的虚线显示，鼠标变为“十字光标”，并提示“指定镜像线的第一点”，如图 3-44 所示。

按下“F3”功能键打开“对象捕捉模式”（捕捉到中点），将“十字光标”移动到餐桌长边的中点，鼠标左键单击“指定镜像线的第一点”，如图 3-45 所示。

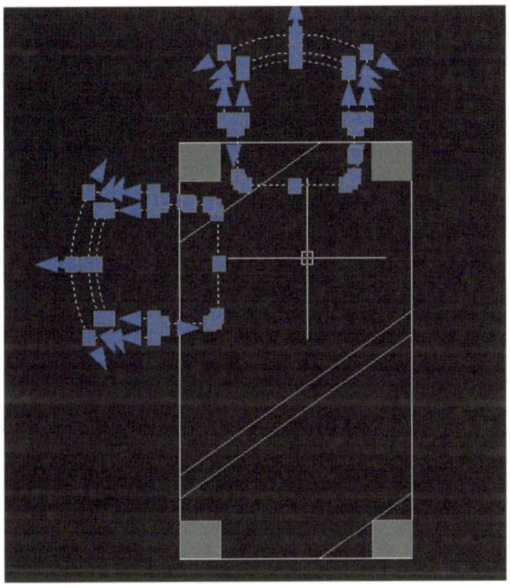

图 3-43　镜像命令（1）

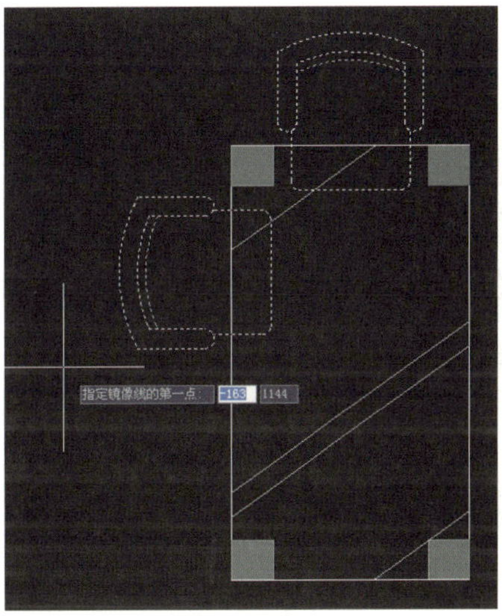


图 3-44　镜像命令（2）

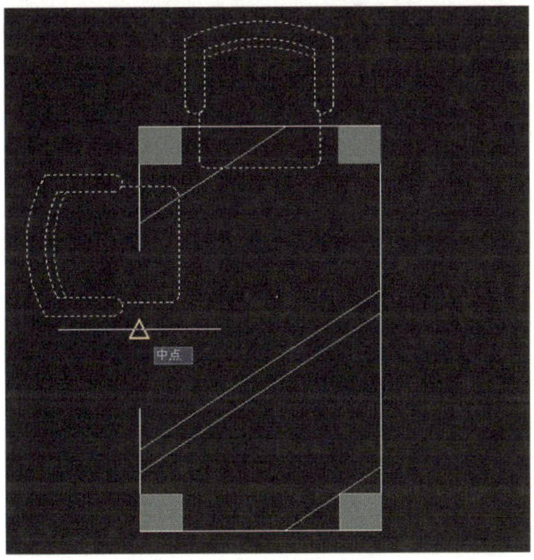


图 3-45　镜像命令（3）

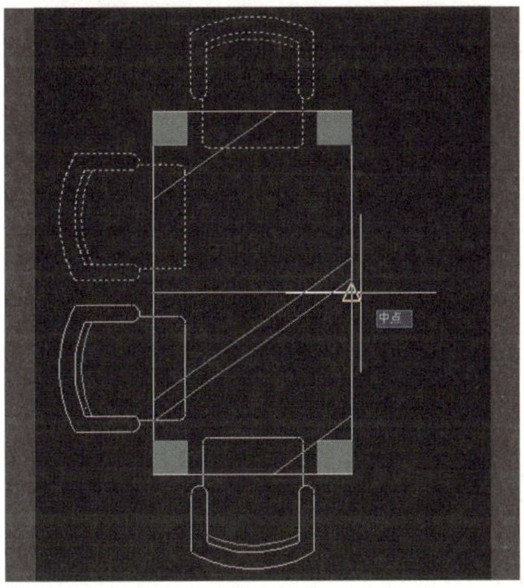


图 3-46　镜像命令（4）

继续移动“十字光标”到餐桌另一条长边的中点上，移动“十字光标”过程中呈现预镜像效果显示，如图 3-46 所示。

鼠标左键单击“指定镜像线的第二点”，预镜像效果消失，提示是否删除源对象（一般默认选项是“N”，即不删除源对象并复制出源对象的镜像；如果点击“Y”键，则复制出源对象镜像的同时删除源对象），如图 3-47 所示。

单击“Enter”键或“空格”键，确认命令采用“默认选项”，不删除源对象并复制出源对象的镜像，这时，出现另外两把椅子，如图 3-48 所示。

再次点击“镜像命令”按钮，从左上角至右下角拉实线选择框，框选“左边两张椅子”，“椅子”呈现被选择状态下的虚线显示，如图 3-49 所示。

单击“Enter”键或“空格”键确认选择，将“十字光标”移动到餐桌短边的中点，鼠标左键单击“指定镜像线的第一点”，如图 3-50 所示。

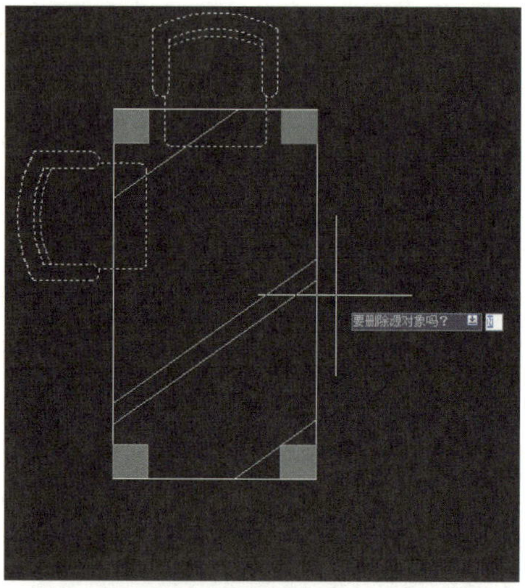

图 3-47　镜像命令（5）

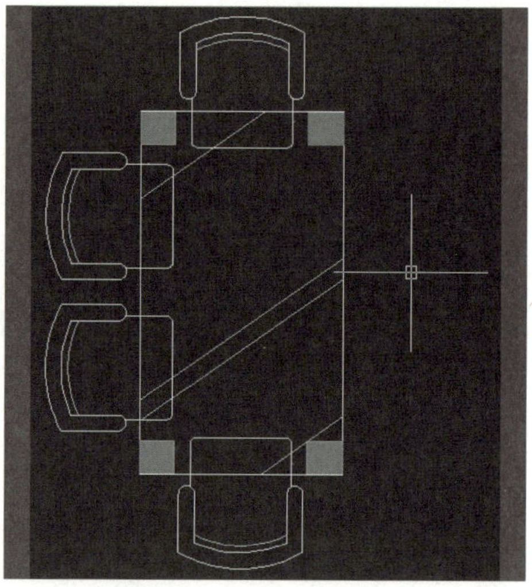
图 3-48　镜像命令（6）

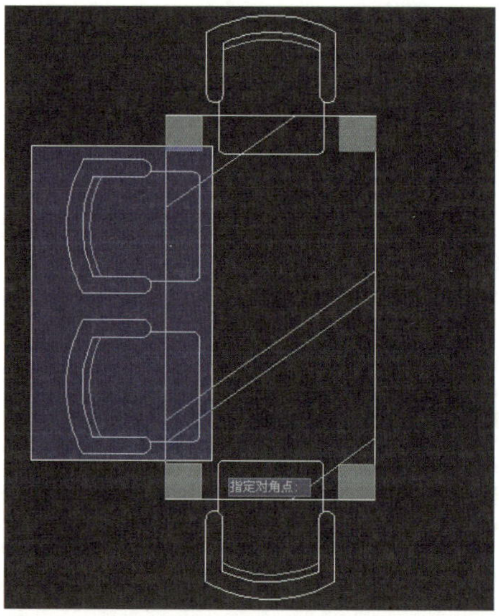

图 3-49　镜像命令（7）

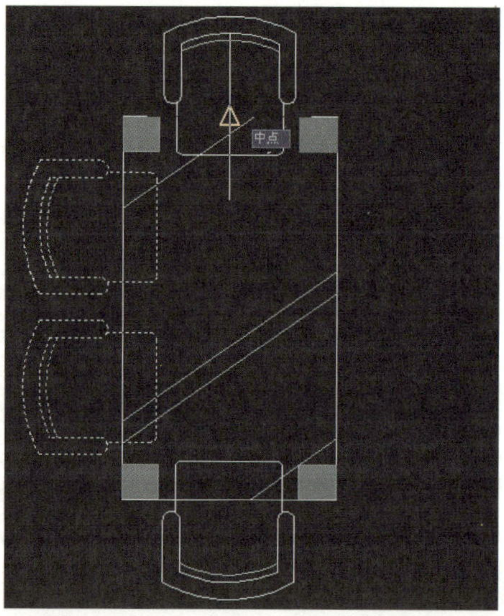

图 3-50　镜像命令（8）

继续移动“十字光标”到餐桌另一条短边的中点上，移动“十字光标”过程中呈现预镜像效果显示，如图 3-51 所示。

连续两次单击“Enter”键或“空格”键，确认命令，出现另外两把相对应的椅子，如图 3-52 所示。

快捷应用提示：可以通过快捷键“M+I+Enter”快速调用镜像命令。镜像线的选择关系到镜像的方向和距离，对称的镜像要找准中心线。

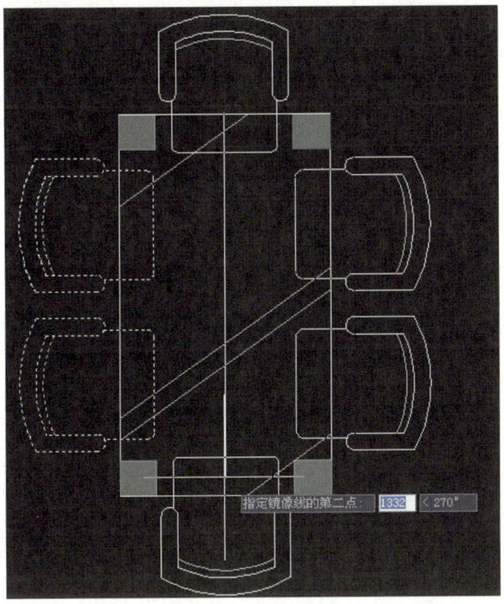


图 3-51　镜像命令（9）

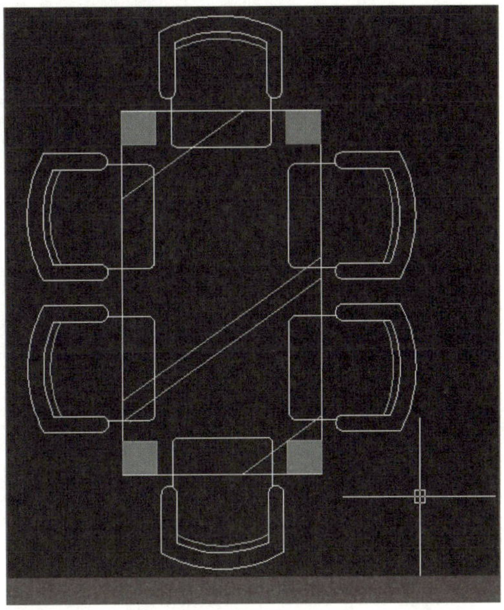

图 3-52　镜像命令（10）

## 二、偏移命令

偏移命令是将一个已绘制好的对象按指定的距离进行平行复制，也可以通过指定点进行平行复制。

（1）偏移命令的作用范围：所有带有绘制线特征的对象，如直线、弧线、圆等，对图块类物体操作无效。

（2）命令执行：在命令行输入“OFFSET”，或利用鼠标左键点击“修改工具”条中的“偏移命令”按钮，或单击“修改”下拉菜单中的“偏移命令”。

（3）操作方式：先选择对象再选择“偏移命令”，或先选择“偏移命令”再指定对象。

操作步骤

打开“范例文件”，范例文件 / 第三章 / 第二节 / 偏移命令 01.dwg。

点击“修改工具”条中的“偏移命令”按钮，输入数值“500”后单击“Enter”键，指定偏移距离。鼠标变为“拾取框”，并提示选择要偏移的对象，如图 3-53 所示。

点选“茶几上部直线”，直线呈现被选择状态下的虚线显示，鼠标变为“十字光标”，提示“指定偏移的一侧”，如图 3-54 所示。

点击该直线的下方，将偏移出距原直线“500”的平行直线，如图 3-55 所示。

命令未结束，继续点选“茶几右边直线”，直线呈现被选择状态下的虚线显示，鼠标变为“十字光标”，提示“指定偏移的一侧”，如图 3-56 所示；然后点击该直线的左侧，将偏移出距原直线“500”的平行直线，单击“Enter”或“空格”键结束命令，如图 3-57 所示。

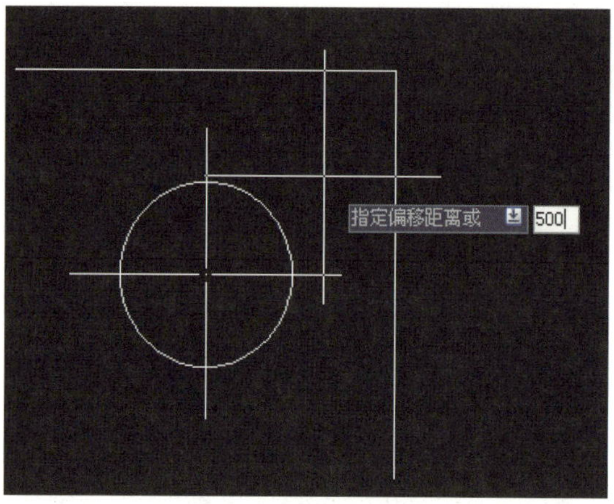


图 3-53　偏移命令（1）

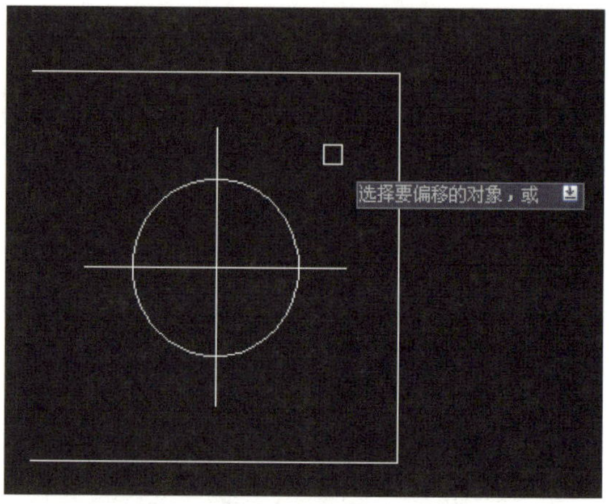


图 3-54　偏移命令（2）

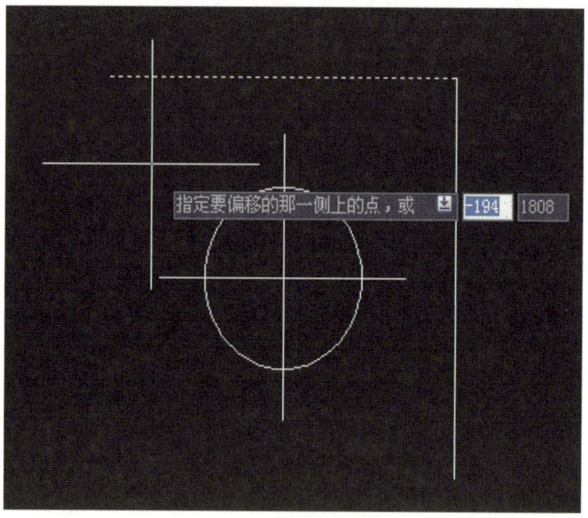


图 3-55　偏移命令（3）

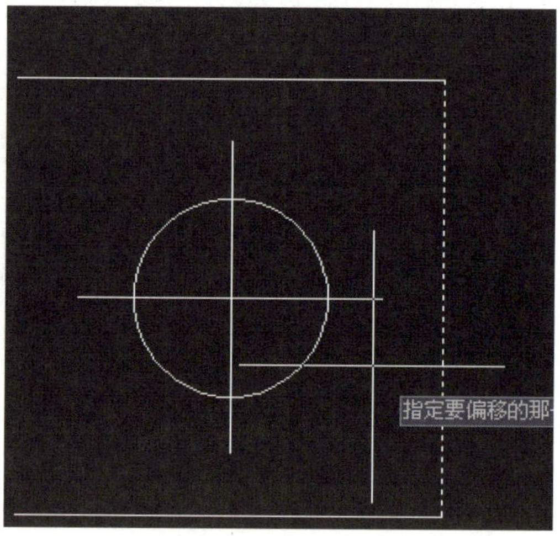


图 3-56　偏移命令（4）

再次点击“修改工具”条中的“偏移命令”按钮，输入数值“30”后单击“Enter”键，指定偏移距离。鼠标变为“拾取框”，并提示选择要偏移的对象，如图 3-58 所示。

点选“茶几中部台灯圆形外框”，圆形呈现被选择状态下的虚线显示，鼠标变为“十字光标”，提示“指定偏移的一侧”，如图 3-59 所示。

点击“该圆形的内侧”，将偏移出距该圆形“30”的同心圆，而且尺寸自动产生变化，单击“Enter”键或“空格”键结束命令，如图 3-60 所示。

快捷应用提示：可以通过快捷键“O+Enter”快速调用偏移命令，多利用偏移命令的重复功能以便加快制图速度。

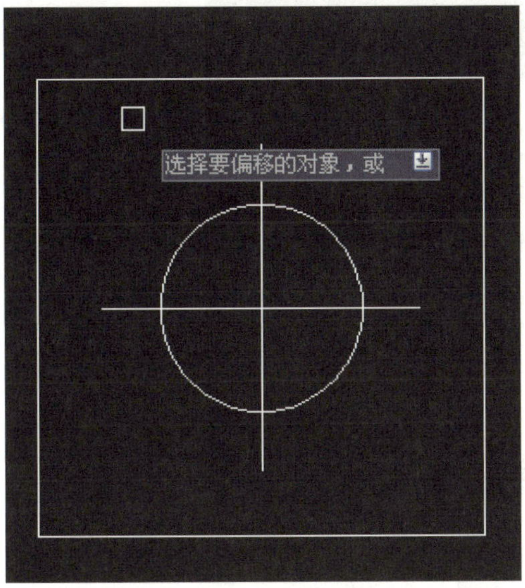


图3-57 偏移命令(5)

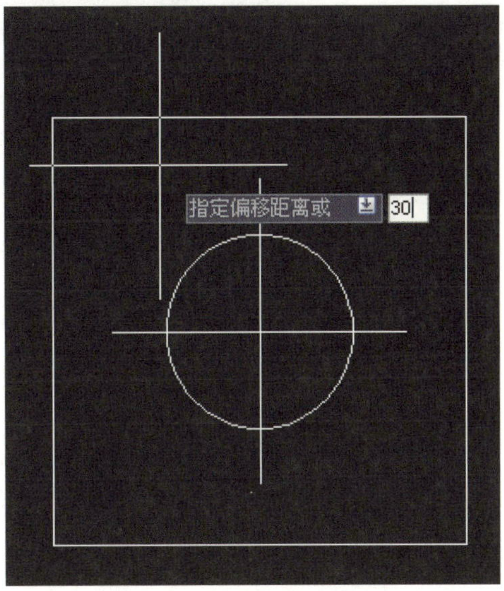


图3-58 偏移命令(6)

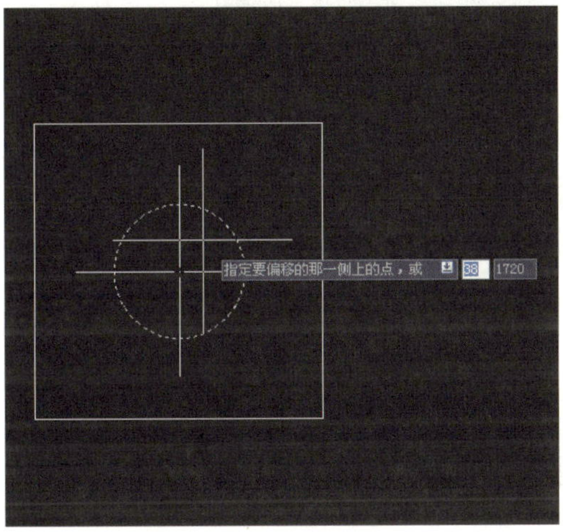


图3-59 偏移命令(7)

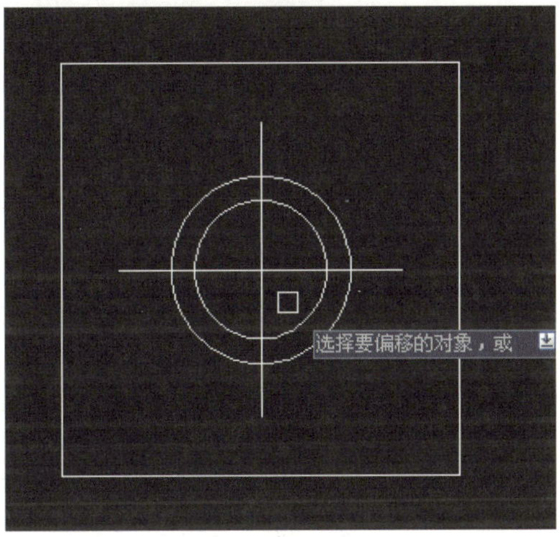


图3-60 偏移命令(8)

## 三、阵列命令

阵列命令可以将对象以矩形或环形的阵列方式进行等距离复制，还可以快速地复制出若干个物体，为对象的多重复制创造便利。

（1）阵列命令的作用范围：所有类型的对象或物体。

（2）命令执行：在命令行输入“ARRAY”，或利用鼠标左键点击“修改工具”条中的“阵列命令”按钮 ，或单击“修改”下拉菜单中的“阵列命令”。

（3）操作方式。

①环形阵列

操作步骤

打开“范例文件”，范例文件 / 第三章 / 第二节 / 阵列命令 01.dwg。

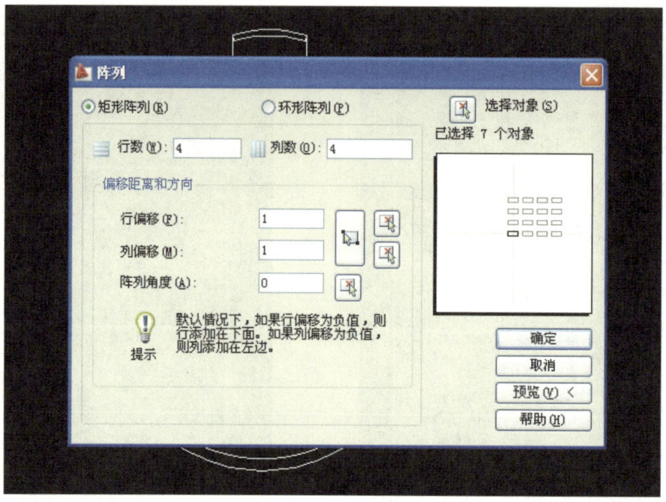


图 3-61　环形阵列（1）

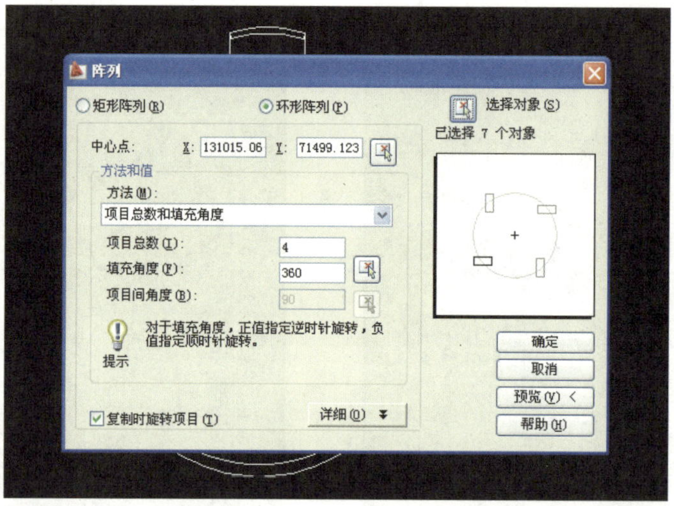


图 3-62　环形阵列（2）

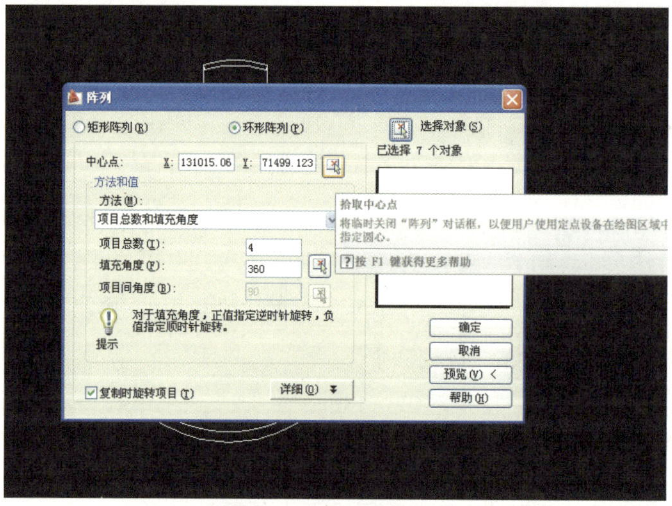


图 3-63　环形阵列（3）

先选取“椅子”，再点击“修改工具”条中的“阵列命令”按钮 ，弹出“阵列”命令面板，如图 3-61 所示。

点击“环形阵列”按钮，“阵列”命令面板内容变为“环形阵列”选项，如图 3-62 所示。

点击“拾取中心点”按钮，如图 3-63 所示。

按下“F3”功能键打开对象捕捉模式（捕捉到圆心），将“十字光标”移动到“餐桌的圆心”，如图 3-64 所示。

鼠标左键单击“指定环形阵列中心点”，“阵列”命令面板重新弹出，同时可看到“阵列中心点”坐标值已改变，如图 3-65 所示。

在项目总数栏中输入数值“10”，填充角度采用默认数值“360”，勾选“复制时旋转项目”选项，可看到阵列面板右侧预览图形已改变，如图 3-66 所示。

单击“Enter”键确认，环形阵列完成，如图 3-67 所示。

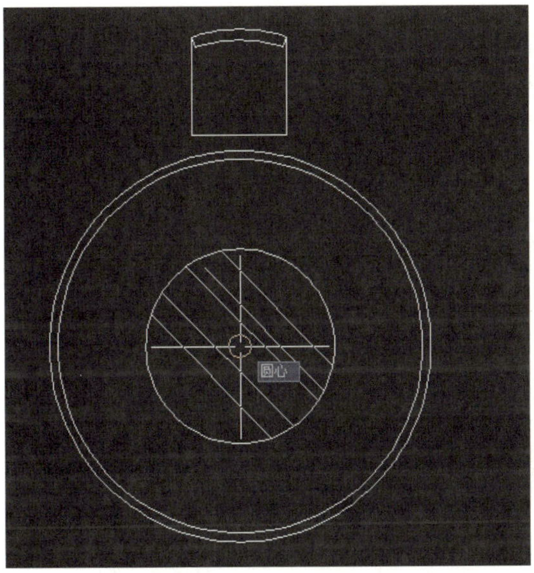


图 3-64 环形阵列（4）

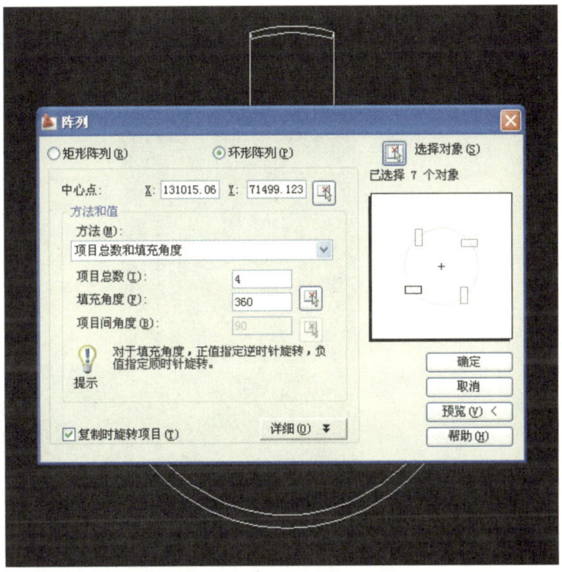


图 3-65 环形阵列（5）

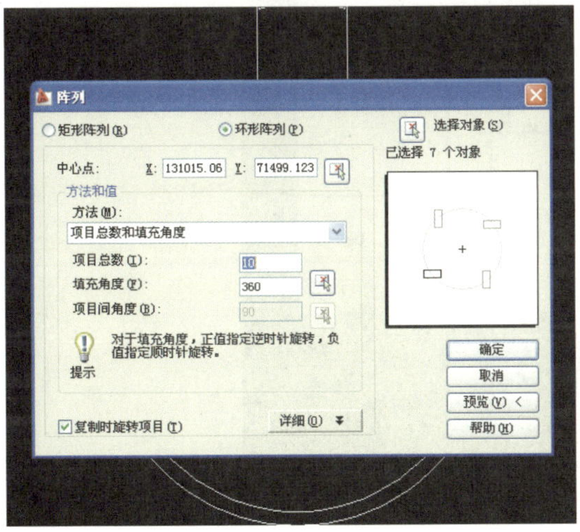


图 3-66 环形阵列（6）

图 3-67 环形阵列效果图

②矩形阵列

操作步骤

打开“范例文件”，范例文件 / 第三章 / 第二节 / 阵列命令 02.dwg。

点击“修改工具”条中的“阵列命令”按钮 ，弹出“阵列”命令面板。

点击“矩形阵列”选择按钮，“阵列”命令面板内容变为“矩形阵列”选项，如图 3-68 所示。

点击“拾取对象”按钮，“阵列”命令面板消失，鼠标变为“拾取框”，如图 3-69 所示。

框选“圆餐桌及所有椅子”，单击“Enter”键确认，如图 3-70 所示。

“阵列”命令面板重新弹出，在行偏移栏中输入数值“4000”，“列偏移”栏中输入数值“6000”，如图 3-71 所示。

单击“Enter”键确认，矩形阵列完成，如图 3-72 所示。

快捷应用提示：可以通过快捷键“AR+ 回车”快速调用阵列命令。

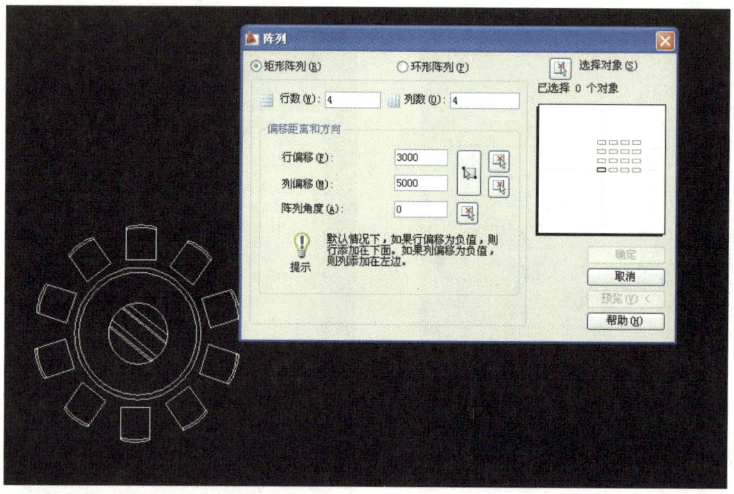


图 3-68　矩形阵列（1）

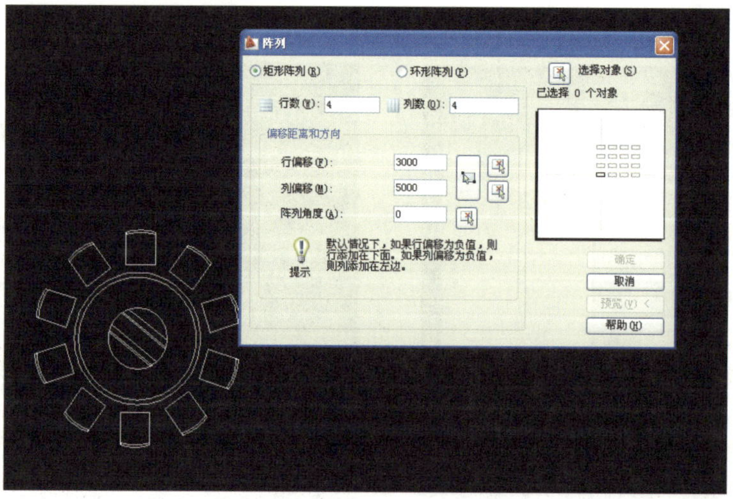


图 3-69　矩形阵列（2）

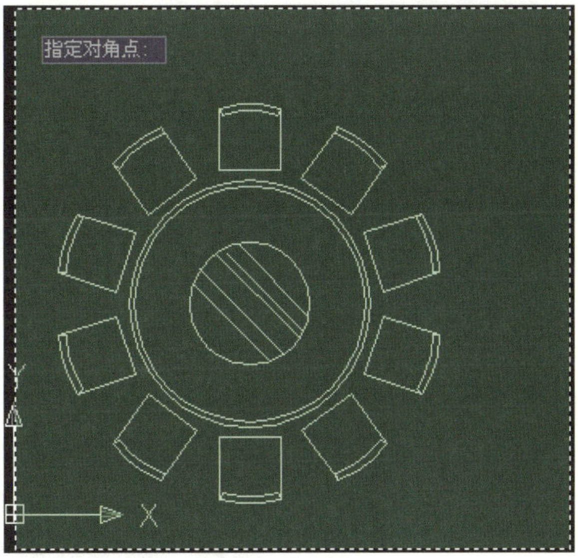


图 3-70 矩形阵列（3）

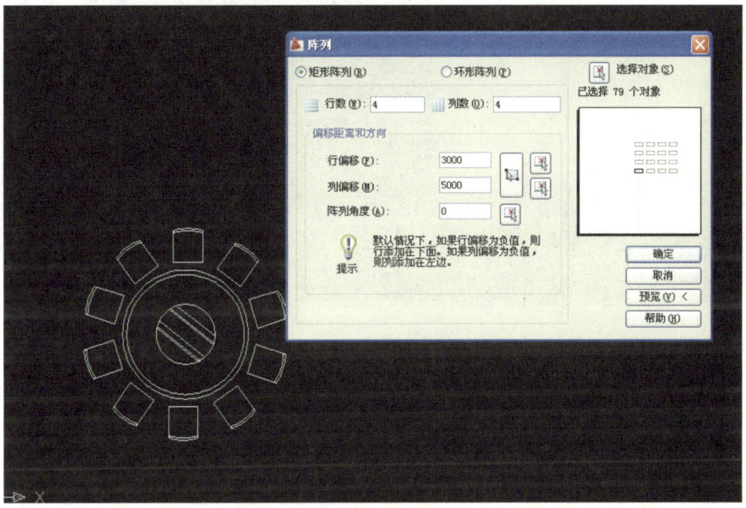


图 3-71 矩形阵列（4）

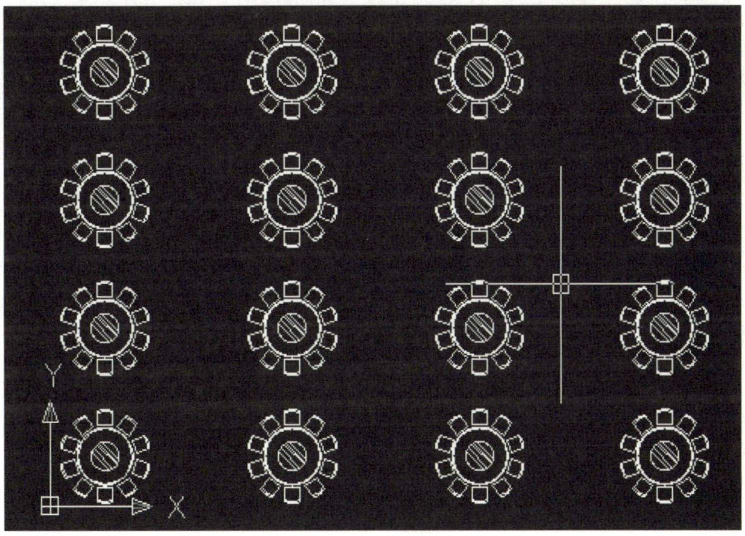


图 3-72 矩形阵列效果图

## 四、案例 2——双人床立面图绘制

(1) 实例训练课题：利用镜像、偏移与阵列命令完成双人床立面图。

(2) 操作流程。

①打开文件，分析图纸，考虑合理的制图方法。

操作步骤

打开“范例文件”，范例文件 / 第三章 / 第二节 / 综合训练 01.dwg，如图 3-73 所示。考虑综合运用镜像、偏移与阵列命令灵活制图。

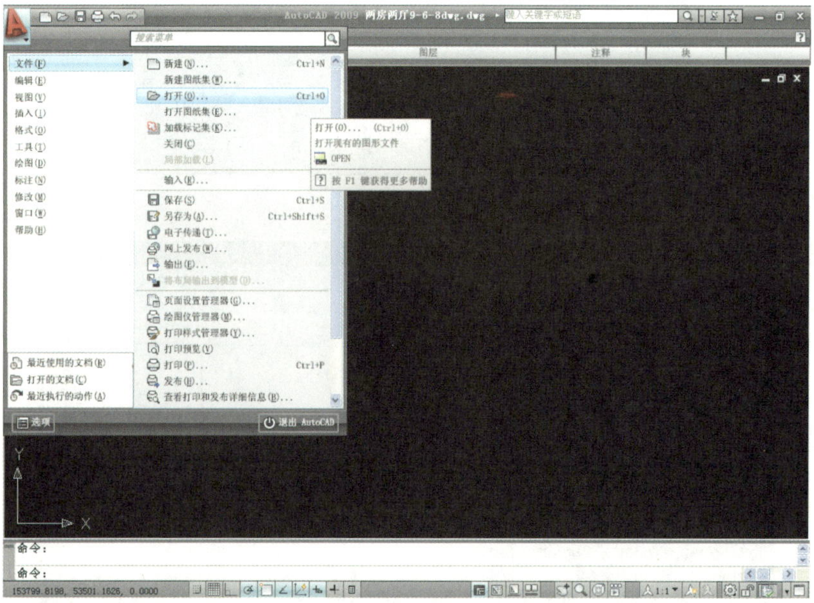

图 3-73　双人床立面图绘制(1)

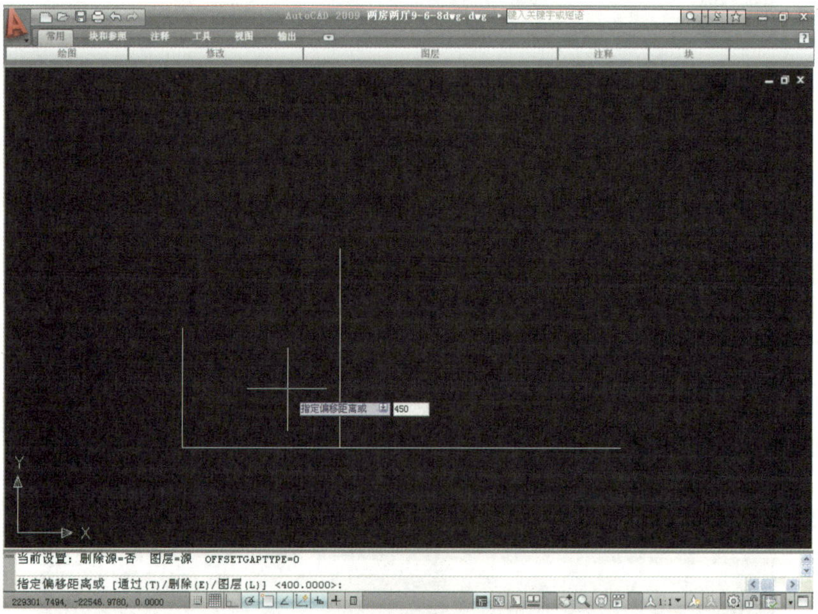


图 3-74　双人床立面图绘制（2）

②根据文件提供的直线进行偏移操作，绘制完床头柜立面图。

操作步骤

点击“修改工具”条中的“偏移”命令按钮，输入数值“450”后单击“Enter”键，指定偏移距离。鼠标变为“拾取框”，并提示选择要偏移的对象，如图 3-74 所示。

点选“床头柜底部直线”，直线呈现被选择状态下的虚线显示，鼠标变为“十字光标”，提示“指定偏移的一侧”，点击该直线的上方，将偏移出床头柜顶部直线，如图 3-75 所示。

连续单击两次“Enter”键，输入数值“20”后再单击“Enter”键，点选“刚偏移出的床头柜顶部直线”，点击该直线的下方，将偏移出床头柜顶板厚度，如图 3-76 所示。

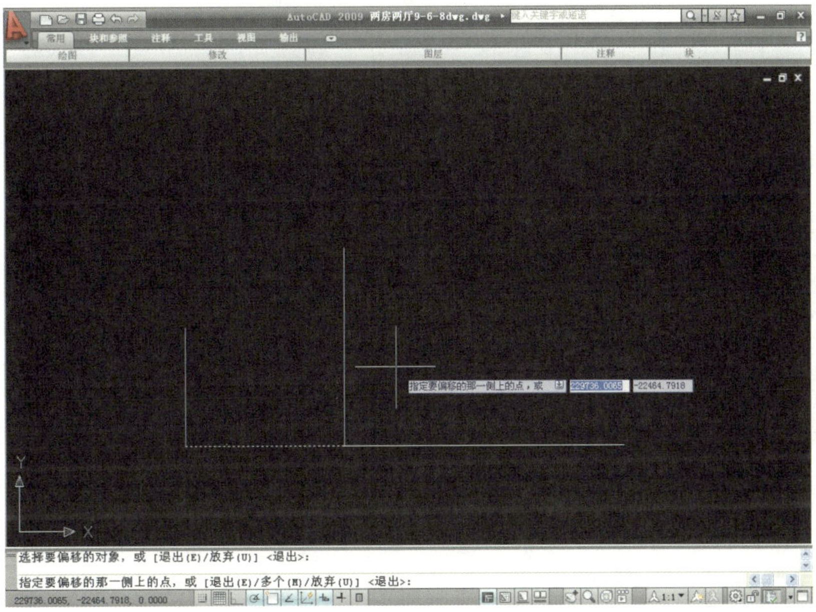


图 3-75　双人床立面图绘制（3）

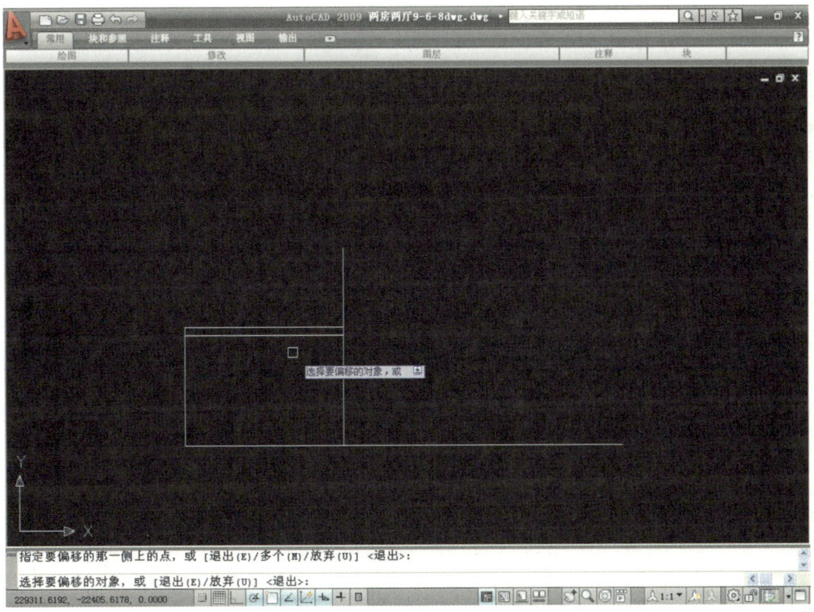


图 3-76　双人床立面图绘制（4）

连续单击两次“Enter”键，输入数值“215”后再单击“Enter”键，点选“刚偏移出的床头柜顶板底线”，点击该直线的下方，将偏移出床头柜抽屉线，如图3-77所示。

利用“矩形工具”绘出抽屉拉手，如图3-78所示。

运用“镜像”命令，以床头柜抽屉线为镜像线，镜像出另一个抽屉拉手，如图3-79所示。

③根据文件提供的直线进行偏移操作，绘制完半个双人床立面图。

操作步骤

点击“修改工具”条中的“偏移命令”按钮，输入数值“400”后再单击“Enter”键，指定偏移距离。鼠标变为“拾取框”，并提示选择要偏移的对象，如图3-80所示。

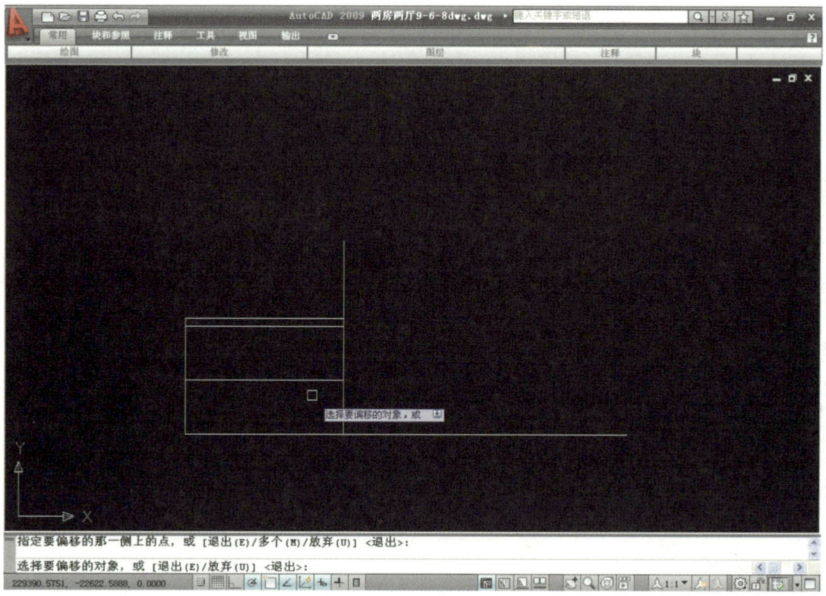


图3-77　双人床立面图绘制（5）

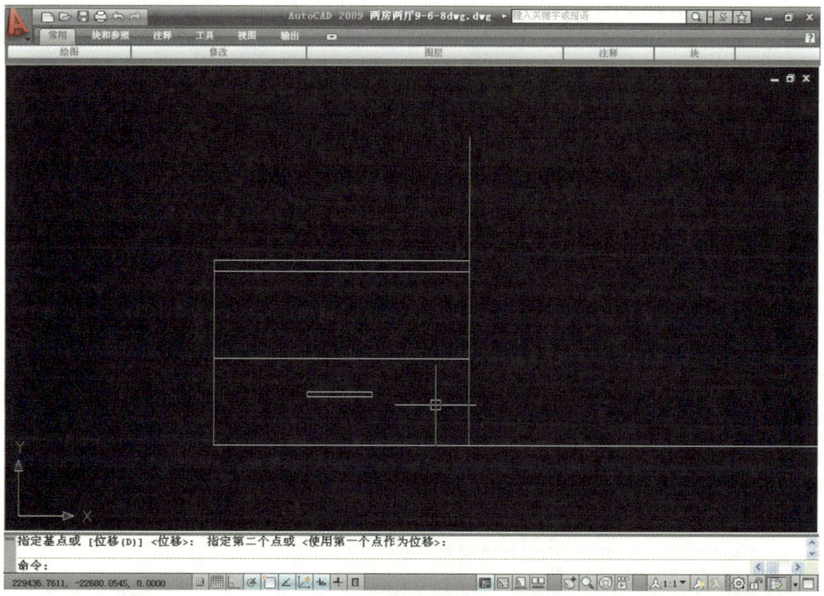


图3-78　双人床立面图绘制（6）

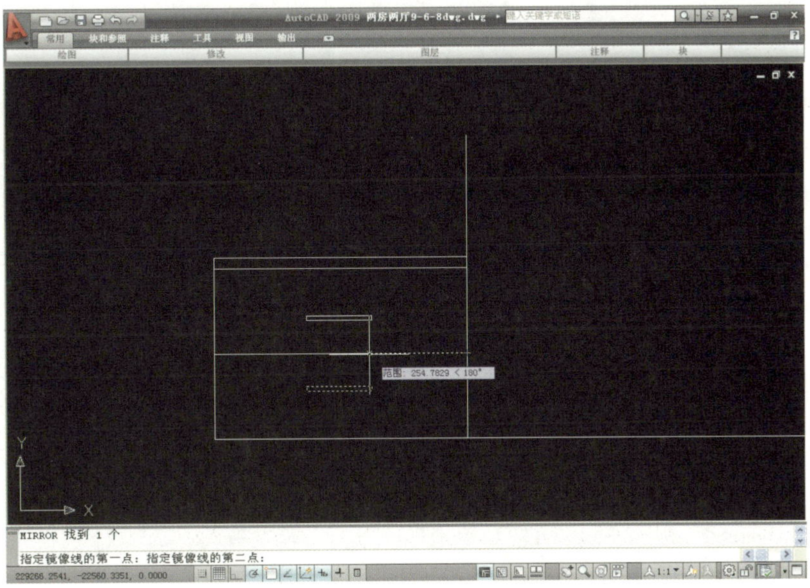


图 3-79 双人床立面图绘制（7）

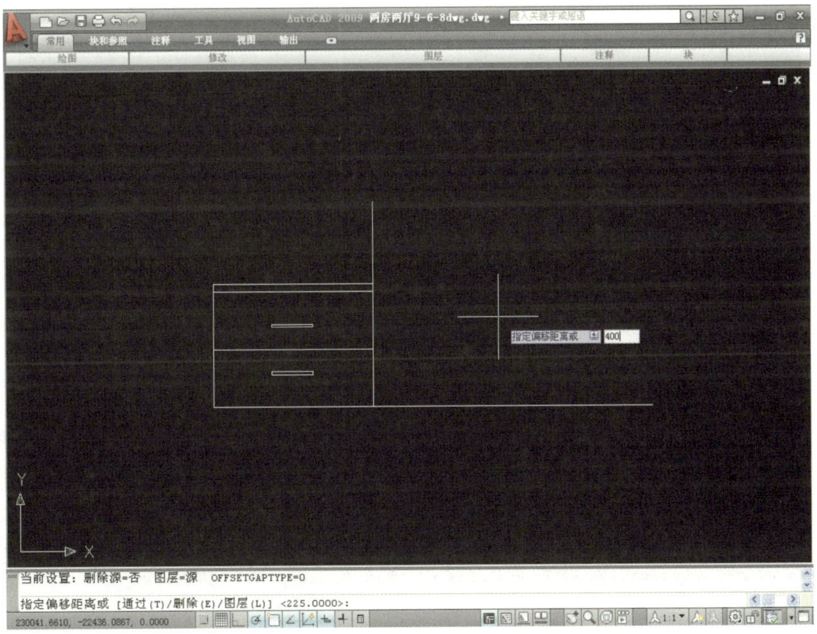


图 3-80 双人床立面图绘制（8）

点选双人床底部直线，直线呈现被选择状态下的虚线显示，鼠标变为“十字光标”，提示“指定偏移的一侧”，点击该直线的上方，将偏移出双人床床体顶部直线，如图 3-81 所示。

连续单击两次“Enter”键，输入数值“450”后再单击“Enter”键，点选“刚偏移出的双人床床体顶部直线”，点击该直线的上方，将偏移出双人床床头板直线，如图 3-82 所示。

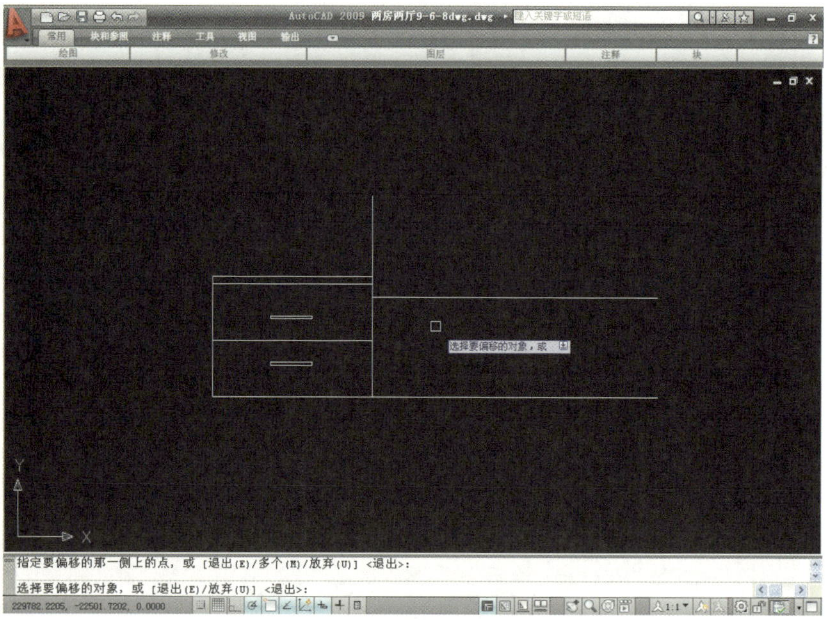


图 3-81　双人床立面图绘制（9）

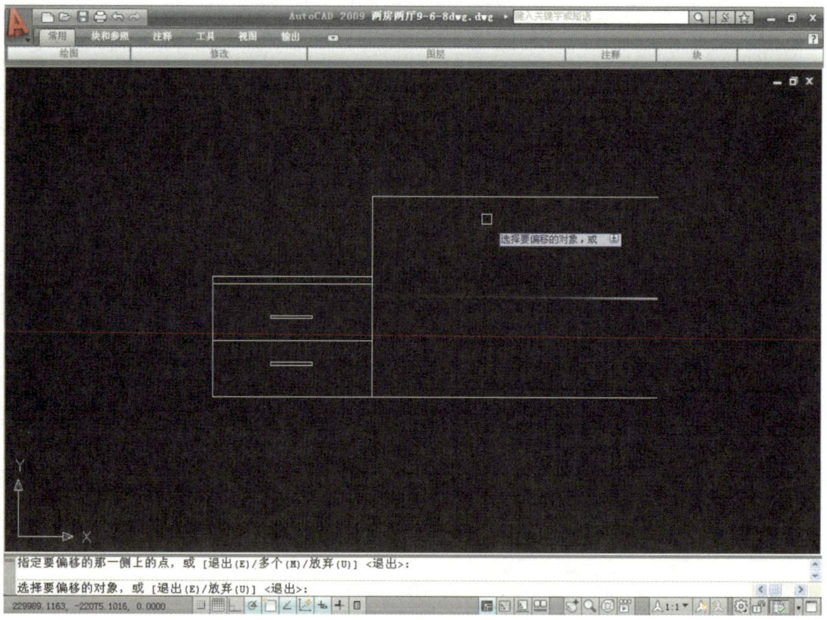


图 3-82　双人床立面图绘制（10）

④对已绘制好的图形进行整体镜像，完成立面图。

操作步骤

点击“修改工具”条中的“镜像”命令按钮，框选已绘制好的对象，如图 3-83 所示。以半个双人床右端垂线为镜像线，镜像出另一半双人床和右边床头柜，如图 3-84 所示。

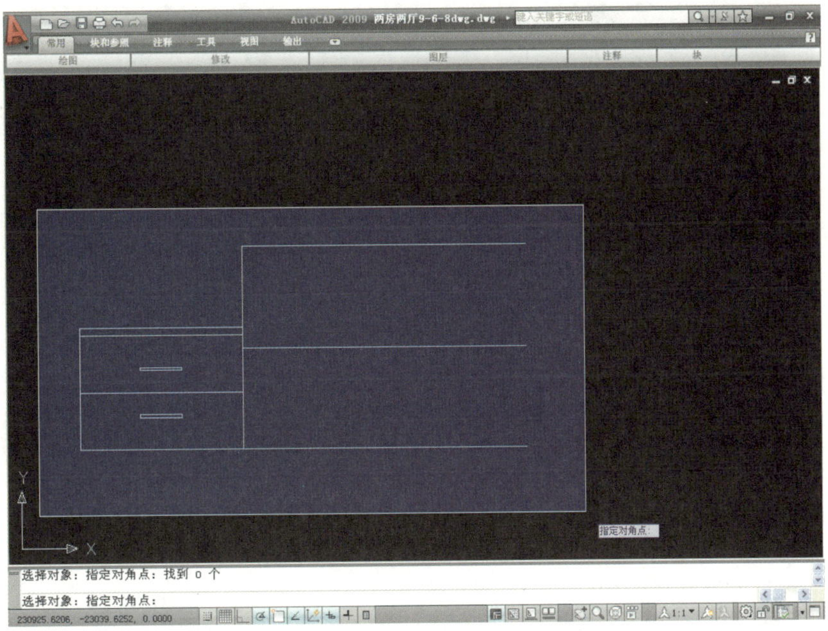


图 3-83　双人床立面图绘制（11）

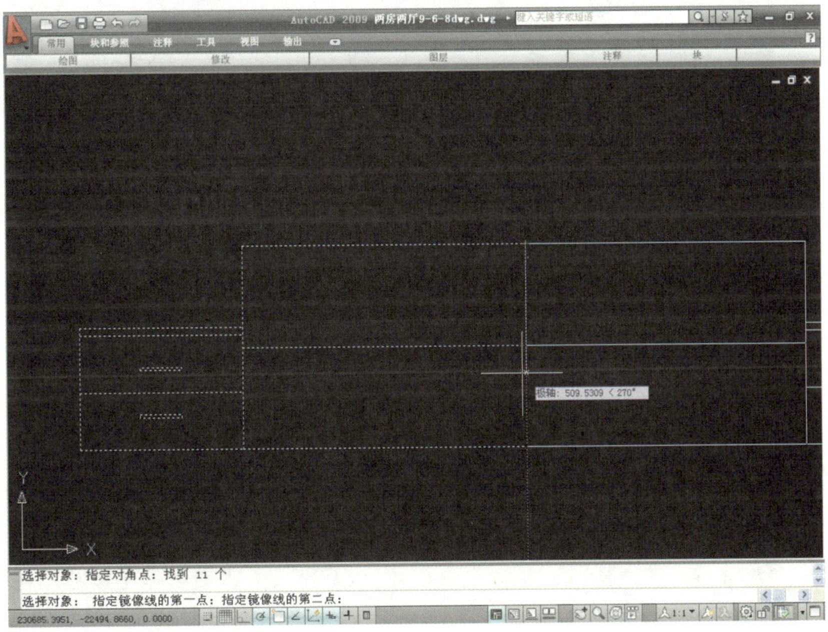


图 3-84　双人床立面图绘制（12）

⑤利用“阵列”命令添加细节，完善立面图。

操作步骤

利用“矩形”工具绘出双人床床头板装饰方块，如图 3-85 所示。

选择装饰方块，点击“修改工具”条中的“阵列命令”按钮 ，选取“矩形阵列方式”，在“行数栏”中输入数值“3”，“列数栏”中输入数值“16”，“行偏移”栏中输入数值“100”，“列偏移”栏中输入数值“100”，如图 3-86 所示。

单击“Enter”键确认，矩形阵列完成，如图 3-87 所示。

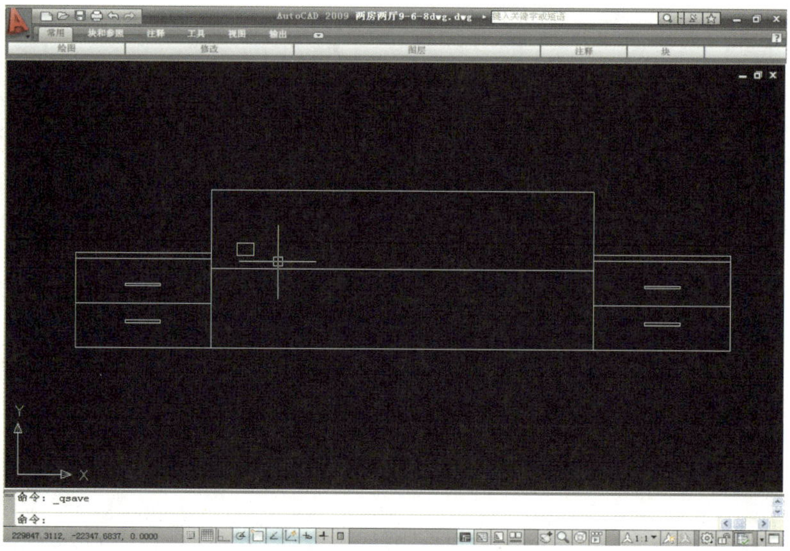


图 3-85　双人床立面图绘制（13）

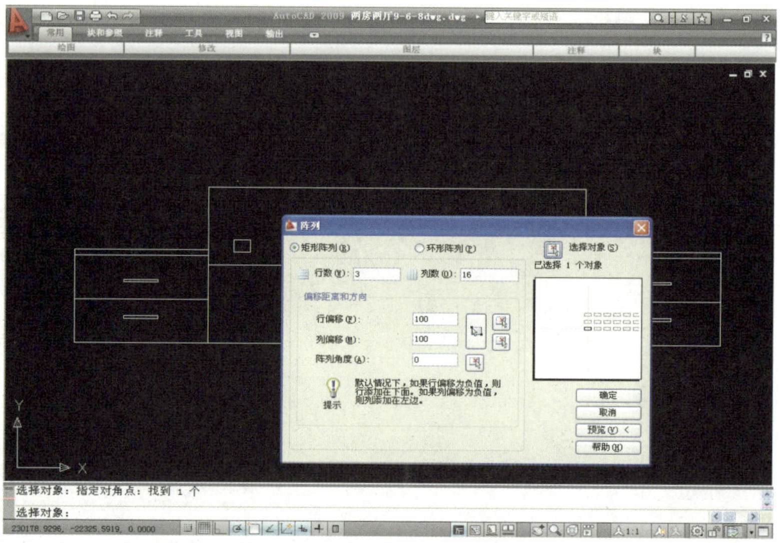


图 3-86　双人床立面图绘制（14）

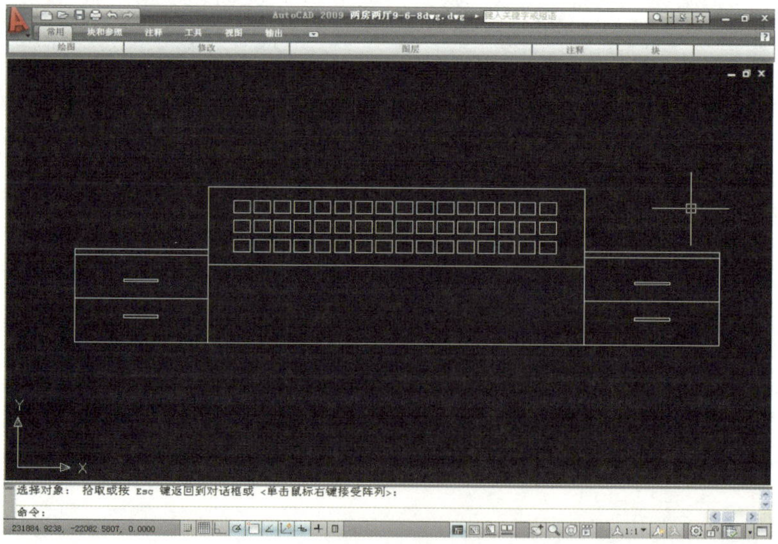


图 3-87　双人床立面图

## 第三节 移动、旋转、缩放与拉伸

学习重点:

- 通过讲练结合上机操作，掌握移动、旋转、缩放与拉伸命令的操作方法与要点。
- 理解移动、旋转、缩放与拉伸的命令执行方式。

技能要求:

- 能灵活运用移动、旋转、缩放与拉伸命令对图形进行编辑与修改。
- 能在上机操作中熟练运用快捷操作方式与命令。

实训课题:

- 利用移动命令完成办公桌平面图。
- 利用旋转命令完成办公单元平面图。
- 利用缩放命令完成沙发立面图。
- 利用拉伸命令完成组合茶几平面图。
- 综合运用移动、旋转、缩放与拉伸命令完成四人办公单元平面图。

### 一、移动命令

移动命令不会改变对象的形状和大小，只是对图形对象的平行位移操作；可以通过指定坐标点使对象的位置相对于当前位置重新定位。

(1) 移动命令的作用范围：所有类型的对象或物体。

(2) 命令执行：在命令行输入“MOVE”，或利用鼠标左键点击“修改工具”条中的“移动命令”按钮 ，或单击“修改”下拉菜单中的“移动命令”。

(3) 操作方式：先选择对象再选择“移动命令”，或先选择“移动命令”再指定对象。

操作步骤

打开“范例文件”，范例文件 / 第三章 / 第三节 / 移动命令 01.dwg。

点击“修改工具”条中的“移动命令”按钮 ，鼠标变为“拾取框”，框选“右下角两把椅子”，椅子呈现被选择状态下的虚线显示，如图 3-88 所示。

单击“Enter”键确认选择，鼠标变为“十字光标”，提示“指定基点（第一点）”，如图 3-89 所示。

点击“椅子的一侧”，将“十字光标”移动到办公桌的上方，实体椅子随光标移动，如图 3-90 所示。

点击“办公桌的上方一点”，确认“位移点（第二点）”，实体椅子位置移动到办公桌的上方，虚线显示的两个源对象消失，命令自动结束，如图 3-91 所示。

再次点击“修改工具”条中的“镜像命令”按钮，鼠标变为“拾取框”，框选左下角文件柜，如图 3-92 所示。

单击“Enter”键确认选择，鼠标变为“十字光标”，按下“F3”功能键打开“对象捕捉模式”（捕捉到端点），将“十字光标”移动到文件柜的右上角，点击确认第一点，如图 3-93 所示。

移动“十字光标”到办公桌的右下角，点击确认第二点；将文件柜精确地移动到办公桌旁边，虚线显示的源对象消失，命令自动结束，如图 3-94 所示。

快捷应用提示：可以通过快捷键“M+Enter”快速调用移动命令，多利用重复复制方式有利于提高制图效率。

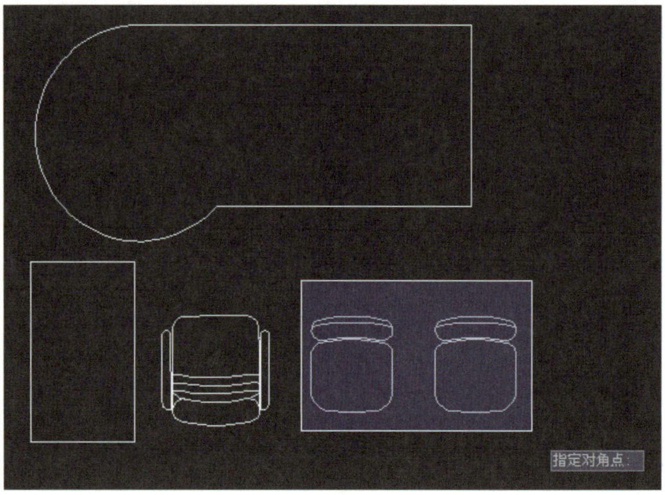


图3-88　移动命令（1）

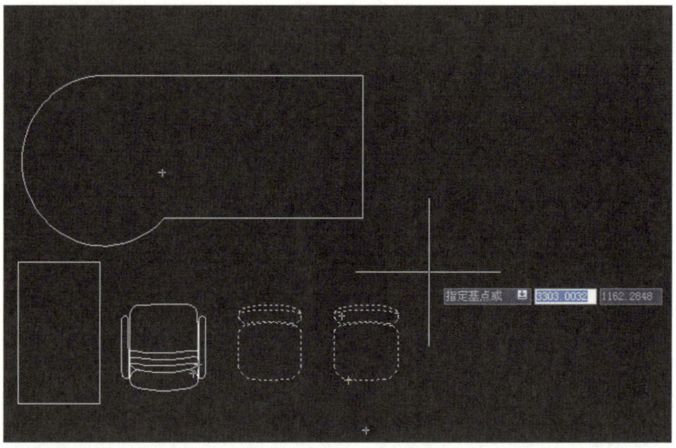


图3-89　移动命令（2）

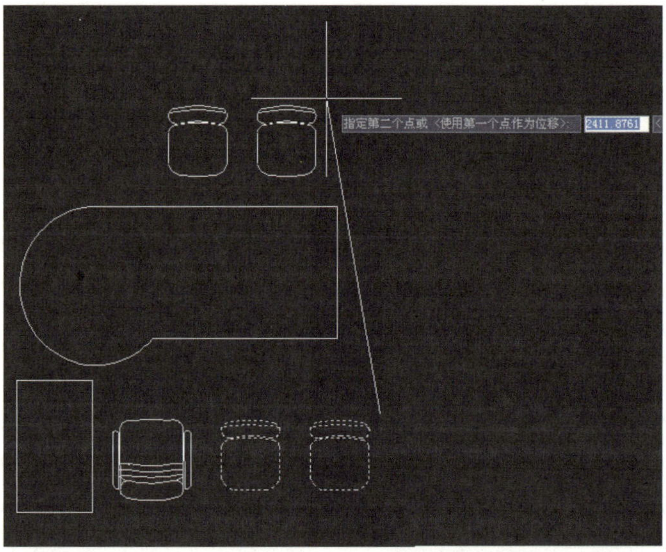


图3-90　移动命令（3）

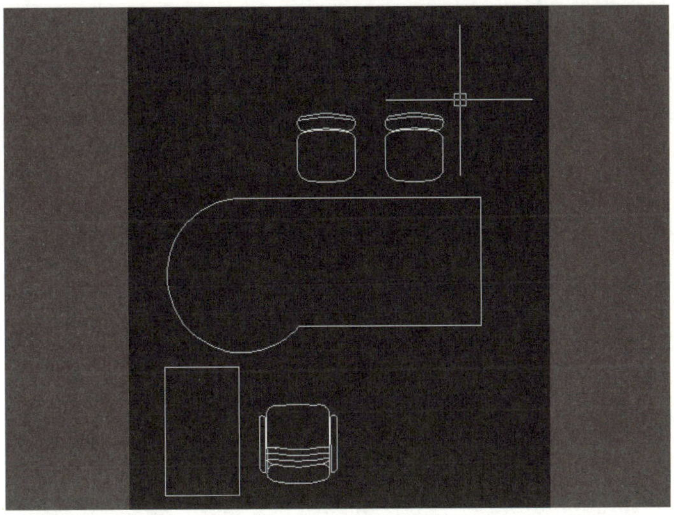

图 3-91　移动命令（4）

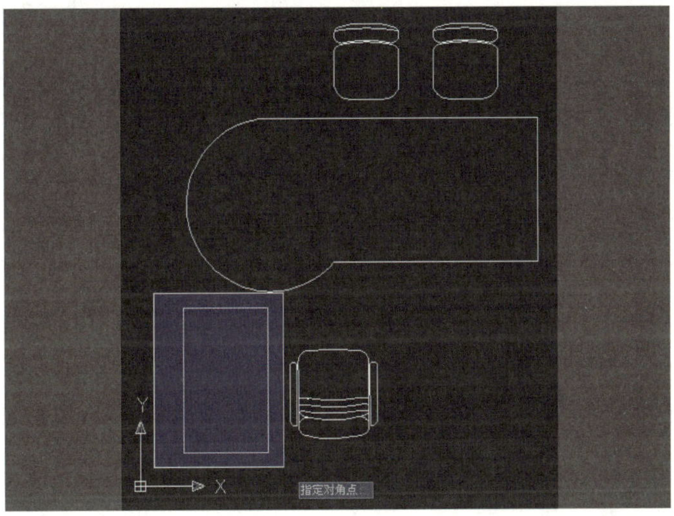


图 3-92　移动命令（5）

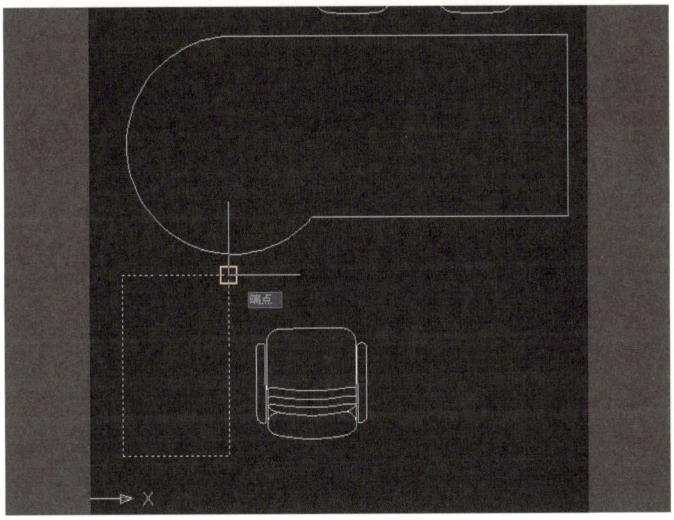


图 3-93　移动命令（6）

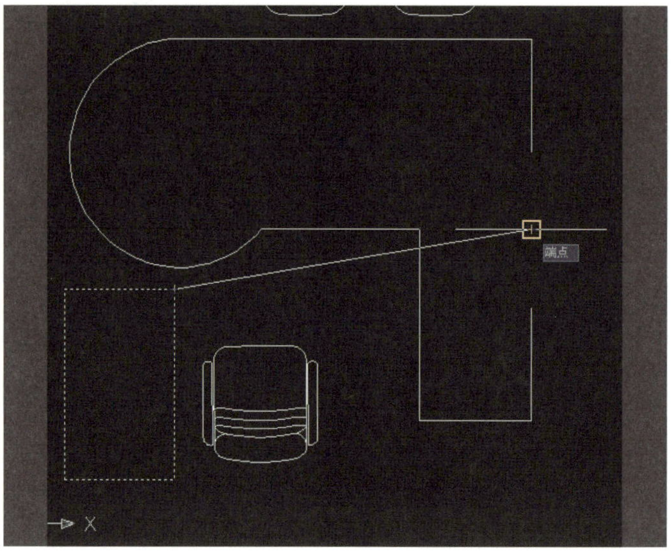


图 3-94　移动命令效果图

## 二、旋转命令

旋转命令可以将所选的对象绕指定基点旋转指定的角度，只改变当前对象的位置和方向，不会改变对象的形状和大小。

(1) 旋转命令的作用范围：所有类型的对象或物体。

(2) 命令执行：在命令行输入“ROTATE”，或利用鼠标左键点击“修改工具”条中的“旋转命令”按钮 ，或单击“修改”下拉菜单中的“旋转命令”。

(3) 操作方式：先选择对象再选择“旋转命令”，或先选择“旋转命令”再指定对象。

操作步骤

打开“范例文件”，范例文件 / 第三章 / 第三节 / 旋转命令 01.dwg。

框选“左边办公单元的椅子”，点击“修改工具”条中的“旋转命令”按钮 ，椅子呈现被选择状态下的虚线显示，鼠标变为“十字光标”，并“提示指定基点（旋转点）”，如图 3-95 所示。

将“十字光标”移动到椅子的中心，鼠标左键单击“指定基点”，如图 3-96 所示。

输入数值“－ 90”，如图 3-97 所示。

单击“Enter”键确认，椅子向右旋转“90”度，命令自动结束，如图 3-98 所示。

点击“修改工具”条中的“旋转命令”按钮 ，框选“右边办公单元的椅子”，椅子呈现被选择状态下的虚线显示，单击“Enter”键确认选择，鼠标变为“十字光标”，并提示“指定基点（旋转点）”，如图 3-99 所示。

将“十字光标”移动到椅子的中心，鼠标左键单击“指定基点”，如图 3-100 所示。

输入数值“90”，如图 3-101 所示。

单击“Enter”键确认，椅子向左旋转“90”度，命令自动结束，如图 3-102 所示。

快捷应用提示：可以通过快捷键“R+O+Enter”键可以快速调用旋转命令。

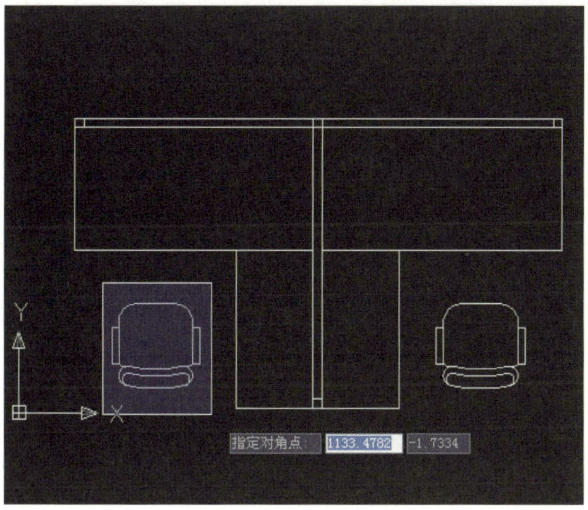


图 3-95 旋转命令（1）

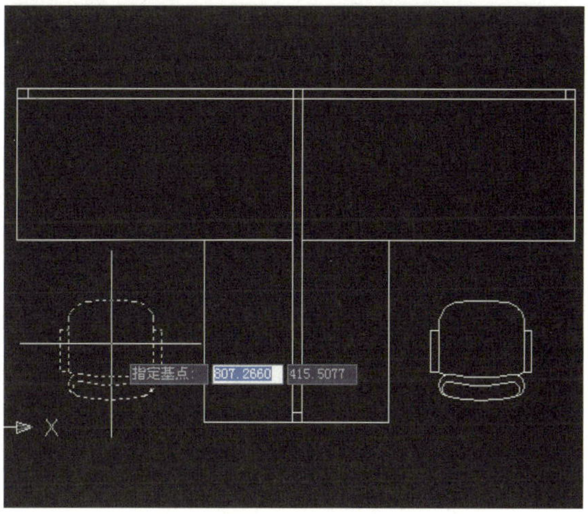


图 3-96 旋转命令（2）

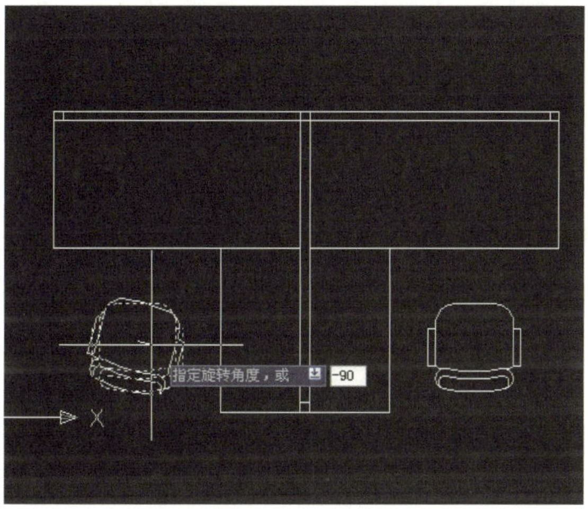


图 3-97 旋转命令（3）

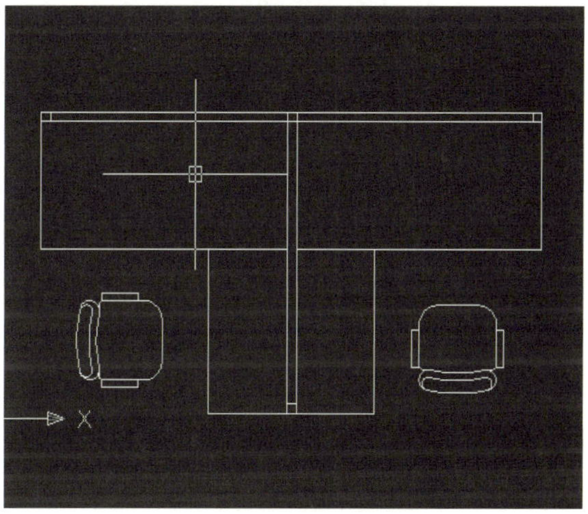

图 3-98 旋转命令（4）

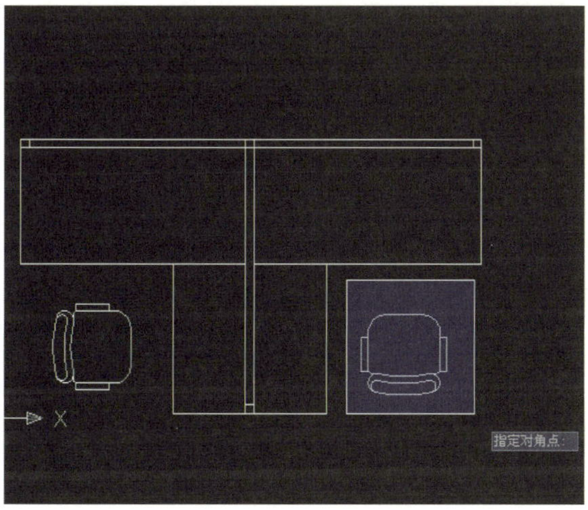


图 3-99 旋转命令（5）

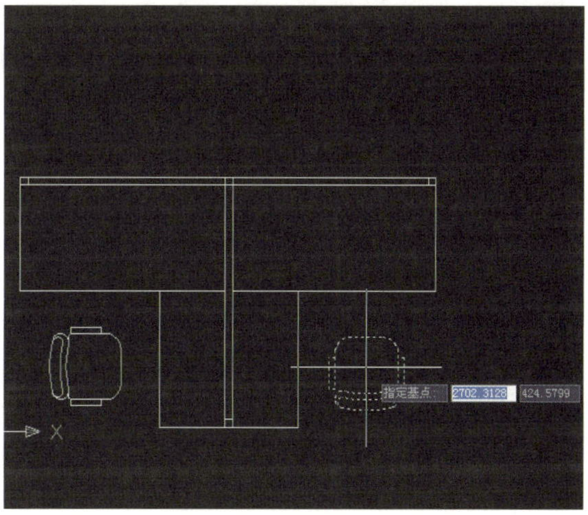


图 3-100 旋转命令（6）

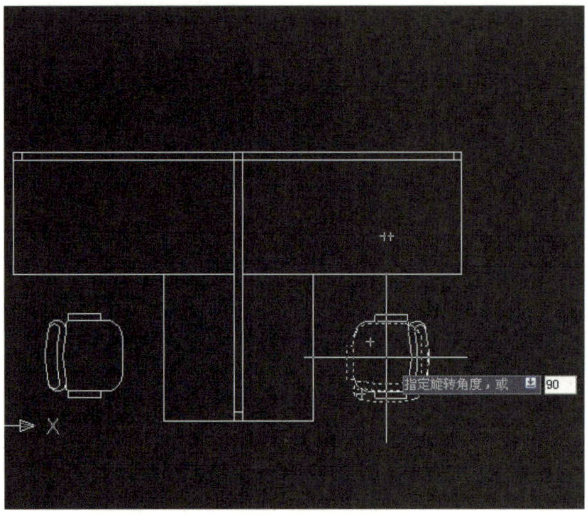


图 3-101　旋转命令（7）

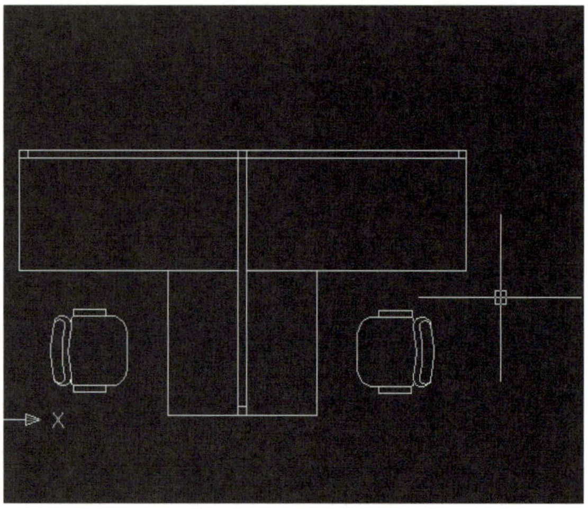


图 3-102　旋转命令效果图

## 三、缩放命令

缩放命令实际上是在 X、Y、Z 轴方向上使用相同比例，对图形对象进行放大或缩小，会等比例改变图形对象的大小。

(1) 缩放命令的作用范围：所有类型的对象或物体。

(2) 命令执行：在命令行输入“SCALE”，或利用鼠标左键点击“修改工具”条中的“缩放命令”按钮 ，或单击“修改”下拉菜单中的“缩放命令”。

(3) 操作方式：先选择对象再选择“缩放命令”，或先选择“缩放命令”再指定对象。

操作步骤

打开“范例文件”，范例文件 / 第三章 / 第三节 / 缩放命令 01.dwg。

框选“沙发立面图”，如图 3-103 所示。

点击“修改工具”条中的“缩放命令”按钮 ，沙发呈现被选择状态下的虚线显示，鼠标变为“十字光标”，并“提示指定基点（缩放基点）”，如图 3-104 所示。

按下“F3”功能键打开“对象捕捉”模式（捕捉到端点），将“十字光标”移动到沙发立面的左下角点，鼠标左键单击“指定缩放基点”，如图 3-105 所示。

移动“十字光标”，输入数值“2”，如图 3-106 所示。

单击“Enter”键确认，沙发立面被缩放大两倍，如图 3-107 所示。

继续框选“沙发立面图”，点击“修改工具”条中的“缩放命令”按钮 ，沙发呈现被选择状态下的虚线显示，鼠标变为“十字光标”，并提示“指定基点（缩放基点）”，如图 3-108 所示。

按下“F3”功能键打开“对象捕捉”模式（捕捉到端点），将“十字光标”移动到沙发立面的左下角点，鼠标左键单击“指定缩放基点”，如图 3-109 所示。

移动“十字光标”，输入数值“0.5”，单击“Enter”键确认，沙发立面被缩小一半，如图 3-110 所示。

快捷应用提示：可以通过快捷键“S+C+Enter”键可以快速调用缩放命令。

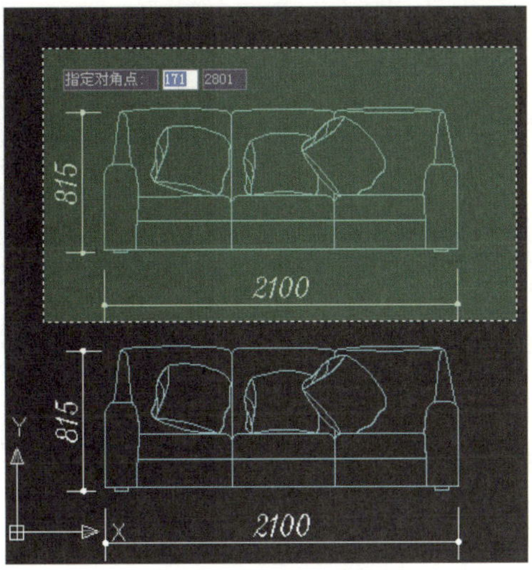


图 3-103 缩放命令（1）

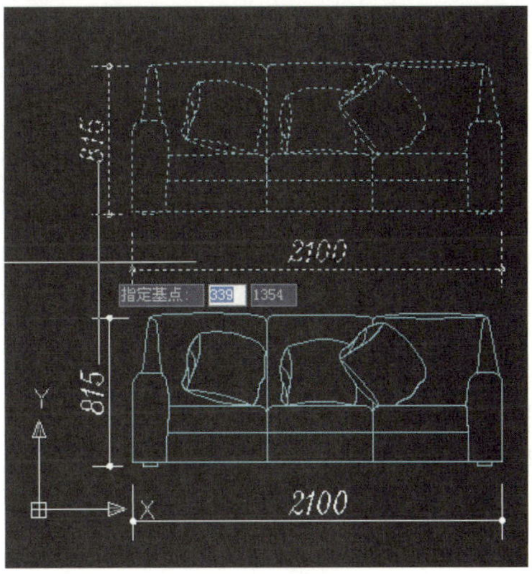


图 3-104 缩放命令（2）

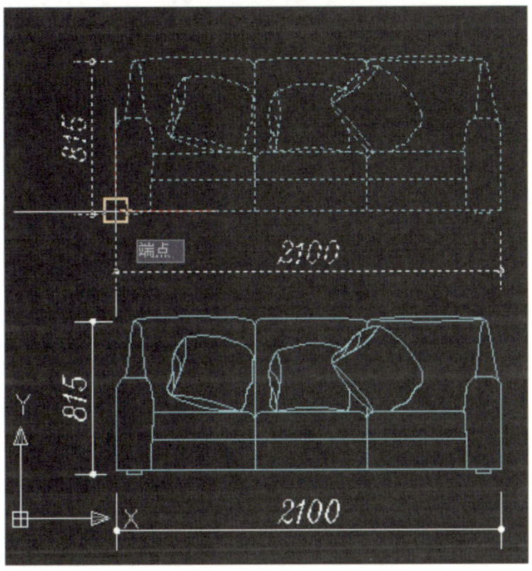


图 3-105 缩放命令（3）

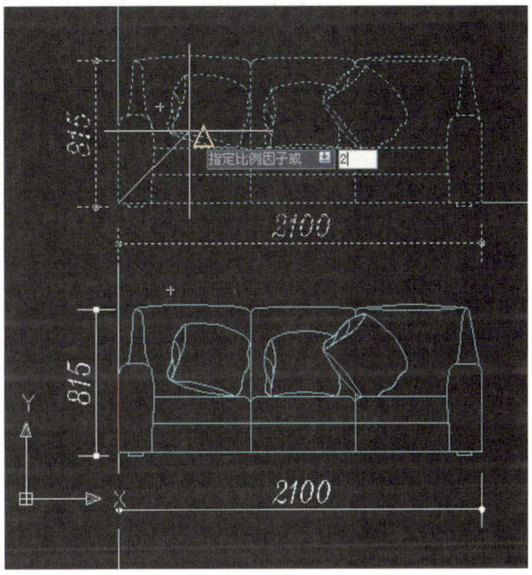


图 3-106 缩放命令（4）

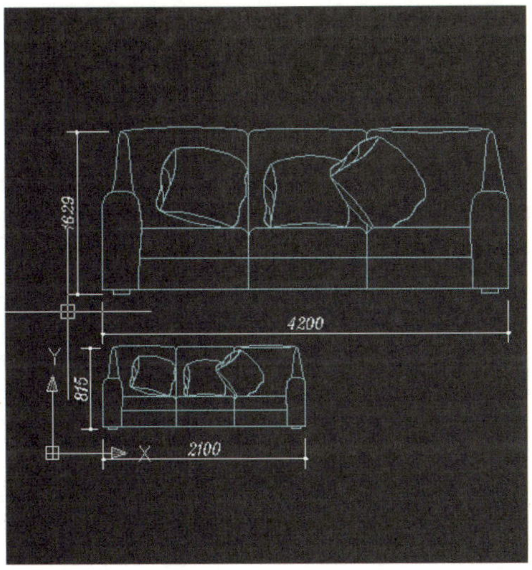


图 3-107 缩放命令（5）

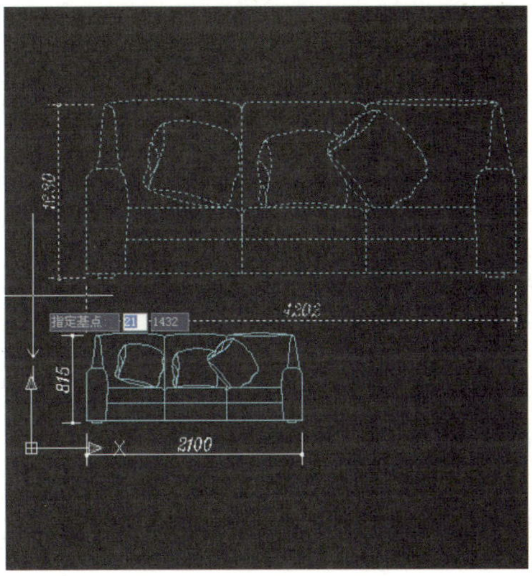


图 3-108 缩放命令（6）

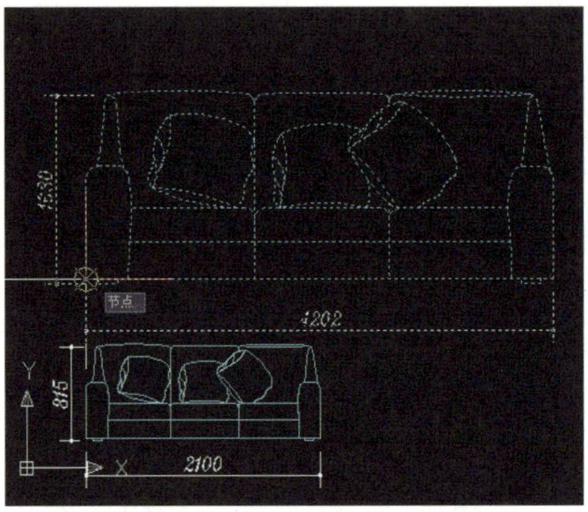


图 3-109　缩放命令（7）

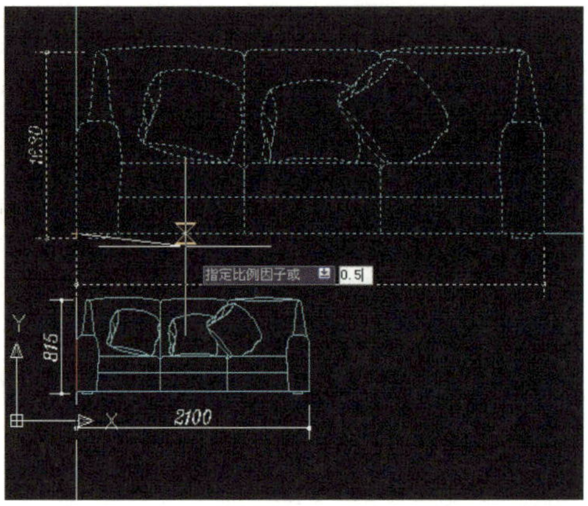


图 3-110　缩放命令效果图

## 四、拉伸命令

拉伸命令是按指定的方向和角度将所选的对象拉长或缩短，能从长度和角度两方面改变对象的几何形态。

(1) 拉伸命令的作用范围：所有带有绘制线特征的对象，如直线、弧线、圆等，对图块类物体操作无效。

(2) 命令执行：在命令行输入“STRETCH”，或利用鼠标左键点击“修改工具”条中的“拉伸命令”按钮，或单击“修改”下拉菜单中的“拉伸命令”。

(3) 操作方式：拉伸命令会移动位于框选窗口内的节点，因此必须使用虚线框选方式选择对象带节点的一端。

操作步骤

打开“范例文件”，范例文件 / 第三章 / 第三节 / 拉伸命令 01.dwg。

从右下角至左上角拉虚线选择框，框选“长茶几的左端”，长茶几呈现被选择虚线显示状态，如图 3-111 所示。

单击“Enter”键确认，鼠标变为“十字光标”，按下“F8”功能键打开“正交模式”，将“十字光标”移动到长茶几的左上角点，鼠标左键单击“指定拉伸基点”，如图 3-112 所示。

移动“十字光标”，输入数值“200”，如图 3-113 所示。

单击“Enter”键确认，长茶几向左延伸“200”，如图 3-114 所示。

快捷应用提示：可以通过快捷键“S+Enter”快速调用拉伸命令。

图 3-111　拉伸命令（1）

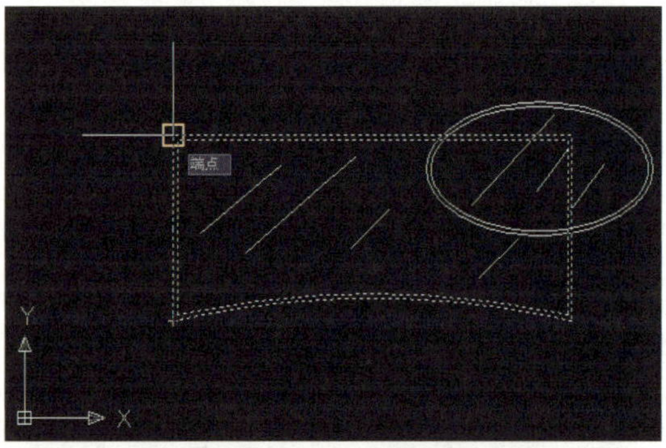


图 3-112　拉伸命令（2）

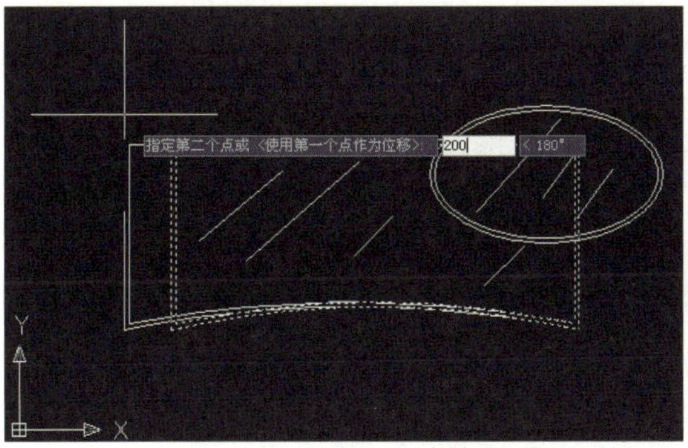


图 3-113 拉伸命令（3）

图 3-114 拉伸命令效果图

## 五、案例 3——四人办公单元平面图绘制

(1) 实例训练课题：综合运用移动、旋转、缩放与拉伸完成四人办公单元平面图绘制。

(2) 操作流程。

①打开文件，分析图纸，考虑合理的制图方法。

操作步骤

打开“范例文件”，范例文件 / 第三章 / 第三节 / 综合训练 01.dwg，如图 3-115 所示。

考虑综合运用移动、旋转、缩放与拉伸命令灵活制图。

②利用缩放命令将椅子恢复到合理的尺寸。

操作步骤

框选椅子平面图，点击“修改工具”条中的“缩放命令”按钮，椅子呈现被选择状态下的虚线显示，鼠标变为“十字光标”，并提示“指定基点（缩放基点）”，如图 3-116 所示。

按下“F3”功能键打开“对象捕捉”模式（捕捉到象限点），将“十字光标”移动到右边椅子象限点，鼠标左键单击“指定缩放基点”，如图 3-117 所示。

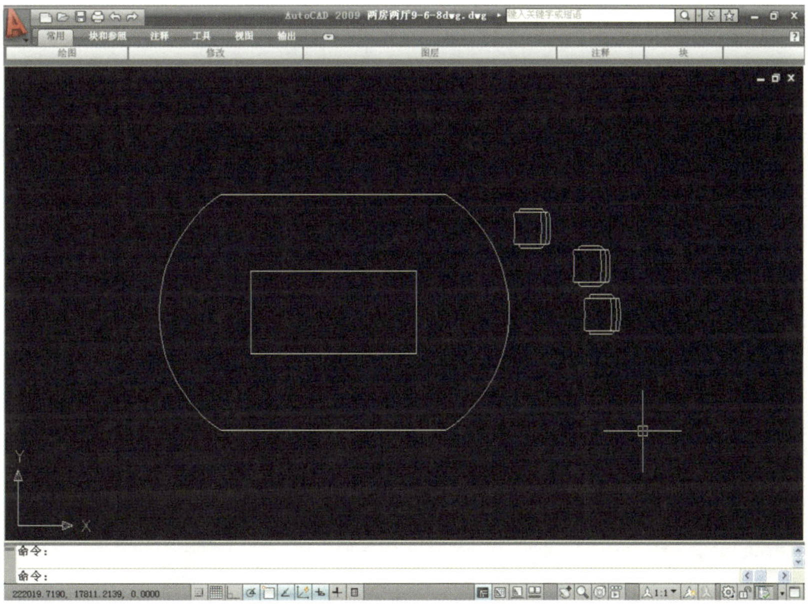


图 3-115 四人办公单元平面图绘制（1）

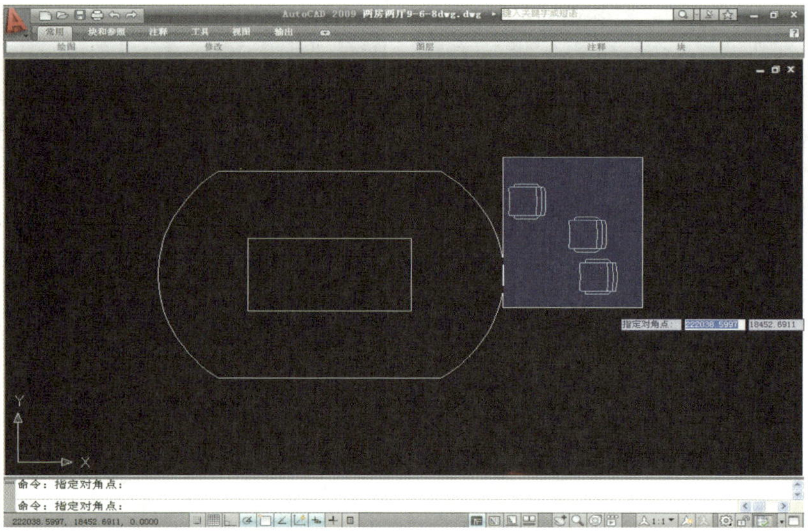


图 3-116　四人办公单元平面图绘制（2）

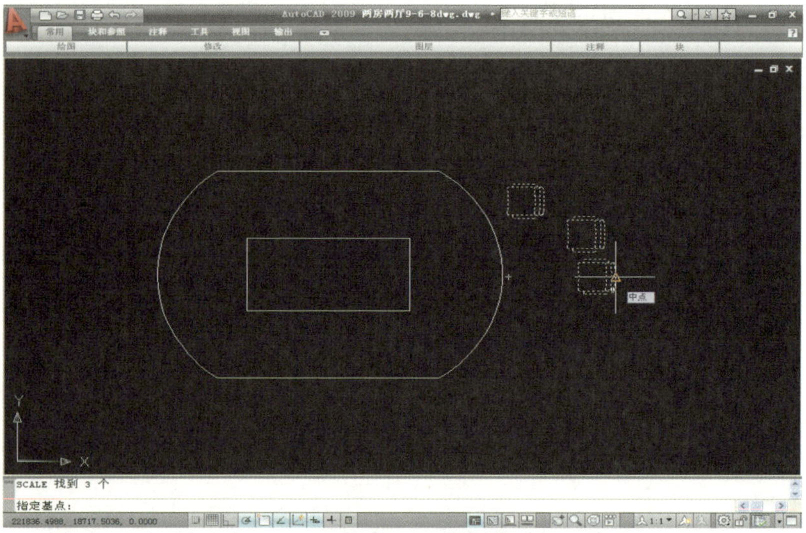


图 3-117　四人办公单元平面图绘制（3）

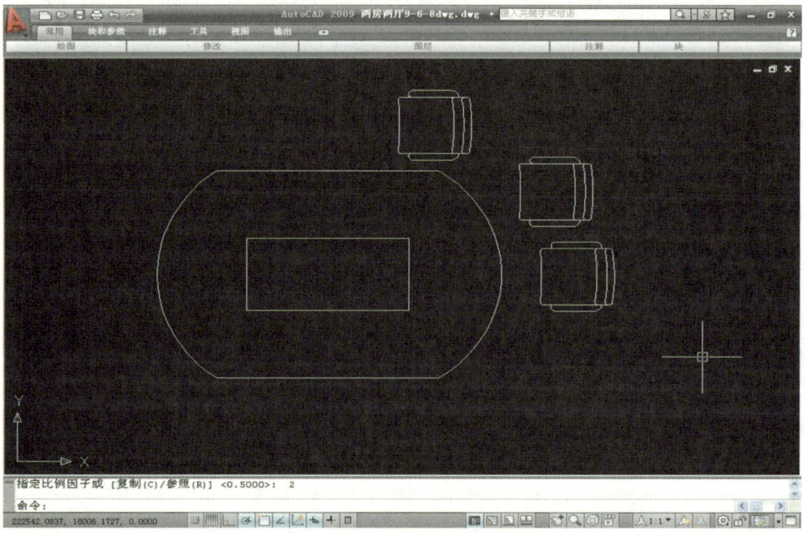


图 3-118　四人办公单元平面图绘制（4）

移动“十字光标”，输入数值“2”，单击“Enter”键确认，椅子被放大两倍，如图 3-118 所示。

③利用旋转命令将椅子旋转到合理的角度。

操作步骤

框选右边上方的椅子，点击“修改工具”条中的“旋转命令”按钮，椅子呈现被选择状态下的虚线显示，鼠标变为“十字光标”，并提示“指定基点（旋转点）”，如图 3-119 所示。

将“十字光标”移动到椅子的中心，鼠标左键单击“指定基点”，输入数值“30”，单击“Enter”键确认，椅子向左旋转 30 度，命令自动结束，如图 3-120 所示。

同上两步操作，将上方的椅子向左旋转 90 度，结束命令，如图 3-121 所示。

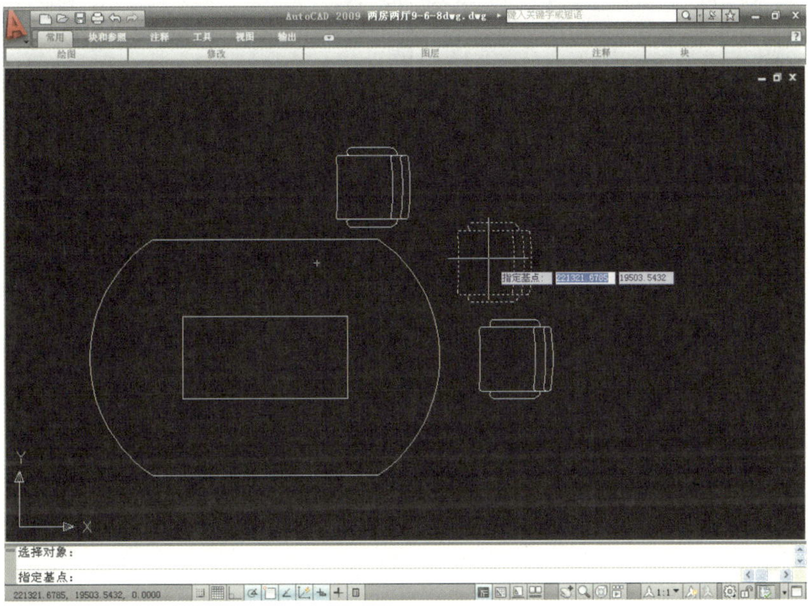


图 3-119 四人办公单元平面图绘制（5）

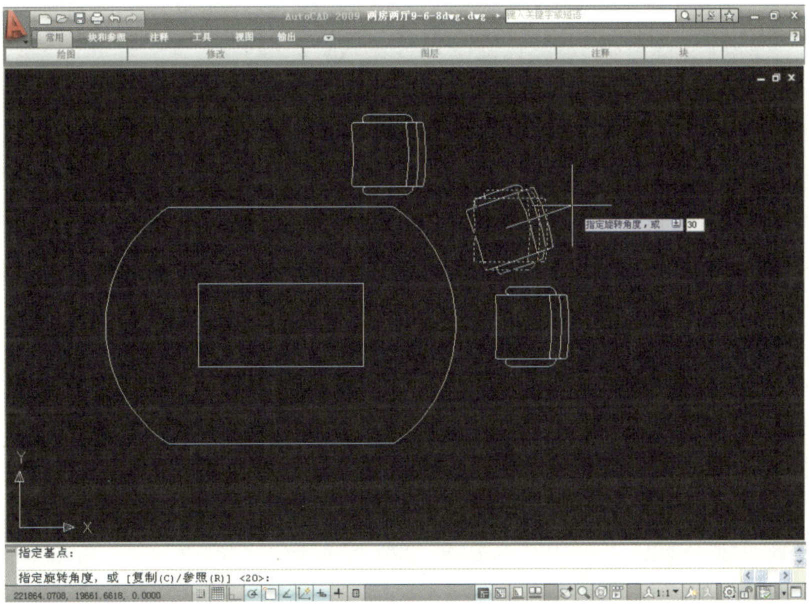


图 3-120 四人办公单元平面图绘制（6）

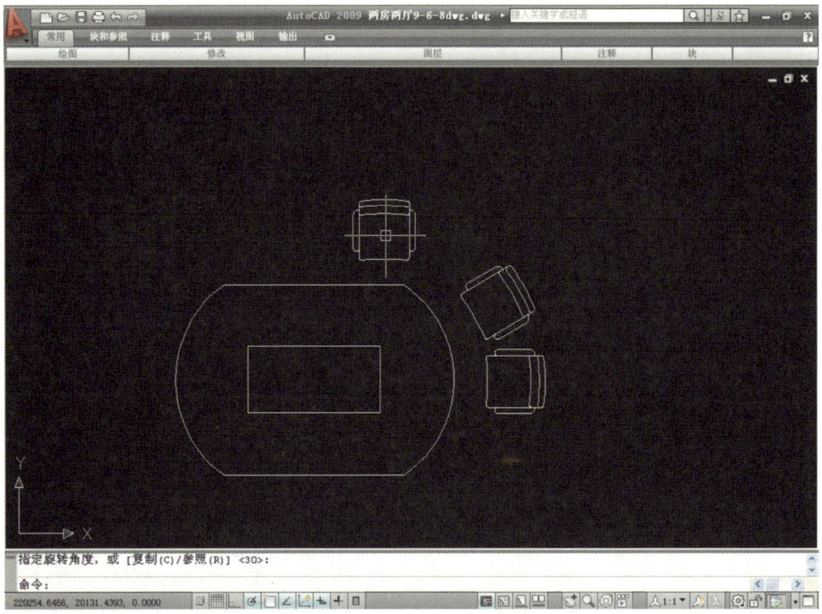

图 3-121　四人办公单元平面图绘制（7）

④利用移动命令将椅子移动到合理的位置。

操作步骤

框选“右边上方的椅子”，点击“修改工具”条中的“复制命令”按钮，在右侧复制出另一把椅子并进行负 60 度旋转，如图 3-122 所示。

框选“复制出的椅子”，点击“修改工具”条中的“移动命令”按钮，将椅子移动到靠近会议桌的位置，如图 3-123 所示。

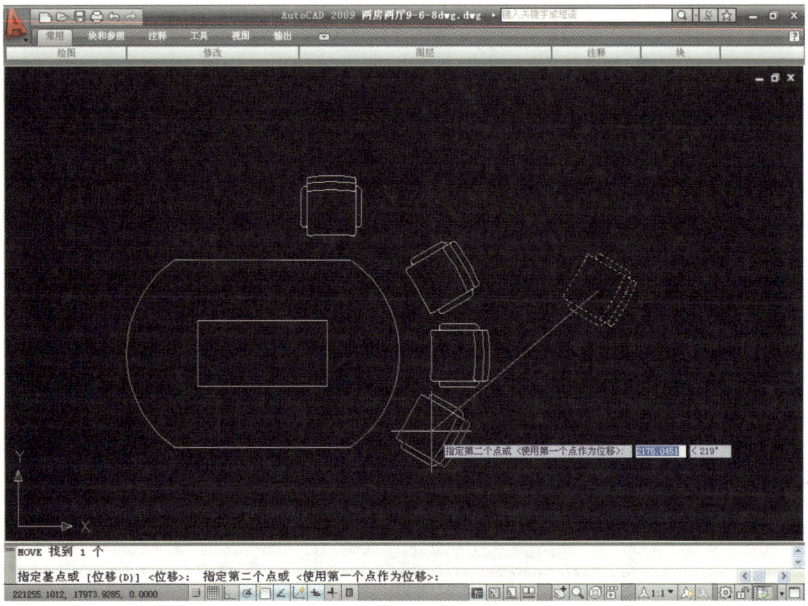

图 3-122　四人办公单元平面图绘制（8）

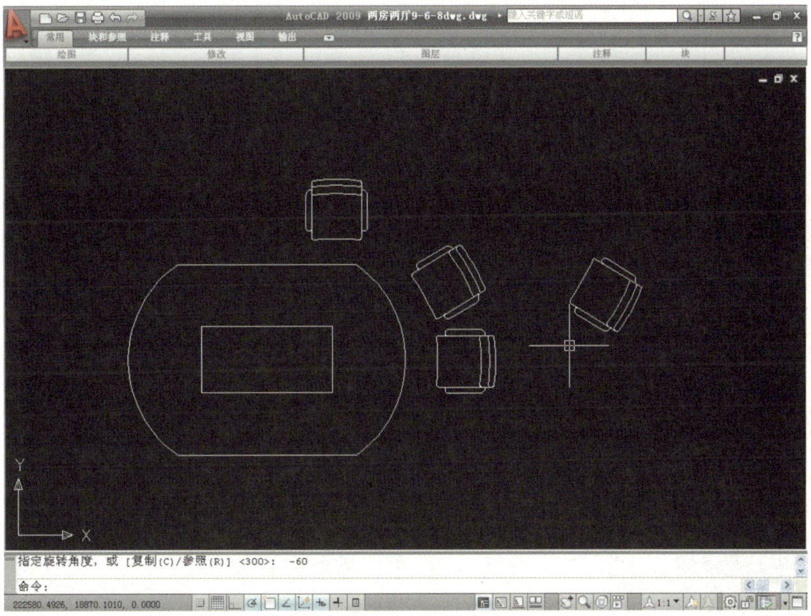


图 3-123　四人办公单元平面图绘制（9）

⑤利用拉伸命令将会议桌加长。

操作步骤

从右下角至左上角拉虚线选择框，框选“会议桌的左端”；会议桌呈现被选择虚线显示状态，如图 3-124 所示。

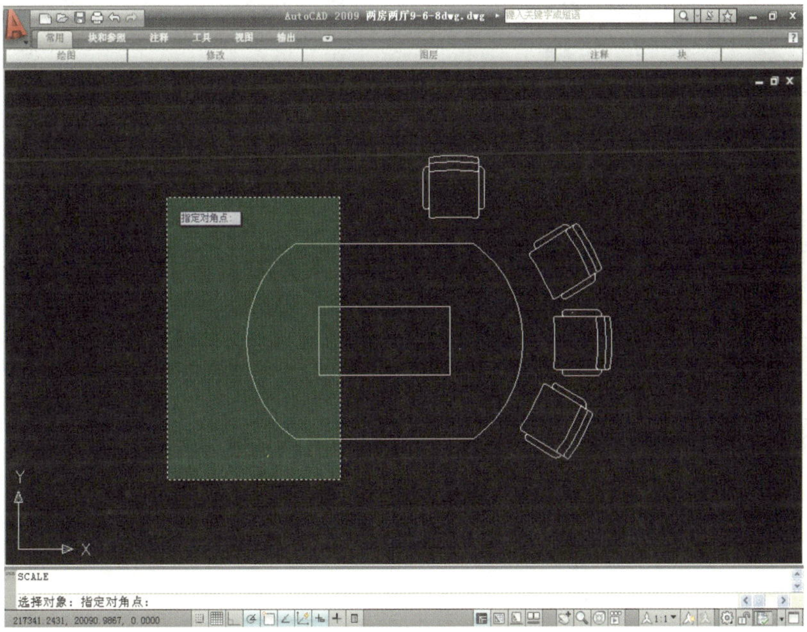


图 3-124　四人办公单元平面图绘制（10）

单击“Enter”键确认，鼠标变为“十字光标”，按下“F8”功能键打开“正交模式”，将“十字光标”移动到会议桌的左侧，鼠标左键单击“指定拉伸基点”，移动“十字光标”，输入数值“1750”，如图 3-125 所示。

单击“Enter”键确认，会议桌向左延伸加长“1750”，如图 3-126 所示。

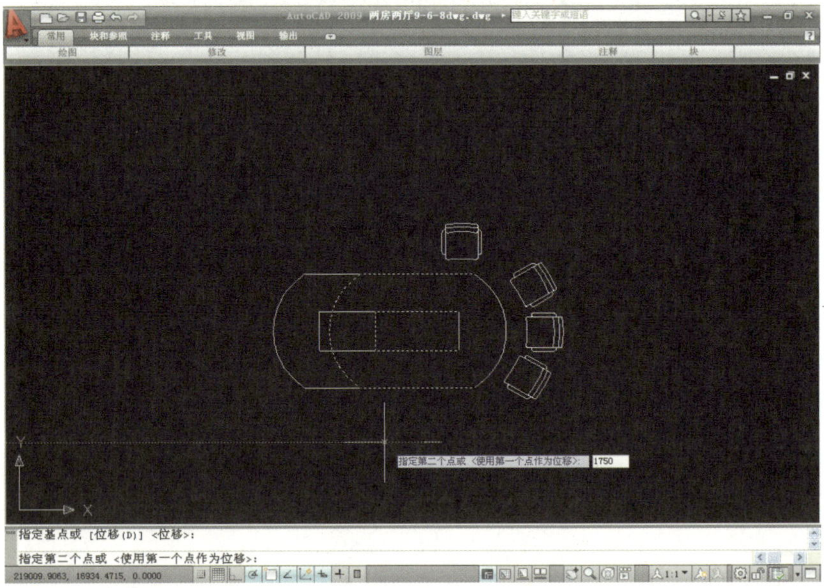


图 3-125　四人办公单元平面图绘制（11）

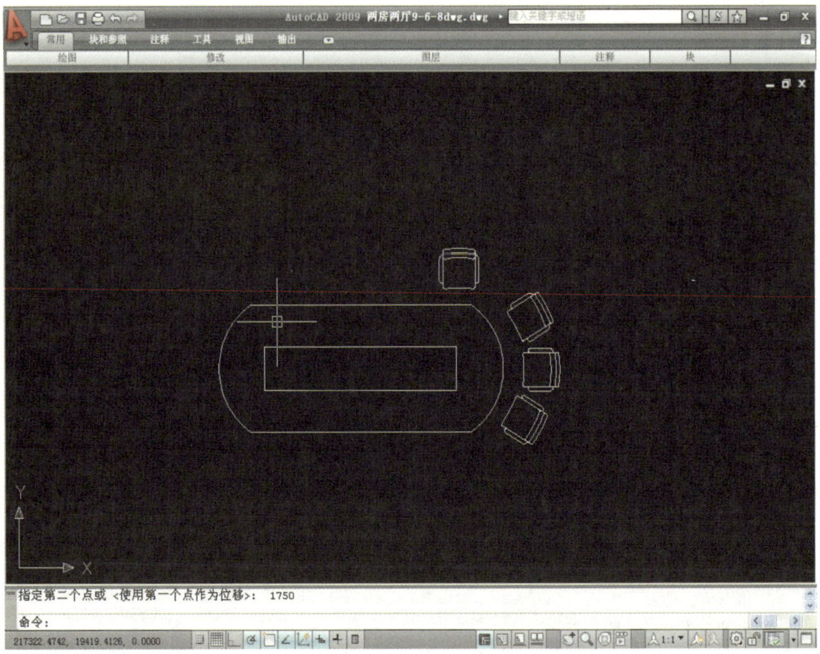


图 3-126　四人办公单元平面图绘制（12）

(6) 利用镜像命令添加椅子。

通过“镜像”添加会议桌上方整排椅子，如图 3-127 所示。

通过“镜像”添加会议桌下方整排椅子，如图 3-128 所示。

通过“镜像”添加会议桌左侧三把椅子，如图 3-129 所示。

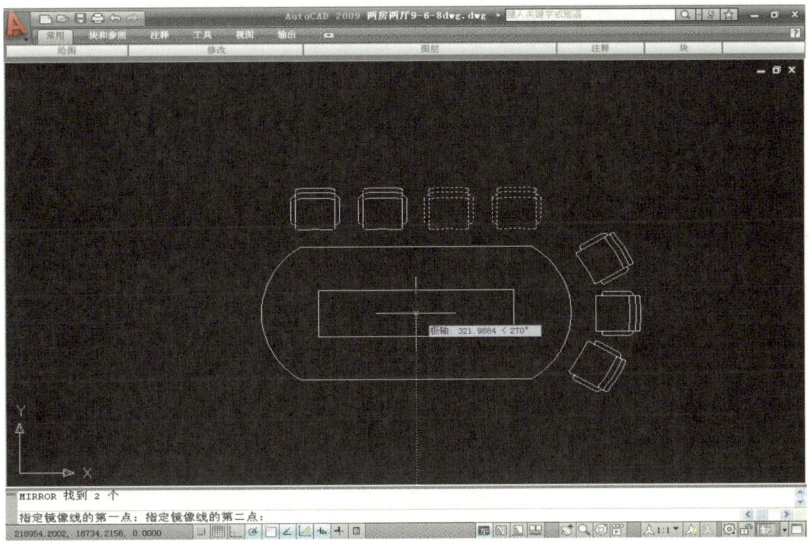


图 3-127 四人办公单元平面图绘制（13）

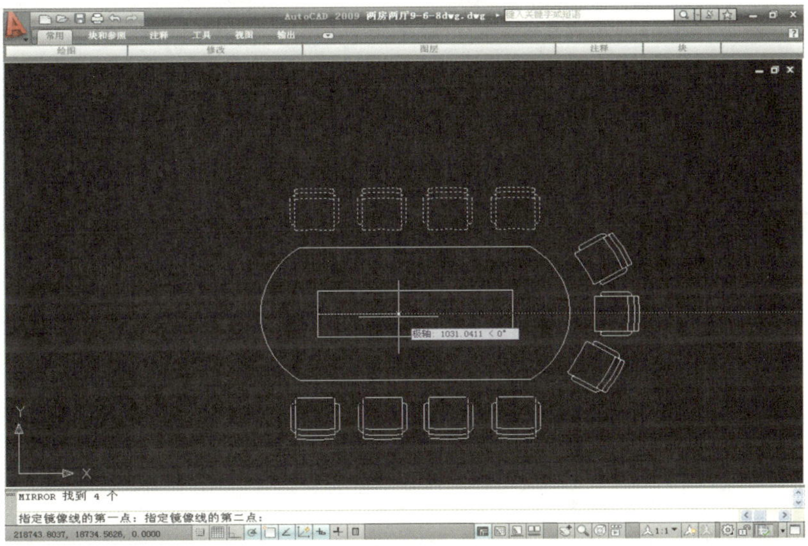


图 3-128 四人办公单元平面图绘制（14）

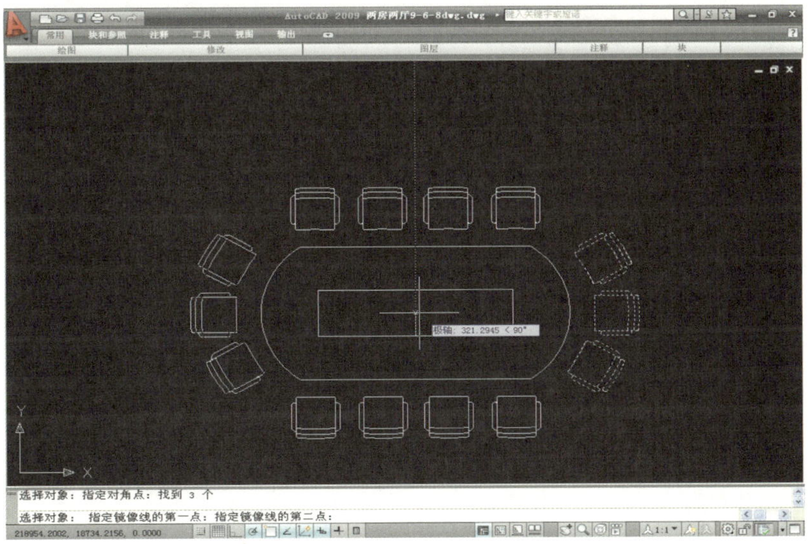


图 3-129 四人办公单元平面图

## 第四节　打断、修剪与延伸

学习重点：

- 通过讲练结合上机操作，掌握打断、修剪与延伸命令的操作方法与要点。
- 理解打断、修剪与延伸的命令执行方式。

技能要求：

- 能灵活运用打断、修剪与延伸命令对图形进行编辑与修改。
- 能在上机操作中熟练运用快捷操作方式与命令。

实训课题：

- 利用打断命令完成办公椅平面图。
- 利用修剪命令完成花瓶立面图。
- 利用延伸命令完成台灯立面图。
- 综合运用打断、修剪与延伸命令完成燃气灶平面图。

### 一、打断命令

打断命令通过指定点使对象变为两个独立部分。包含两种方式：打断于点和打断。

打断于点是指定对象上的某一个点，将对象分为两个独立部分。打断是通过指定对象上的两个点，将对象在指定的两点之间的部分删除。

1．打断命令的作用范围：所有带有绘制线特征的对象，如直线、弧线、圆、矩形等，但对图块类物体操作无效。

2．命令执行：在命令行输入“BREAK”，或利用鼠标左键点击“修改工具”条中的“打断于点”命令按钮与“打断”命令按钮，或单击“修改”下拉菜单中的“打断命令”。

3．操作方式：先选择“打断命令”再指定对象上的打断点。

操作步骤

打开“范例文件”，范例文件 / 第三章 / 第四节 / 打断命令 01.dwg。

点选“椅子平面图中左边扶手的线”，从夹点显示状况可以看到该扶手线为一根整体的直线，如图 3-130 所示。

点击“修改工具”条中的“打断于点”命令按钮，鼠标变为“拾取框”，并提示选择对象，如图 3-131 所示。

选取“该扶手线”，该扶手线呈现被选择状态下的虚线显示，鼠标变为“十字光标”，并提示“指定第一个打断点”，如图 3-132 所示。

按下“F3”功能键打开“对象捕捉”模式（捕捉到中点），点取“该扶手线中点”，命令结束，如图 3-133 所示。

点选“该扶手线的上部”，点击“移动命令”进行移动操作，可以看到该扶手线已经以中线为界分为两根直线，如图 3-134 所示。

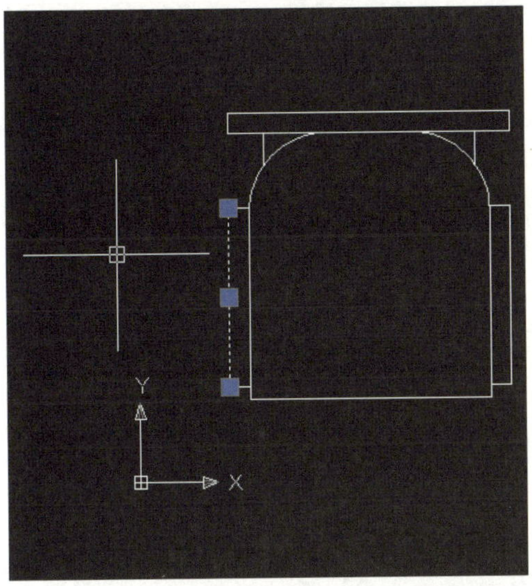


图3-130 打断命令（1）

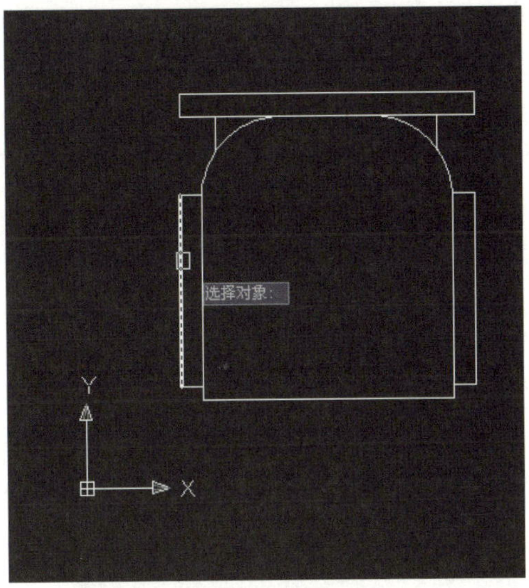


图3-131 打断命令（2）

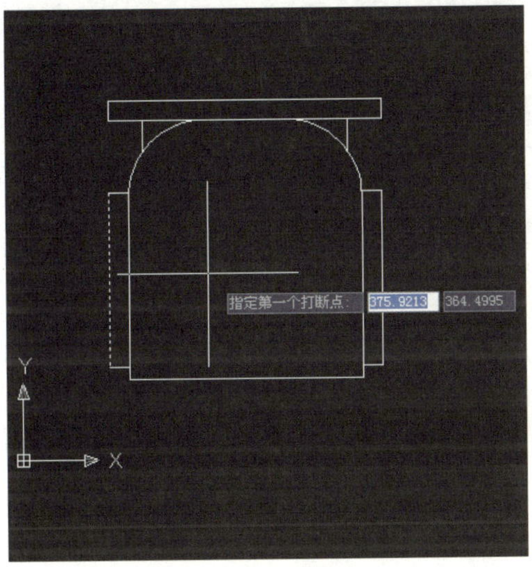


图3-132 打断命令（3）

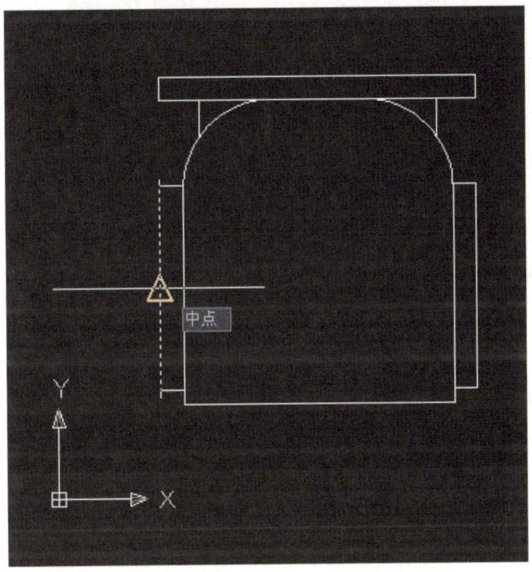


图3-133 打断命令（4）

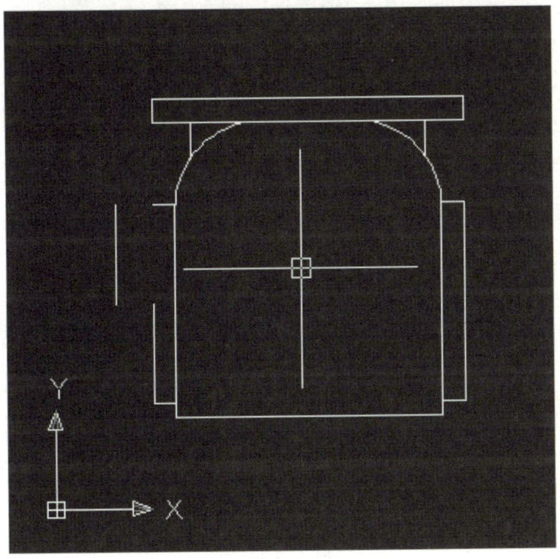


图3-134 打断命令（5）

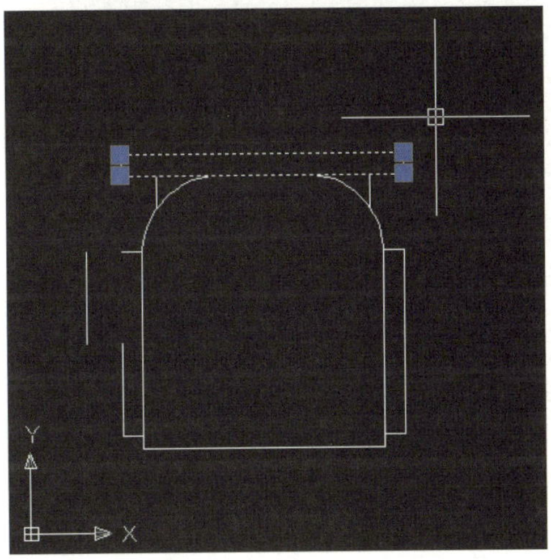


图3-135 打断命令（6）

点选“椅子平面图中上方靠背的矩形”，从夹点显示状况可以看到该靠背线为整体的矩形，如图 3-135 所示。

点击“修改工具”条中的“打断”命令按钮，鼠标变为“拾取框”，并提示“选择对象”，如图 3-136 所示。

点击“该靠背矩形与椅子坐面弧线相交的点”（第一个打断点），该靠背矩形呈现被选择状态下的虚线显示，鼠标变为“十字光标”，并提示“指定第二个打断点”，如图 3-137 所示。

按下“F3”功能键打开“对象捕捉”模式（捕捉到交点），点取“交点”（第二个打断点），命令结束，如图 3-138 所示。

可以看到靠背矩形在指定的两点之间的部分被删除，如图 3-139 所示。

快捷应用提示：可以通过快捷键“B+R+Enter”快速调用打断命令。

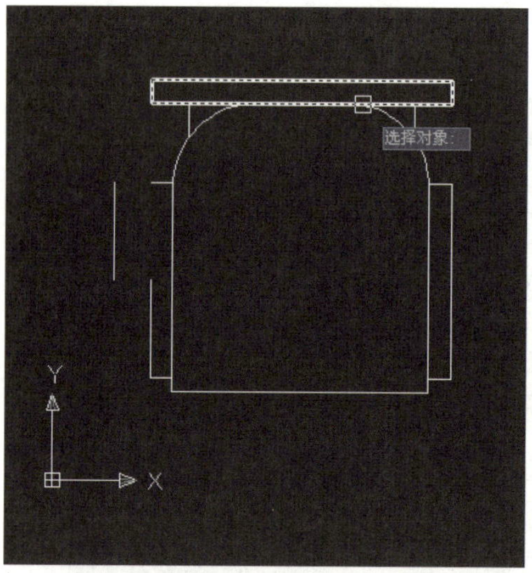


图 3-136 打断命令（7）

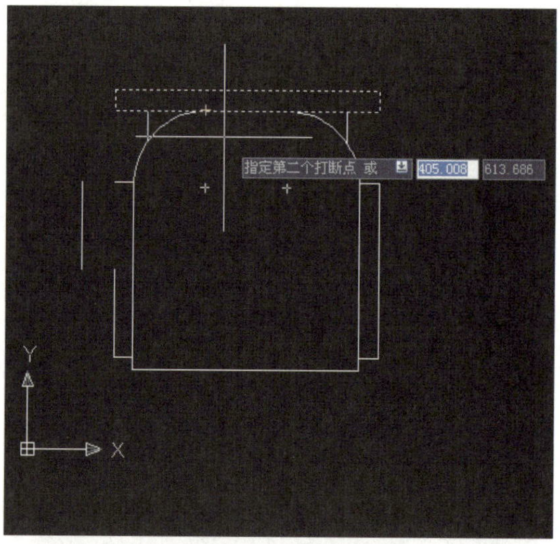


图 3-137 打断命令（8）

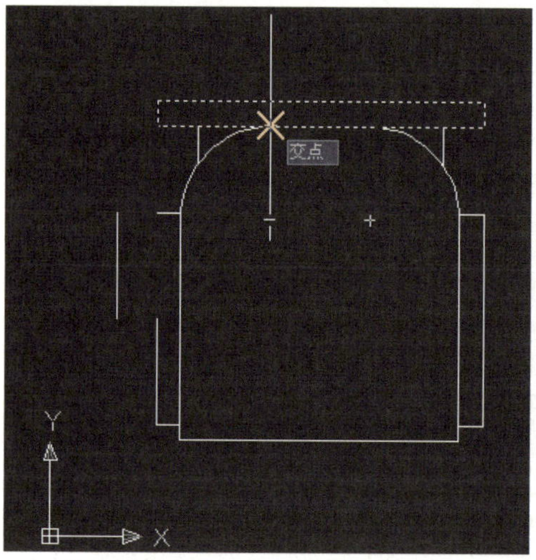


图 3-138 打断命令（9）

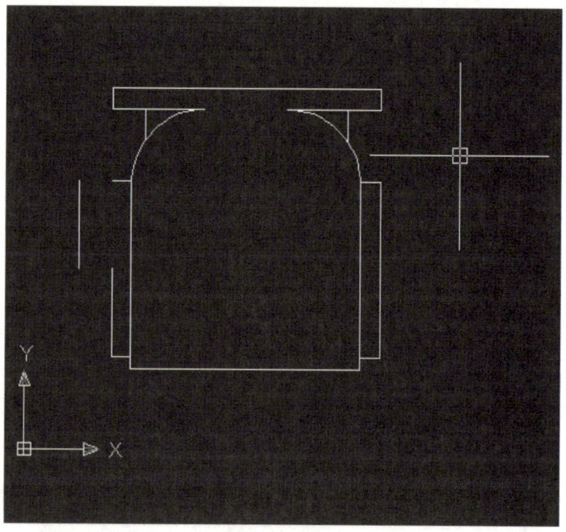


图 3-139 打断命令效果图

## 二、修剪命令

修剪命令能通过指定一个或多个边界精确地修剪对象；修剪边界也可以同时作为被修剪的对象。

(1) 修剪命令的作用范围：所有带有绘制线特征的对象，如直线、弧线、圆、矩形等，但对图块类物体操作无效。

(2) 命令执行：在命令行输入“TRIM”，或利用鼠标左键点击“修改工具”条中的“修剪命令”按钮，或单击“修改”下拉菜单中的“修剪命令”。

(3) 操作方式：先选择修剪边界再选择“修剪命令”，或先选择“修剪命令”再指定修剪边界。

操作步骤

打开“范例文件”，范例文件 / 第三章 / 第四节 / 修剪命令 01.dwg。

点选“花瓶立面图中左边的弧线”，弧线呈现夹点显示，如图 3-140 所示。

点击“修改工具”条中的“修剪命令”按钮，鼠标变为“拾取框”，弧线（即修剪边界）呈现虚线显示，并提示“选择修剪对象”，如图 3-141 所示。

利用虚线框框选“左侧的横线”（以修剪边界为界线），如图 3-142 所示。

释放鼠标左键，所框选的横线被剪切，如图 3-143 所示。

再利用虚线框框选“右侧的横线”（以修剪边界为界线），如图 3-144 所示。

释放鼠标左键，所框选的横线被剪切，单击“Enter”键结束命令，如图 3-145 所示。

点击“修改工具”条中的“修剪命令”按钮，鼠标变为“拾取框”，并提示选择修剪对象，如图 3-146 所示。

点选“花瓶中间方洞的左边和右边的直线”，两条直线（即修剪边界）呈现虚线显示，如图 3-147 所示。单击“Enter”键，确认修剪边界的选择，提示“选择修剪对象”，如图 3-148 所示。

依次点击方洞中的横线，横线被剪断，如图 3-149 所示。

单击“Enter”键结束命令，鼠标变回“十字光标”，如图 3-150 所示。

快捷应用提示：可以通过快捷键“T+R+Enter” 快速调用修剪命令。

图 3-140 修剪命令（1）

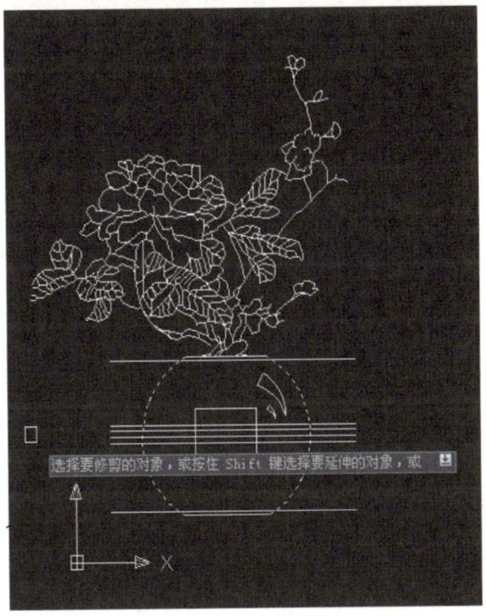


图 3-141 修剪命令（2）

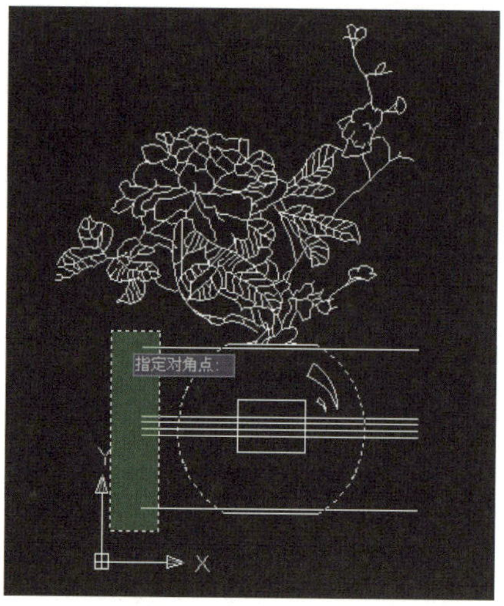


图 3-142　修剪命令（3）

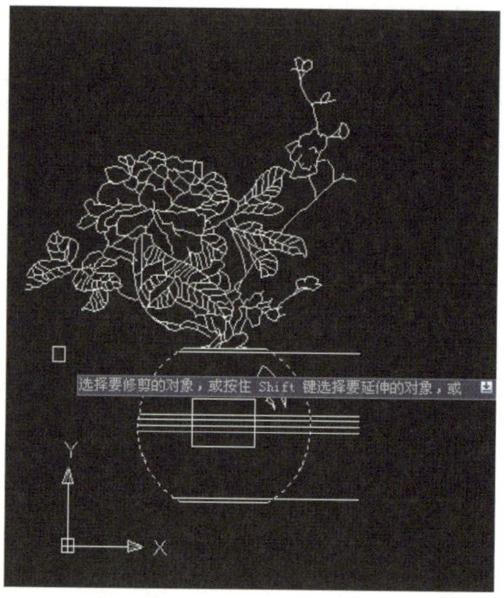


图 3-143　修剪命令（4）

图 3-144　修剪命令（5）

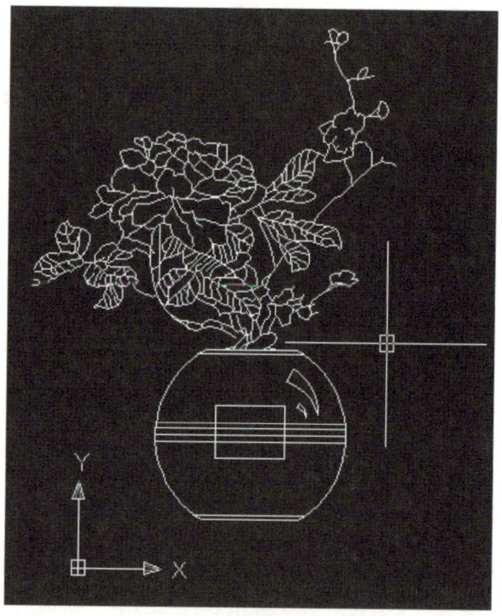


图 3-145　修剪命令（6）

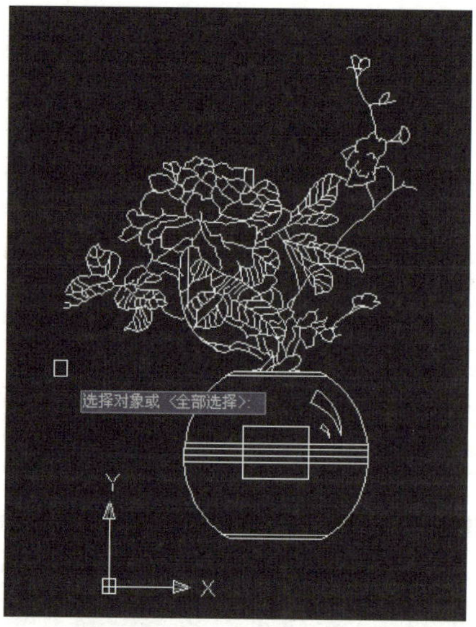


图 3-146　修剪命令（7）

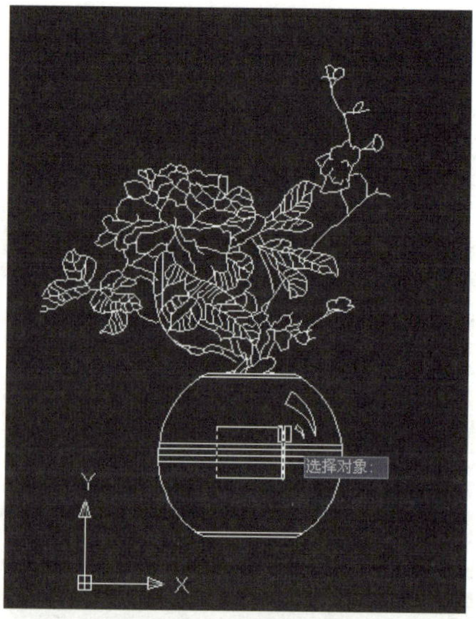


图 3-147　修剪命令（8）

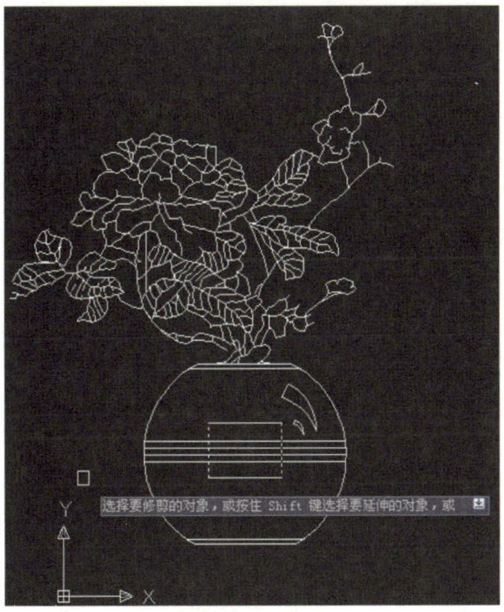


图 3-148 修剪命令（9）

图 3-149 修剪命令（10）

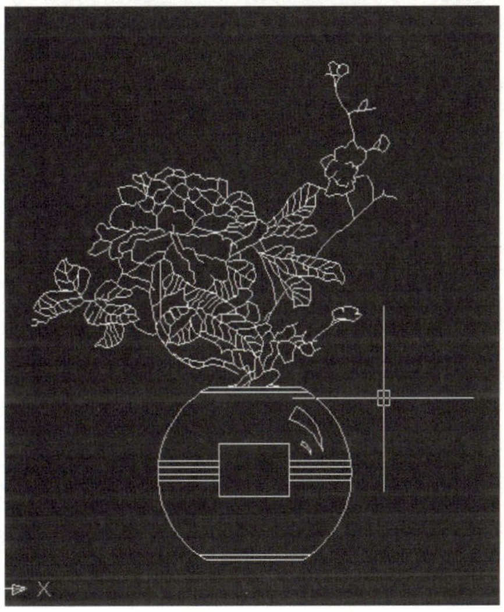


图 3-150 修剪命令效果图

## 三、延伸命令

延伸命令能将对象的端点精确地延伸到由其他对象定义的边界上，或将对象延伸到需要相交的某个边界上。

(1) 延伸命令的作用范围：所有带有绘制线特征的对象，如直线、弧线、圆、矩形等，但对图块类物体操作无效。

(2) 命令执行：在命令行输入“EXTEND”，或利用鼠标左键点击“修改工具”条中的“延伸命令”按钮，或单击“修改”下拉菜单中的“延伸命令”。

(3) 操作方式：先选择延伸边界再选择“延伸命令”，或先选择“延伸命令”再指定延伸边界。

操作步骤

打开“范例文件”，范例文件 / 第三章 / 第四节 / 延伸命令 01.dwg。

点选“台灯立面图中灯罩右边的斜线”，斜线呈现夹点显示，如图 3-151 所示。

点击“修改工具”条中的“延伸命令”按钮，鼠标变为“拾取框”；灯罩右边的斜线（即延伸边界）呈现虚线显示，并提示“选择延伸对象”，如图 3-152 所示。

利用虚线框框选“灯罩中的两根横线右端”（靠近延伸边界的一端），如图 3-153 所示。

释放鼠标左键，所框选的两根横线同时被延伸到与灯罩右边的斜线相交，单击“Enter”键结束命令，如图 3-154 所示。

点击“修改工具”条中的“延伸命令”按钮，鼠标变为“拾取框”，并提示“选择对象”，如图 3-155 所示。

点选“台灯中间灯柱右边的两条竖线”，两条竖线（即延伸边界）呈现虚线显示，如图 3-156 所示。

单击“Enter”键，确认延伸边界的选择，提示“选择要延伸对象”，如图 3-157 所示。

依次点击“左边的横线”，横线被延伸。注意，当延伸边界不在一个层面时，对象延伸方式为通过点击先到达最近的边界，再次点击到达较远一些的边界，如图 3-158 所示。

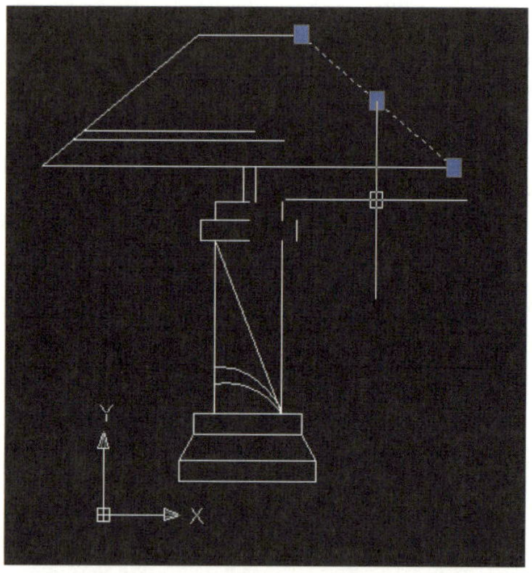


图 3-151　延伸命令（1）

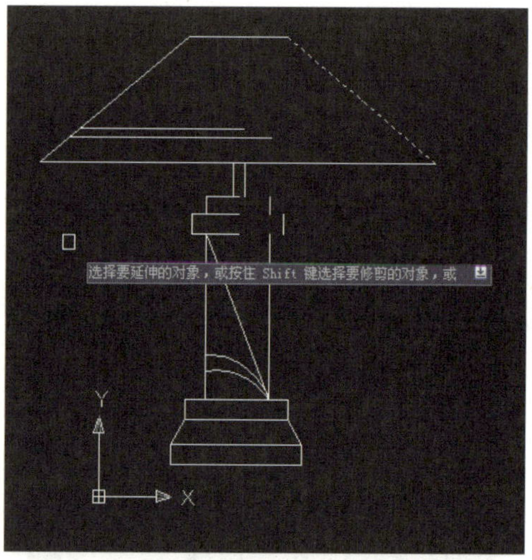


图 3-152　延伸命令（2）

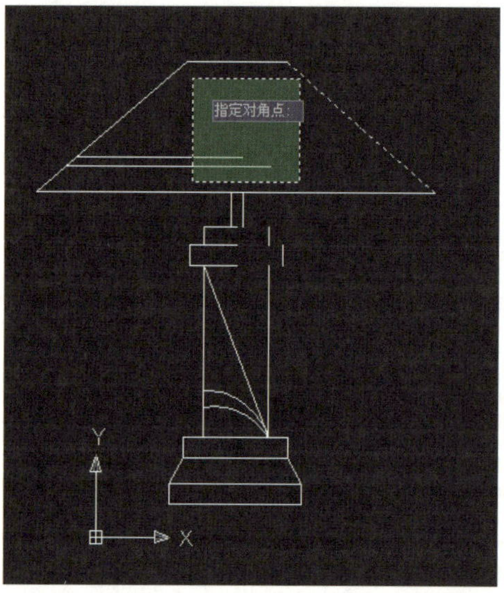


图 3-153　延伸命令（3）

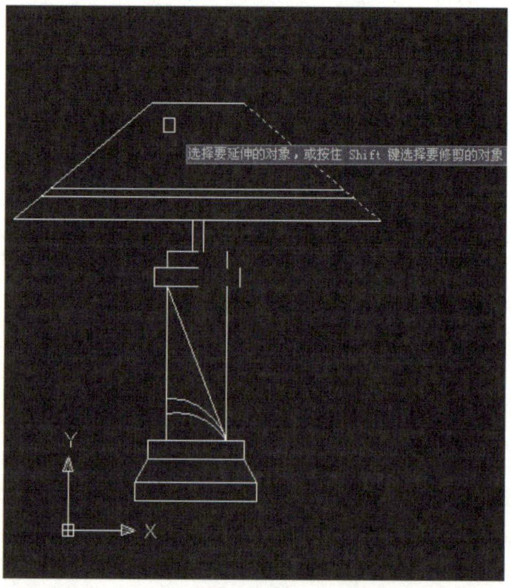


图 3-154　延伸命令（4）

单击“Enter”键结束命令，鼠标变回“十字光标”，如图 3-159 所示。

快捷应用提示：可以通过快捷键“E+X+Enter”快速调用延伸命令。

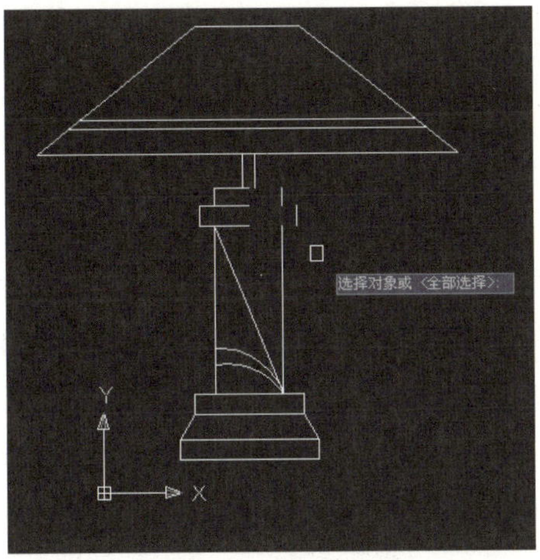


图 3-155　延伸命令（5）

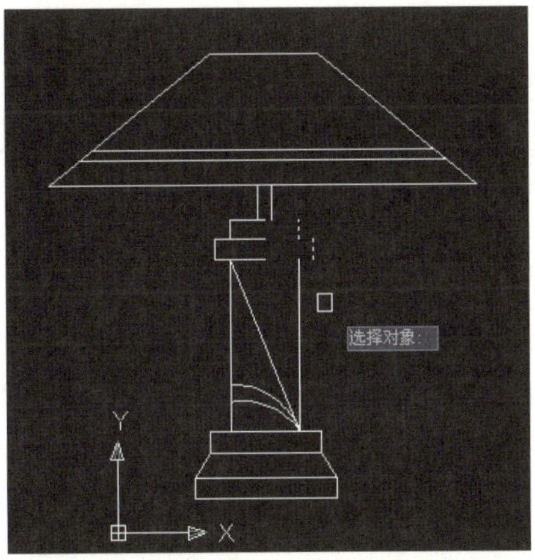


图 3-156　延伸命令（6）

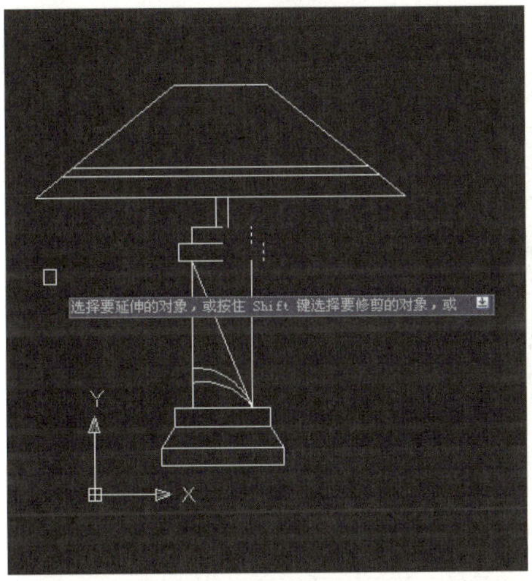


图 3-157　延伸命令（7）

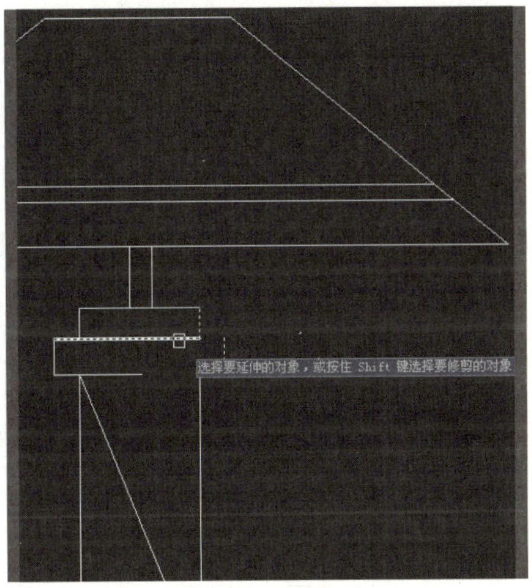


图 3-158　延伸命令（8）

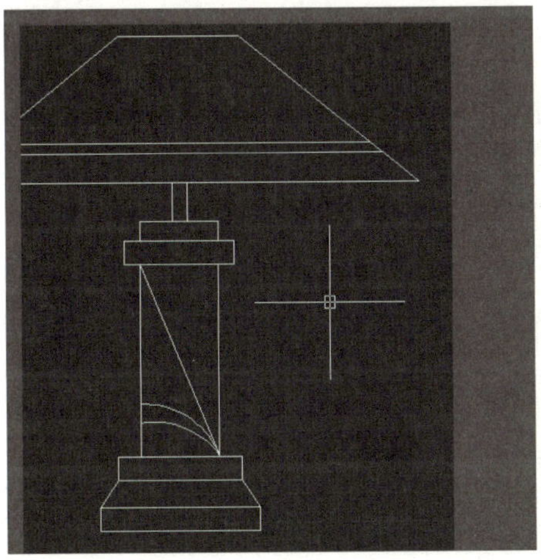

图 3-159　延伸命令效果图

## 四、案例 4——燃气灶平面图绘制

(1) 实例训练课题：综合运用打断、修剪与延伸完成燃气灶平面图。

(2) 操作流程。

①打开文件，分析图纸，考虑合理的制图方法。

操作步骤

打开“范例文件”，范例文件 / 第三章 / 第四节 / 综合训练 01.dwg，如图 3-160 所示。

考虑综合运用打断、修剪与延伸命令灵活制图。

②利用修剪命令完善燃气灶灶头。

操作步骤

点击“修改工具”条中的“修剪命令”按钮，鼠标变为“拾取框”，并提示选择修剪对象，如图 3-161 所示。框选“右边灶头所有的直线和圆”，灶头呈现虚线显示，所有的直线和圆都为修剪边界，如图 3-162 所示。单击“Enter”键，确认修剪边界的选择，提示选择修剪对象，如图 3-163 所示。

通过鼠标滚轮放大绘图区，依次点击直线中的圆弧线，圆弧线被剪断，如图 3-164 所示。

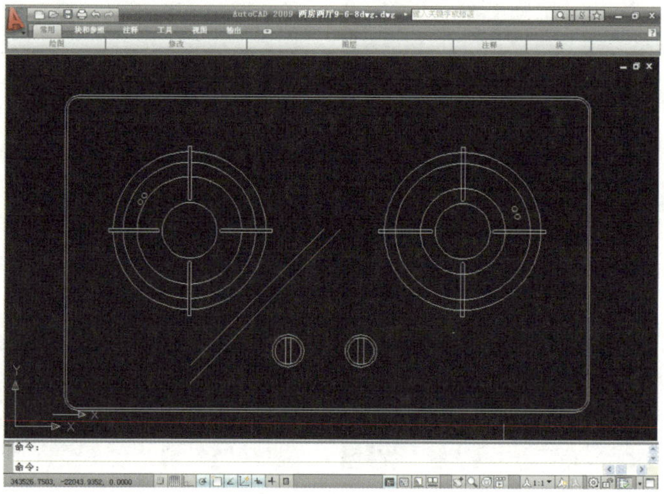

图 3-160　燃气灶平面图绘制（1）

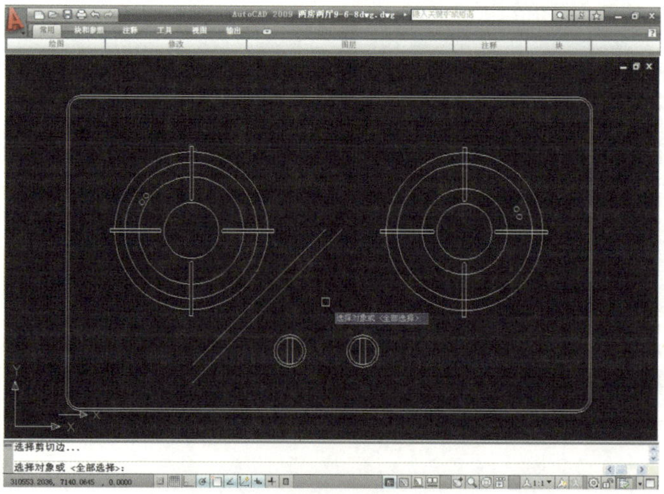

图 3-161　燃气灶平面图绘制（2）

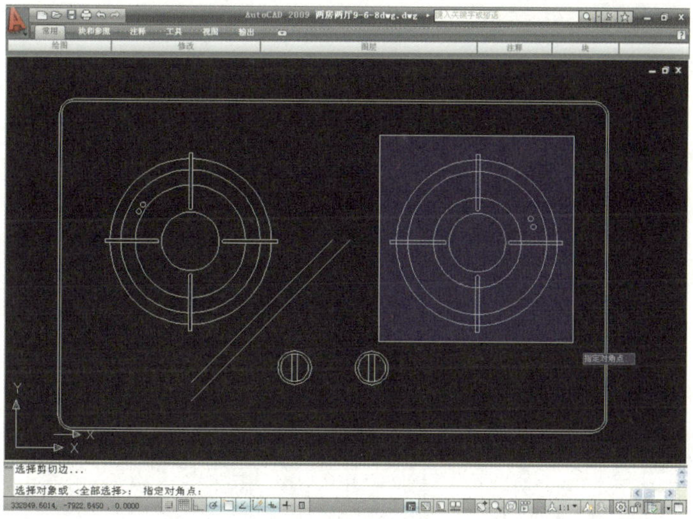


图 3-162 燃气灶平面图绘制（3）

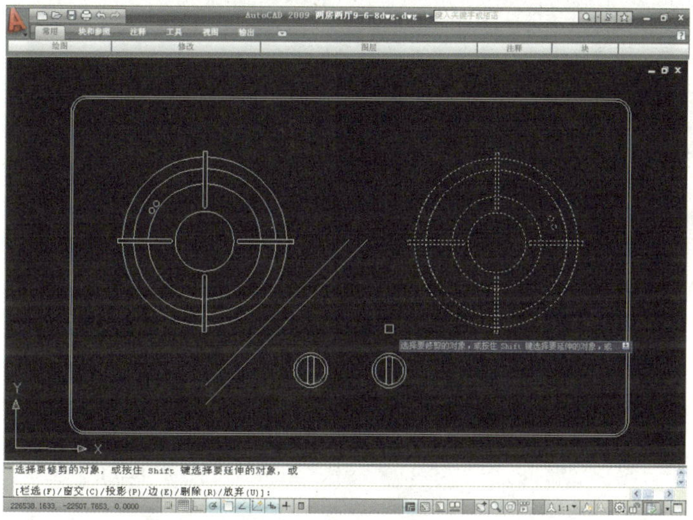


图 3-163 燃气灶平面图绘制（4）

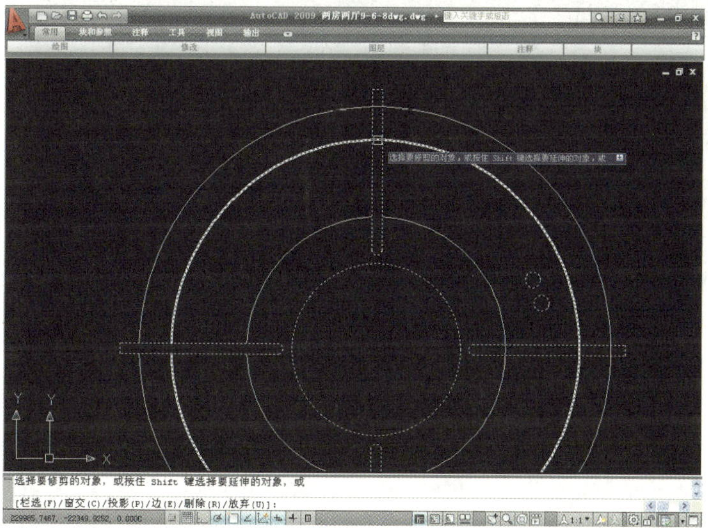


图 3-164 燃气灶平面图绘制（5）

单击“Enter”键结束命令，鼠标变回“十字光标”。

③利用复制命令和延伸命令完善燃气灶玻璃台面。

操作步骤

点击“修改工具”条中的“复制按钮”，点选“燃气灶玻璃台面上的斜线”，斜线呈现为选中状态下的虚线显示，如图 3-165 所示。

鼠标左键单击“指定复制基点”，然后鼠标左键再单击“指定复制位移点”，在没有结束命令的情况下，运用连续复制方式在台面的左上角和右下角复制出斜线，如图 3-166 所示。

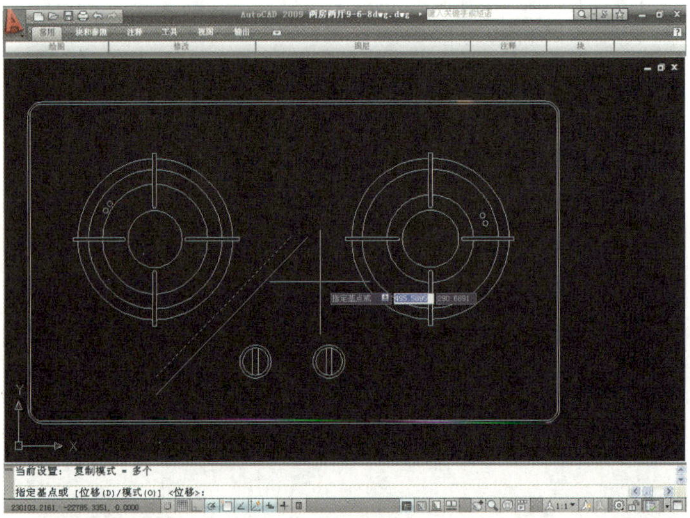


图 3-165　燃气灶平面图绘制（6）

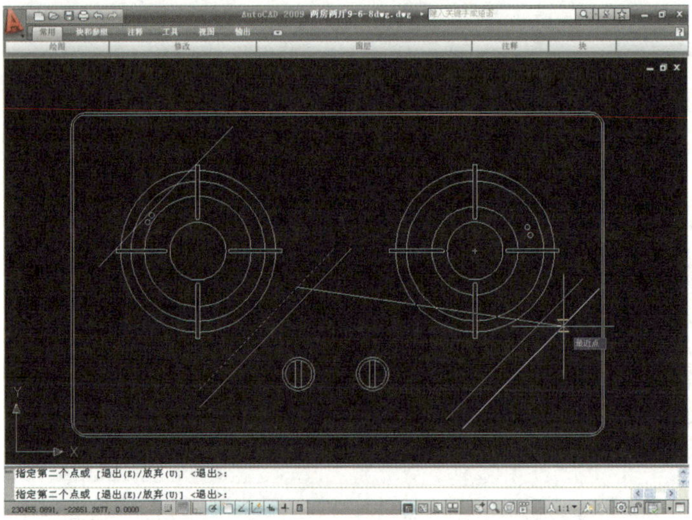


图 3-166　燃气灶平面图绘制（7）

单击“Enter”键或“空格”键，确认复制操作，结束命令。

点击“修改工具”条中的“延伸命令”按钮，鼠标变为“拾取框”，并提示“选择对象”，点选“燃气灶玻璃台面边框线”，边框线（即延伸边界）呈现虚线显示，如图 3-167 所示。

单击“Enter”键，确认延伸边界的选择，提示“选择延伸对象”。依次点击“玻璃台面上斜线的两端”，斜线被延伸，如图 3-168 所示。

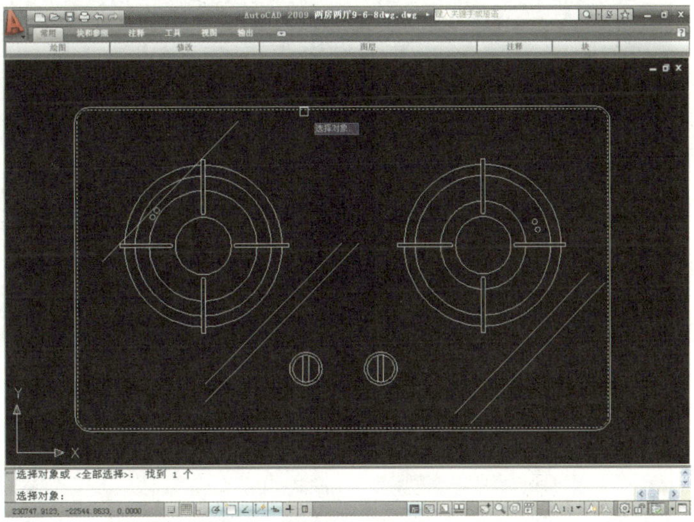

图 3-167 燃气灶平面图绘制（8）

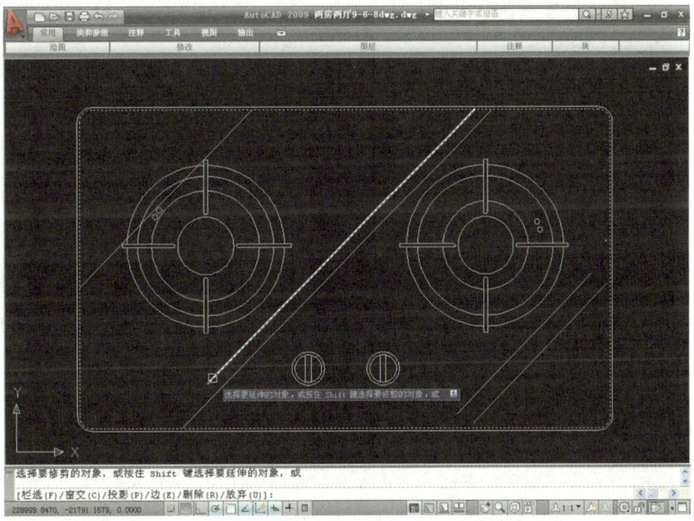

图 3-168 燃气灶平面图绘制（9）

单击“Enter”键结束命令，鼠标变回“十字光标”。

④利用打断命令完善燃气灶玻璃台面。

操作步骤

点击“修改工具”条中的“打断命令”按钮，鼠标变为“拾取框”，并提示“选择对象”，如图 3-169 所示。

点击“斜线与灶头相交的点”（第一个打断点），斜线呈现被选择状态下的虚线显示，鼠标变为十字光标，并提示“指定第二个打断点”，如图 3-170 所示。

按下“F3”功能键打开“对象捕捉”模式（捕捉到交点），点取“斜线与灶头相交的另一交点”（第二个打断点），命令结束，如图 3-171 所示。

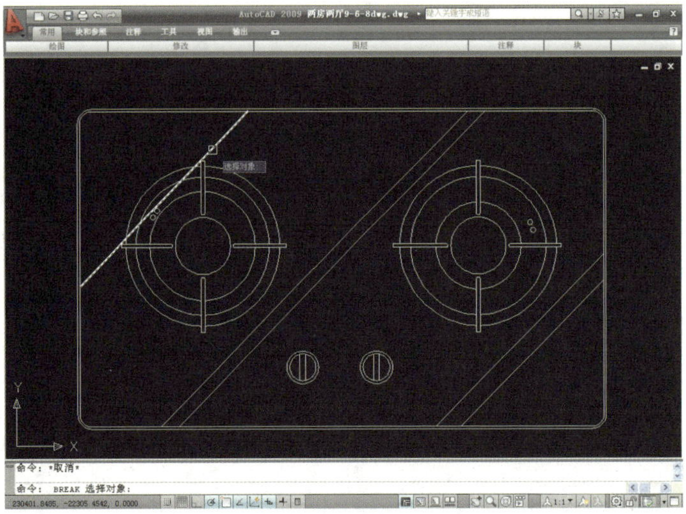


图 3-169　燃气灶平面图绘制（10）

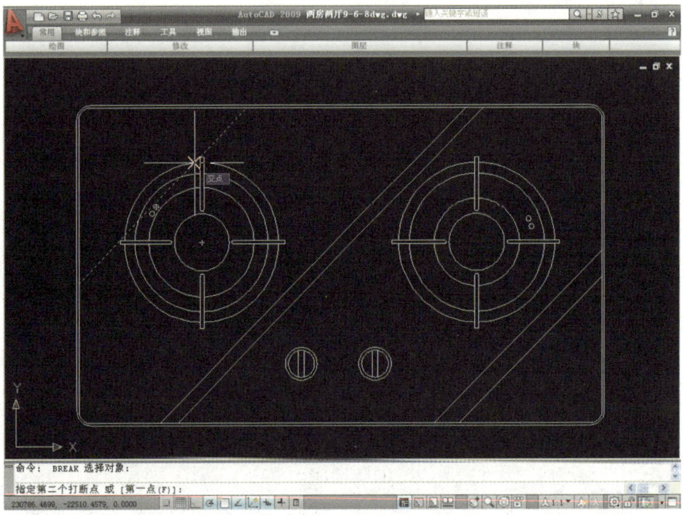


图 3-170　燃气灶平面图绘制（11）

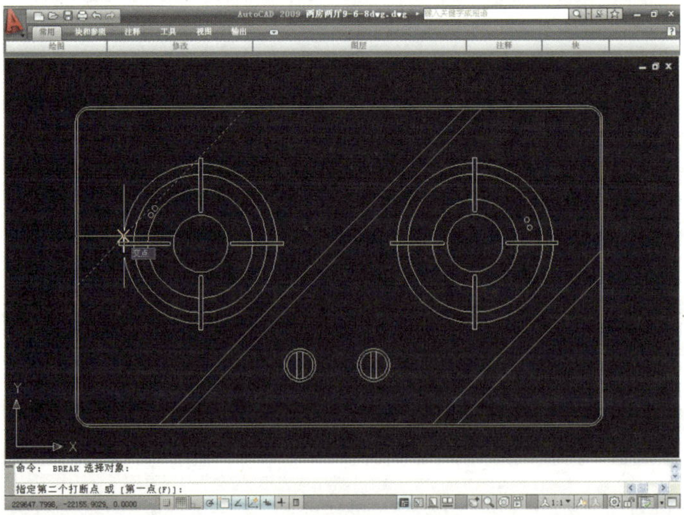


图 3-171　燃气灶平面图

# 第五节 倒角、圆角、合并与分解

学习重点：

- 通过讲练结合上机操作，掌握倒角、圆角、合并与分解命令的操作方法与要点。
- 理解倒角、圆角、合并与分解的命令执行方式。

技能要求：

- 能灵活运用倒角、圆角、合并与分解命令对图形进行编辑与修改。
- 能在上机操作中熟练运用快捷操作方式与命令。

实训课题：

- 利用倒角命令完成办公桌平面图。
- 利用圆角命令完成浴缸平面图。
- 利用合并命令完成床头柜平面图。
- 利用分解命令完成椅子平面图。
- 综合运用倒角、圆角、合并与分解命令完成水槽平面图。

## 一、倒角命令

倒角命令可以使对象以平角的形式相接，并可以指定平角的距离、角度等数据。

(1) 倒角命令的作用范围：所有带有直线特征的对象，如直线、多段直线等，但对圆弧类或图块类物体操作无效。

(2) 命令执行：在命令行输入“CHAMFER”，或利用鼠标左键点击“修改工具”条中的“倒角命令”按钮，或单击“修改”下拉菜单中的“倒角命令”。

(3) 操作方式：先选择“倒角命令”，再指定需要倒角的对象。

操作步骤

打开“范例文件”，范例文件 / 第三章 / 第五节 / 倒角命令 01.dwg。

点击“修改工具”条中的“倒角命令”按钮，鼠标变为“拾取框”，并提示“选择第一条直线”，如图 3-172 所示。

在命令行中输入字母“D”（指定距离模式），单击“Enter”键确认，这时，鼠标变为“十字光标”，并提示“指定第一个倒角距离”，如图 3-173 所示。

在命令行中输入数值“200”（指定第一根直线到角点的距离），单击“Enter”键确认，提示“指定第二个倒角距离”，如图 3-174 所示。

在命令行中再次输入数值“200”（指定第二根直线到角点的距离），单击“Enter”键确认，鼠标变为“拾取框”，如图 3-175 所示。

点击“第一根直线靠近角点的一端”，被选择的直线呈现虚线显示，提示“选择第二根直线”，如图 3-176 所示。

点击“第二根直线靠近角点的一端”，桌面被倒成斜角，命令自动结束，如图 3-177 所示。

快捷应用提示：可以通过快捷键“C+H+A+Enter”快速调用倒角命令。

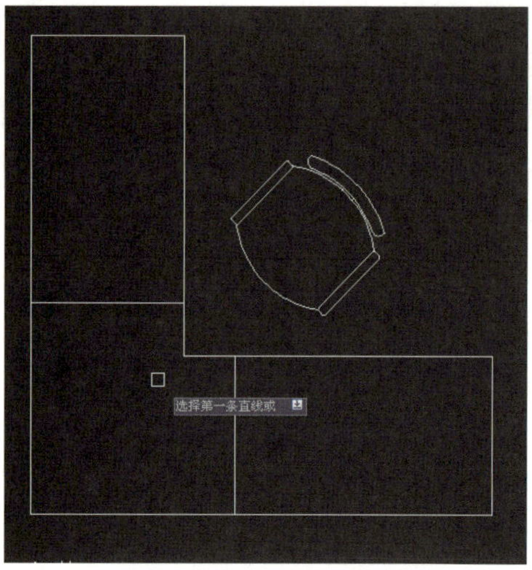


图 3-172　倒角命令（1）

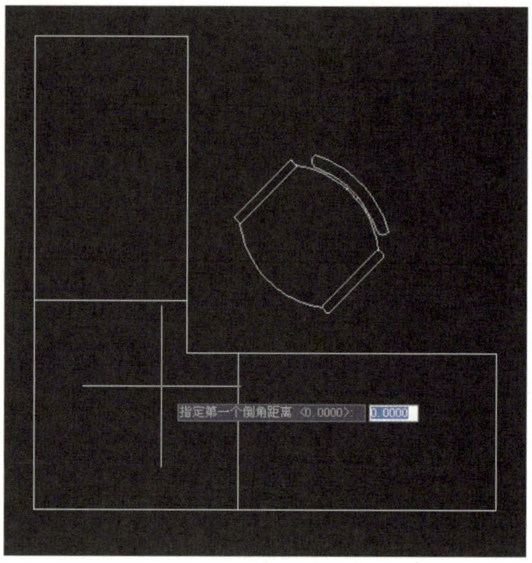


图 3-173　倒角命令（2）

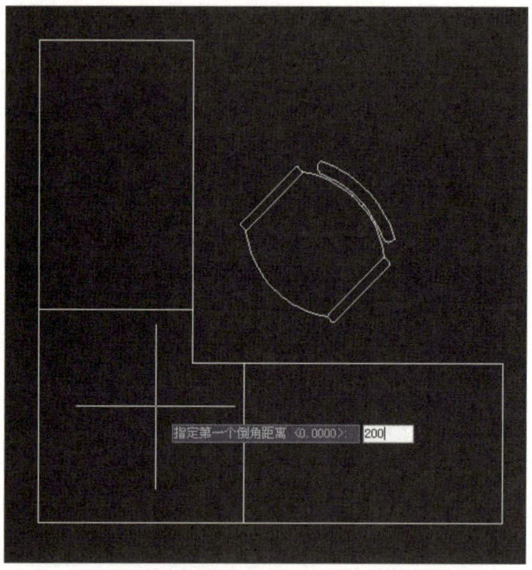


图 3-174　倒角命令（3）

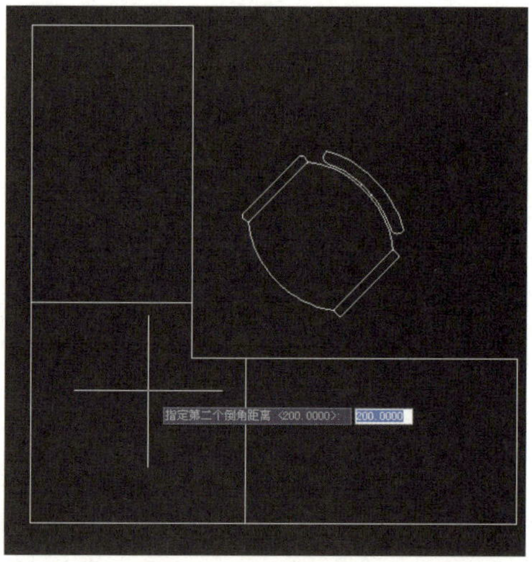


图 3-175　倒角命令(4)

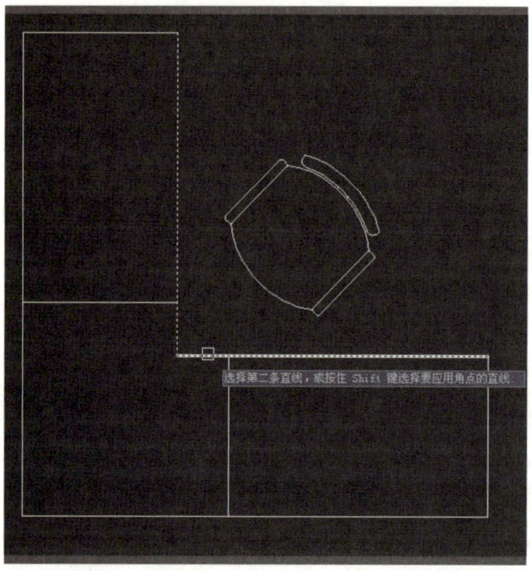


图 3-176　倒角命令（5）

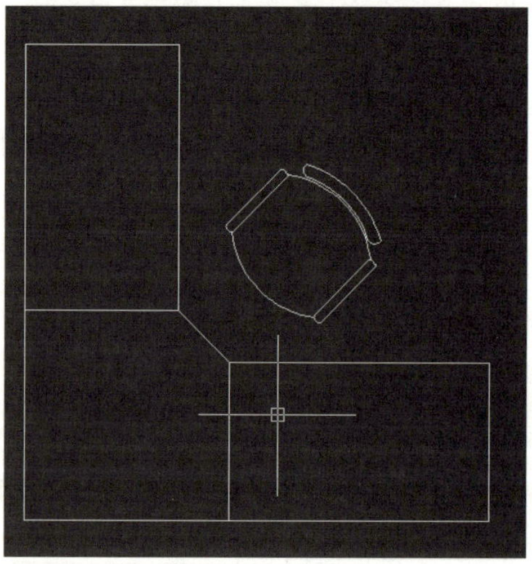

图 3-177　倒角命令效果图

## 二、圆角命令

圆角命令可以使对象以圆角的形式相接，并可以指定圆角的半径等数据。

(1) 圆角命令的作用范围：所有带有直线和弧线特征的对象，如直线、多段直线、圆弧等，但对图块类物体操作无效。

(2) 命令执行：在命令行输入“FILIET”，或利用鼠标左键点击“修改工具”条中的“圆角命令”按钮，或单击“修改”下拉菜单中的“圆角命令”。

(3) 操作方式：先选择“圆角命令”，再指定需要圆角的对象。

操作步骤

打开“范例文件”，范例文件 / 第三章 / 第五节 / 圆角命令 01.dwg。

点击“修改工具”条中的“圆角命令”按钮，鼠标变为“拾取框”，并提示“选择第一个对象”，如图 3-178 所示。

在命令行中输入字母“R”（指定距离模式），单击“Enter”键确认，这时，鼠标变为“十字光标”，并提示“指定圆角半径”，如图 3-179 所示。

在命令行中输入数值“100”（指定圆角弧线的半径），单击“Enter”键确认，鼠标变为“拾取框”，提示“指定第一个对象”，如图 3-180 所示。

点击“第一根直线靠近角点的一端”，被选择的对象呈现虚线显示，提示选择第二个对象，如图 3-181 所示。点击“第二根直线靠近角点的一端”，浴缸内侧倒出半径“100”毫米的圆弧，命令自动结束，如图 3-182 所示。单击“Enter”键重新开始命令，系统默认的半径数值为上一次操作的结果（即“100”毫米），再次单击“Enter”键确认半径数值，点击“浴缸内侧另外的直线”，重复操作，所有内侧均倒出半径“100”毫米的圆弧，命令结束，如图 3-183 所示。

快捷应用提示：可以通过快捷键“F+Enter”快速调用圆角命令。

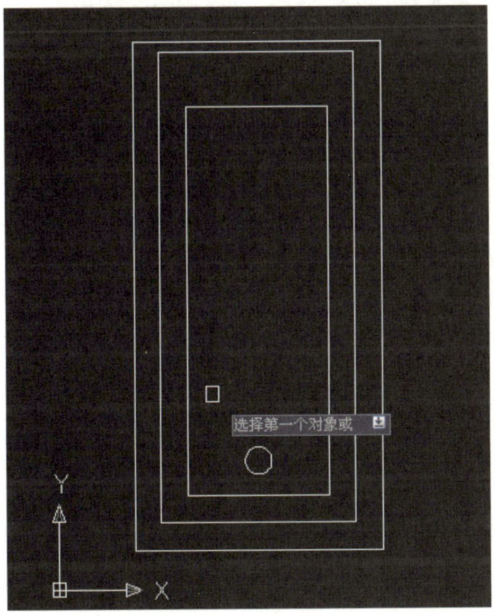


图 3-178 圆角命令（1）

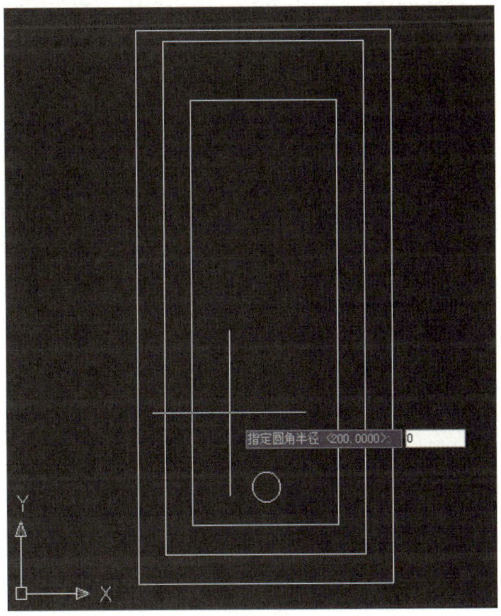


图 3-179 圆角命令（2）

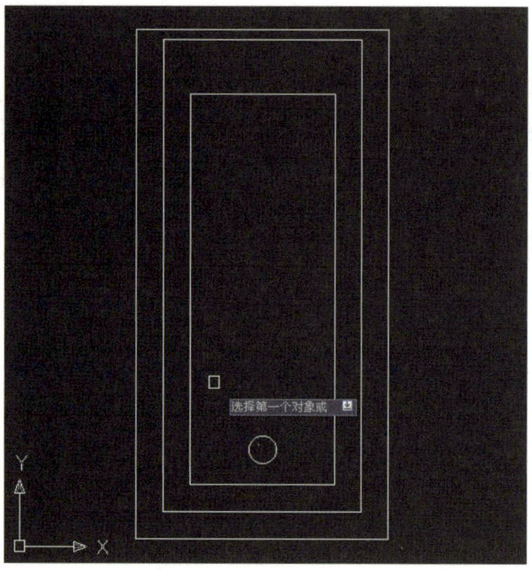


图 3-180　圆角命令（3）

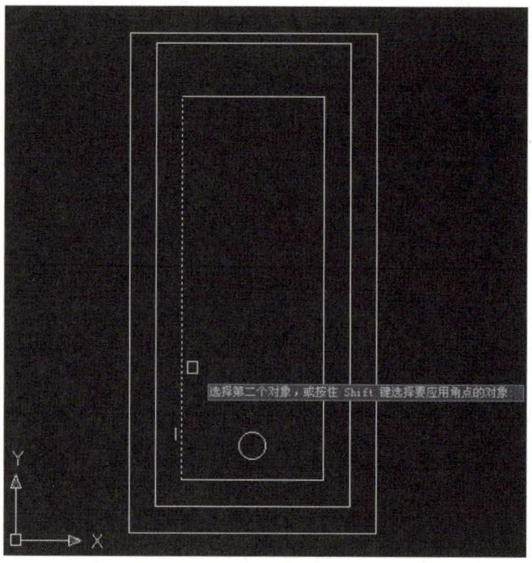


图 3-181　圆角命令（4）

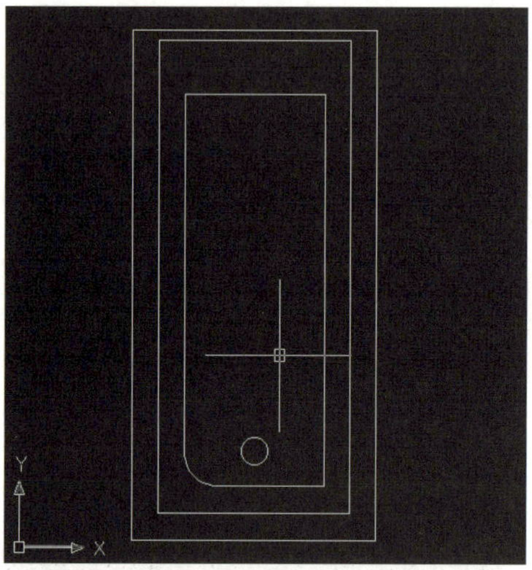


图 3-182　圆角命令（5）

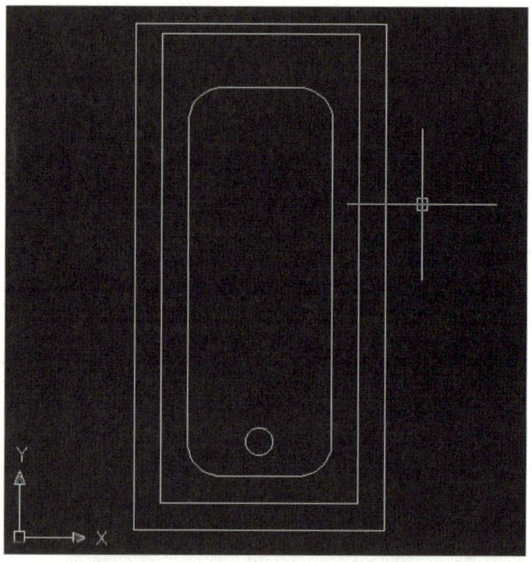


图 3-183　圆角命令效果图

## 三、合并命令

合并命令用于连接某一连续图形的两个部分，或将某段圆弧闭合为圆。

(1) 合并命令的作用范围：所有带有直线和弧线特征的对象，如直线、圆弧等，而且必须符合连续的要求，如两根直线必须相对，两根圆弧必须有相同圆心和直径等。该命令对图块类物体操作无效。

(2) 命令执行：在命令行输入“JOIN”，或利用鼠标左键点击“修改工具”条中的“合并命令”按钮，或单击“修改”下拉菜单中的“合并命令”。

(3) 操作方式：先选择对象再选择“合并命令”，或先选择“合并命令”再指定对象。

操作步骤

打开“范例文件”，范例文件 / 第三章 / 第五节 / 合并命令 01.dwg。

点击“修改工具”条中的“合并命令”按钮，鼠标变为“拾取框”，并提示“选择源对象”，如图 3-184 所示。

点击“左边较短的直线”，被选择的直线（源对象）呈现虚线显示，提示“选择要合并到源的直线”，如图 3-185 所示。

点击“左边较长的直线”，被选择的直线（被合并到源的对象）呈现虚线显示，如图 3-186 所示；

单击“Enter”键确认选择，两根直线合并为一根，中间断开的部分被自动补上，命令结束，如图 3-187 所示。

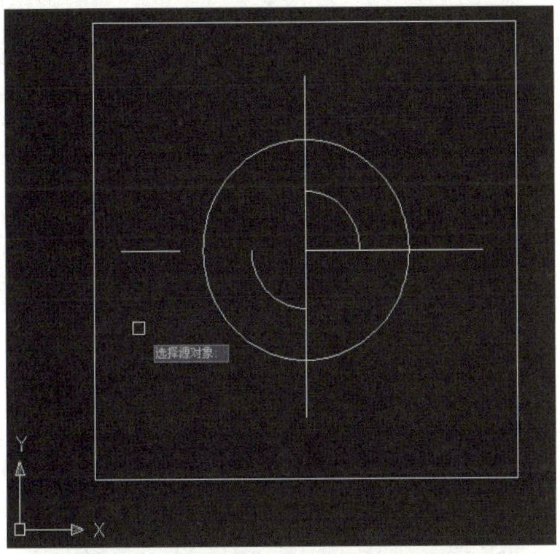


图 3-184 合并命令（1）

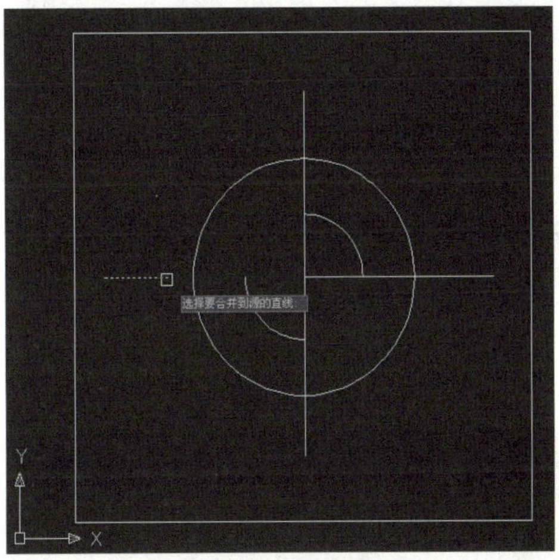


图 3-185 合并命令（2）

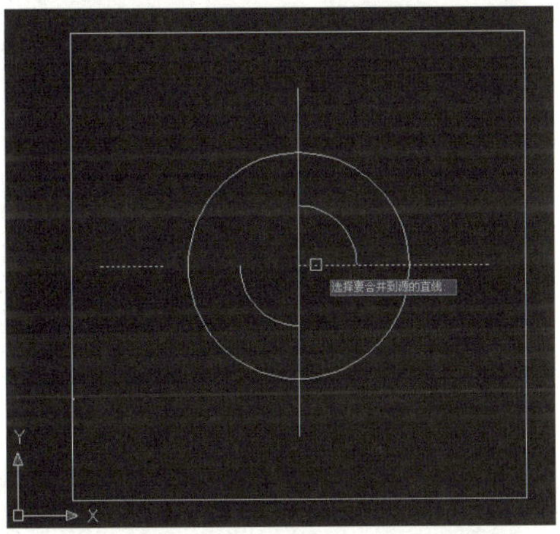


图 3-186 合并命令（3）

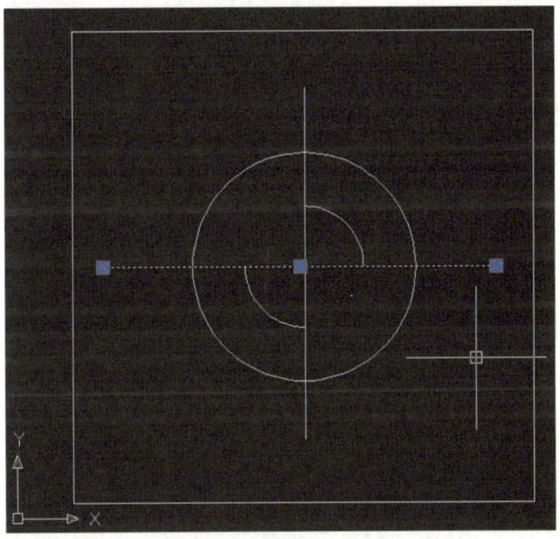


图 3-187 合并命令（4）

选择“左下角圆弧”，圆弧呈现夹点显示，如图 3-188 所示。

点击“修改工具”条中的“合并命令”按钮，圆弧变为虚线显示，鼠标变为“拾取框”，并提示“选择要合并到源的圆弧”，如图 3-189 所示。

点击“右上角圆弧”，被选择的圆弧（被合并到源的对象）呈现虚线显示，如图 3-190 所示。

单击“Enter”键确认选择，两根圆弧合并为一根，中间断开的部分被自动补上，命令结束，如图 3-191 所示。重新点击“合并命令”按钮，鼠标变为“拾取框”，选择刚合并好的圆弧，圆弧呈现虚线显示，如图 3-192 所示。在命令行输入字母“L”（即闭合模式），单击“Enter”键确认，圆弧被合为一个完整的圆，命令结束，如图 3-193 所示。

快捷应用提示：可以通过快捷键“J+Enter”快速调用合并命令。

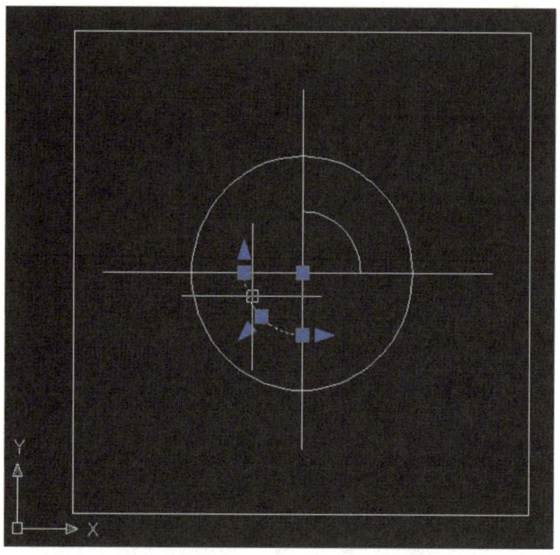


图 3-188　合并命令（5）

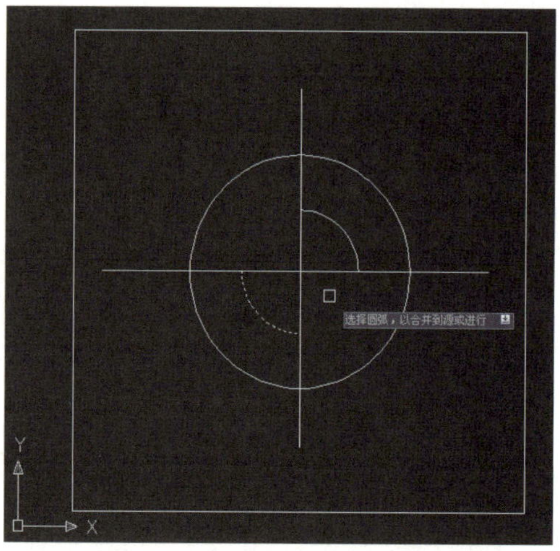


图 3-189　合并命令（6）

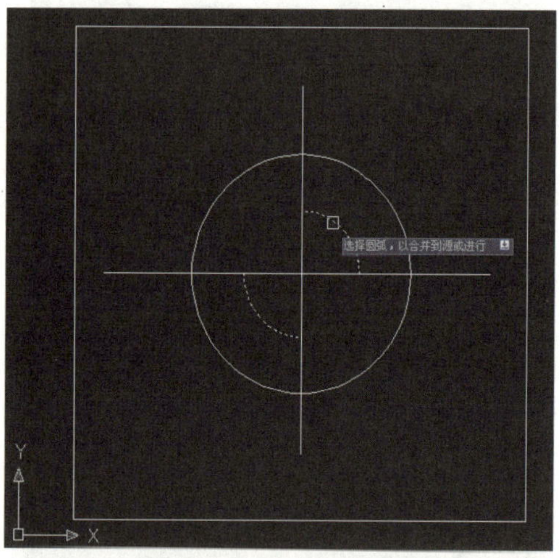


图 3-190　合并命令（7）

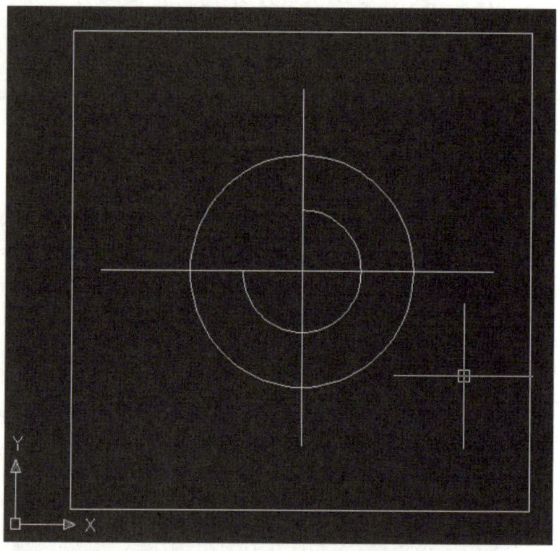


图 3-191　合并命令（8）

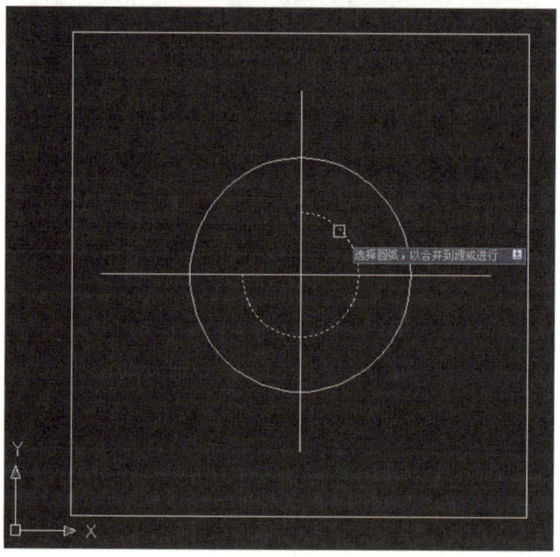


图 3-192　合并命令（9）

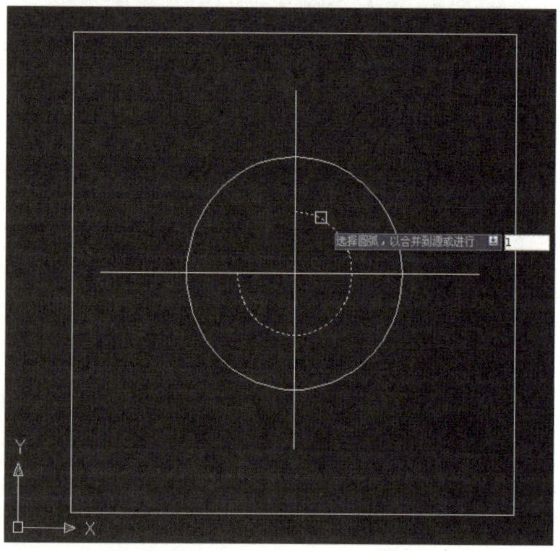


图 3-193　合并命令效果图

## 四、分解命令

分解命令可以将矩形、多段线、图块等多个编组对象拆分，以便于图形的修改。

(1) 分解命令的作用范围：所有带有编组特征的对象和图块类物体，如多段线、矩形等，但对直线等非图块或非编组的对象操作无效。

(2) 命令执行：在命令行输入“EXPLODE”，或利用鼠标左键点击“修改工具”条中的“分解命令”按钮，或单击“修改”下拉菜单中的“分解命令”。

(3) 操作方式：先选择对象再选择“分解命令”，或先选择“分解命令”再指定对象。

操作步骤

打开“范例文件”，范例文件 / 第三章 / 第五节 / 分解命令 01.dwg。

选择“椅子图块”，整个椅子呈现被选择状态下的虚线显示，如图 3-194 所示。

点击“修改工具”条中的“分解命令”按钮，命令执行并自动结束，椅子恢复实线显示，如图 3-195 所示。

点选“椅子的各个部分”，呈现出夹点显示，椅子被分解为单个对象，如图 3-196 所示。

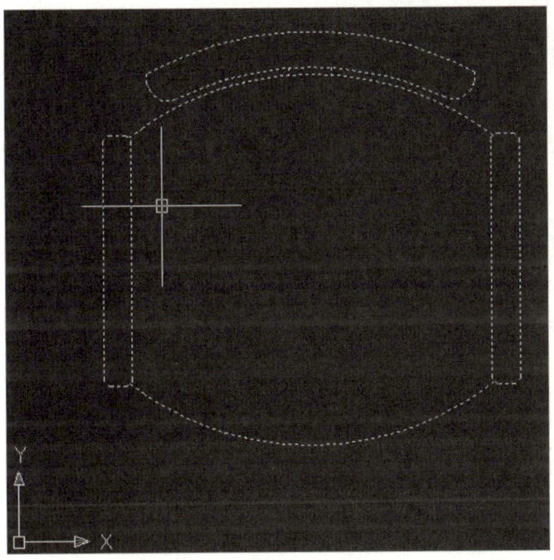


图 3-194　分解命令（1）

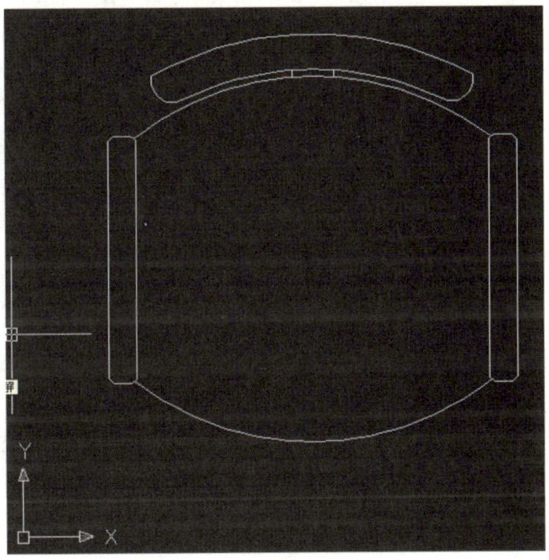


图 3-195　分解命令（2）

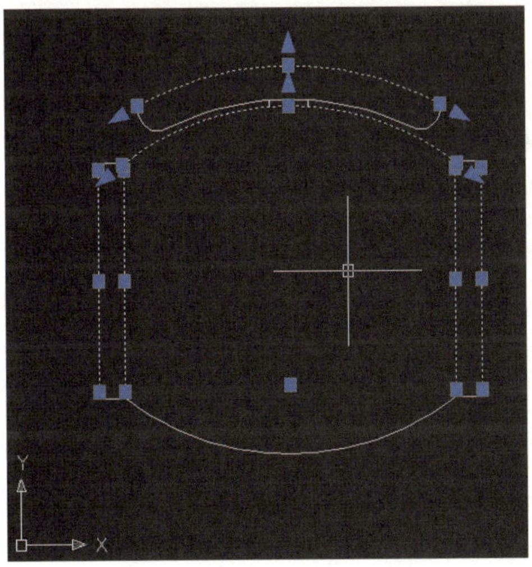


图 3-196　分解命令（3）

## 五、案例 5——水槽平面图绘制

(1) 实例训练课题：综合运用倒角、圆角、合并与分解命令完成水槽平面图。

(2) 操作流程。

①打开文件，分析图纸，考虑合理的制图方法。

操作步骤

打开“范例文件”，范例文件 / 第三章 / 第五节 / 综合训练 01.dwg。

考虑综合运用倒角、圆角、合并与分解命令灵活制图。

②利用分解命令分解图块。

操作步骤

选择“水槽图块”，整个水槽呈现被选择状态下的虚线显示，如图 3-197 所示。

点击“修改工具”条中的“合并分解”按钮，命令执行并自动结束，水槽恢复实线显示，并被分解为单个对象，如图 3-198 所示。

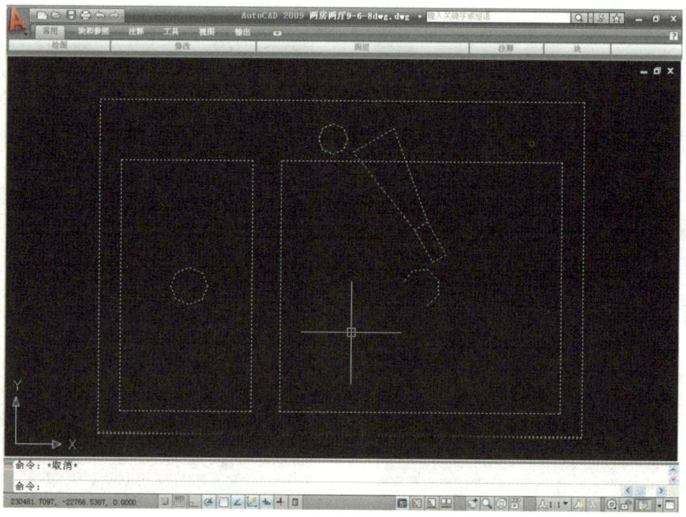


图 3-197　水槽平面图绘制（1）

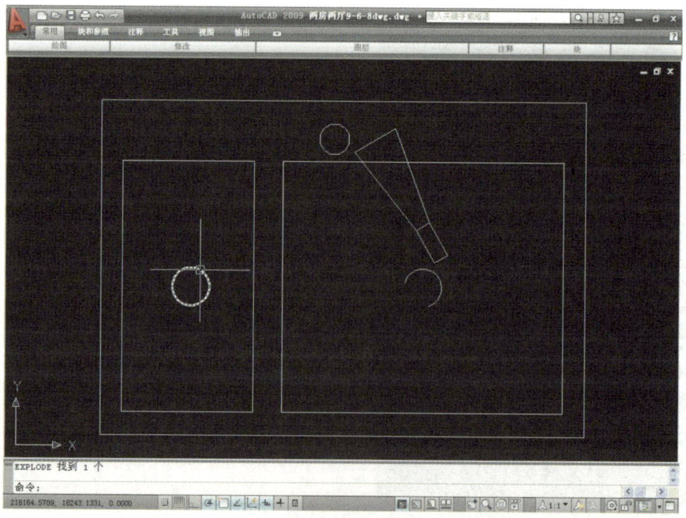


图 3-198　水槽平面图绘制（2）

③利用圆角命令倒出水槽圆角。

操作步骤

点击“修改工具”条中的“圆角命令”按钮，鼠标变为“拾取框”，在命令行中输入字母“R”（指定距离模式），单击“Enter”键确认。

在命令行中输入数值“50”（指定圆角弧线的半径），单击“Enter”键确认，鼠标变为“拾取框”，提示“指定第一个对象”，如图3-199所示。

点击“第一根直线靠近角点的一端”，被选择的对象呈现虚线显示，提示选择第二个对象。

点击“第二根直线靠近角点的一端”，水槽外角倒出半径“50”毫米的圆弧，命令自动结束，如图3-200所示。

单击“Enter”键重新开始命令，系统默认的半径数值为上一次操作的结果（即“50”毫米），再次单击“Enter”键确认半径数值，重复操作，所有角均倒出半径“50”毫米的圆弧，命令结束，如图3-201所示。

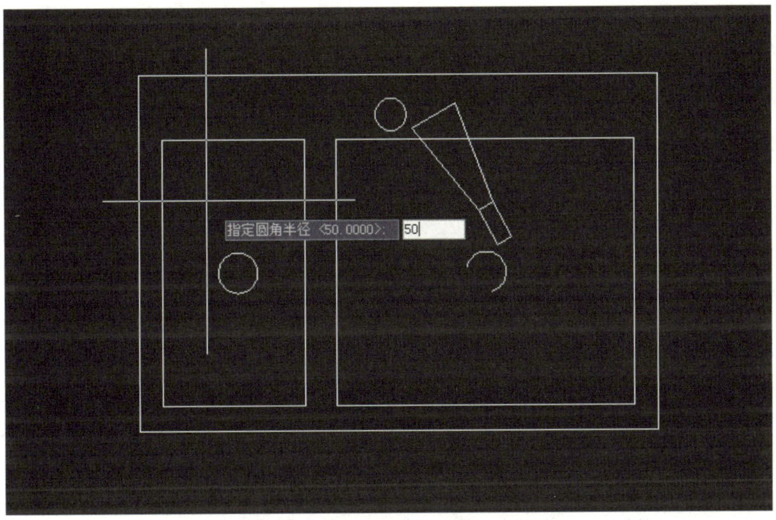

图3-199　水槽平面图绘制（3）

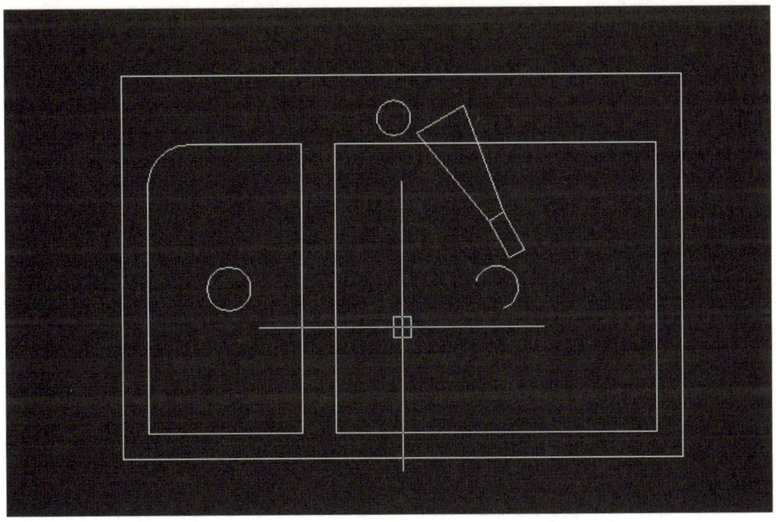
图3-200　水槽平面图绘制（4）

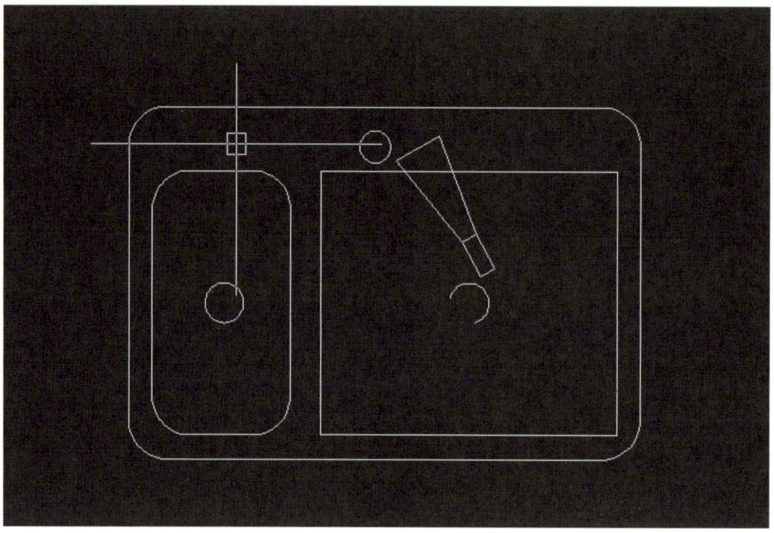

图 3-201　水槽平面图绘制（5）

④利用倒角命令倒出水槽斜角。

操作步骤

点击“修改工具”条中的“倒角命令”按钮，鼠标变为“拾取框”，在命令行中输入字母“D”（指定距离模式），单击“Enter”键确认，这时，鼠标变为“十字光标”，在命令行中输入数值“50”（指定第一根直线到角点的距离），单击“Enter”键确认，提示“指定第二个倒角距离”。

在命令行中再次输入数值“50”（指定第二根直线到角点的距离），单击“Enter”键确认，鼠标变为“拾取框”，如图 3-202 所示。

点击“第一根直线靠近角点的一端”，被选择的直线呈现虚线显示，提示“选择第二根直线”。

点击“第二根直线靠近角点的一端”，水槽被倒成斜角，命令自动结束，如图 3-203 所示。

单击“Enter”键重新开始命令，重新距离数值（默认为“50”毫米），单击“Enter”键确认距离数值，重复操作，所有角均倒出距离“50”毫米的斜角，命令结束，如图 3-204 所示。

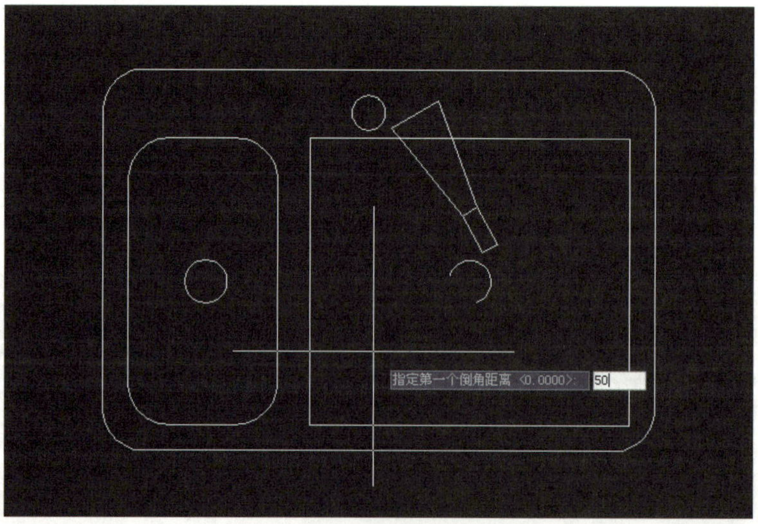


图 3-202　水槽平面图绘制（6）

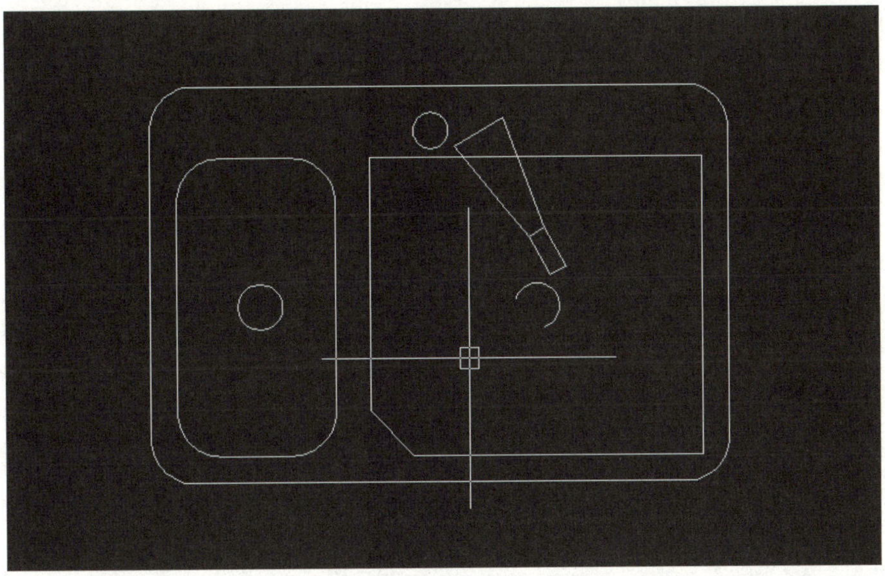

图 3-203 水槽平面图绘制（7）

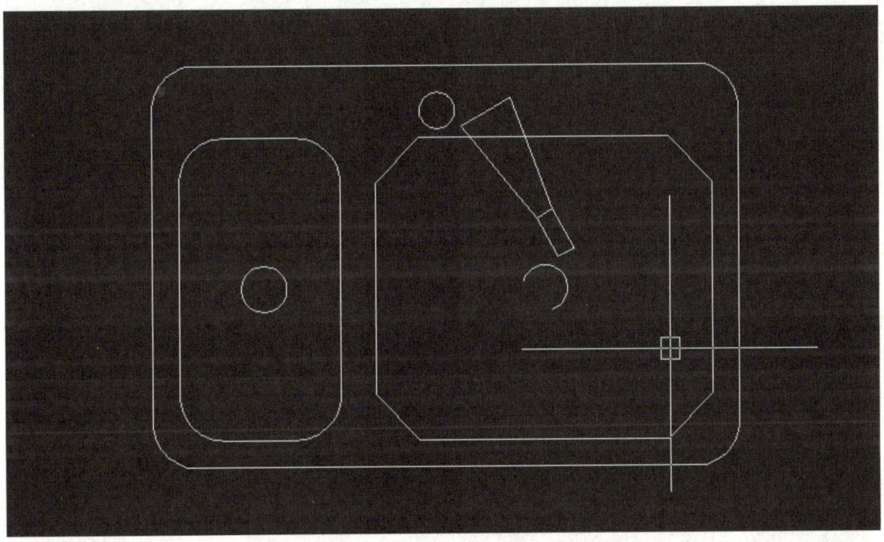

图 3-204 水槽平面图绘制（8）

⑤利用合并命令处理水槽下水口。

操作步骤

点击“合并命令”按钮，鼠标变为“拾取框”，选择下水口圆弧线，下水口呈现虚线显示，如图 3-205 所示。在命令行输入字母“L”（即闭合模式），单击“Enter”键确认，圆弧被合为一个完整的圆，命令结束，如图 3-206 所示。

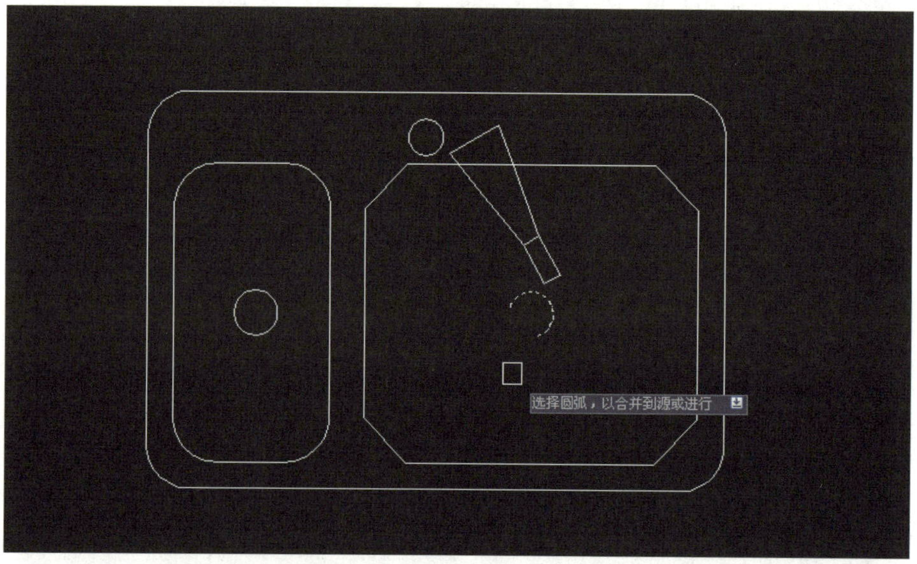


图 3-205　水槽平面图绘制（9）

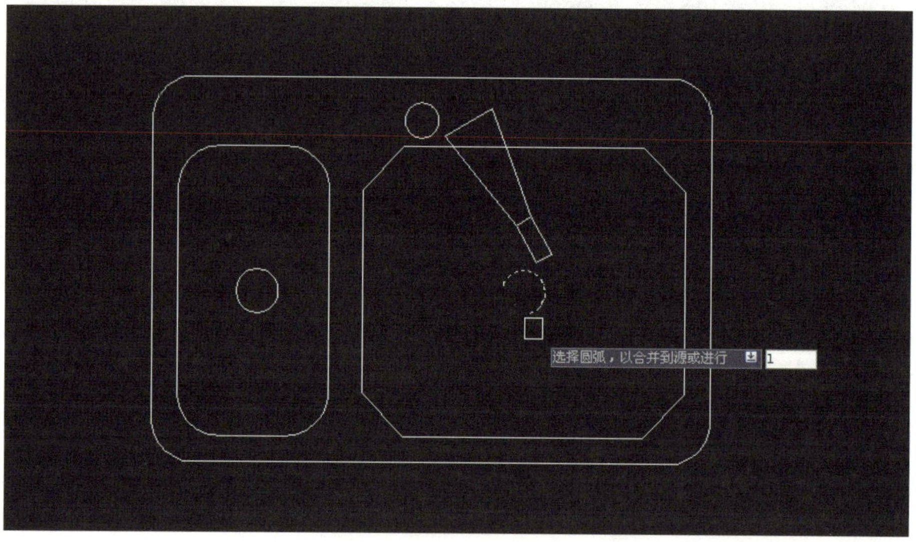


图 3-206　水槽平面图

# 第四章 AutoCAD 图形的标注

## 本章知识前导

在装饰工程图中除了要将建筑、家具绘制成图形外，常需要加上必要的文字用以注释，如标注出技术要求、材质、工艺做法、图标、标题栏信息等。利用文字标注可以将一些用图形难以表达的信息表示出来，是对装饰工程图形非常重要的补充。

AutoCAD 中文版软件提供单行文字和多行文字的标注，并且提供快速引线标注。可以使用以下几种字体格式：

- 形字体。其特点是字形简单，占用计算机资源低，形字体文件的后缀是“shx”。
- TureType 字体。由 Windows 操作系统提供的 TureType 字体，包括宋体、黑体、楷体、仿宋体等。
- 为中国用户提供的符合国家标准的字体。有西文字体“gbenor.shx”和“gbeitc.shx”；还有中文长仿宋字体“gbcbig.shx”。

准确的尺寸标注对于一套完整的装饰工程图是必不可少的。尺寸标注可以让现场施工人员清楚地知道施工现场的放线数据及各种造型、家具的下料尺寸，为施工、检验和备案工作提供方便。由于施工人员的施工和生产以图纸尺寸为依据，精确的尺寸标注成为工程图纸的关键所在，尺寸错误就意味着返工、经济损失甚至是事故。所以，从某种意义上讲，尺寸标注的正确性甚至比图纸比例的正确性更为重要。

AutoCAD 中文版软件提供多种标注方式以便于尺寸标注，如图 4-1 所示。

图 4-1 标注“工具按钮”条

在标注的“工具按钮”条中，共提供了线性、对齐、弧长、坐标、半径、折弯、直径、角度、快速、基线、继续、快速引线、标注样式等 18 种修改和编辑命令按钮。具体运用哪种标注方式应根据图形特征来定。

在装饰工程图纸中，尺寸标注应符合以下标准：

所有家具、造型及空间的真实大小应以图纸上所标注的尺寸数据为依据，而与图纸上所体现的大小无关。

图纸中的尺寸以毫米为单位时，不需要标注计量单位的代号或名称。如采用其他单位，则必须注明。

图纸中所标注的尺寸为最后完工尺寸，否则应另加说明。

每一个尺寸应标注在最清晰的反映尺寸的位置上。

无论是文字标注还是尺寸标注，首先都需要建立一个样式，然后利用该样式进行标注。在 AutoCAD

中文版软件中，所有文字和尺寸都有与之相关联的样式。在创建文字注释和尺寸标注时，将使用当前的样式，也可以根据具体要求重新设定文字样式或创建新的标注样式。

1．创建文字样式

操作步骤

包括对文字的字体、字形、高度、宽度、倾斜角等参数的设定。

选择“格式”下拉菜单中的“文字样式”命令，打开“文字样式”对话框。利用文字样式对话框可以创建或修改文字样式，如图 4-2 所示。

（1）设定样式名称：在“文字样式”对话框的“样式”选项组中，可以显示文字样式的名称、创建新的文字样式、为已有的文字样式重新命名或删除文字样式，如图 4-3 所示。

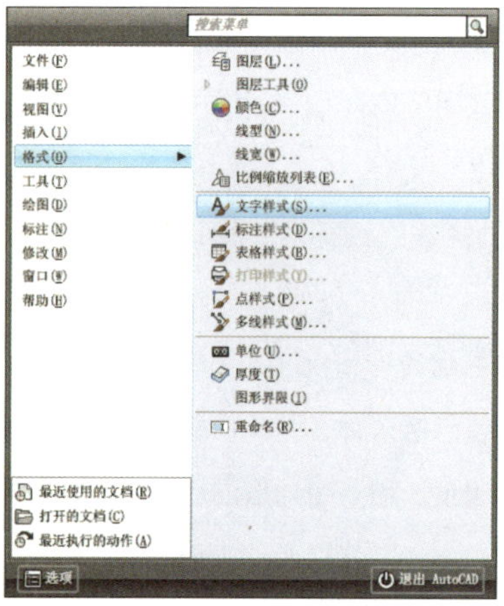


图 4-2　“格式”下拉菜单

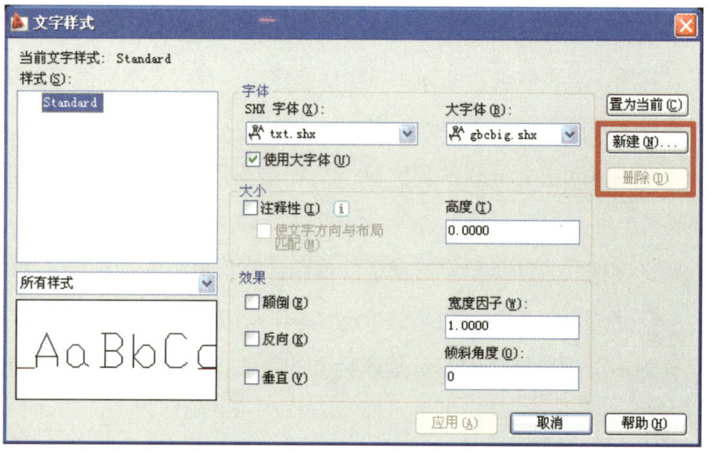


图 4-3　“文字样式”对话框的“样式”选项组

（2）设定字体：在“文字样式”对话框的“字体”选项组中，可以设置文字样式的字体和高度等特性。在“字体名”下拉列表框中可选择字体；在“字体样式”下拉列表框中可以选择字体的格式，如斜体、粗体等；在“高度”对话框中可以设置文字的高度，如图 4-4 所示。

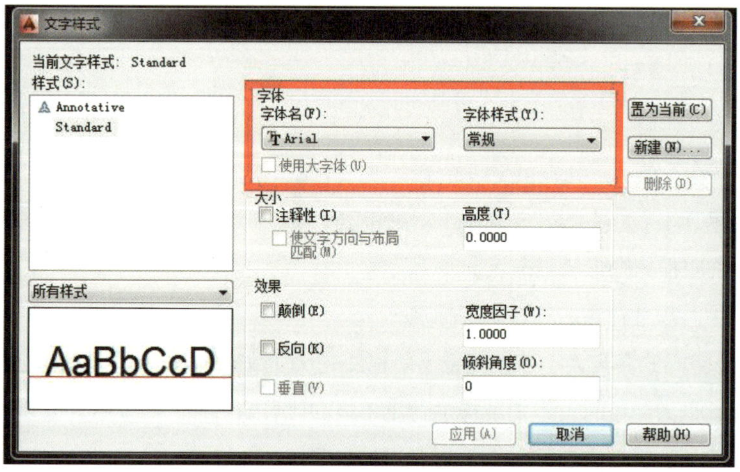


图 4-4　创建文字样式（3）

(3) 设置文字效果：在“文字样式”对话框的“效果”选项组中，可以设置文字的显示效果，包括宽度因子调整、倾倒、反向、倾斜等，如图 4-5 所示。

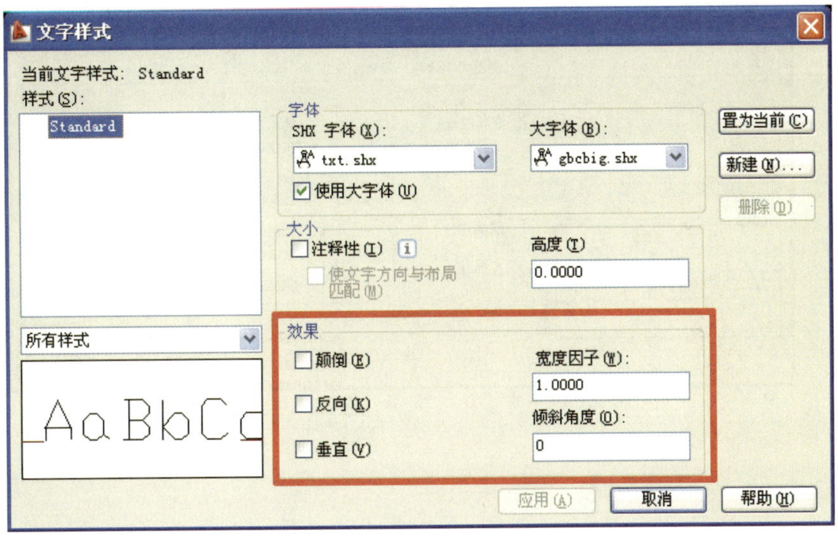


图 4-5 “效果”选项组

(4) 预览文字样式：在“文字样式”对话框的“预览”选项组中，可以预览所选择或所设置的文字样式效果，如图 4-6 所示。

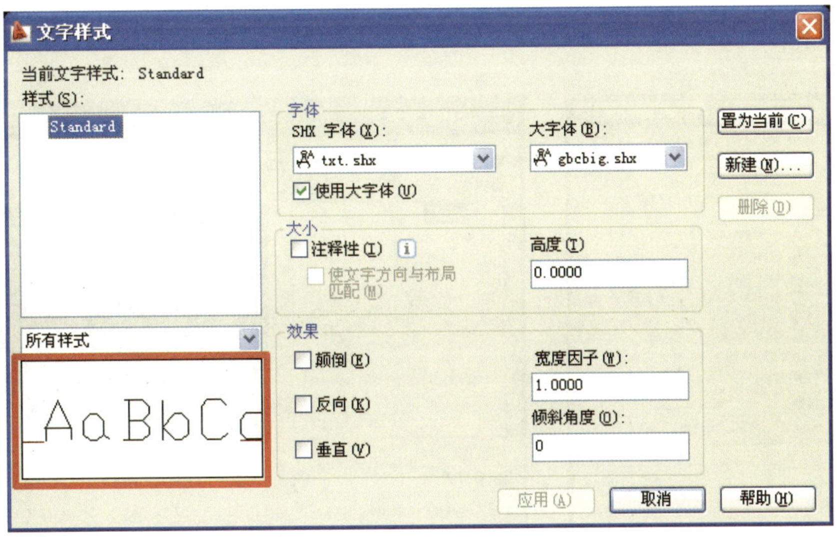


图 4-6 “预览”选项组

(5) 应用文字样式：设置完文字样式后，单击“应用”按钮即可以应用文字样式。然后可以单击“关闭”按钮，关闭“文字样式”对话框，如图 4-7 所示。

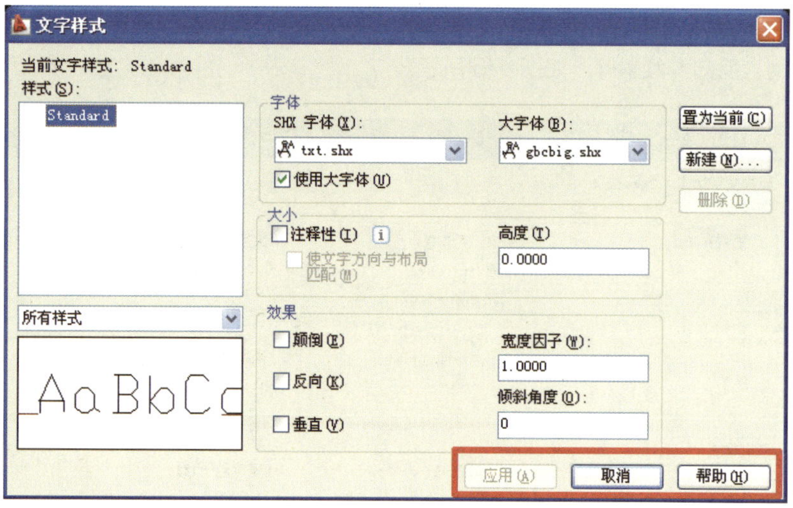


图 4-7 “文字样式”对话框

2. 创建标注样式

包括标注的尺寸线、尺寸界线、符号和箭头、文字、全局比例、单位等参数设定。一个完整的尺寸标注应由标注文字、尺寸线、尺寸界线、尺寸线的起点及端点等组成，同时其大小应与打印出图比例适配，如图 4-8 所示。

操作步骤

点击“格式”下拉菜单中的标注样式命令，如图 4-9 所示。打开“标注样式管理器”对话框可以创建或修改标注样式。

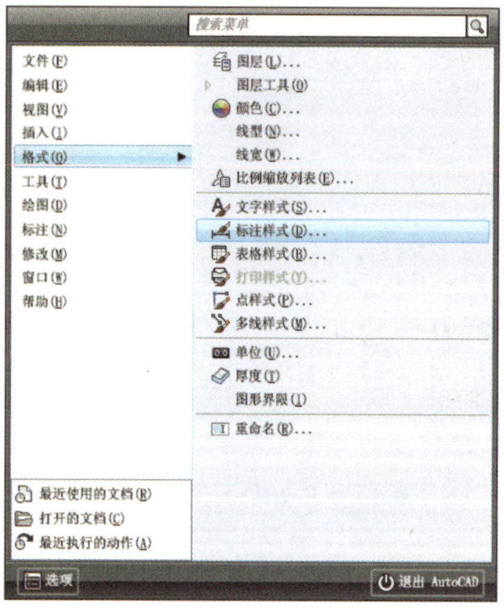


图 4-8 “格式”下拉菜单

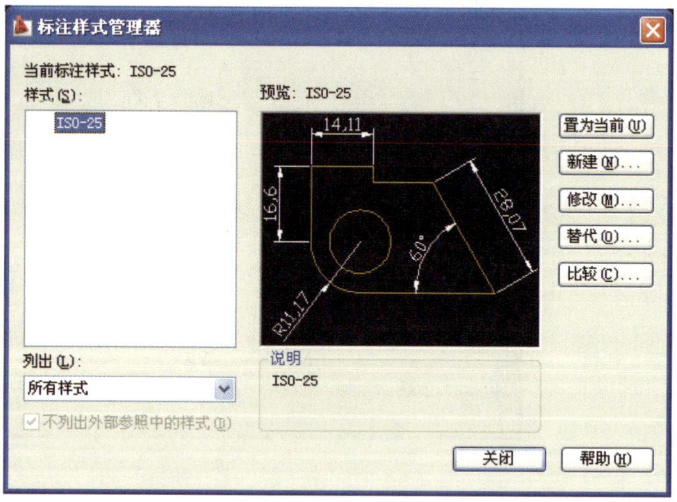


图 4-9 “标注样式管理器”对话框

（1）创建新标注样式：在“标注样式管理器”对话框中，可以单击“新建”按钮，使用打开的“创建新标注样式”对话框创建新标注样式。在“新样式名”文本框中可输入新样式的名称。在“基础样式”下拉列表框中可选择一种基础样式，以便在该样式中设置新样式的名称、基础样式和适用范围，如图 4-10 所示。

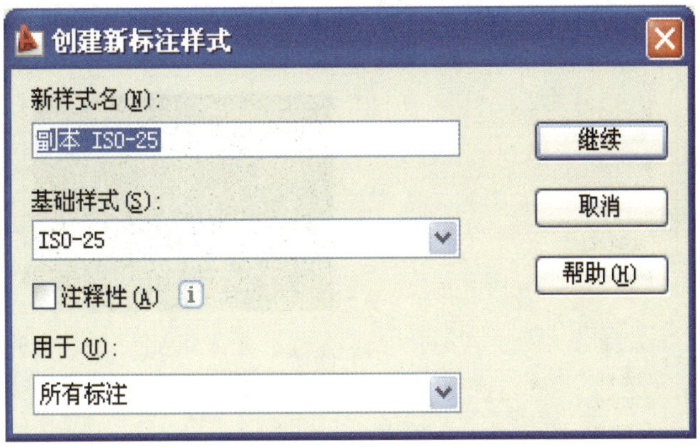


图 4-10 “创建新标注样式”对话框

(2) 设置新建的标注样式：单击该对话框的“继续”按钮，将打开“新建标注样式”对话框，包括“直线”“符号和箭头”“文字”“调整”“主单位”“换算单位”“公差”7 个命令面板。

(3) 设置直线格式：在“修改标注样式”对话框中，可以使用“线”选项设置尺寸线、尺寸界线的格式和位置，如图 4-11 所示。

在“尺寸线”选项组中，可以设置尺寸线的颜色、线宽、超出标记以及基线间距等。在“尺寸界线”选项组中，可以设置尺寸界线的颜色、线宽、超出尺寸线的长度和起点偏移量、隐藏控制等属性。

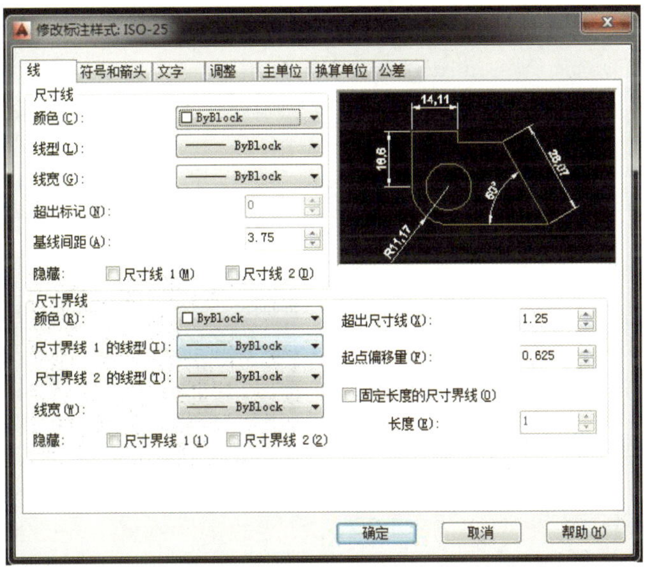


图 4-11 “线”选项

(4) 设置符号和箭头格式：在“新建标注样式”对话框中，使用“符号和箭头”选项可以设置箭头、圆心标记、弧长符号和半径折弯标注的格式与位置，如图 4-12 所示。

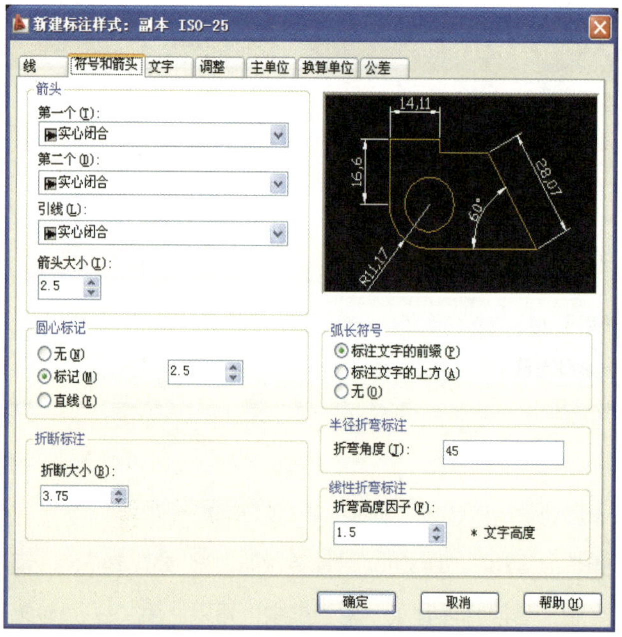


图 4-12　“符号和箭头”选项

(5) 设置文字格式：在“新建标注样式”对话框中，可以使用“文字”选项设置标注文字的外观、位置和对齐方式。

在“文字外观”选项组中，可以设置文字的样式、颜色、高度和分数高度比例，以及控制是否绘制文字边框。在“文字位置”选项组中，可以设置文字的垂直、水平位置以及从尺寸线的偏移量。在“文字对齐 ”选项组中，可以设置标注文字是保持水平还是与尺寸线对齐，如图 4-13 所示。

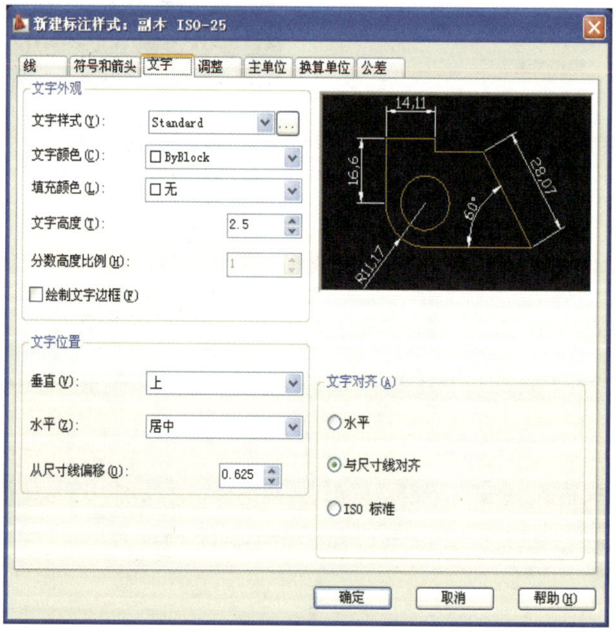


图 4-13　“文字”选项

(6) 设置调整格式：在“新建标注样式”对话框的“调整”选项组中，可以使用“调整选项”设置标注文字、尺寸线、尺寸箭头的位置。可以确定当尺寸界线之间没有足够的空间同时放置标注文件和箭头时，应从尺寸界线之间移出的对象。

在“文字位置”选项组中，可以设置当文字不在默认位置时的位置。在“标注特性比例”选项组中，可以设置标注尺寸的特性比例，以便通过设置全局比例因子来增加或减少各标注的大小。在“优化”选项组中，可以对标注文本和尺寸线进行细微调整，如图 4-14 所示。

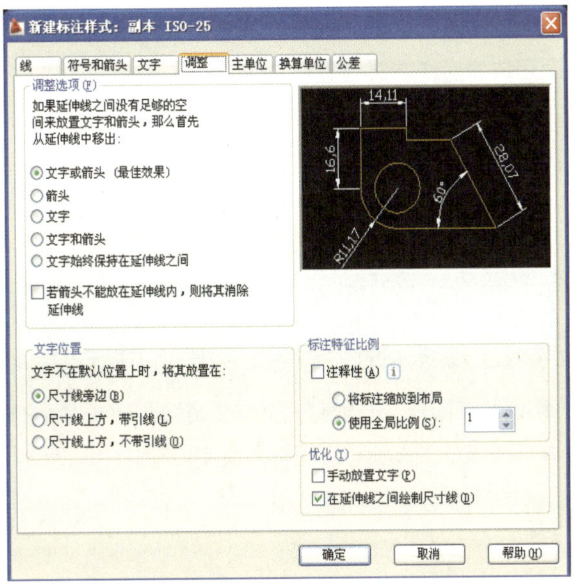


图 4-14 “调整”选项

(7) 设置主单位格式：在“新建标注样式”对话框中，可以使用“主单位”选项设置主单位的格式与精度等属性，“比例因子”用于调整标注测量比例，如图 4-15 所示。

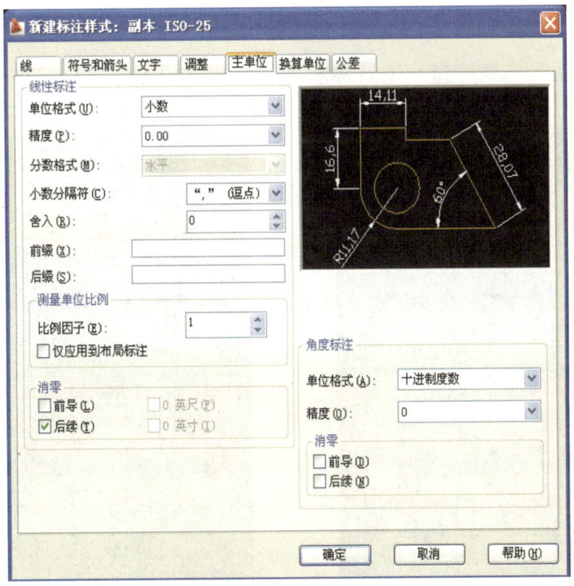


图 4-15 “主单位”选项

## 第一节 文字注释

学习重点：

- 通过讲练结合上机操作，重点掌握文字注释的操作方法与要点。
- 理解单行文字和多行文字的命令执行方式。

技能要求：

- 能灵活运用单行文字和多行文字的创建与编辑。
- 能在上机操作中熟练运用快捷操作方式与命令。

实训课题：

- 利用单行文字命令完成圆形餐桌文字注释。
- 利用多行文字命令完成方形餐桌文字注释。

### 一、单行文字

单行文字可以用来创建文字内容比较简短的文字对象，并且可以进行单独编辑。

1．命令执行：在命令行输入“DTEXT”，或打开文字工具条，点击“单行文字”按钮 AI 。

2．操作方法：先点击“单行文字”工具按钮，再输入文字内容。

①创建

操作步骤

打开“范例文件”，范例文件 / 第四章 / 第一节 / 单行文字 01.dwg。

点击“单行文字”工具按钮，鼠标变为“十字光标”，并提示“指定文字起点”，如图 4-16 所示。

鼠标左键点击“指定文字起点”，并提示“指定文字的旋转角度”（默认值为 0），如图 4-17 所示。

单击“Enter”键指定文字的旋转角度为“0”，呈现出“带文字光标的文本编辑框”，如图 4-18 所示。

输入文字“十人位圆桌”，如图 4-19 所示。

在文本编辑框以外的绘图区任意位置点击鼠标左键以示确认，命令自动结束，如图 4-20 所示。

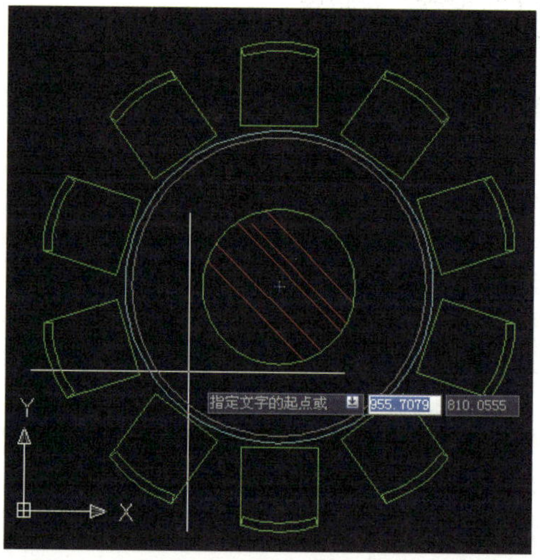


图 4-16　单行文字（1）

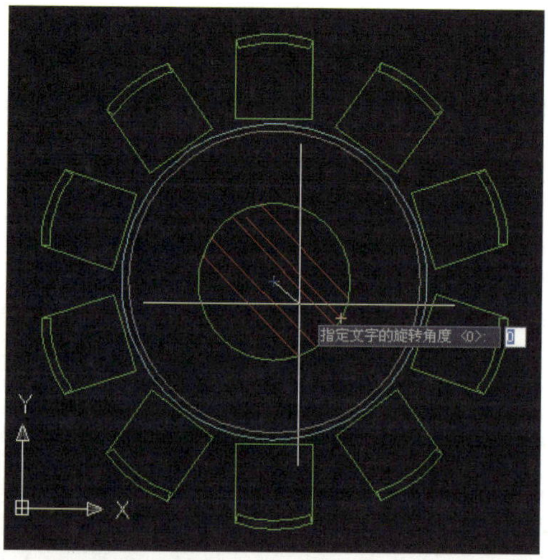


图 4-17　单行文字（2）

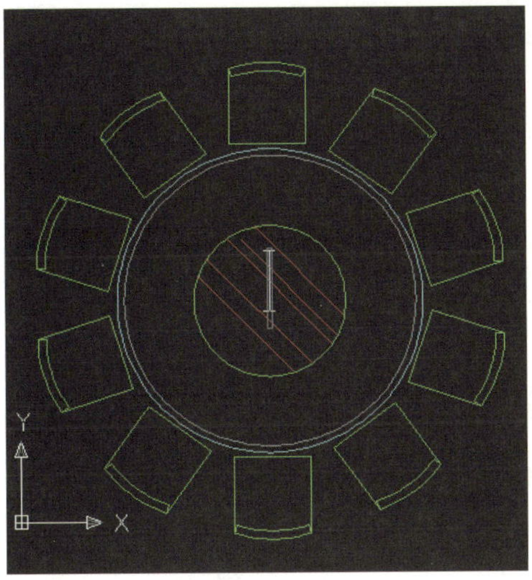


图 4-18 单行文字（3）

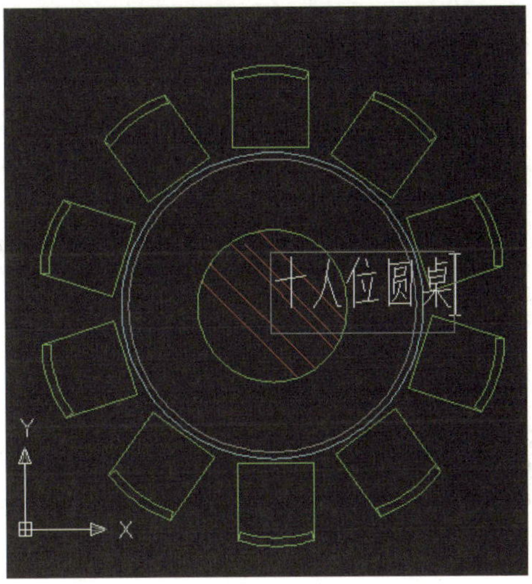


图 4-19 单行文字（4）

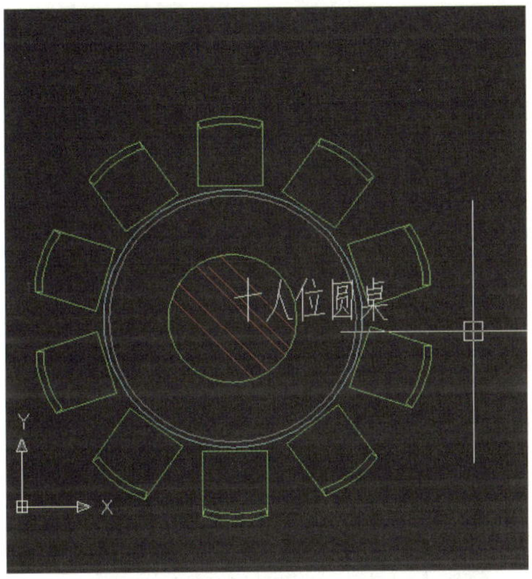


图 4-20 单行文字（5）

②修改

操作步骤

在单行文字文本已创建的情况下，在命令行输入“ED”，如图 4-21 所示。

单击“Enter”键确认命令，鼠标变成“拾取框”，并提示“选择注释对象”，如图 4-22 所示。

点击“单行文字”，变为可编辑状态，所有文本呈现蓝色选择状态，如图 4-23 所示。

改好文本内容后，连续单击两次“Enter”确认修改结果并结束命令。

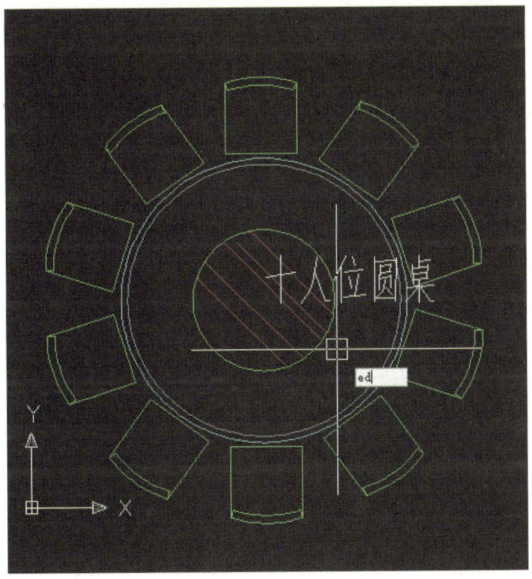


图 4-21 单行文字（6）

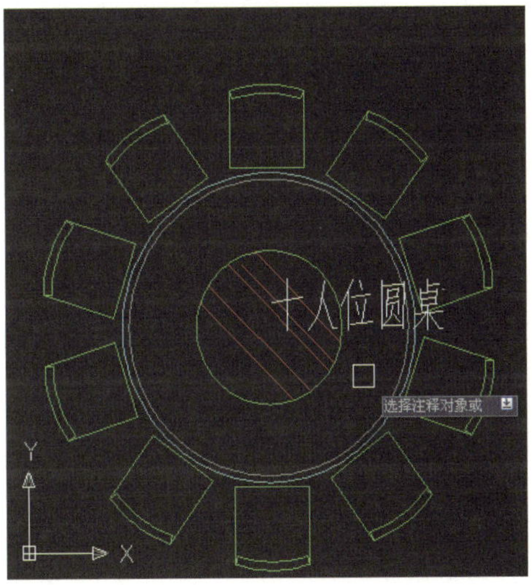


图 4-22 单行文字（7）

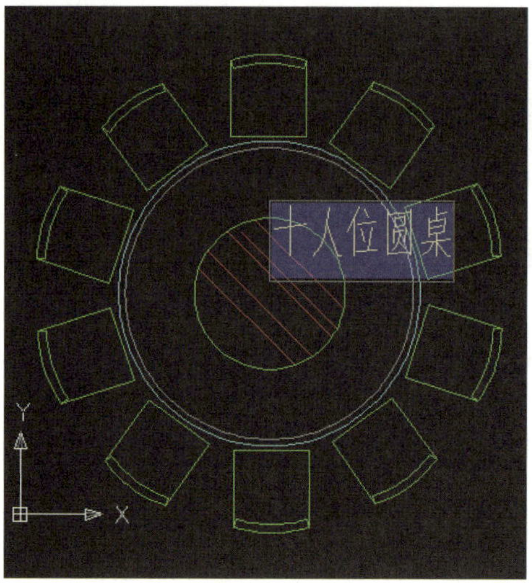


图 4-23　单行文字（8）

## 二、多行文字

多行文字是一种更易于管理的文字对象，可以由两行以上的文字组成，因为各行文字都是作为一个整体，所以又称为段落文字。

(1) 命令执行：在命令行输入“MTEXT”，或点击“绘图工具”条中的“多行文字按钮” A 。

(2) 操作方法：先点击多行文字工具按钮，再输入文字内容。

①创建

操作步骤

打开“范例文件”，范例文件 / 第四章 / 第一节 / 多行文字 01.dwg。

点击“多行文字”工具按钮，鼠标变为“十字光标”，并提示“指定第一角点”，如图 4-24 所示。

鼠标左键点击“指定第一角点”，往右下角拉出文字框，按下鼠标左键确认，如图 4-25 所示。

弹出“多行文字编辑框”，在编辑框中输入文字内容，如图 4-26 所示。

按下“确定”按钮确定文本的输入，命令结束，如图 4-27 所示。

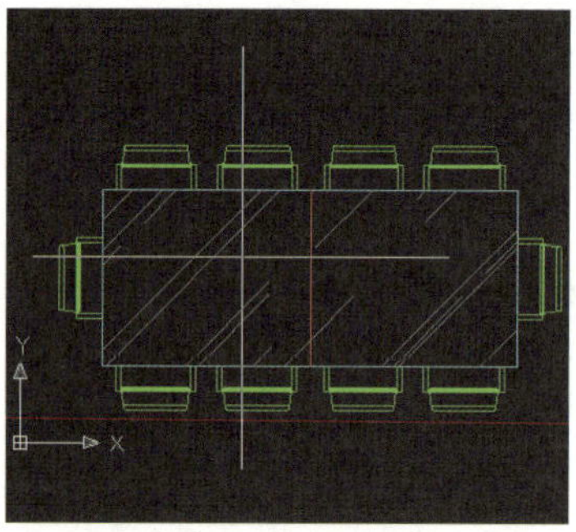


图 4-24　多行文字（1）

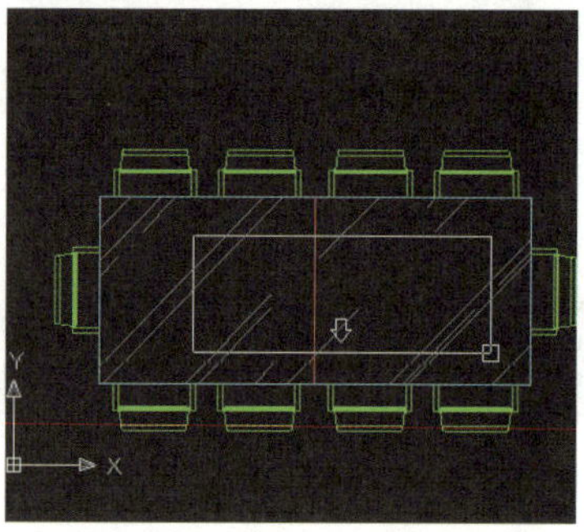


图 4-25　多行文字（2）

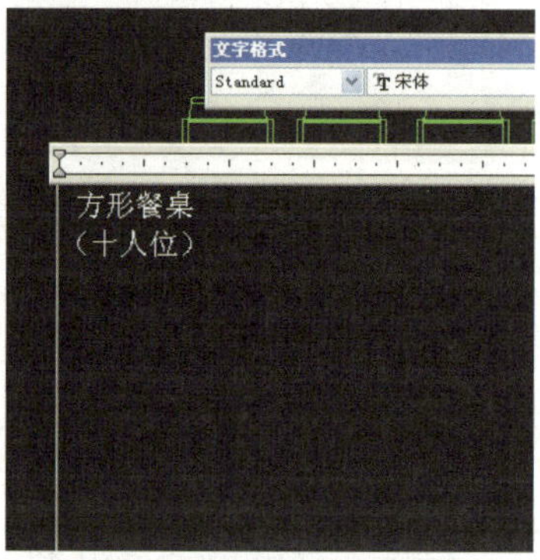


图 4-26　多行文字（3）

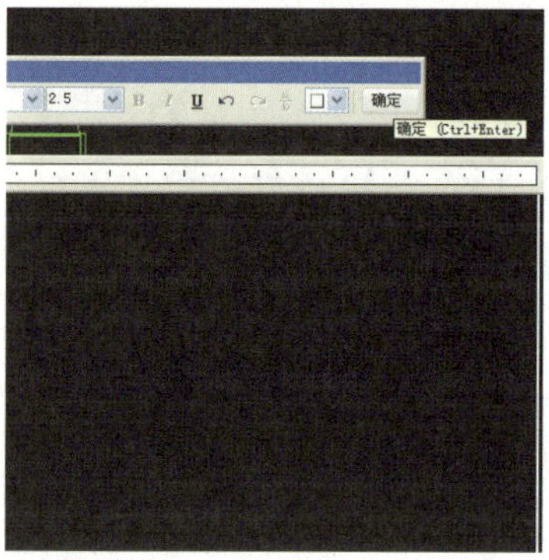


图 4-27　多行文字（4）

②修改

与单行文字的修改操作基本相同，不再赘述。

# 第二节 尺寸标注

学习重点：

- 通过讲练结合上机操作，重点掌握尺寸标注的操作方法与要点。
- 理解多种尺寸标注命令执行方式。

技能要求：

- 能灵活运用标注工具创建与编辑多种尺寸标注。
- 能在上机操作中熟练运用快捷操作方式与命令。

实训课题：

- 综合运用各种标注工具命令完成水槽平面尺寸标注。

## 一、尺寸标注的设置

在装饰施工图中，完整的尺寸标注应由标注文字、尺寸线、尺寸界线、尺寸线的端点符号及起点等组成，这些都可以在标注样式管理器中设置。

(1) 命令执行：点击“格式”下拉菜单中的“标注样式”命令，或打开“标注工具条”，点击“标注样式”工具按钮。

(2) 操作方法：先点击“标注样式”工具按钮，再设定标注内容。

①创建

操作步骤

打开“范例文件”，范例文件 / 第四章 / 第二节 / 尺寸标注 01.dwg。

点击“格式”下拉菜单中的“标注样式”命令，如图 4-28 所示；打开“标注样式管理器”，如图 4-29 所示。

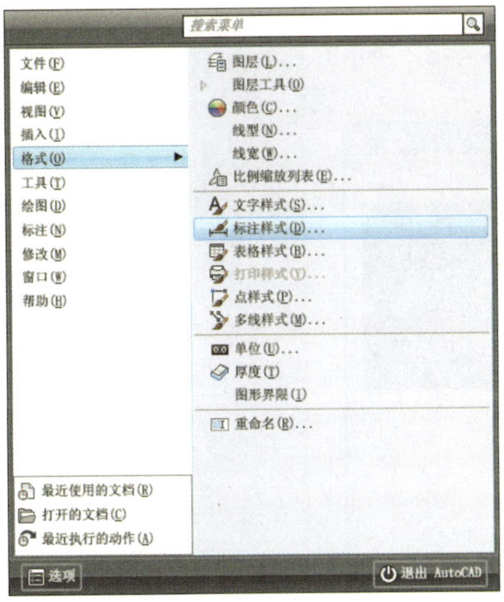


图 4-28 “格式”下拉菜单

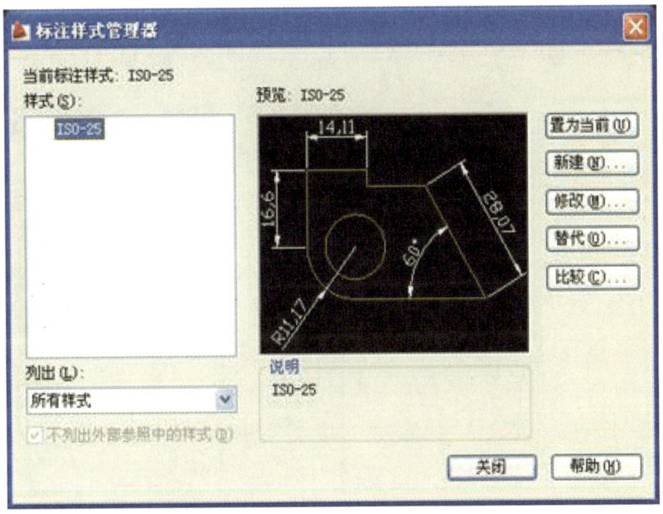


图 4-29 “标注样式管理器”对话框

点击“新建工具”按钮，打开“创建新标注样式”对话框，在“新样式”名栏中输入样式名称“新的标注 10”，如图 4-30 所示。

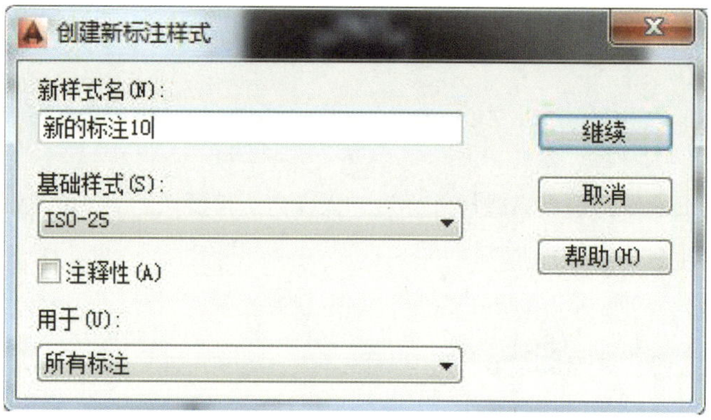


图 4-30 “创建新标注样式”对话框

点击“继续”工具按钮，打开“修改标注样式”设置框，将面板数据设置为如图 4-31 所示的内容。

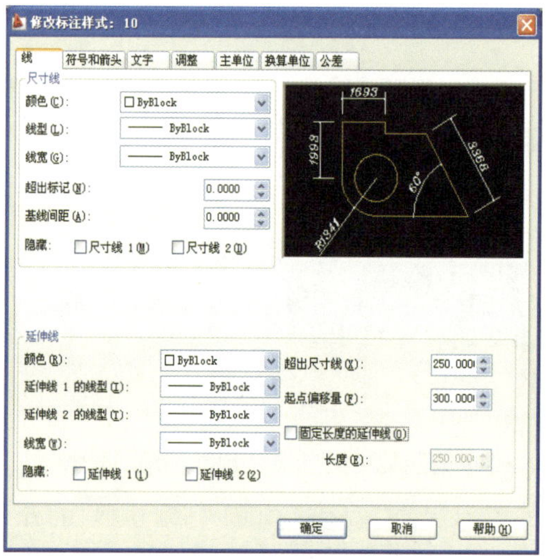


图 4-31 “修改标注样式”

点击“符号和箭头”面板，将符号和箭头面板数据设置为如图 4-32 所示的内容。

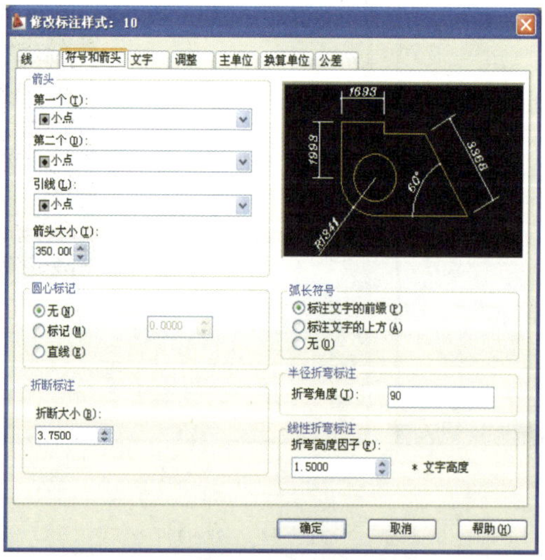


图 4-32 “符号和箭头”选项

点击“文字”面板，将文字面板数据设置为如图 4-33 所示的内容。

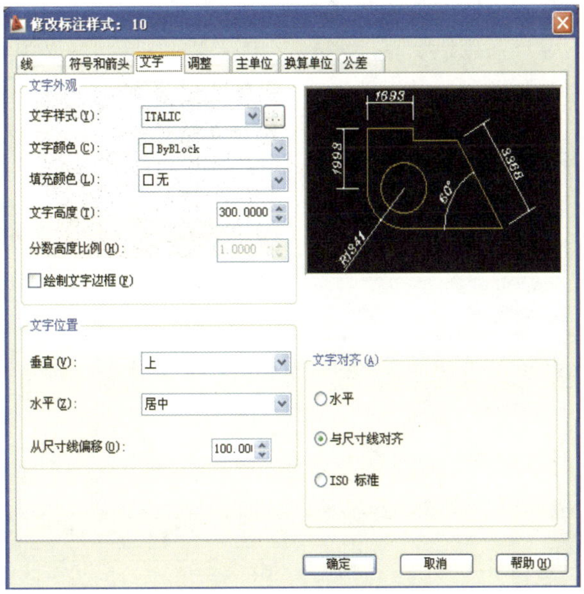


图 4-33 “文字”选项

点击“调整”面板，将调整面板数据设置为如图 4-34 所示的内容。

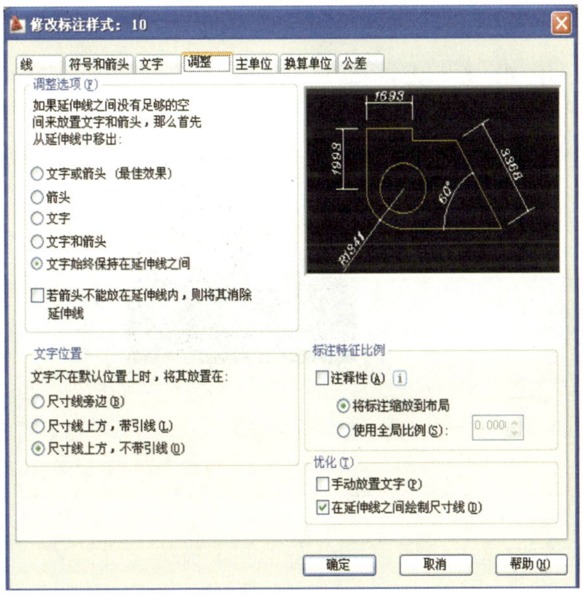


图 4-34 “调整”选项

点击“主单位”面板，将主单位面板数据设置为如图 4-35 所示的内容。

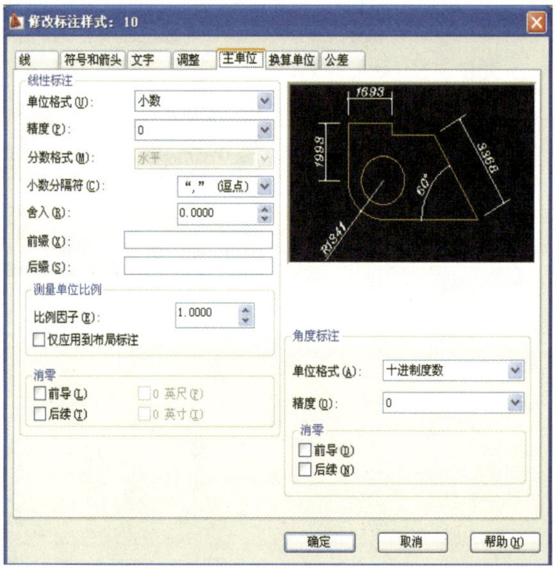


图 4-35 “主单位”选项

“换算单位”面板和“公差”面板数据不用调整，点击“确定”按钮。界面跳回“标注样式管理器”对话框，先选择“新的标注 10”，再点击“置为当前”按钮（将“新的标注 10”样式设为当前使用的标注样式），最后点击“关闭”按钮，结束标柱设置，如图 4-36 所示。

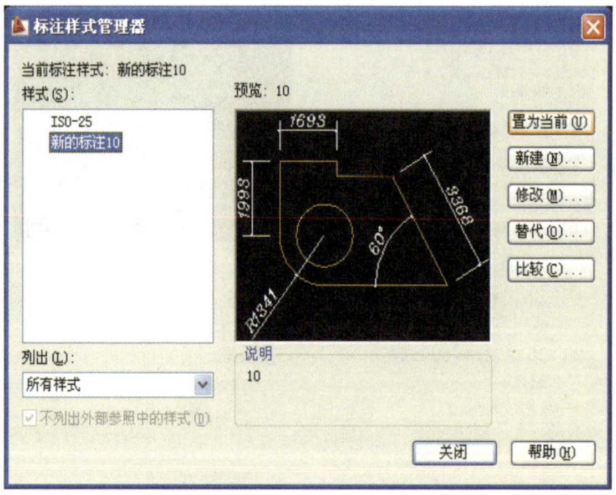


图 4-36 设置“标注样式管理器”对话框

## 二、线性标注

线性标注可以创建 X 平面和 Y 平面中的两个点之间的距离测量值，并通过指定点来实现。

(1) 线性标注的作用范围：X 平面和 Y 平面中的两个点之间的距离。

(2) 命令执行：在命令行输入“DIMLINEAR”，或直接利用鼠标左键点选“线性标注”按钮⊢ 。

(3) 操作方式：通过鼠标左键先点击线性标注按钮，再选择标注的第一条尺寸界线原点和第二条尺寸界线原点。

操作步骤

打开“范例文件”，范例文件 / 第四章 / 第二节 / 尺寸标注 02.dwg。

点击“线性标注”按钮，鼠标变为“十字光标”显示，并提示“指定第一条尺寸界线原点”，如图 4-37 所示。

按下“F3”功能键打开“对象捕捉模式”（捕捉到端点），将“十字光标”移动到第一条尺寸界线原点，单击鼠标左键“指定第一条尺寸界线原点”，如图 4-38 所示。

继续移动“十字光标”到第二条尺寸界线原点上，鼠标左键单击“指定第二条尺寸界线原点”，如图 4-39 所示。

鼠标左键点击“确认选择”，移动鼠标到指定尺寸线位置，标注生成，鼠标左键再次点击“确认”，命令结束，如图 4-40 所示。

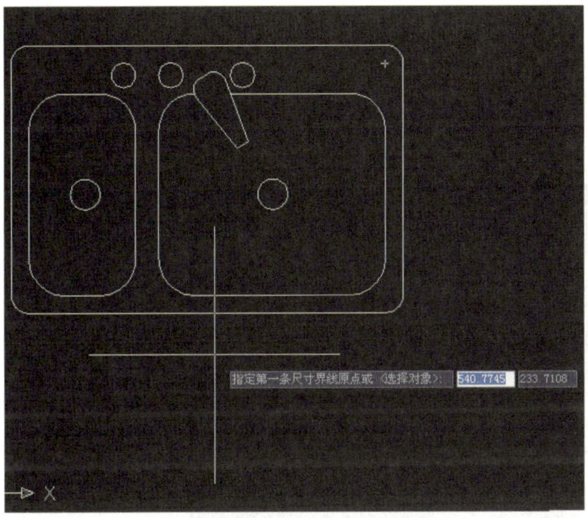

图 4-37 线性标注（1）

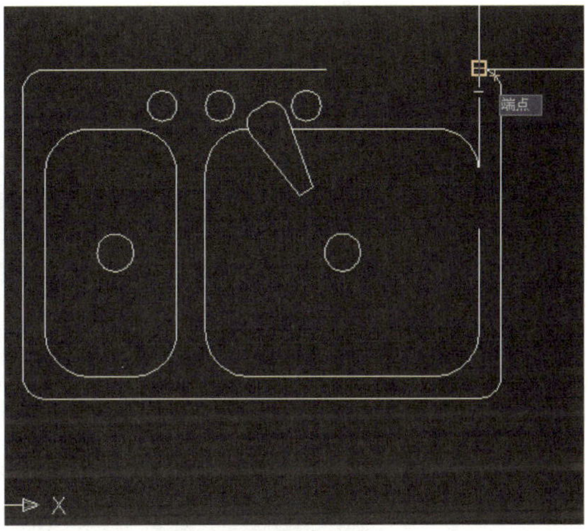

图 4-38 线性标注（2）

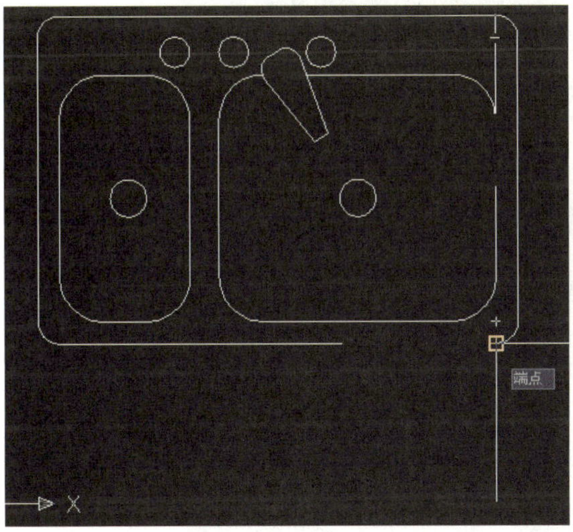

图 4-39 线性标注（3）

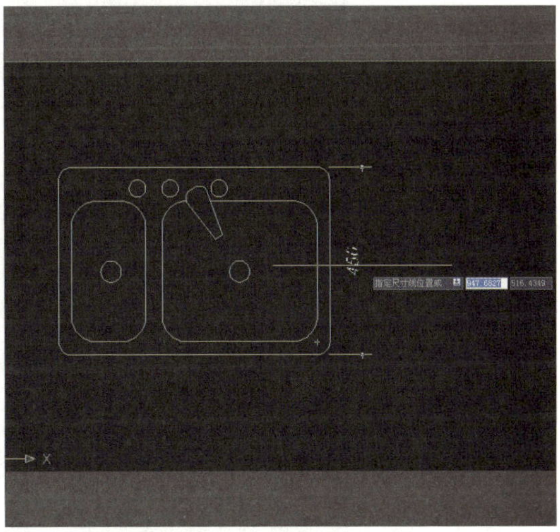

图 4-40 线性标注效果图

## 三、对齐标注

对齐标注可以创建不垂直于 X 平面和 Y 平面中的两个点之间的距离测量值，并通过指定点来实现。

(1) 对齐标注的作用范围：X 平面和 Y 平面中的任意两个点之间的距离。

(2) 命令执行：在命令行输入“DIMALIGHED”，或直接利用鼠标左键点选对齐标注按钮。

(3) 操作方式：通过鼠标左键点击“对齐标注”按钮，再选择标注的第一条尺寸界线原点和第二条尺寸界线原点。

操作步骤

打开“范例文件”，范例文件 / 第四章 / 第二节 / 尺寸标注 03.dwg。

点击“对齐标注”按钮，鼠标变为“十字光标”显示，并提示“指定第一条尺寸界线原点”，如图 4-41 所示。

按下“F3”功能键打开“对象捕捉”模式（捕捉到端点），将“十字光标”移动到第一条尺寸界线原点，鼠标左键单击“指定第一条尺寸界线原点”，如图 4-42 所示。

继续移动“十字光标”到第二条尺寸界线原点上，鼠标左键单击“指定第二条尺寸界线原点”，如图 4-43 所示。

鼠标左键点击“确认”，移动鼠标到指定尺寸线位置，标注生成，鼠标左键再次点击“确认”，命令结束，如图 4-44 所示。

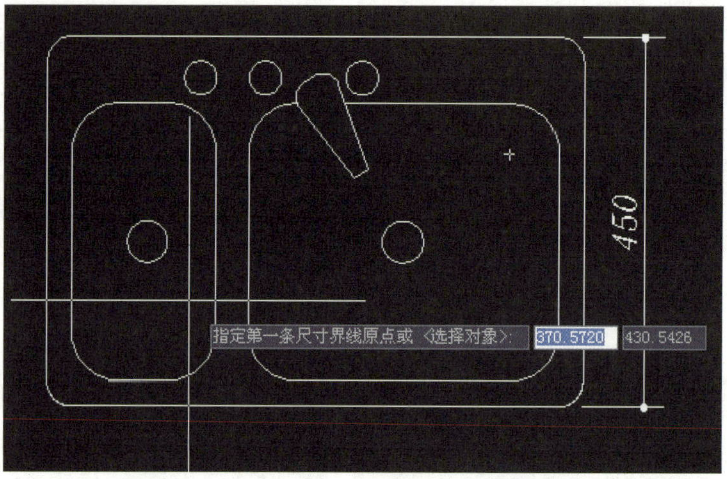


图 4-41 对齐标注（1）

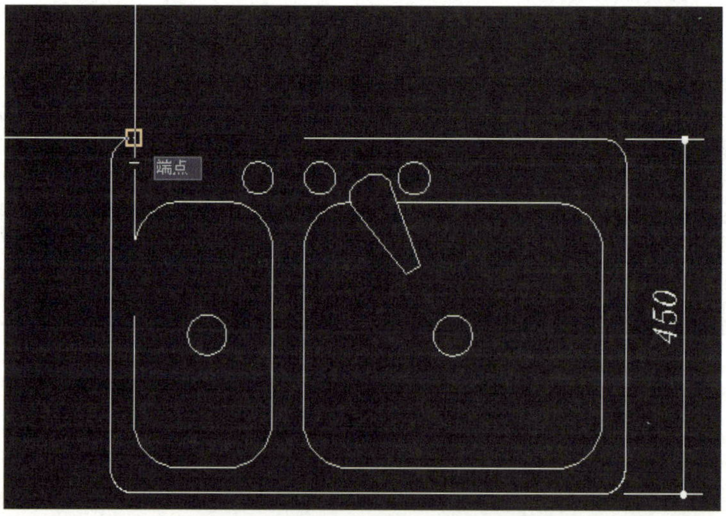


图 4-42 对齐标注（2）

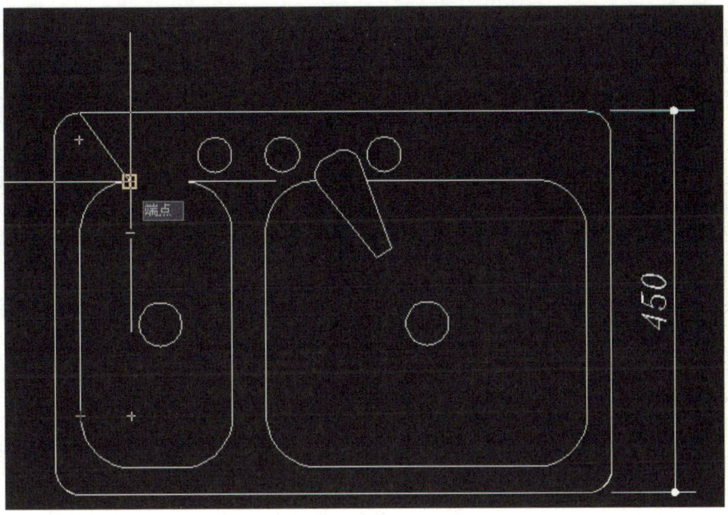


图 4-43 对齐标注（3）

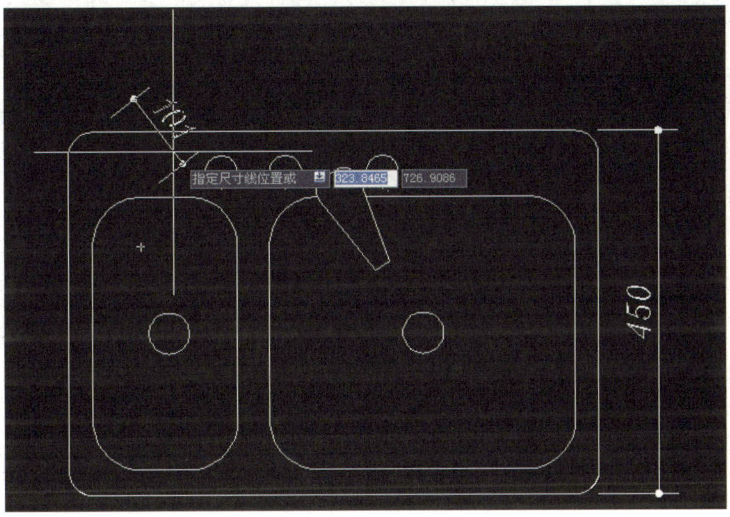


图 4-44 对齐标注效果图

### 四、弧长标注

弧长标注可以标注圆弧线段或多段线圆弧线段部分的弧长。

(1) 弧长标注的作用范围：圆弧线段或多段线圆弧线。

(2) 命令执行：在命令行输入“DIMARC”，或直接利用鼠标左键点选“弧长标注”按钮 。

(3) 操作方式：通过鼠标左键先点击“弧长标注”按钮，再选择要标注的圆弧线段或多段线圆弧线。

操作步骤

打开“范例文件”，范例文件 / 第四章 / 第二节 / 尺寸标注 04.dwg。

点击“弧长标注”按钮，鼠标变为“拾取框”，并提示“指定圆弧线段或多段线圆弧线”，如图 4-45 所示。

将“拾取框”移动到圆弧线段上，鼠标左键单击“选择圆弧线段”，如图 4-46 所示。

移动鼠标到指定尺寸线位置，标注生成，鼠标左键点击“确认”，命令结束，如图 4-47 所示。

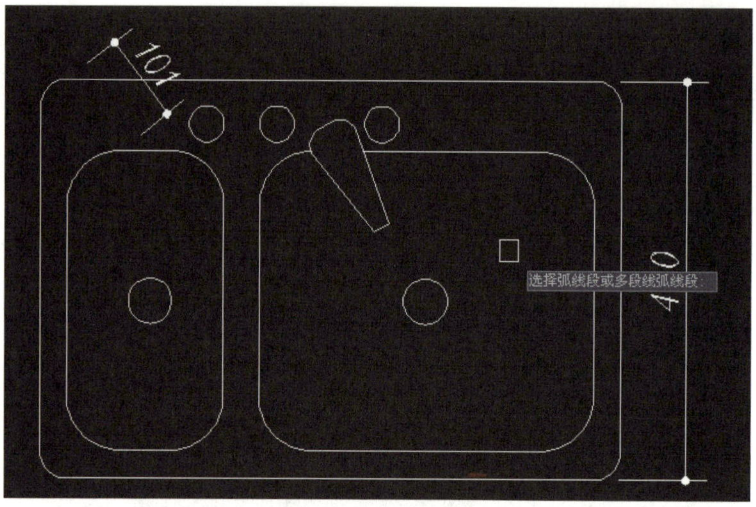


图4-45　弧长标注(1)

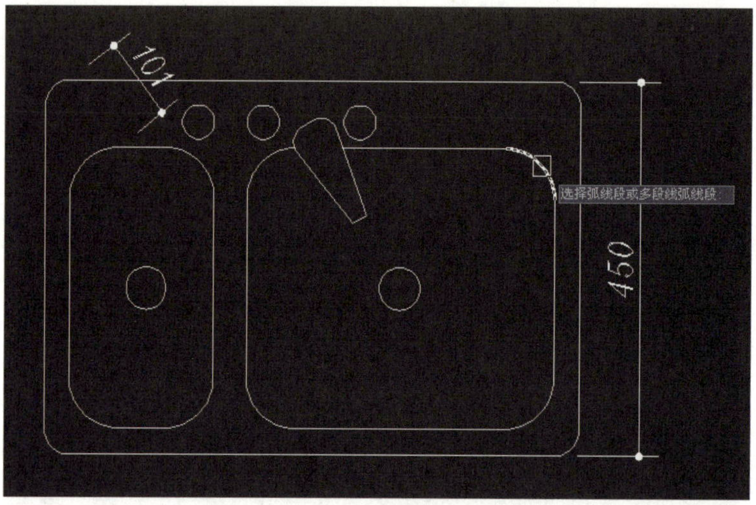


图4-46　弧长标注(2)

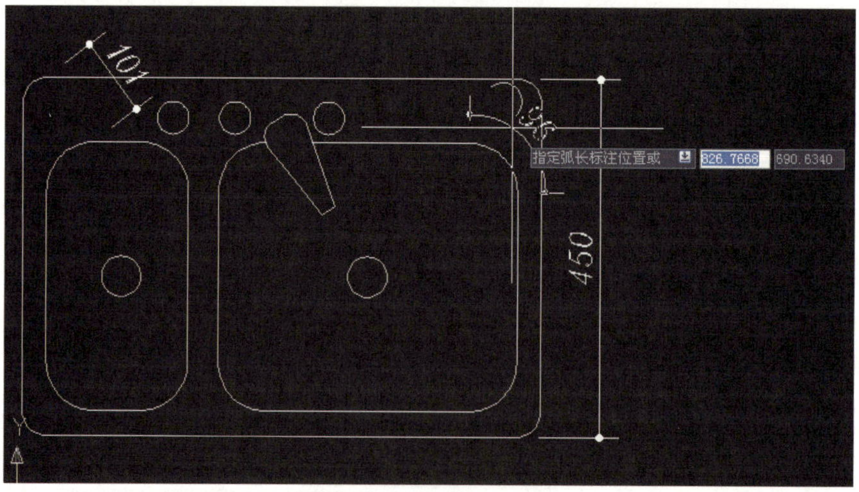


图4-47　弧长标注效果图

## 五、半径标注

半径标注可以标注圆或圆弧的半径。

(1) 半径标注的作用范围：圆或圆弧。

(2) 命令执行：在命令行输入“DIMRADIUS”，或直接利用鼠标左键点选“半径标注”按钮 。

(3) 操作方式：通过鼠标左键先点击“半径标注”按钮，再选择要标注的圆或圆弧。

操作步骤

打开“范例文件”，范例文件 / 第四章 / 第二节 / 尺寸标注 05.dwg。

点击“半径标注”按钮，鼠标变为“拾取框”，并提示“指定圆弧线段或多段线圆弧线”，如图 4-48 所示。

将拾取框移动到圆弧线段上，鼠标左键单击“选择圆弧线段”，如图 4-49 所示。

移动鼠标到指定尺寸线位置，标注生成，鼠标左键点击“确认”，命令结束，如图 4-50 所示。

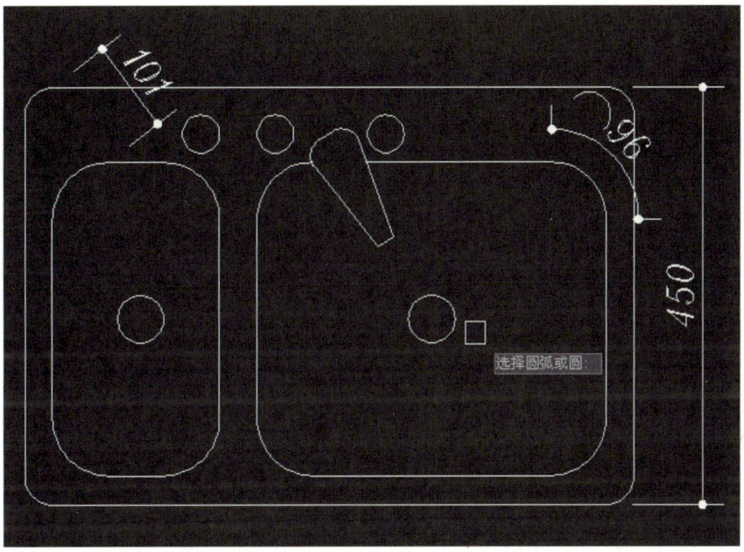


图 4-48 半径标注（1）

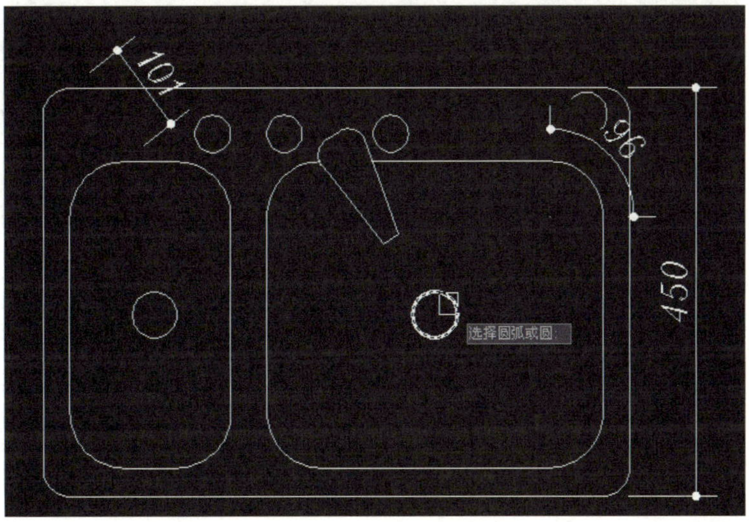


图 4-49 半径标注（2）

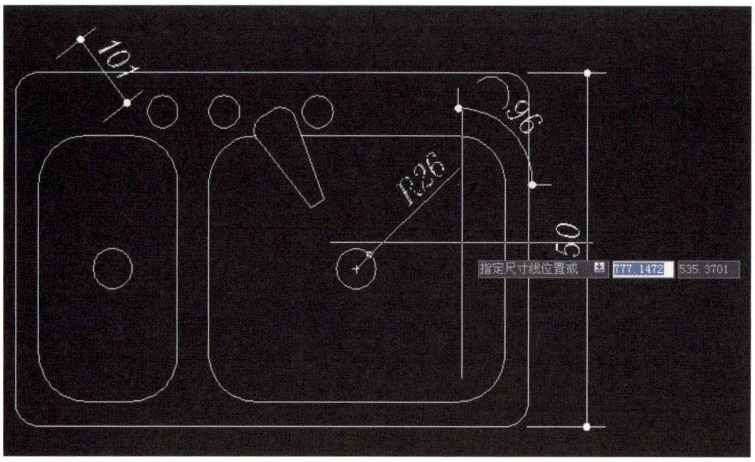


图 4-50　半径标注效果图

## 六、直径标注

直径标注可以标注圆或圆弧的直径。

(1) 直径标注的作用范围：圆或圆弧。

(2) 命令执行：在命令行输入“DIMDIAMETER”，或直接利用鼠标左键点选“直径标注”按钮⊘。

(3) 操作方式：通过鼠标左键先点击“直径标注”按钮，再选择要标注的圆或圆弧。

操作步骤

打开“范例文件”，范例文件 / 第四章 / 第二节 / 尺寸标注 06.dwg。

点击“直径标注”按钮，鼠标变为“拾取框”，并提示“指定圆弧线段或多段线圆弧线”，如图 4-51 所示。

将“拾取框”移动到圆弧线段上，鼠标左键单击“选择圆弧线段”，如图 4-52 所示。

移动鼠标到指定尺寸线位置，标注生成，鼠标左键点击“确认”，命令结束，如图 4-53 所示。

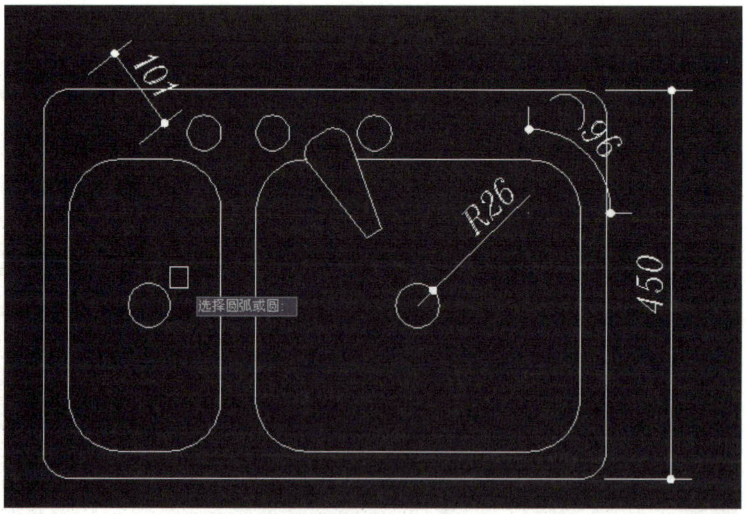


图 4-51　直径标注（1）

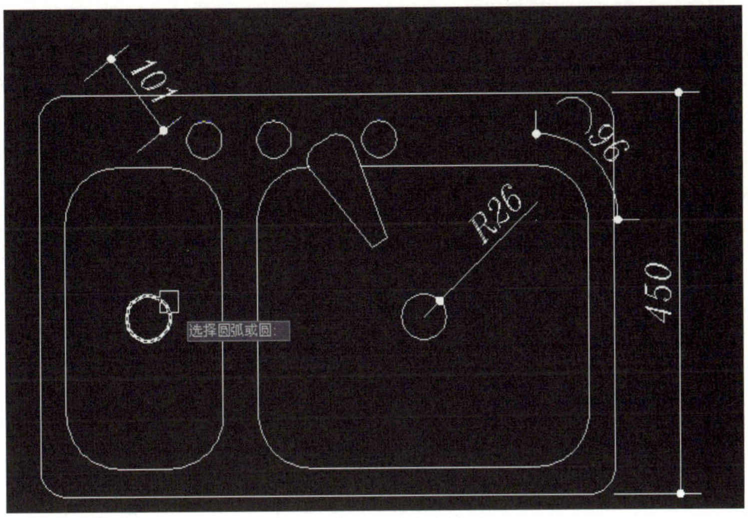


图 4-52　直径标注（2）

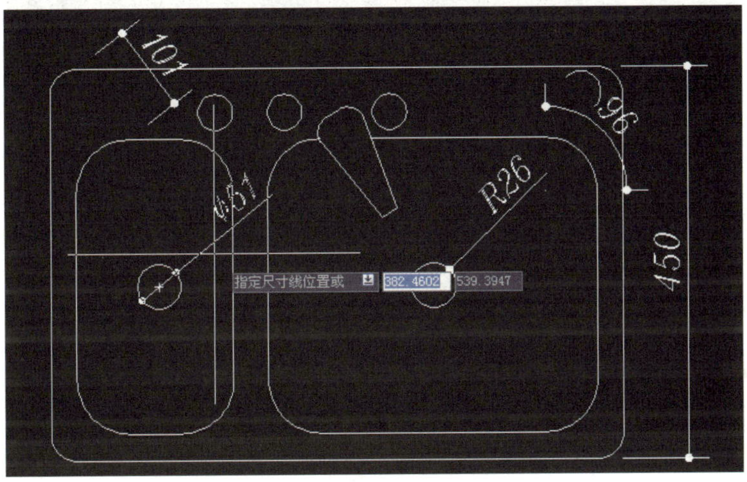


图 4-53　直径标注效果图

## 七、角度标注

角度标注可以标注直线、圆弧等的角度。

(1) 半径标注的作用范围：直线、圆弧或多段线。

(2) 命令执行：在命令行输入“DIMANGULAR”，或直接利用鼠标左键点选“角度标注”按钮△。

(3) 操作方式：通过鼠标左键先点击“角度标注”按钮，再选择要标注的圆弧、两条直线或多段线。

操作步骤

打开“范例文件”，范例文件 / 第四章 / 第二节 / 尺寸标注 07.dwg。

点击“角度标注”按钮，鼠标变为“拾取框”，并提示“指定直线、圆弧线段或圆”，如图 4-54 所示。

将拾取框移动到第一根直线上，鼠标左键单击选择第一根直线，再将“拾取框”移动到第二根直线上，鼠标左键单击选择第二根直线，如图 4-55 所示。

移动鼠标到指定尺寸线位置，标注生成，鼠标左键点击“确认”，命令结束，如图 4-56 所示。

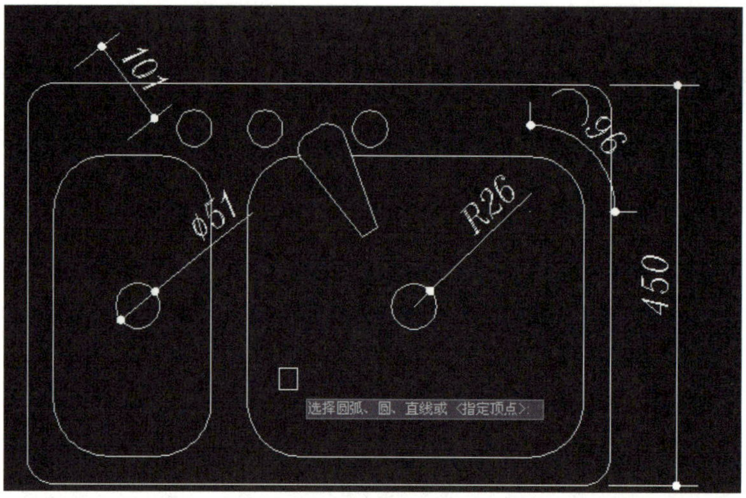


图 4-54　角度标注（1）

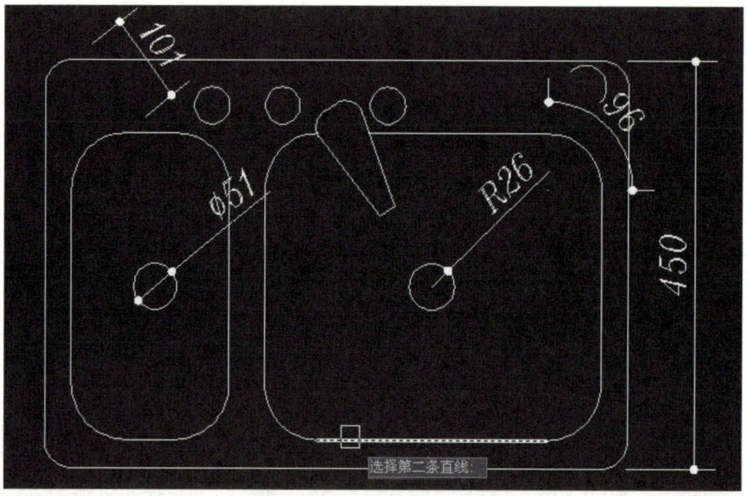


图 4-55　角度标注（2）

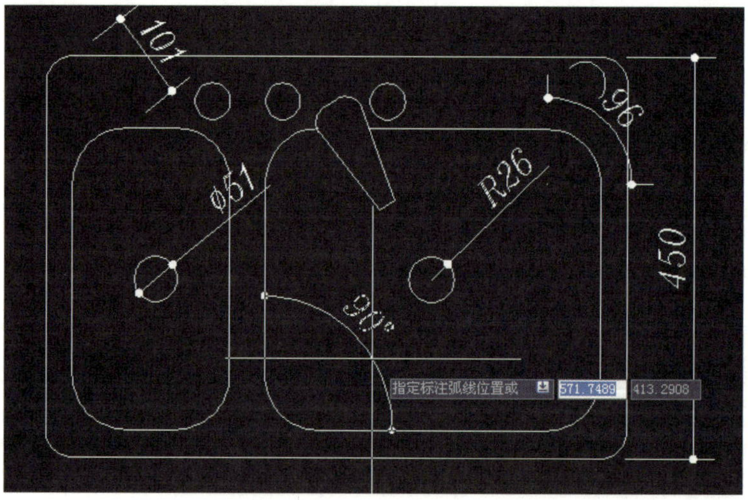


图 4-56　角度标注效果图

## 八、快速标注

快速标注可以标注多个对象之间的距离。

(1) 快速标注的作用范围：直线、圆弧或多段线等多种对象。

(2) 命令执行：在命令行输入“QDIM”，或直接利用鼠标左键点选“快速标注”按钮 。

(3) 操作方式：通过鼠标左键点击“快速标注”按钮，再选择要标注的对象。

操作步骤

打开“范例文件”，范例文件 / 第四章 / 第二节 / 尺寸标注 08.dwg。

点击“弧长标注”按钮，鼠标变为“拾取框”，并提示“指定要标注的几何图形”，如图 4-57 所示。

将“拾取框”移动到“第一根直线”上，鼠标左键单击选择“第一根直线”，再将“拾取框”移动到“第二根直线”上，单击鼠标左键选择第二根直线，如此循环操作直到所有要标注的直线全被选择，如图 4-58 所示；然后，单击“Enter”键确认选择。移动鼠标到指定尺寸线位置，鼠标左键点击“确认”；标注生成，命令结束，如图 4-59 所示。

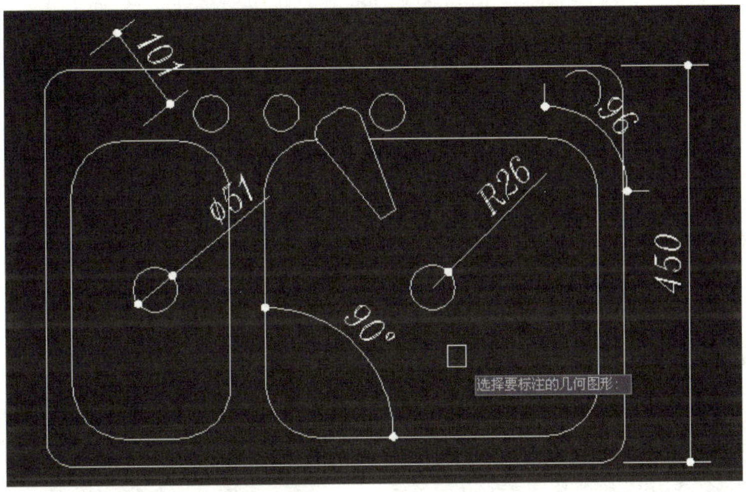


图 4-57 快速标注（1）

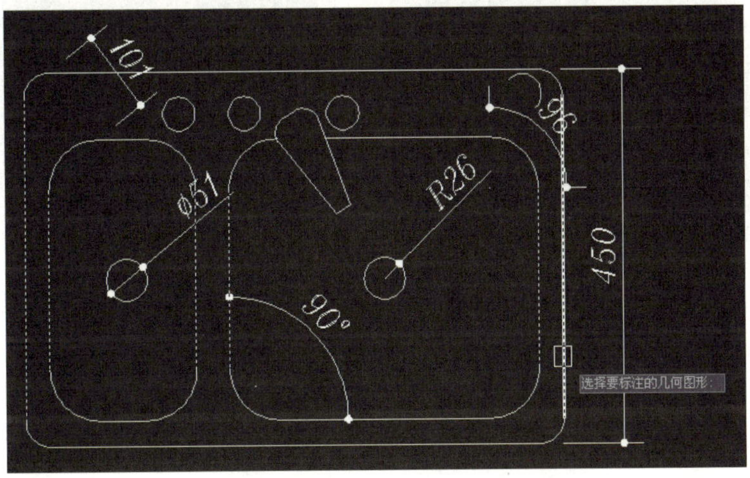


图 4-58 快速标注（2）

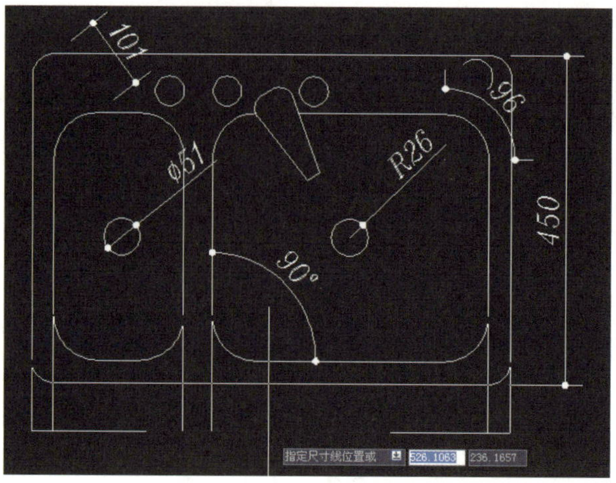


图 4-59　快速标注效果图

## 九、快速引线

快速引线可以创建引线和注释，而且可以设定多种格式，常用来标注工程材料。

(1) 快速标注的作用范围：所有的图形对象或坐标点。

(2) 命令执行：在命令行输入“QLEADER”，或直接利用鼠标左键点选“快速引线”按钮 。

(3) 操作方式：通过鼠标左键先点击“快速引线”按钮，再选择引线插入点。

**操作步骤**

打开“范例文件”，范例文件 / 第四章 / 第二节 / 尺寸标注 09.dwg。

点击“快速引线”按钮，鼠标变为“十字光标”，并提示“指定第一个引线点”，如图 4-60 所示。

将“十字光标”移动到水喉上，鼠标左键单击“指定引线点”，提示“指定下一点”，如图 4-61 所示。

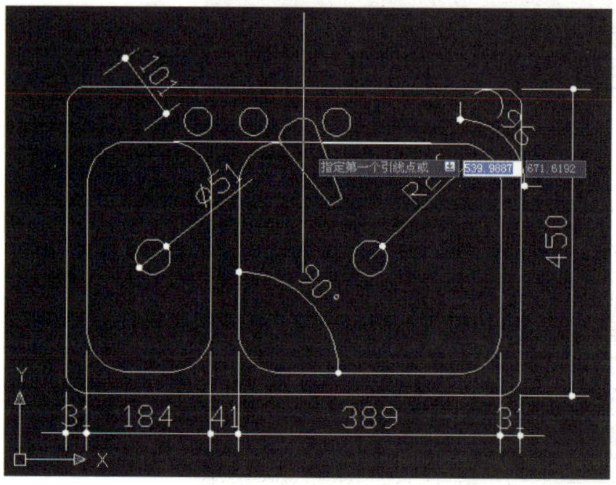


图 4-60　快速引线（1）

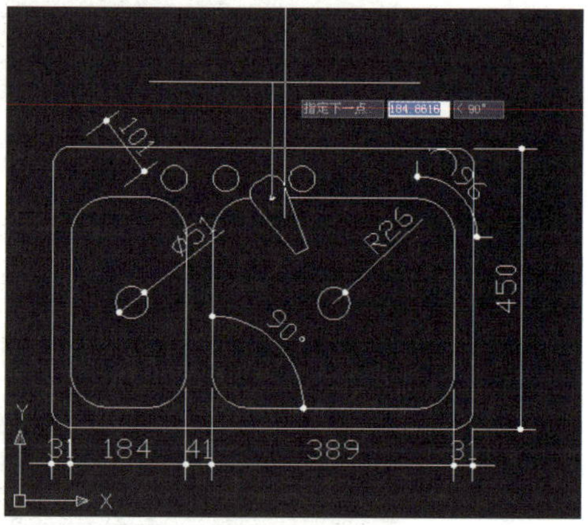


图 4-61　快速引线（2）

按下“F8”打开正交模式，到垂直向上移动“十字光标”到指定下一点，提示“指定下一点”，如图 4-62 所示。水平向右移动到“十字光标”指定下一点，提示“指定文字高度”，如图 4-63 所示。

输入数值“300”，单击“Enter”键确认，提示输入注释文字的第一行，如图 4-64 所示。

输入文字“高度 250mm 水喉”，单击“Enter”键确认，再次单击“Enter”键确认不输入第二行文字，标注生成，命令结束，如图 4-65、图 4-66 所示。

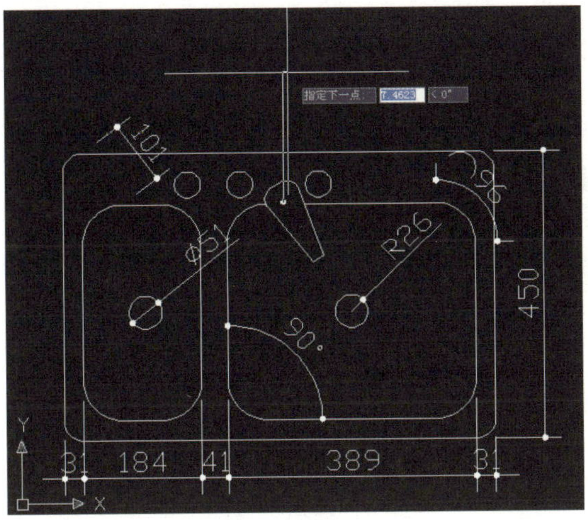


图 4-62 快速引线（3）

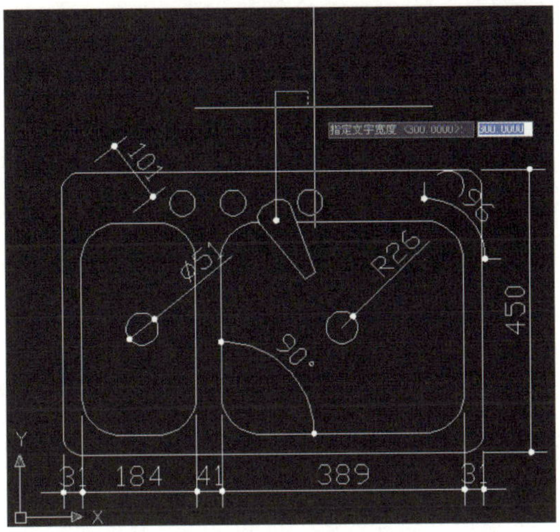


图 4-63 快速引线（4）

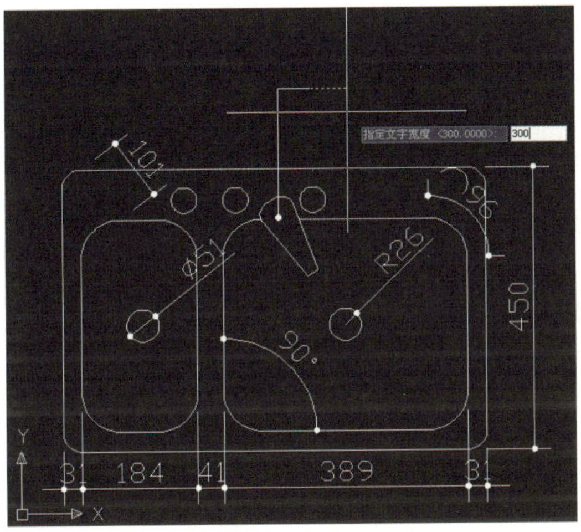


图 4-64 快速引线（5）

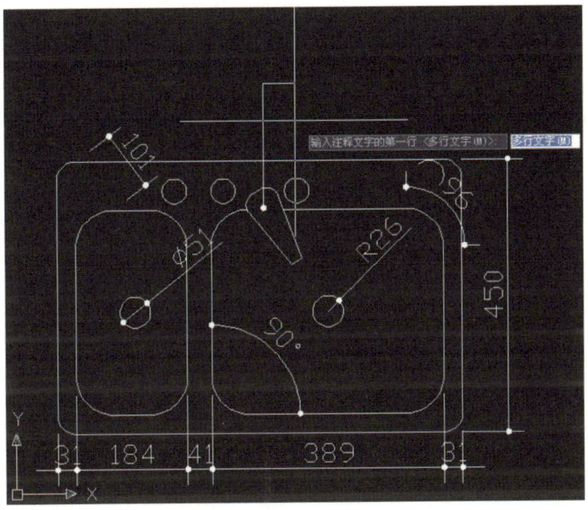


图 4-65 快速引线（6）

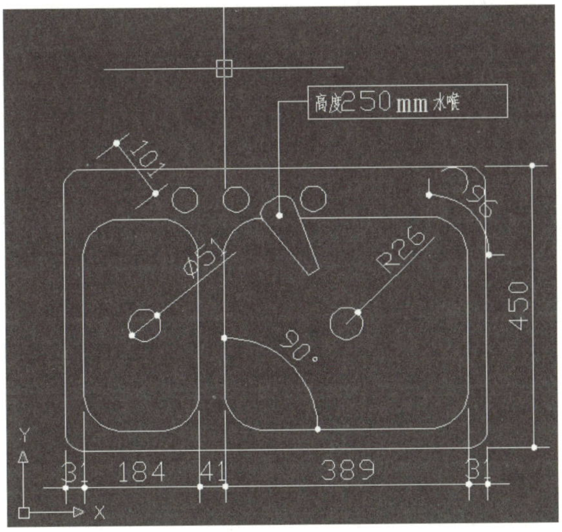


图 4-66 快速引线效果图

# 第五章 办公空间施工图案例绘制

## 本章知识前导

本章以某公司的办公空间为例，带领读者学习办公空间的平面布置图、地面铺贴图、顶面布置图、灯具定位图、开关插座布置图、立面图、部分节点图等相关图形的设计与绘图技巧。通过绘图讲解，向读者展现如何通过空间设计来改善办公环境，满足当代都市白领的办公空间设计需求。

## 第一节 原始结构图绘制

步骤 1：执行“直线”命令，在任意位置指定第一个点，然后打开“正交模式”，向右输入“350”，向下输入“240”，向左输入“110”，向下输入“120”，向左输入“240”，最后回到起点，如图 5-1 所示。

步骤 2：执行“偏移”命令，将右边的竖线向右偏移“980”，如图 5-2 所示。

图 5-1 墙体绘制

图 5-2 偏移门洞

步骤 3：执行“直线”命令，以刚刚偏移的线的下方端点为起点向右输入“880”，向右输入“1470”，向右输入“350”，向下输入“260”，向右输入“430”，向上输入“260”，向右输入“720”，向右输入“2380”，向右输入“770”，向下输入“7250”，向左输入“790”，向左输入“2380”，向左输入“700”，向上输入“260”，向左输入“430”，向下输入“260”，向左输入“1420”，向上输入“5720”，向左输入“360”，如图 5-3 所示。

步骤 4：执行“偏移”命令，将上一步所绘制的直线向外偏移“240”，如图 5-4 所示。

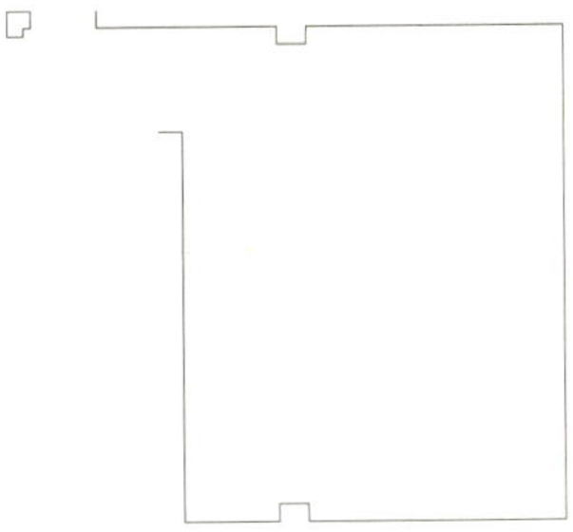

图 5-3 绘制内墙

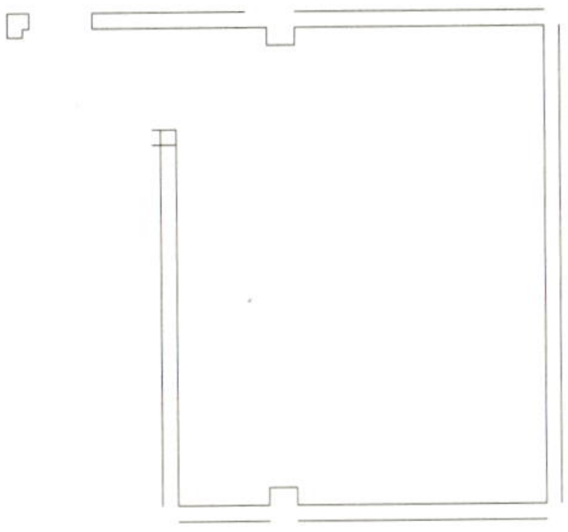

图 5-4 偏移出墙体厚度

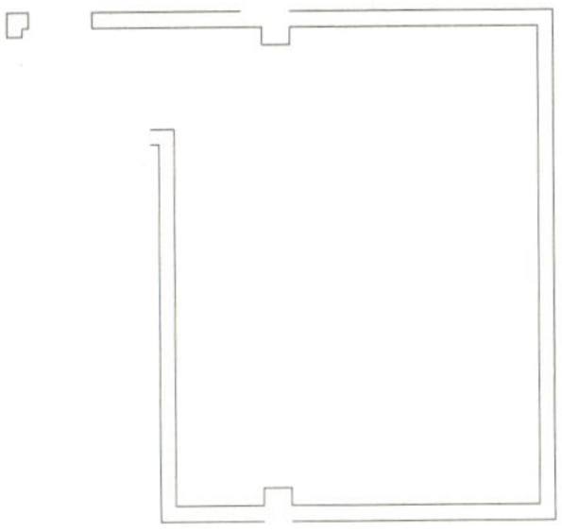

图 5-5 圆角修剪直线

步骤 5：执行“圆角”命令，将墙角的线连接起来，如图 5-5 所示。

步骤 6：执行“直线”命令，将窗户两端用直线封起来，如图 5-6 所示。

步骤 7：执行“偏移”命令，将窗户的位置再偏移出两根线，设置偏离距离为“80”，如图 5-7 所示。

步骤 8：执行“延伸”命令，将两个缺口连接起来，如图 5-8 所示。

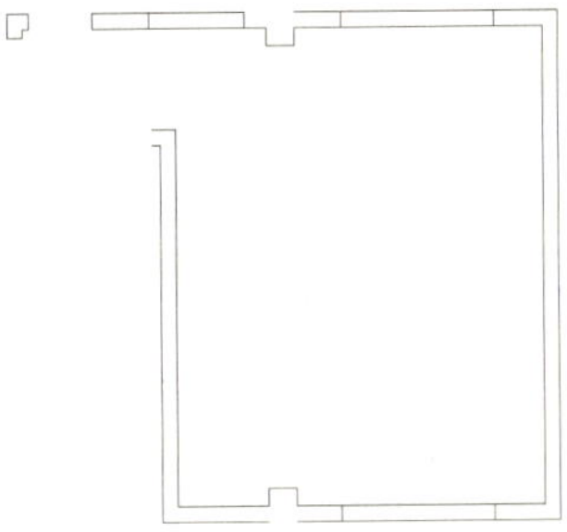

图 5-6 绘制窗户宽度

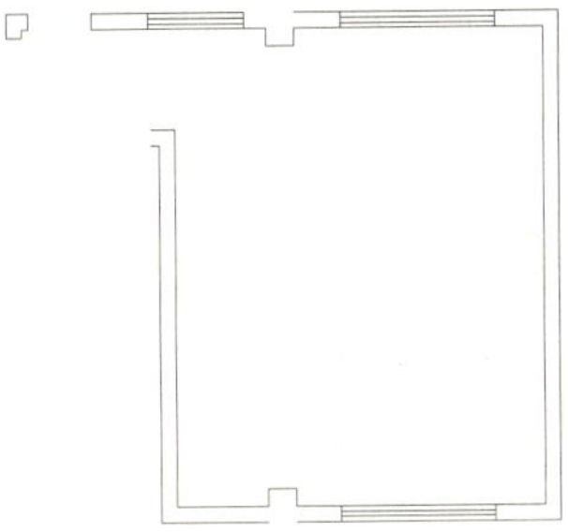

图 5-7 偏移出窗户结构

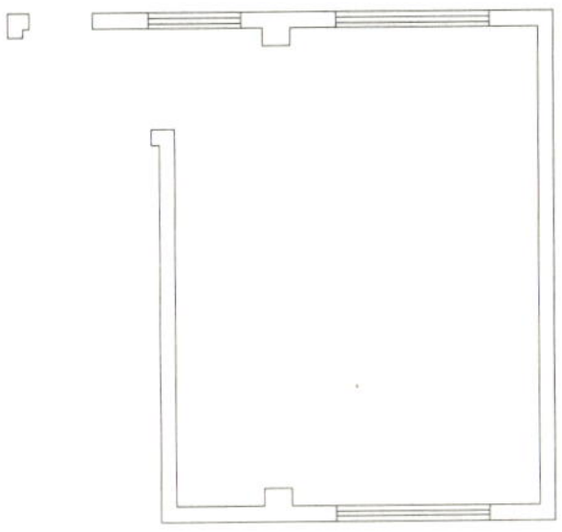

图 5-8 连接缺口

步骤 9：执行“偏移”和“直线”命令，按照上述方法绘制出余下墙体，如图 5-9 所示。

步骤 10：打开“图层特性管理器”，新建图层并命名为“墙体”，设置颜色为“索引颜色 7”，再新建图层并命名为“门窗”，设置颜色为“索引颜色 2”，如图 5-10 所示。

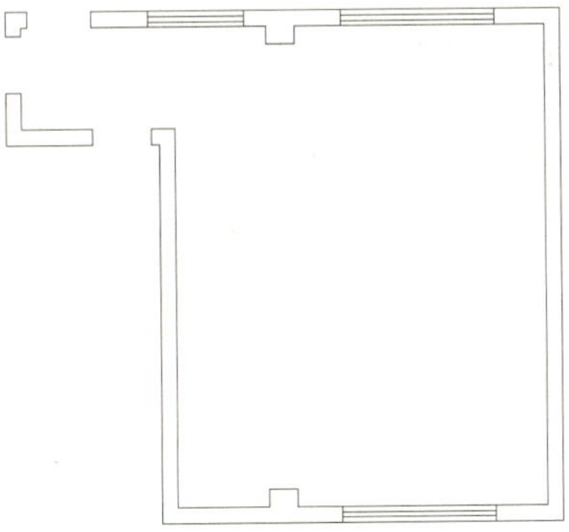

图 5-9 完成墙体绘制

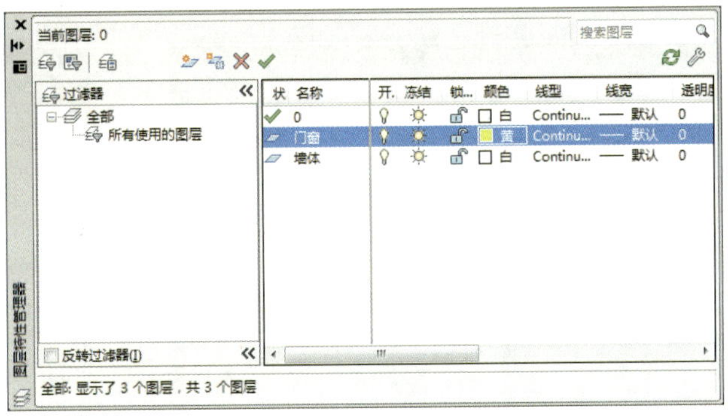


图 5-10 新建图层

步骤 11：选择所有图形，点击，将图形放入“墙体”图层，然后选择“窗户”，将窗户放入“门窗”的图层中。

步骤 12：执行“填充”命令图标，选择填充图案“SOLID”，填充墙体，如图 5-11、图 5-12 所示。

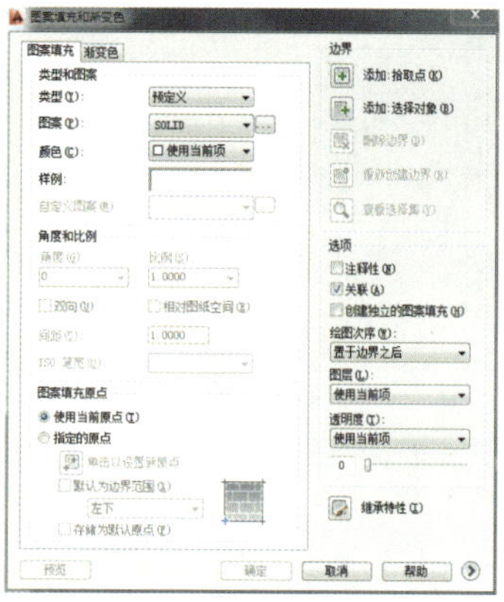


图 5-11　填充参数

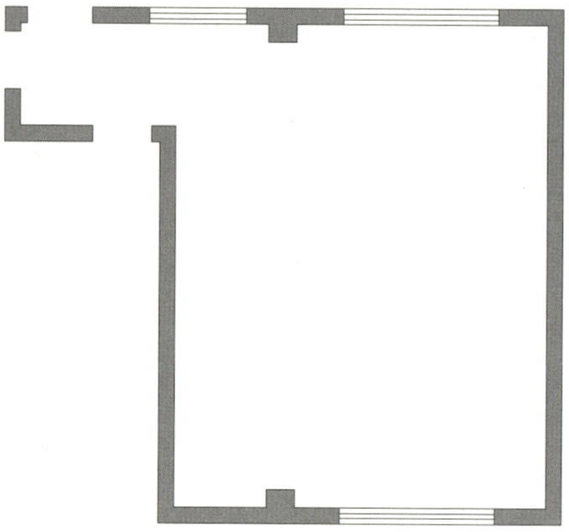

图 5-12　填充墙体

步骤 13：打开“图层特性管理器”，新建图层并命名为“填充”，设置颜色为“251”，将填充图案放入填充图层中。

步骤 14：执行“直线”命令，绘制出梁。

步骤 15：打开“图层特性管理器”，新建图层并命名为“梁”，设置颜色为“9”，将梁的直线放入该图层中。

步骤 16：点击 ByLayer 线型控制中的其他，在弹出的线型管理器中点击按钮 加载(L)...，选择“DASHED”后点击“确定”，然后选择加载进来的线型后点击“确定”。

步骤 17：选择“梁线”，再在线型控制中选择“DASHED”。打开“特性面板”，将线型比例设置为“600”，如图 5-13 所示。

步骤 18：打开“标注样式管理器”，点击按钮 新建(N)...，给新样式命名为“平面外部尺寸”，点击“继续”。

步骤 19：设置“线”的选项卡，其中尺寸线颜色设为“35”，尺寸界线颜色设为“35”，超出标记设为“60”（超出标记在默认状态为不可修改，需要将符号改为建筑标记后再进行修改），超出尺寸线设为 60，勾选固定长度的尺寸界线，长度设置为“160”，起点偏移量设置为“0”，如图 5-14 所示。

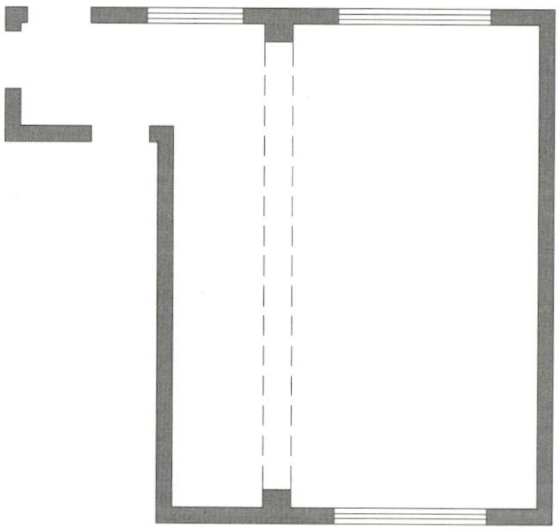

图 5-13　绘制梁线

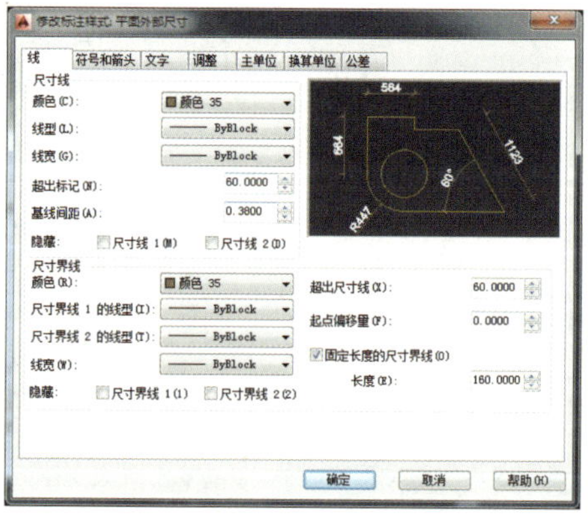


图 5-14　“线”选项卡参数

步骤 20：设置“符号和箭头”的选项卡，其中“箭头”设置为“建筑标记”，引线设置为“点”，箭头大小设置为“60”，如图 5-15 所示。

步骤 21：设置“文字”选项卡，其中“文字高度”设置为“100”，“文字位置”为“垂直”方向并设置为“上”，“文字对齐”方式选择“与尺寸线对齐”，“从尺寸线”偏移设置为“20”，如图 5-16 所示。

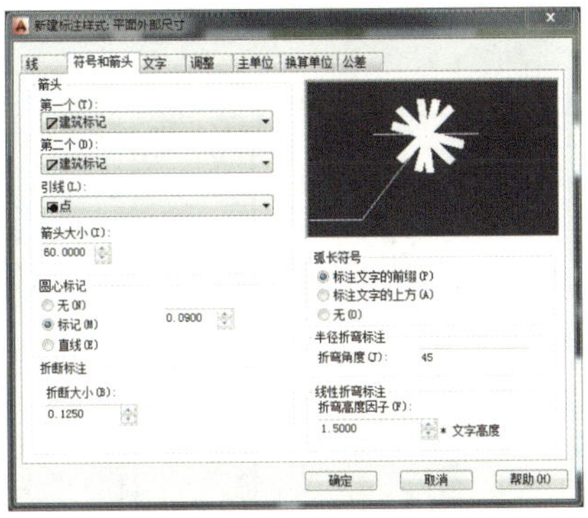


图 5-15 “符号”选项卡参数

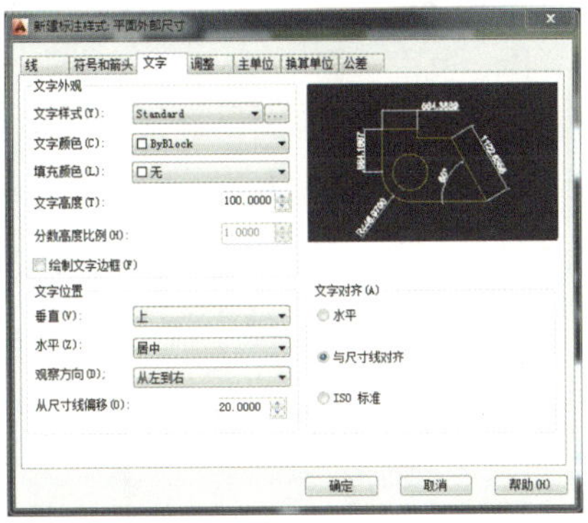


图 5-16 “文字”选项卡参数

步骤 22：设置“调整”选项卡，其中选择“文字始终保持在尺寸界线之间”，“文字位置”中选择“尺寸线上方，带引线”，如图 5-17 所示。

步骤 23：设置“主单位”选项卡，将精度设置为“0”，然后点击“确定”；选择新建尺寸样式，点击 置为当前(U) ，将该样式置为当前。

步骤 24：打开“图层特性管理器”，新建图层并命名为“文字”，设置颜色为索引颜色“2”。

步骤 25：点击图层控制按钮将当前图层切换到文字图层，执行“线性标注”“连续标注”命令，标注墙体尺寸，如图 5-18 所示。

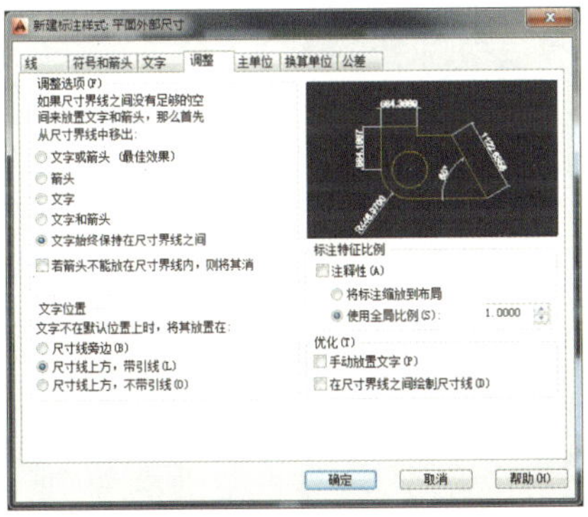


图 5-17 “调整”选项卡参数

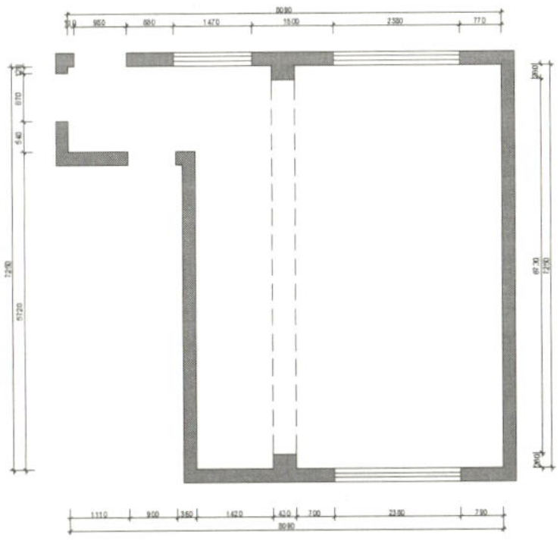

图 5-18 尺寸标注

步骤 26：打开素材“图库”找到 1:40 的图框，将图框复制到文件中，将平面框架放入图框中，如图 5-19 所示。

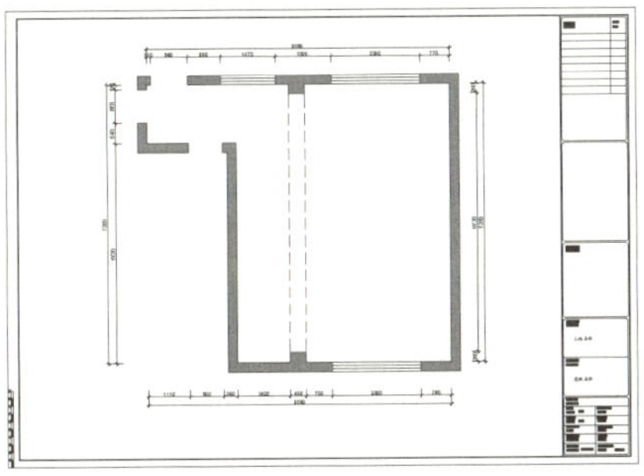

图 5-19 复制图框

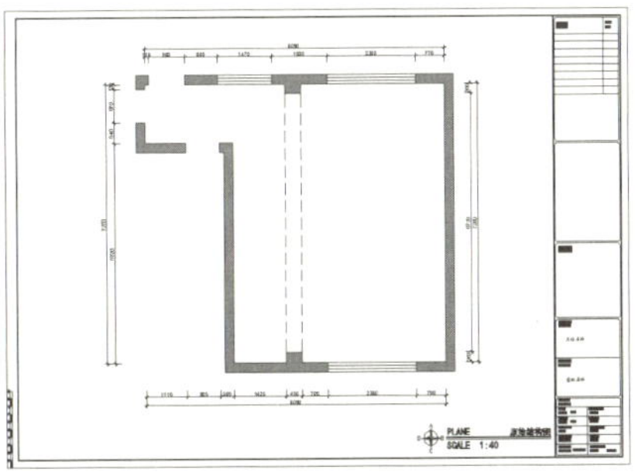

图 5-20 修改图纸名称

步骤 27：在“图库”中找到图纸名称，复制到图框中，双击修改其中的文字，如图 5-20 所示。

步骤 28：执行“文字”命令，在梁上输入“梁高 300mm”，设置字体为黑体，文字高度为“100”，最终效果如图 5-21 所示。

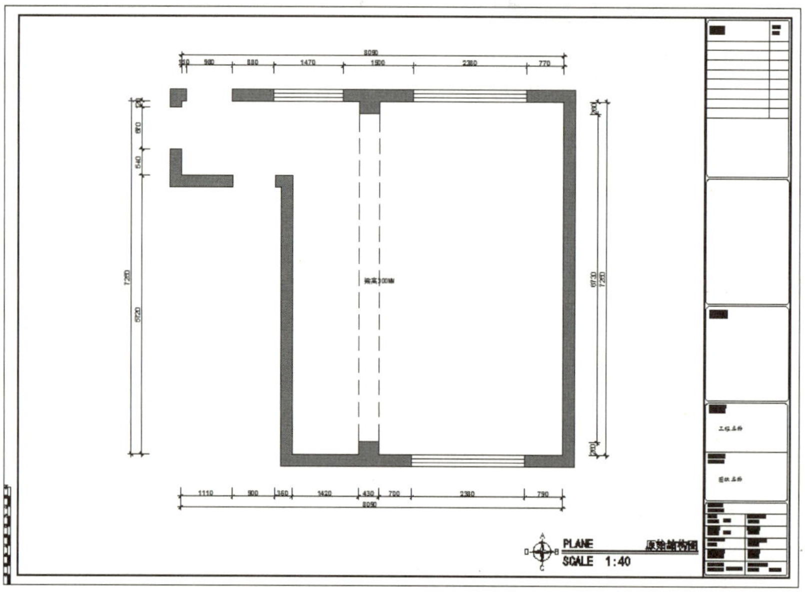

图 5-21　原始结构图

## 第二节　平面布置图绘制

步骤 1：执行“复制”命令，将原始结构图复制一份，删除梁和文字，将图纸名称改为平面布置图，如图 5-22 所示。

步骤 2：执行“矩形”命令，在门洞处绘制长为“ 60mm”、宽为“15mm”以及长为“240mm”、宽为“20mm”的矩形，如图 5-23 所示。

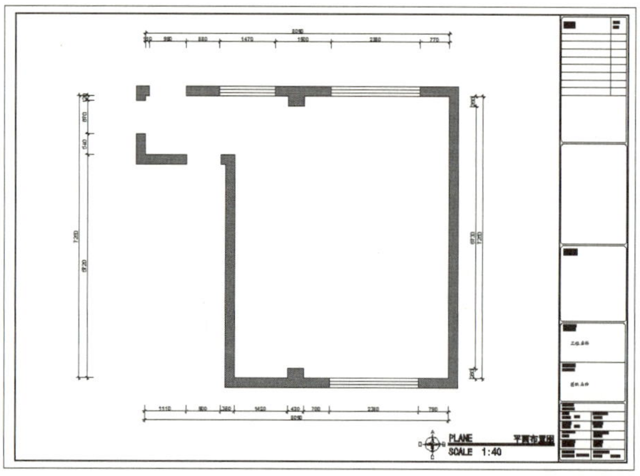

图 5-22　复制原始结构图

图 5-23　门套线

步骤 3：执行“镜像”命令，将矩形镜像到另一边；执行“直线”命令，将门洞连接起来。新建图层“家具内线”，颜色设为索引颜色“8”，将连线放入该图层内，如图 5-24 所示。

步骤 4：执行“矩形”命令，画一个长为“940mm”、宽为“40mm”的矩形，如图 5-25 所示。

步骤 5：执行“圆弧”命令，指定圆弧的起点和第二点分别为矩形的上面两个端点，终点为门洞的侧面，如图 5-26 所示。

图 5-24 门套线完成

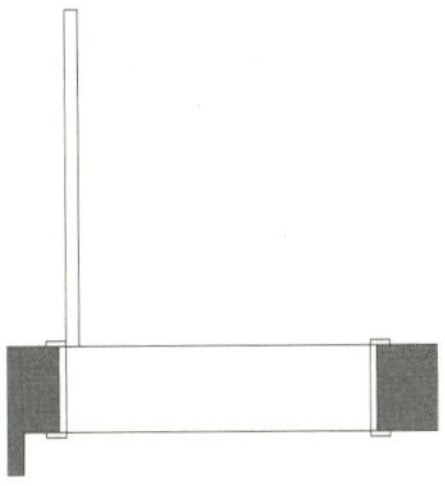

图 5-25 绘制门扇

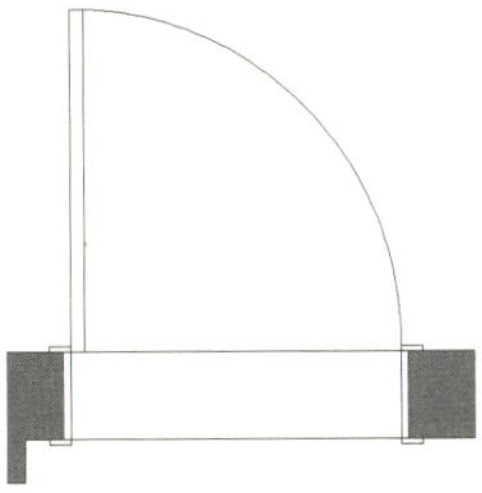

图 5-26 门图例

步骤 6：将门扇的矩形放入门窗的图层，弧形放入家具内线的图层。

步骤 7：用上述方法绘制出另外两扇门，如图 5-27 所示。

步骤 8：执行“偏移”命令，将左下角的内墙线往上偏移“300”；执行“直线”命令，将缺口连接起来，并将线放入家具外线的图层中，如图 5-28 所示。

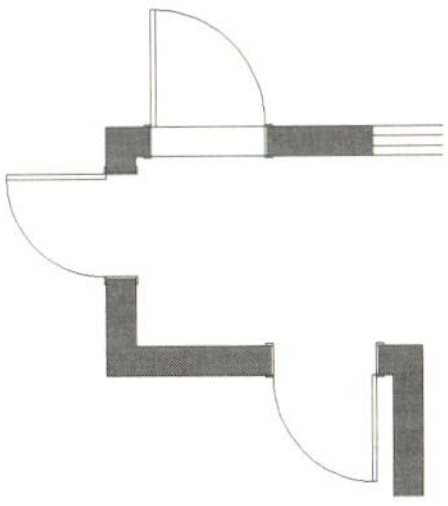

图 5-27 绘制其他扇门

图 5-28 绘制柜子轮廓

步骤 9：执行“偏移”命令，将矩形四边往里偏移“20”，如图 5-29 所示。

步骤 10：执行“圆角”命令，半径设为“0”，将偏移的线修剪好，如图 5-30 所示。

步骤 11：执行“直线”命令，连接矩形的对角线，并将内部的线全部放入家具内线图层中，如图 5-31 所示。

图 5-29 偏移柜子厚度

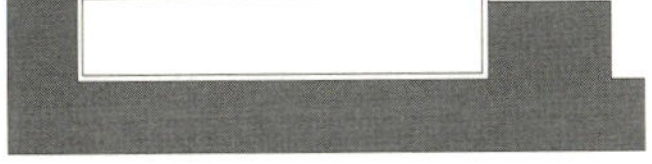

图 5-30 修剪柜子厚度

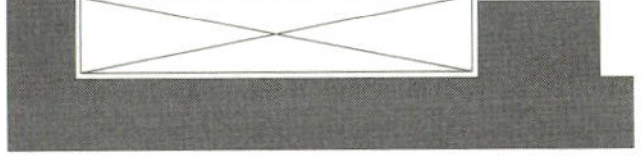

图 5-31 柜子完成图

步骤 12：执行“偏移”命令，将柱子右边的线往右边偏移“21”，然后执行“圆角”命令，将柜子上面的线和偏移的线连接起来，如图 5-32 所示。

步骤 13：用上述绘制柜体的方法，绘制出右边墙面的柜体，如图 5-32 所示。

步骤 14：打开素材“图库”，将模型导入进来，如图 5-33 所示。

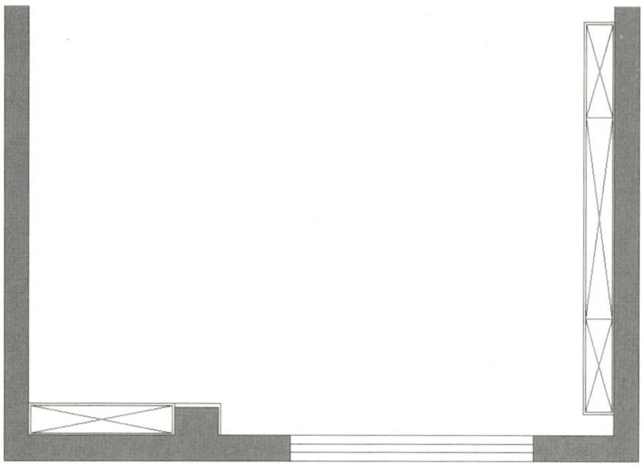

图 5-32　绘制右边柜子

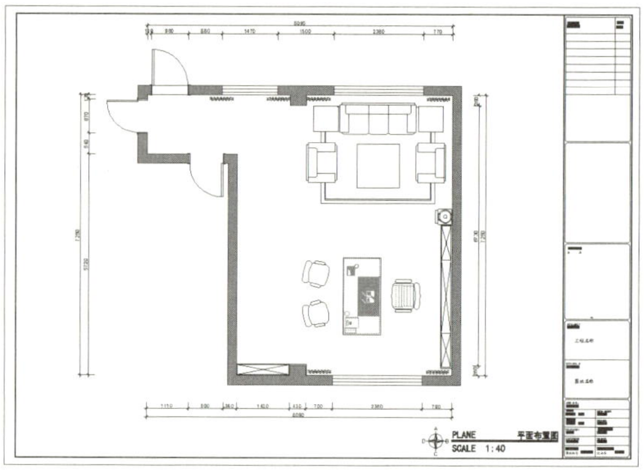


图 5-33　导入模型

步骤 15：导入立面索引符号图例，执行“引线”命令，将索引符号连到室内，最终效果如图 5-34 所示。

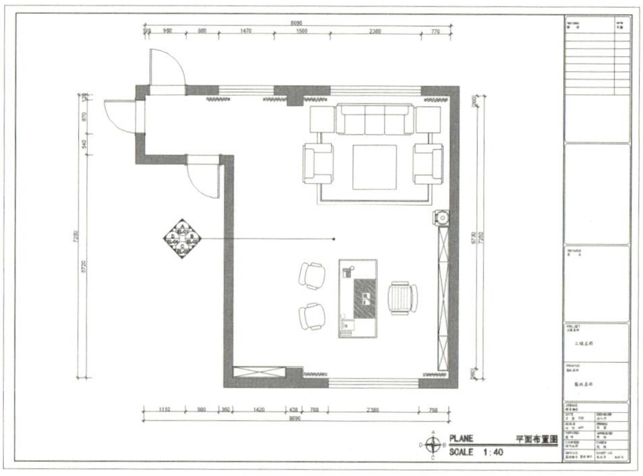


图 5-34　平面布置图

## 第三节　地面铺装图绘制

步骤 1：执行“复制”命令，复制一份平面布置图，删掉“活动家具”和“索引符号”，将图纸名称改为“地面铺装图”，如图 5-35 所示。

步骤 2：执行“文字”命令，输入“实木地板”，复制该文字，修改其内容为“面积 44.8m$^2$”，“字体”设为“黑体”，“文字高度”设为“120”，如图 5-36 所示。

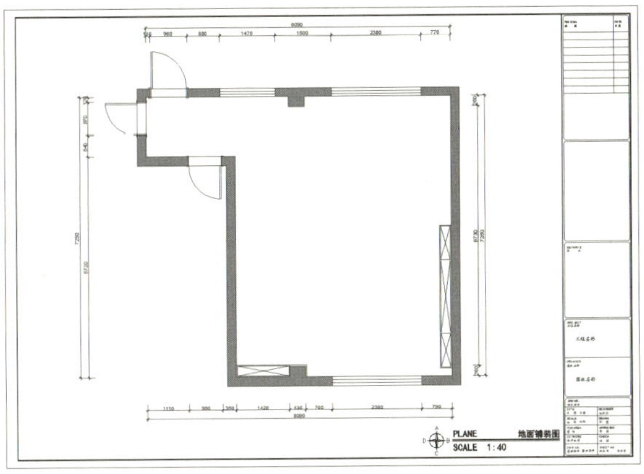


图 5-35 复制平面布置图

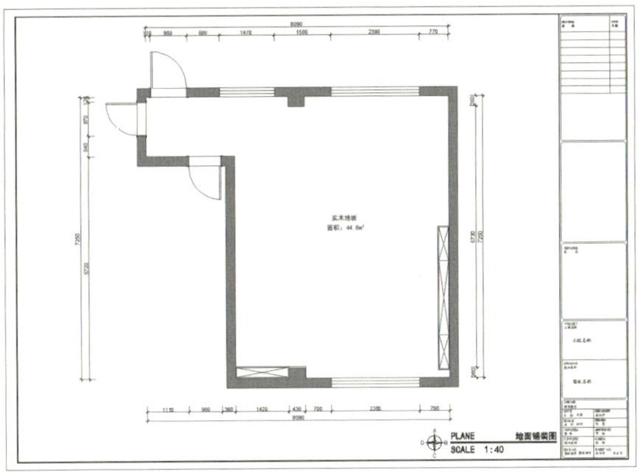


图 5-36 输入文字

步骤 3：执行“填充”命令，选择填充图案“DOLMIT”，角度设为“90”，比例设为“400”，填充室内区域，最终效果如图 5-37 所示。

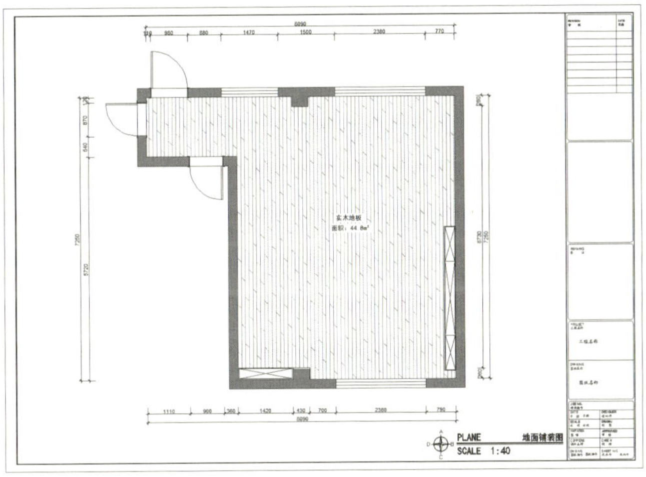


图 5-37 地面铺装图

## 第四节 天花布置图绘制

步骤 1：复制一份地面铺装图，删掉门、填充图案和文字，将图纸名称改为“天花布置图”，并将“窗帘”复制进来，如图 5-38 所示。

步骤 2：执行“偏移”命令，将窗户线往里偏移“200”，并将偏移出来的线放在家具外线的图层中，如图 5-39 所示。

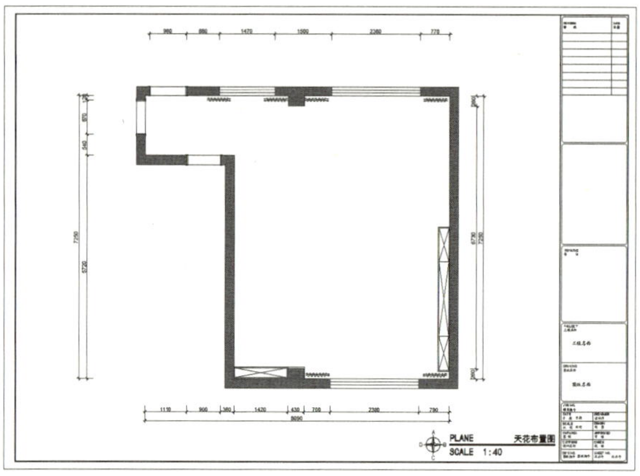


图 5-38　复制地面铺装图

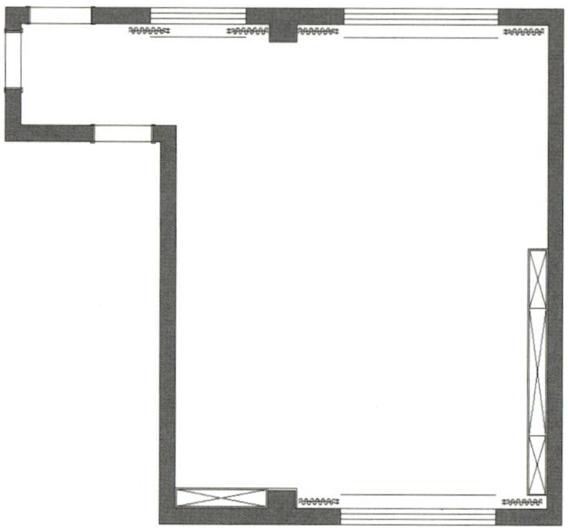

图 5-39　窗帘盒宽度

步骤 3：执行“偏移”命令，将最左边的门线往里偏移“1590”，并将直线放入家具外线的图层中；执行“圆角”命令，半径设为“0”，连接前面偏移的线；执行“延伸”命令将其他偏移的线延伸至墙体，如图 5-40 所示。

步骤 4：执行“偏移”命令，将右边的墙线往里偏移“400”，将左边的墙线往里偏移“2250”，将上方窗帘盒的线往下偏移“400”，然后继续往下偏移“2350”；执行“圆角”命令，半径设为“0”，将 4 条直线连成矩形，并将偏移的线放入家具外线的图层中，如图 5-41 所示。

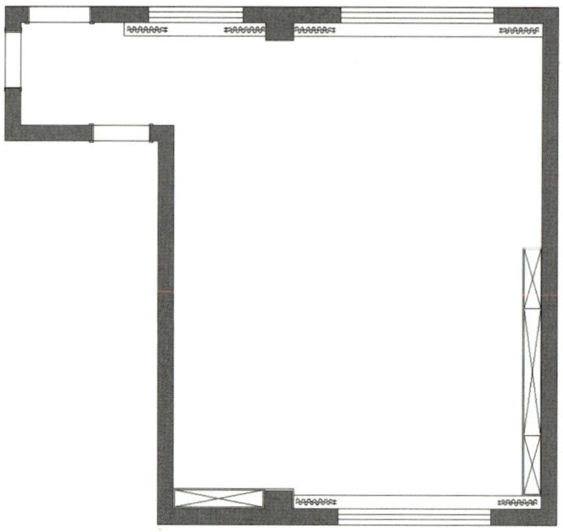

图 5-40　绘制窗帘盒

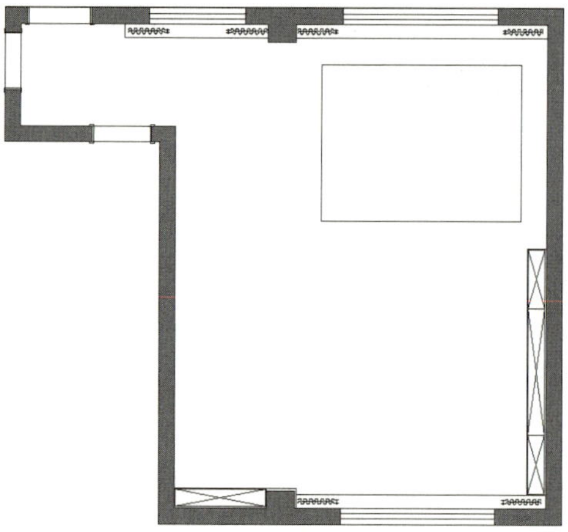

图 5-41　绘制吊顶轮廓

步骤 5：执行“偏移”命令，将矩形上方的线向下依次偏移“650”“200”“650”“200”“650”，如图 5-42 所示。

步骤 6：执行“偏移”命令，将矩形右边的线向左依次偏移“1010”“20”“1010”“20”；执行“剪切”命令，修剪掉中间的线段，如图 5-43 所示。

步骤 7：执行“偏移”命令，将外侧矩形四边向外偏移“50”；执行“圆角”命令，将偏移的线连接成矩形，如图 5-44 所示。

图 5-42 绘制灰镜

图 5-43 绘制凹槽

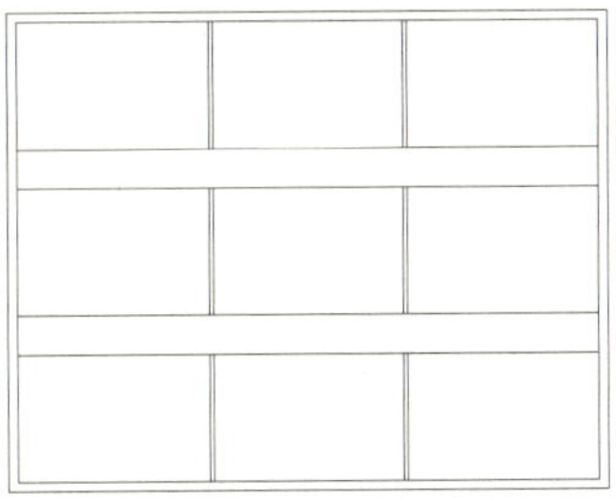

图 5-44 绘制灯带

步骤 8：选择最外侧矩形四边，点击“线型控制”按钮，将线型设置为“DASHED”，打开特性面板，将线型比例设置为“400”，如图 5-45 所示。

步骤 9：将当前图层切换到填充图层，执行“填充”命令，选择填充图案为“ANSI33”，设置角度为“0”，比例为“800”，填充中间矩形区域，如图 5-46 所示。

图 5-45 设置灯带线型

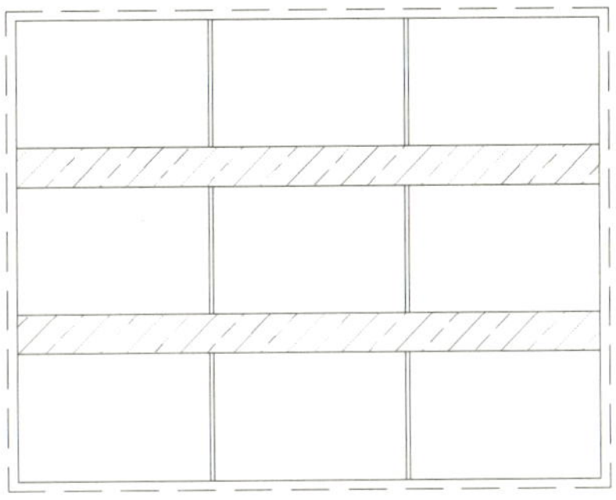

图 5-46 填充灰镜

步骤 10：执行“偏移”“圆角”和“剪切”命令，绘制出下方天花造型，并填充上一步的图案，如图 5-47 所示。

步骤 11：将灯具模型复制到框架内，按照标注的尺寸位置放好，如图 5-48 所示。

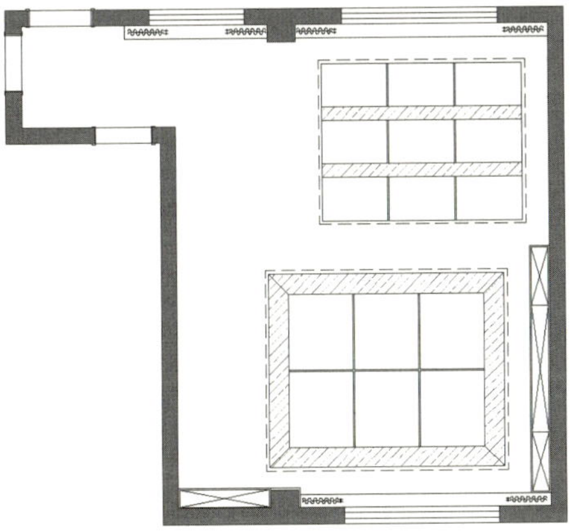

图 5-47 绘制下方天花造型

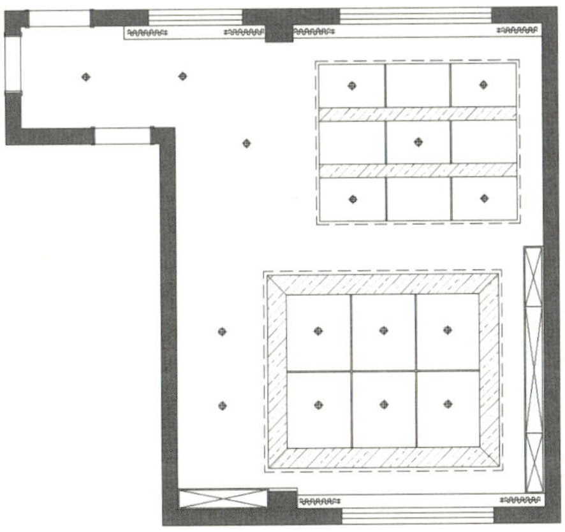

图 5-48 导入灯具

步骤 12：执行“线性标注”命令，标注出“天花”和“灯具”的尺寸，如图 5-49 所示。

步骤 13：执行“矩形”命令，画一个长为“660mm”、宽为“320mm”的矩形，然后执行“直线”命令将其分成 4 份，如图 5-50 所示。

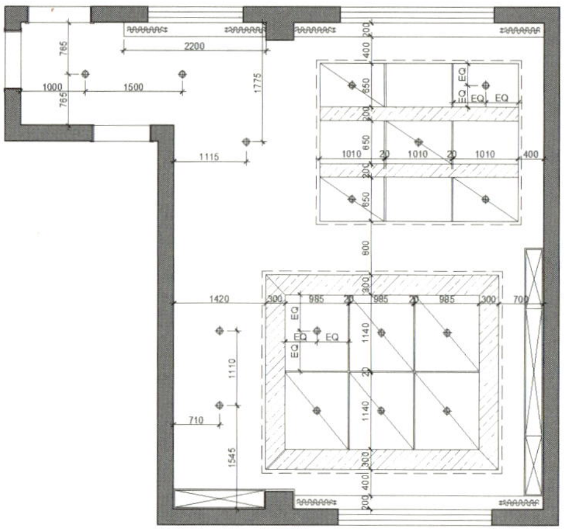

图 5-49　标注尺寸

图 5-50　绘制表格

步骤 14：按快捷键“Alt+ 空格”，打开“属性定义对话框”，将“标记”设为“CH”，“提示”设为“层高”，“对正”设为“居中”，“文字样式”设为“宋体”，点击“确定”，将光标在左上角的框中间点一下，如图 5-51 所示。

步骤 15：选择文字打开“特性”窗口，将高度设为“100”，如图 5-52 所示。

步骤 16：重复上述操作完成表格文字，如图 5-53 所示。

图 5-51　输入文字

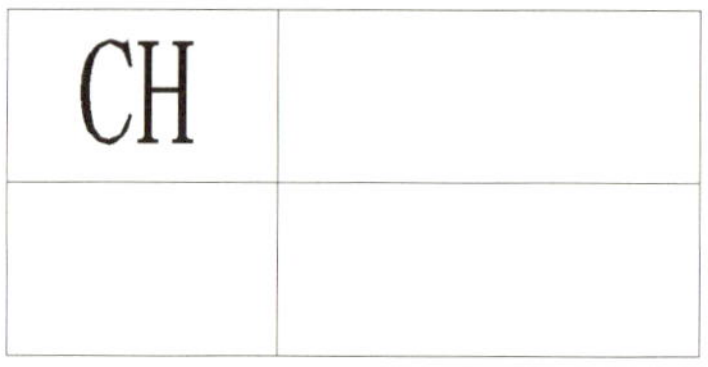


图 5-52　设置文字高度

图 5-53　完成表格

步骤 17：选择整个表格，执行“块定义”命令，名称改为“标高和材料”，点击“确定”。

步骤 18：执行“引线”命令，绘制引线连接刚刚绘制好的表格。

步骤 19：双击“表格”，修改其中的内容，将引线连接到对应的位置，完成“天花图纸的标高和材料标注”，如图 5-54 所示。

步骤 20：将开关的图例复制到对应位置，执行“多段线”命令，连接“开关和对应的灯具”，如图 5-55 所示。

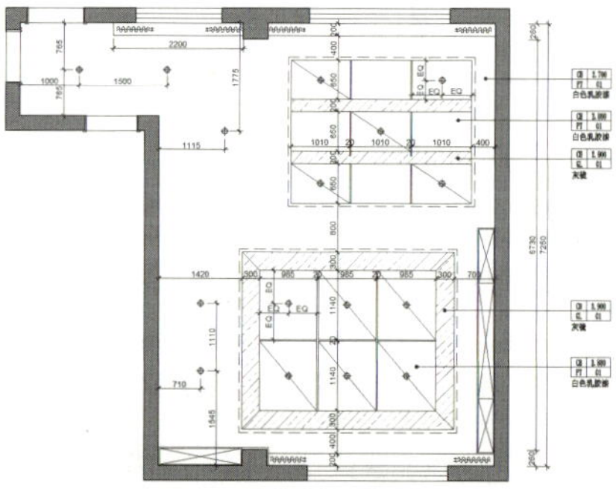

图 5-54　完成标注

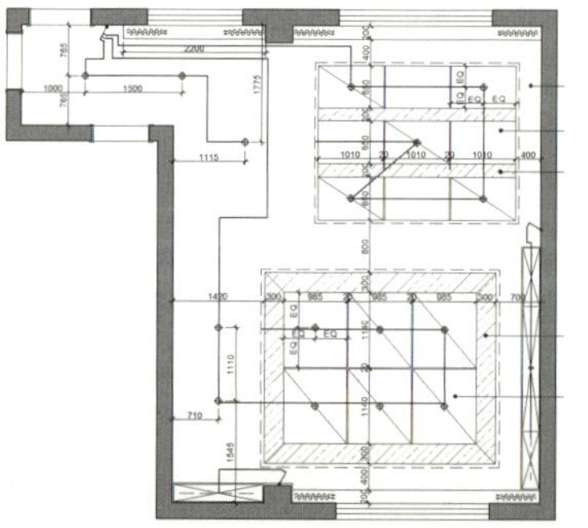

图 5-55　绘制开关连线

步骤 21：执行“直线”“偏移”和“文字”命令，绘制图例说明，如图 5-56 所示。

步骤 22：执行“直线”命令，绘制一个“L”形；执行“圆”命令绘制半径为“200”的圆，如图 5-57 所示。

步骤 23：执行“文字”命名，在圆的上方输入“01”，下方输入“DE-01”，如图 5-57 所示。

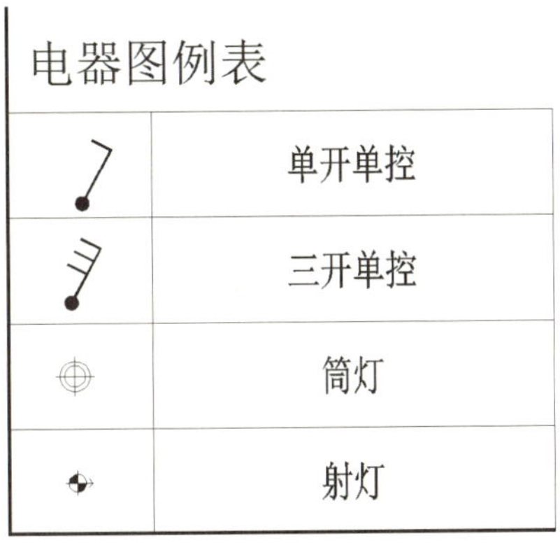


图 5-56　图例说明

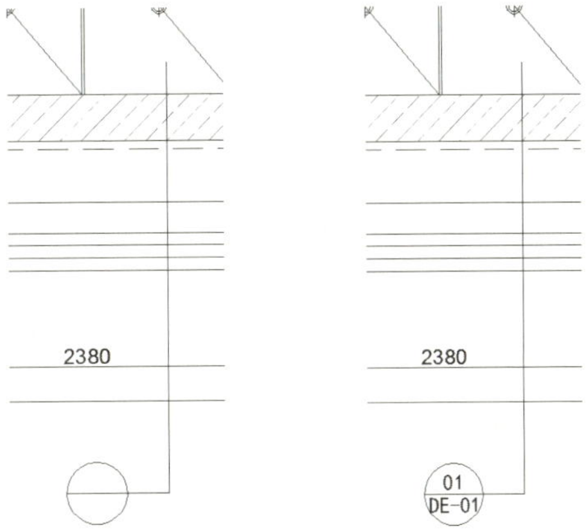


图 5-57　剖切符号

步骤 24：执行“多段线”命令，指定宽度为“40”后，画一段直线；执行“复制”命令，将直线复制一段，最终效果如图 5-58 所示。

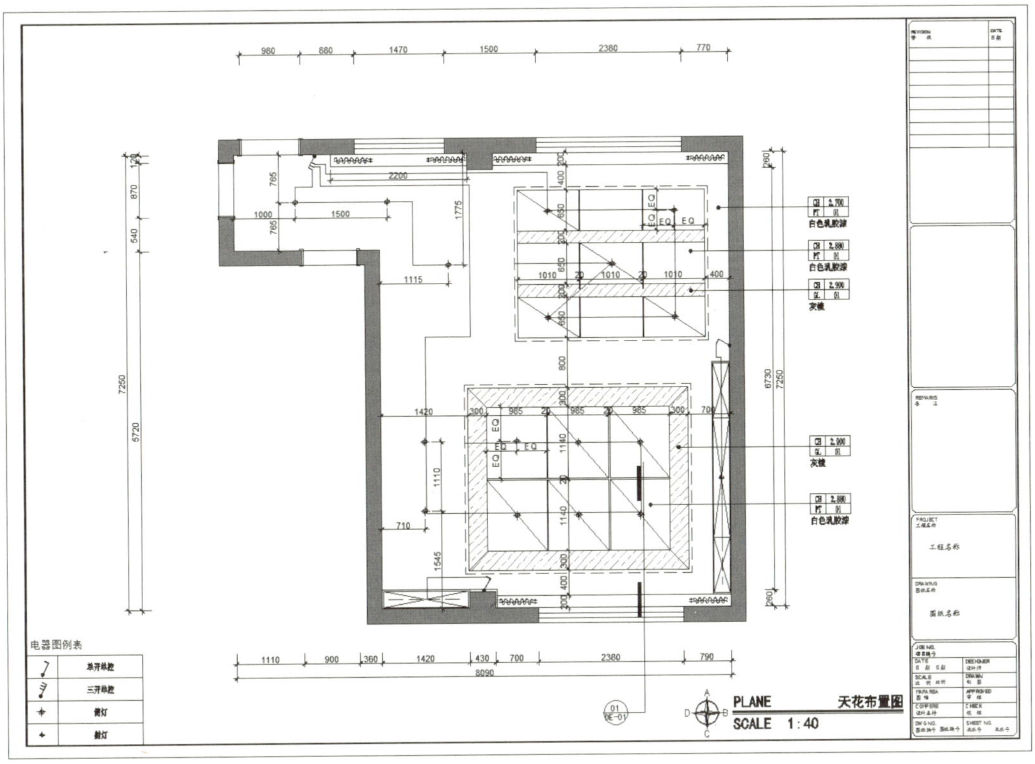


图 5-58　天花布置图

## 第五节　插座布置图绘制

步骤 1：将平面图复制一份，删掉“索引符号和引线”，将除了填充图案以外的整个图形全部放入家具内线的图层中，修改图纸名称为“插座布置图”，如图 5-59 所示。

步骤 2：导入插座图例并按尺寸放置在户型中。

步骤 3：执行“线性标注”命令，标注出插座离墙的尺寸，如图 5-60 所示。

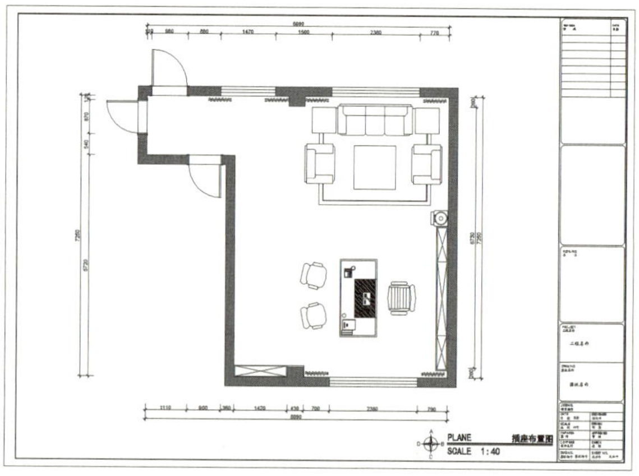

图 5-59　复制平面布置图

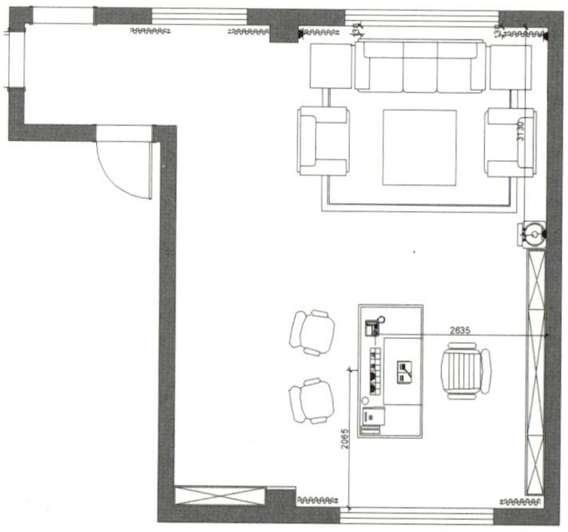


图 5-60　标注尺寸

步骤 4：执行“直线”“偏移”和“文字”命令，绘制图例说明，执行“文字”命令，标注插座高度，“文字高度”设为“100”，最终效果如图 5-61 所示。

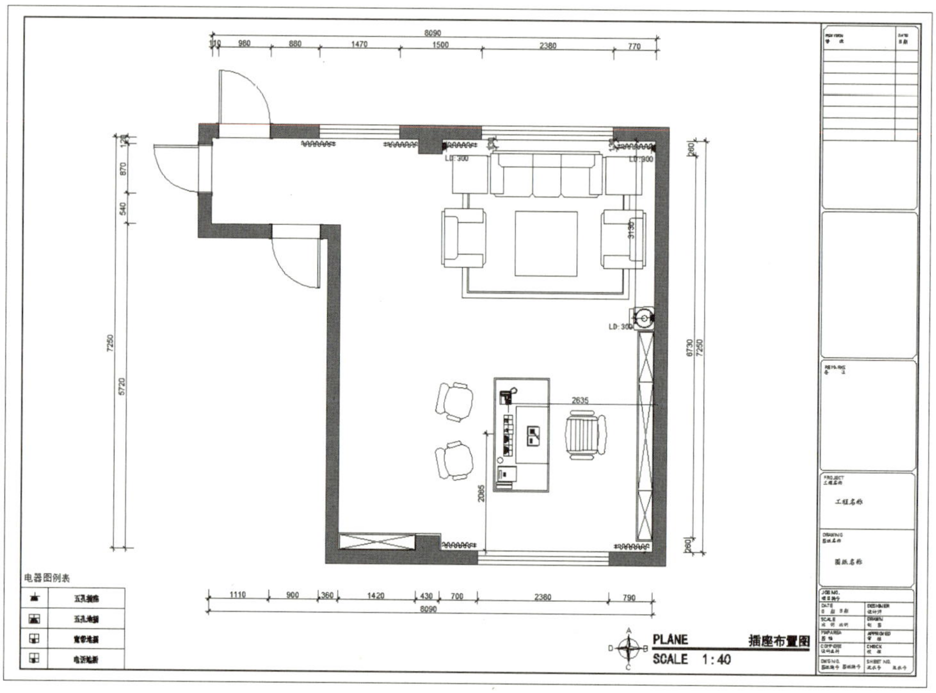


图 5-61　插座布置图

# 第六节 立面图绘制

## 一、办公室 A 立面图绘制

步骤 1：复制平面图中上方窗户的部分，执行“矩形”命令，画一个矩形并框出需要的部分；执行“剪切”命令，修剪掉多余部分，如图 5-62 所示。

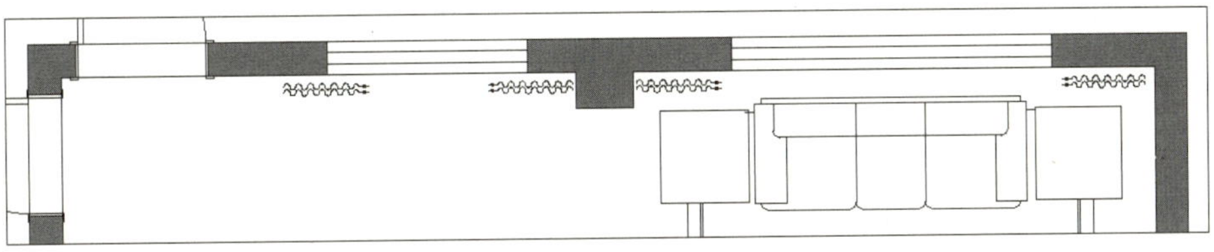

图 5-62 截取平面图

步骤 2：执行“直线”命令，根据平面图连出立面图的结构线，如图 5-63（a）所示。

步骤 3：执行“直线”命令，画出地面，执行“偏移”命令，向上偏移出“层高和上方楼板”，向下偏移出“下方楼板”，如图 5-63（b）所示。

步骤 4：执行“剪切”命令，修剪掉多余线条，并将所绘制图形放入对应的图层中，如图 5-63（c）所示。

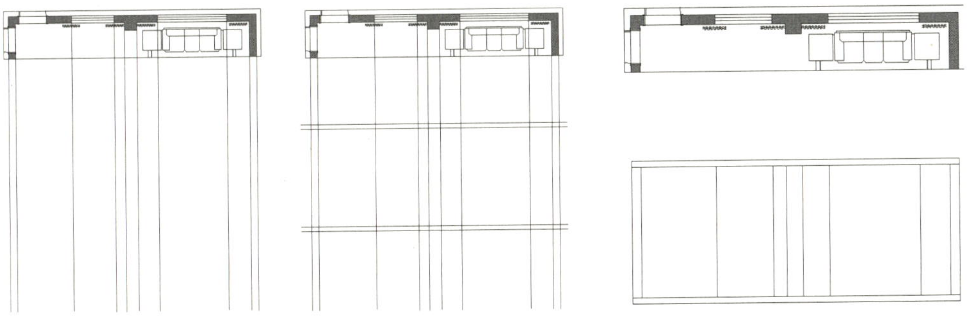

（a）（b）（c）

图 5-63 绘制立面轮廓

步骤 5：执行“填充”命令，选择填充图案“AR-CONC”，设置角度为“0”、比例为“60”，填充墙体，如图 5-64（a）所示。

步骤 6：再次执行“填充”命令，选择填充图案“ANSI31”，设置角度为“0”、比例为“400”，填充墙体，如图 5-64（b）所示。

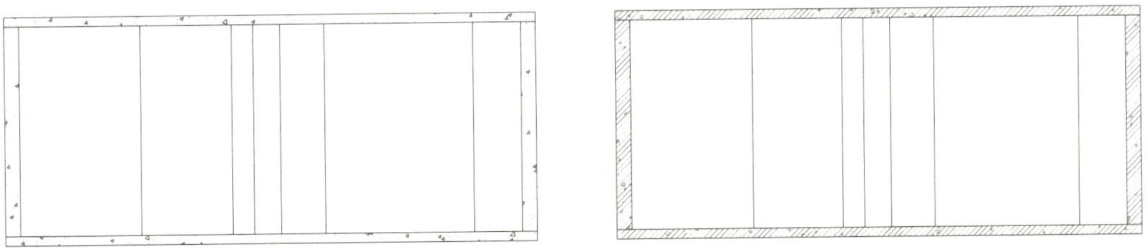

（a）（b）

图 5-64 填充墙体

步骤 7：执行“偏移”命令，绘制出梁的位置，再执行“填充”命令，按照上面步骤填充，如图 5-65 所示。

步骤 8：执行“偏移”命令，将顶面的线向下偏移“550”，再执行“剪切”命令，修剪掉多余的线，如图 5-66 所示。

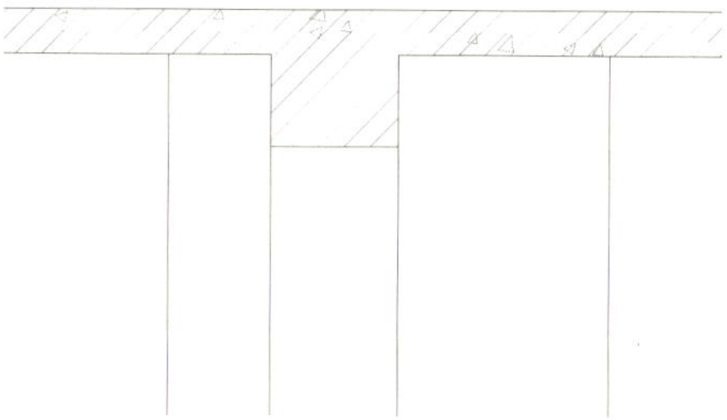
图 5-65　绘制梁

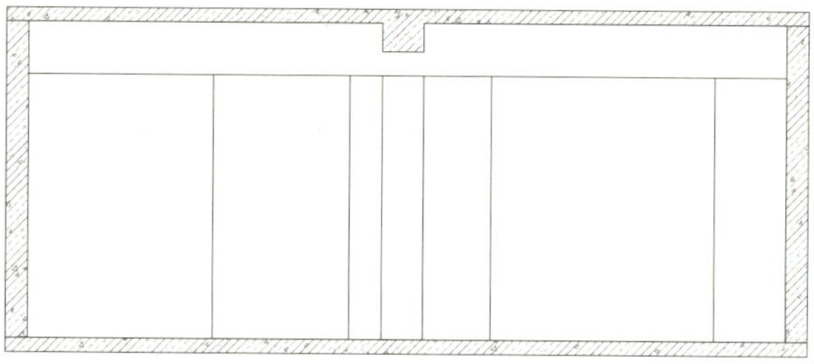
图 5-66　绘制天花高度

步骤 9：执行“偏移”命令，将右边的墙线向左偏移“400”，然后再偏移“3070”，如图 5-67 所示。

步骤 10：执行“偏移”命令，将上一步偏移出来的两条线分别向外偏移“10”，如图 5-68 所示。

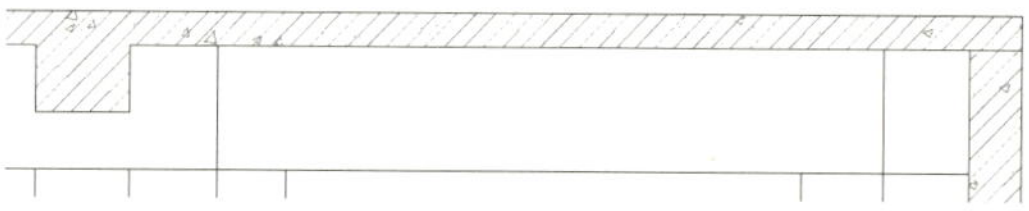
图 5-67　确定灯槽位置

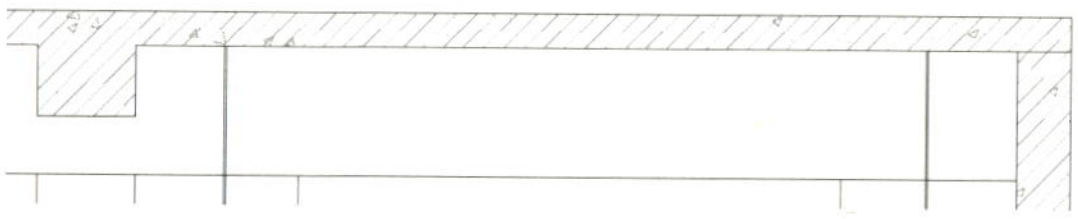
图 5-68　确定石膏板厚度

步骤 11：执行“偏移”命令，将天花线先向上偏移“28”，再向上偏移“32”，如图 5-69 所示。

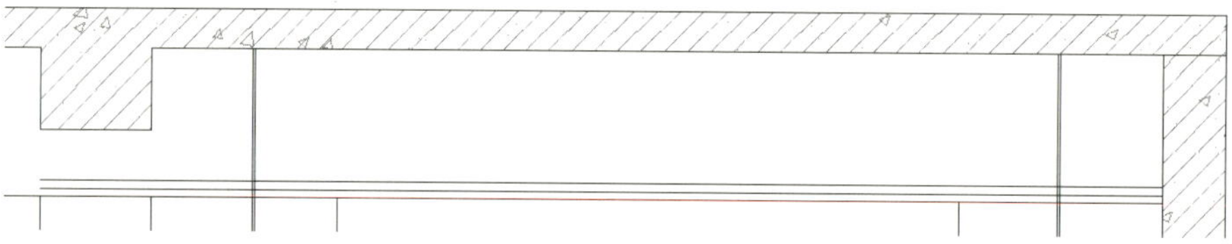
图 5-69　确定灯槽处天花厚度

步骤 12：执行“剪切”命令，对偏移的线进行修剪，如图 5-70 所示。

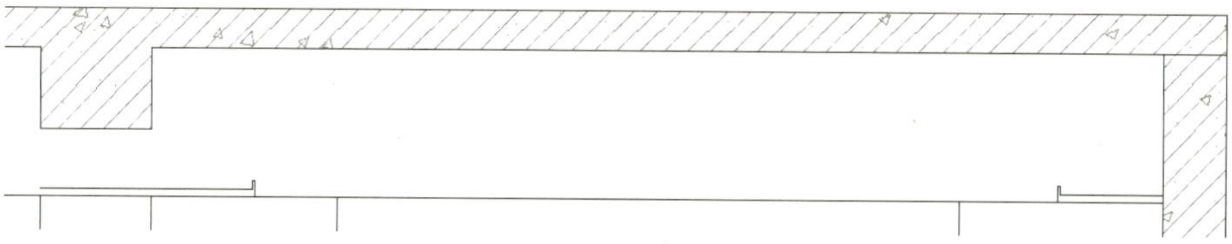
图 5-70　绘制出灯槽造型

步骤 13：执行“偏移”命令，将天花的线向下偏移“370”，然后将天花吊顶里面的两根线向外偏移“100”，如图 5-71 所示。

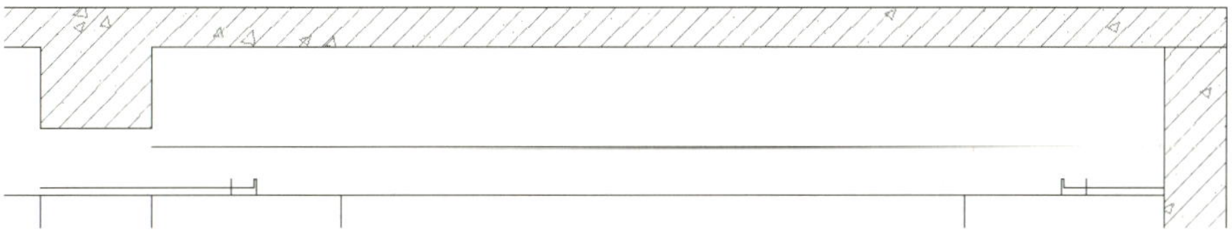

图 5-71　确定吊顶其他区域

步骤 14：执行“圆角”命令，对偏移的线进行修剪，如图 5-72 所示。

步骤 15：执行“直线”命令，连接灯槽的侧面，如图 5-72 所示。

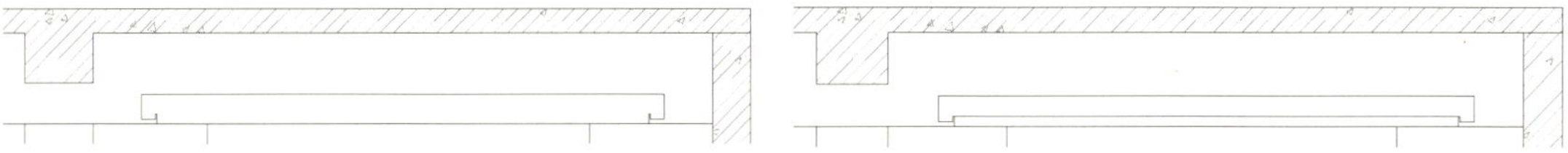

图 5-72　完成吊顶绘制

步骤 16：执行“偏移”和“剪切”命令，绘制出天花上面的凹槽，如图 5-73 所示。

步骤 17：执行“偏移”命令，将天花线向下偏移“300”，再继续偏移“1500”；执行“圆角”命令，修剪多余线条，如图 5-74 所示。

图 5-73　绘制天花凹槽

图 5-74　确定窗户位置

步骤 18：执行“偏移”命令，将绘制的矩形往里偏移“30”，再继续偏移“40”；执行“圆角”命令，修剪多余线条，如图 5-75（a）所示。

步骤 19：执行“偏移”命令，将左边中间的线向右偏移“725”，然后将偏移出来的线向左偏移“40”；执行“剪切”命令，修剪掉多余的线，如图 5-75（b）所示。

(a)　(b)

图 5-75　绘制窗户

步骤 20：用上述方法绘制右边的窗户，如图 5-76 所示。

步骤 21：执行“偏移”命令，将地面线向上偏移“50”，绘制出地面完成面，然后继续向上偏移“100”绘制出踢脚线高度；执行“剪切”命令，修剪掉多余线条。

步骤 22：执行“偏移”命令，将左边墙线往右偏移“70”，再继续往右偏移“1060”，然后将地面完成面的线往上偏移“2050”；执行“圆角”命令，修剪掉多余线条完成门的外轮廓，如图 5-77 所示。

步骤 23：执行“偏移”和“圆角”命令，绘制出门套线的宽度，如图 5-77 所示。

图 5-76　绘制右边窗户

图 5-77　绘制门（1）

步骤 24：执行“直线”命令，连接门右侧两点和左侧中点。打开素材“图库”将“门把手”模型复制进来，如图 5-78 所示。

步骤 25：执行“偏移”命令，在靠墙的位置绘制出踢脚线的截面，如图 5-79 所示。

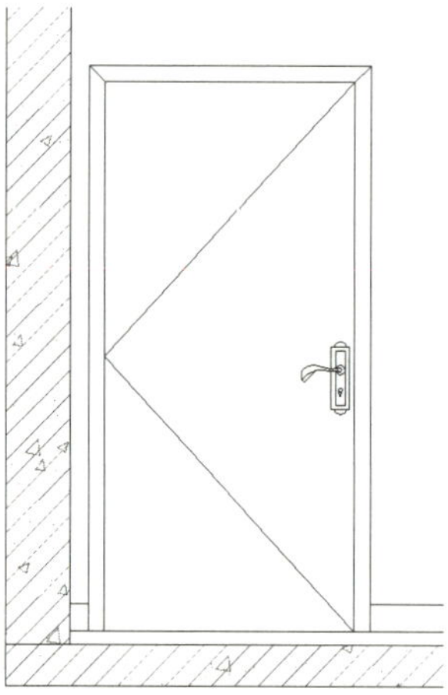

图5-78　绘制门（2）

图 5-79　绘制踢脚线

步骤 26：执行“填充”命令，选择填充图案“ANSI33”，设置角度为“0”、比例为“400”，填充天花；执行“填充”命令，选择填充图案“CROSS”，设置角度为“0”、比例为“300”，填充墙面；执行“填充”命令，选择填充图案“AR-RROOF”，设置角度为“45”、比例为“400”，填充玻璃，如图 5-80 所示。

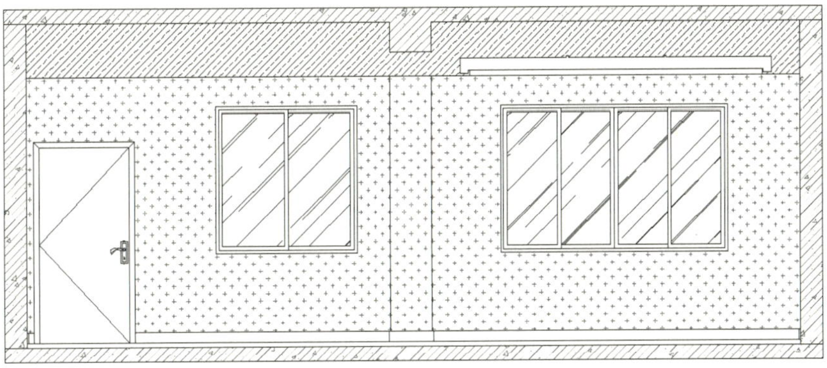

图 5-80 图案填充

步骤 27：复制平面图图框，执行“缩放”命令，指定“比例因子”为“30/40”，然后将绘制好的立面图放入图框内，并修改图纸名称，如图 5-81 所示。

步骤 28：打开“标注样式管理器”，点击“新建”，将新尺寸命名为“立面图 30”，“基础样式”设置为“平面外部尺寸”，点击“继续”。在“调整”的选项卡中设置“使用全局比例”为“30/40”，点击确定。

步骤 29：执行“线性标注”和“连续”命令，完成立面图的标注，如图 5-82 所示。

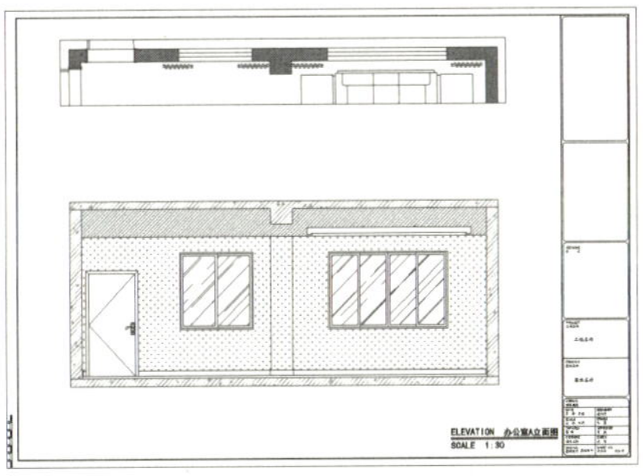

图 5-81 套图框

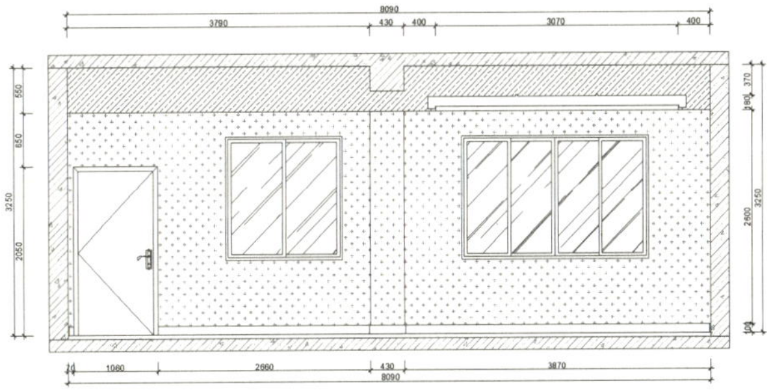

图 5-82 标尺寸

步骤 30：执行“引线”和“文字”命令，完成立面图标注，“文字高度”设为“75”。

步骤 31：在图库中找到灯具和窗帘的模型并导入立面图中，最终效果如图 5-83 所示。

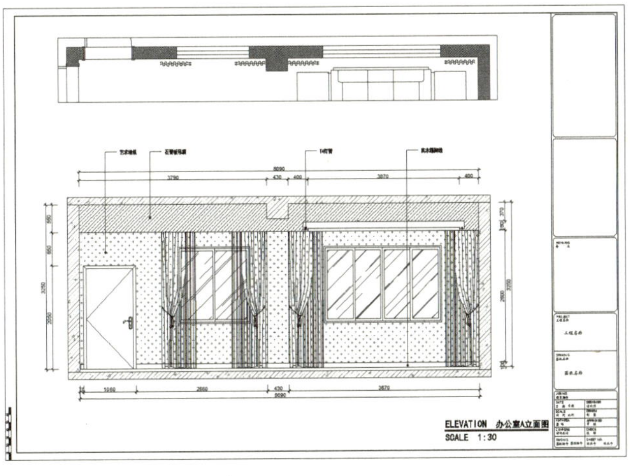

图 5-83 办公室 A 立面图

## 二、办公室 B 立面图绘制

步骤 1：复制平面图中右边墙体的部分，执行“矩形”命令，画一个矩形并框出需要的部分，执行“剪切”命令，修剪掉多余部分；然后执行“旋转”命令，将平面图旋转到人面对墙的视角，如图 5-84 所示。

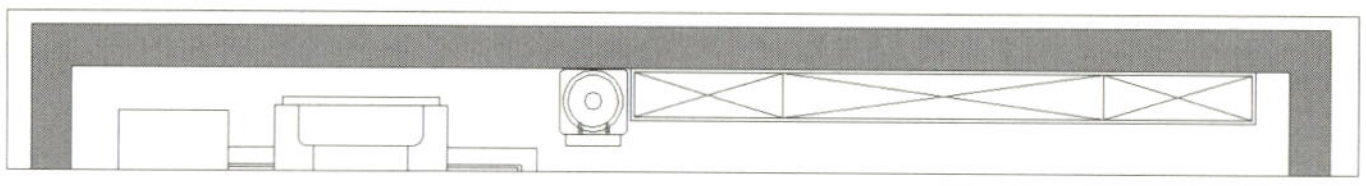

图 5-84　截取平面

步骤 2：执行“直线”命令，根据平面图连出立面图的结构线，如图 5-85（a）所示。

步骤 3：执行“直线”命令，画出地面；执行“偏移”命令，向上偏移出层高和上方楼板，向下偏移出下方楼板，如图 5-85（b）所示。

步骤 4：执行“剪切”命令，修剪掉多余线条，并将所绘制图形放入对应的图层中，如图 5-85（c）所示。

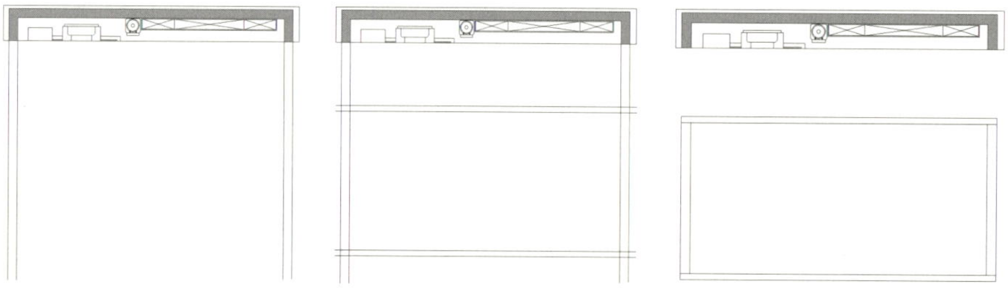

(a)　(b)　(c)

图 5-85　绘制立面轮廓

步骤 5：执行“填充”命令，选择填充图案“AR-CONC”，设置角度为“0”、比例为“60”，填充墙体，如图 5-86（a）所示。

步骤 6：再次执行“填充”命令，选择填充图案“ANSI31”，设置角度为“0”、比例为“400”，填充墙体，如图 5-86（b）所示。

(a)　(b)

图 5-86　填充墙体

步骤 7：执行“偏移”和“圆角”命令，绘制天花轮廓（参考 A 立面天花的绘制），如图 5-87 所示。

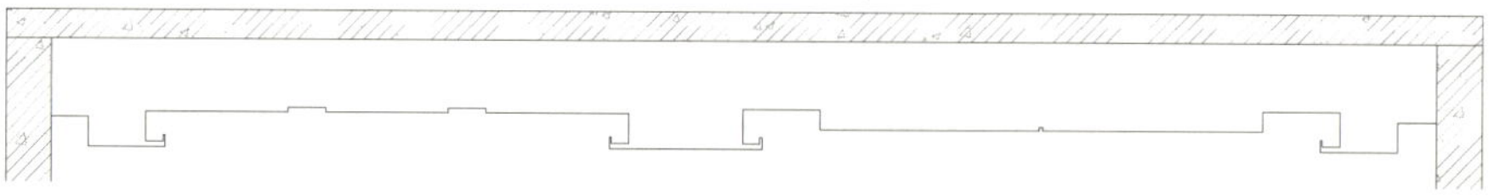

图 5-87　绘制天花轮廓

步骤 8：执行“填充”命令，选择填充图案“ANSI33”，设置角度为“0”、比例为“400”，填充天花，如图 5-88 所示。

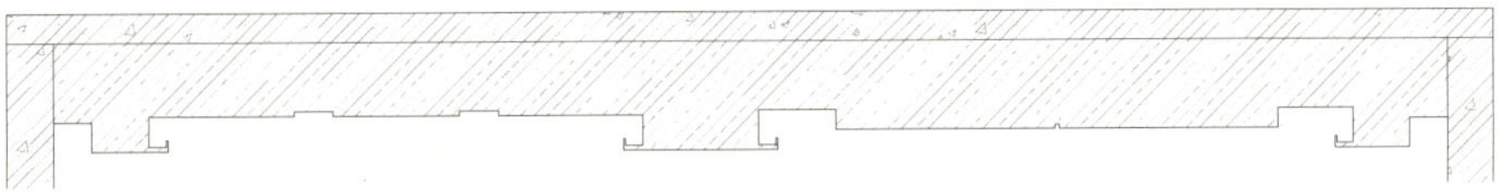

图 5-88 填充天花

步骤 9：执行“偏移”命令，将地面线向上偏移“50”，绘制出地面完成面。

步骤 10：执行“直线”命令，沿平面图柜子两边做竖线，在立面图中画出柜体的宽度；执行“剪切”命令，修剪掉天花以上的部分；执行“直线”命令，将柜体向上连接起来，如图 5-89 所示。

步骤 11：执行“偏移”命令，将柜体左边的竖线向右依次偏移“100”“700”“100”“1900”“100”“700”，将柜体上方的线向下偏移“100”，将柜体下方的线向上偏移“100”，如图 5-90 所示。

图 5-89 绘制书柜（1）

图 5-90 绘制书柜（2）

步骤 12：执行“剪切”命令，修剪掉多余线条，如图 5-91 所示。

步骤 13：执行“偏移”命令，将左边格子上面的线向下依次偏移“380”“60”“380”“60”“380”“60”“380”“40”如图 5-92 所示。

图 5-91 绘制书柜（3）

图 5-92 绘制书柜（4）

步骤 14：执行“直线”命令，连接下方柜体的中点，然后执行“偏移”命令，将连线向左和向右各偏移“10”，如图 5-93 所示。

步骤 15：执行“删除”命令，删除中间的连线。

步骤 16：执行“直线”命令，连接柜门中间的两点和柜子侧板的中点，如图 5-94 所示。

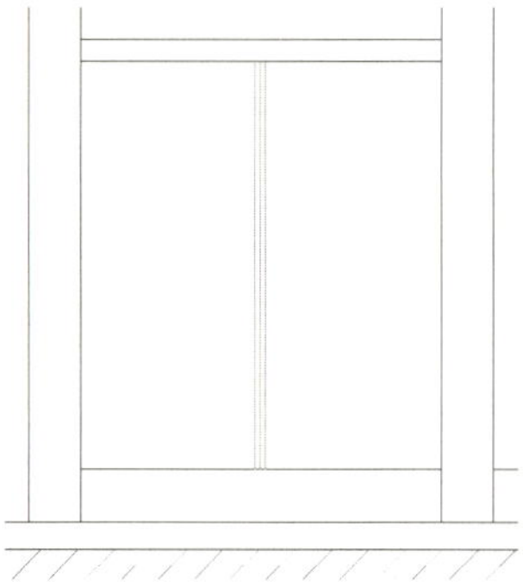

图 5-93　绘制书柜（5）

图 5-94　绘制书柜（6）

步骤 17：执行“复制”命令，将左边柜体层板线复制到右边的柜体上，如图 5-95 所示。

步骤 18：执行“复制”命令，将左边柜体中厚度为“40”的层板线复制到中间，然后执行“延伸”命令，将直线延伸到另一侧，如图 5-96 所示。

图 5-95　绘制书柜（7）

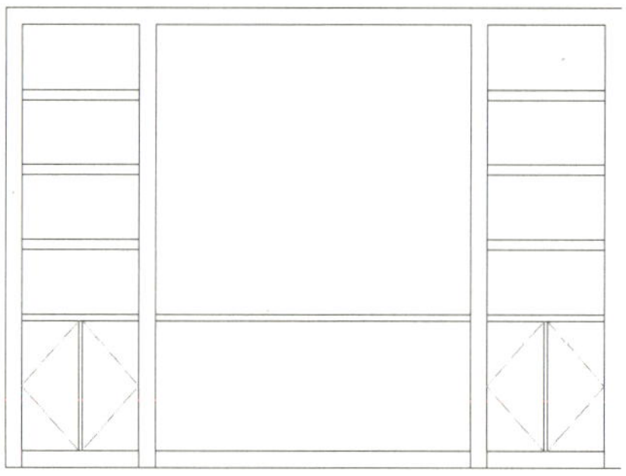

图 5-96　绘制书柜（8）

步骤 19：执行“偏移”命令，将中间左边的侧板线向右依次偏移“364”“20”“364”“20”“364”“20”“364”“20”；执行“剪切”命令修剪掉多余的线，如图 5-97 所示。

步骤 20：执行“直线”命令，画出柜门的开合线，如图 5-98 所示。

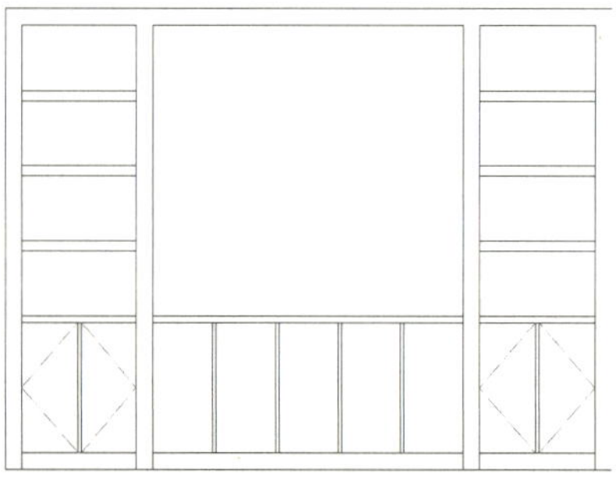

图 5-97　绘制书柜（9）

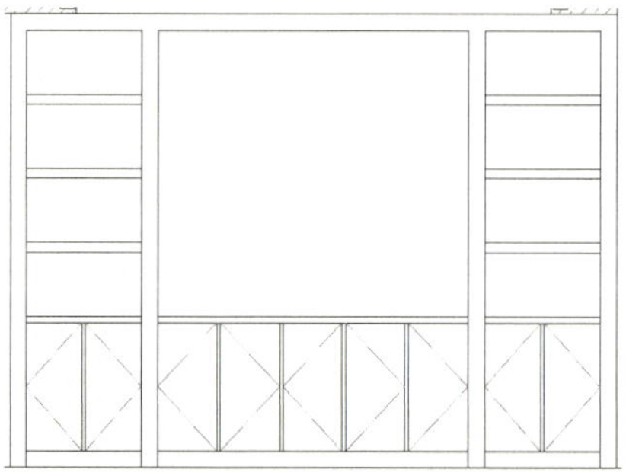

图 5-98　绘制书柜（10）

步骤 21：执行“偏移”命令，绘制出踢脚线。

步骤 22：执行“直线”命令，绘制出天花的看线，如图 5-99 所示。

图 5-99　绘制天花看线

步骤 23：打开素材“图库”，找到相应的模型复制到立面图中。

步骤 24：执行“填充”命令，选择填充图案“CROSS”，设置角度为“0”、比例为“300”，填充墙面，如图 5-100 所示。

图 5-100　填充图案

步骤 25：执行“线性标注”和“连续”命令，标注立面所有尺寸，如图 5-101 所示。

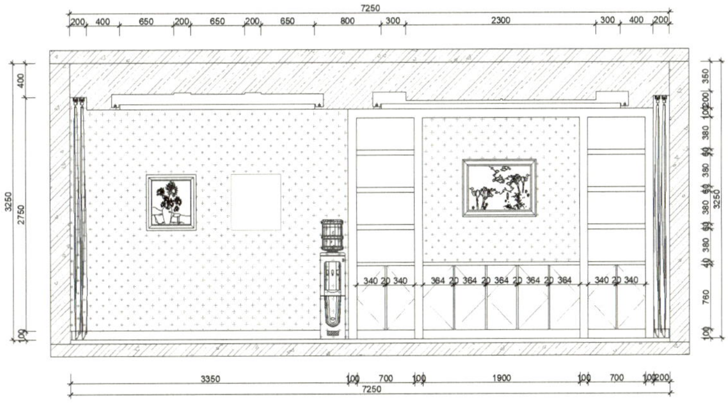

图 5-101　标注尺寸

步骤 26：执行“多段线”命令，绘制剖面符号。

步骤 27：执行“引线”和“文字”命令，完成立面图标注，“文字高度”设为“75”，最终效果如图 5-102 所示。

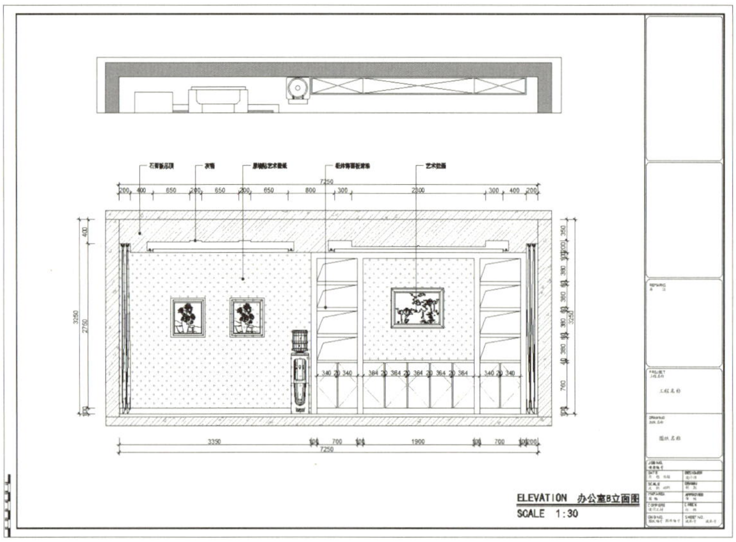


图 5-102　办公室 B 立面图

## 三、办公室 C 立面图绘制

因为这个立面图涉及的内容与前面所展现的立面图相同，所以下面主要向读者讲解一下绘图的流程；其具体操作可以参照前面两个立面图的绘制过程。

步骤 1：复制平面图中的相关部分，执行“矩形”命令，画一个矩形，框出需要的部分；执行“剪切”命令，修剪掉多余部分；执行“旋转”命令，将平面图旋转到人面对墙的视角，如图 5-103 所示。

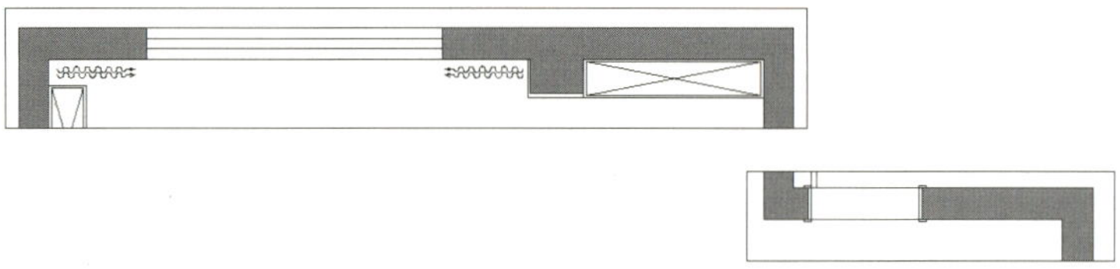

图 5-103　截取平面图

步骤 2：执行“直线”“偏移”和“剪切”命令，绘制出立面的轮廓，如图 5-104 所示。

步骤 3：执行“填充”命令，填充墙体，如图 5-105 所示。

图 5-104　绘制立面轮廓

图 5-105　填充墙体

步骤 4：执行“偏移”和“填充”命令绘制出梁。

步骤 5：将 A 立面图的吊顶复制一份，执行“镜像”命令，可以绘制出该立面的吊顶部分，如图 5-106 所示。

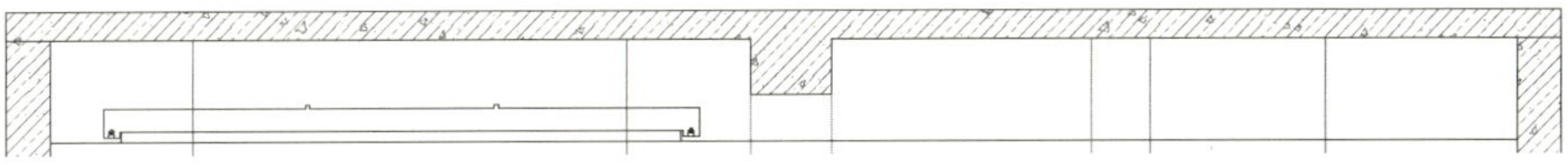

图 5-106 填充墙体

步骤 6：将 A 立面图的窗户复制一份，放在同样的高度。

步骤 7：执行“偏移”命令，绘制出地面完成面的线。

步骤 8：执行“偏移”和“圆角”命令绘制出门，如图 5-107 所示。

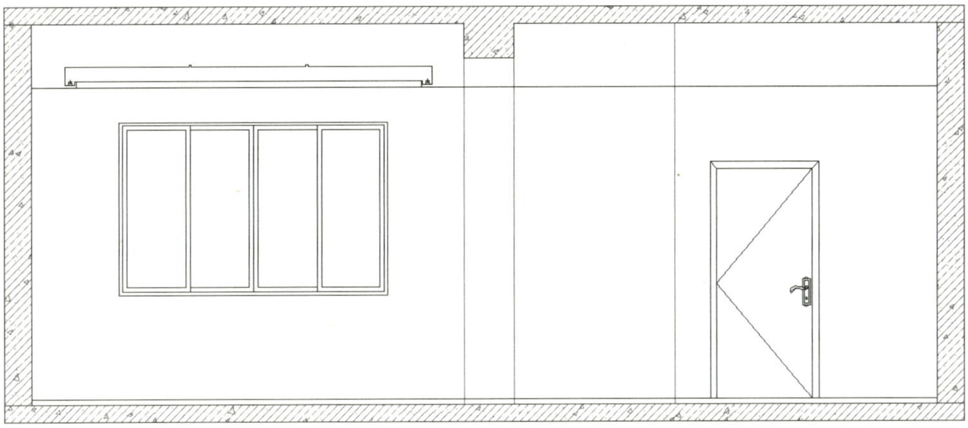

图 5-107 绘制门

步骤 9：执行“偏移”命令，绘制出柜体部分，如图 5-108 所示。

图 5-108 绘制柜子

步骤 10：执行“偏移”命令，绘制出踢脚线。

步骤 11：执行“填充”命令，完成各个区域的填充，如图 5-109 所示。

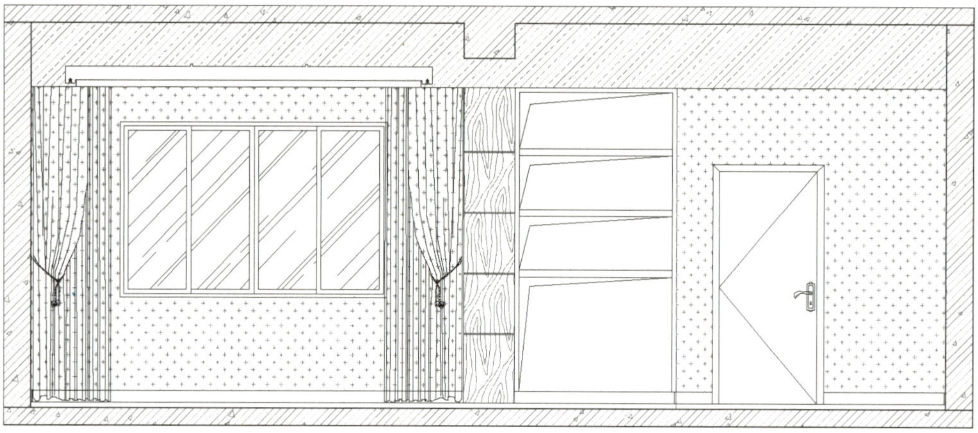

图 5-109 填充图案

步骤 12：执行“多段线”命令，绘制折断符号。

步骤 13：执行“线性标注”和“连续”命令，完成尺寸标注；执行“引线”和“文字”命令，完成材料标注。

步骤 14：复制立面图图框，修改图纸名称，将绘制内容放入图框，最终效果如图 5-110 所示。

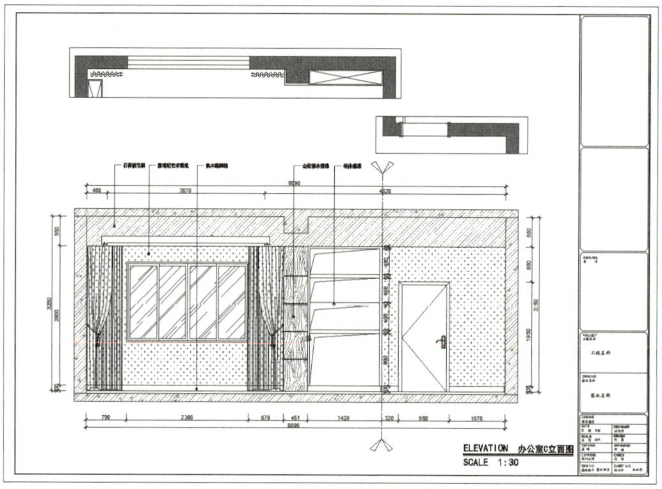


图 5-110 办公室 C 立面图

## 第七节 天花节点图绘制

步骤 1：执行“矩形”命令，绘制长为“1340mm”、宽为“850mm”的矩形。

步骤 2：执行“分解”命令，将矩形分解，将上面的线和右边的线分别向里偏移“120”和“160”；执行“剪切”命令，修剪掉上方线条，如图 5-111 所示。

步骤 3：执行“填充”命令，填充上方和左边的区域，如图 5-112 所示。

图 5-111 绘制局部墙体

图 5-112 填充墙体

步骤 4：执行“偏移”命令，将上方天花线往下面偏移“400”，如图 5-113（a）所示。

步骤 5：将 B 立面图吊顶造型复制到节点图中，并将窗帘盒上方的线对齐刚刚偏移的线，如图 5-113（b）所示。

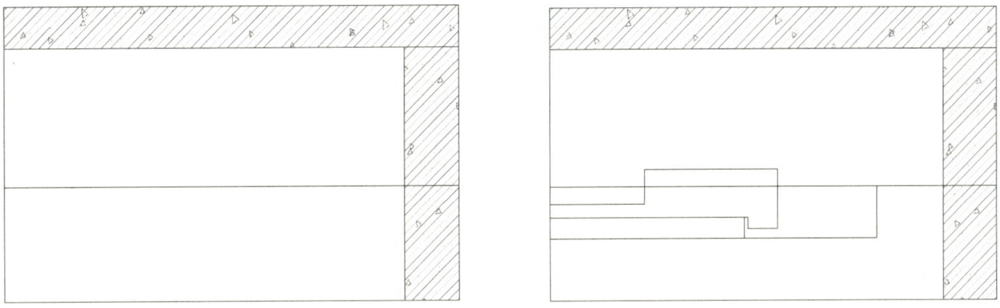

(a) (b)

图 5-113 绘制天花轮廓

步骤 6：执行“删除”命令，删除偏移的线。

步骤 7：执行“偏移”命令，将部分线条往里面偏移“10”，如图 5-114 所示。

步骤 8：执行“延伸”和“圆角”命令，绘制出板材与板材之间的搭接关系，如图 5-114 所示。

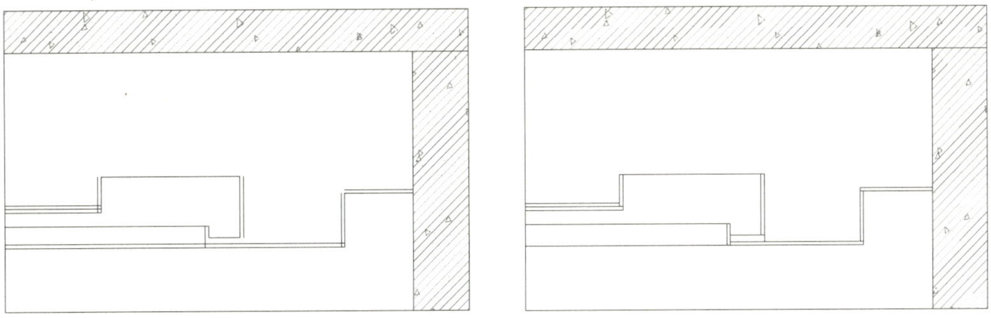

图 5-114 绘制石膏板

步骤 9：执行“偏移”命令，将部分线条往里面偏移“18”，如图 5-115（a）所示。

步骤 10：执行“延伸”和“圆角”命令，绘制出板材与板材之间的搭接关系。

步骤 11：执行“偏移”和“直线”命令，绘制木龙骨，如图 5-115（b）所示。

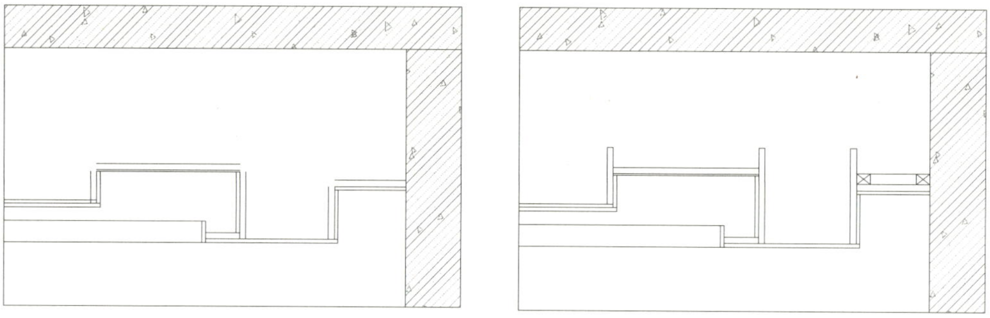

(a) (b)

图 5-115 绘制细木工板

步骤 12：打开素材“图库”找到轻钢龙骨和吊筋的模型，并导入进来，如图 5-116 所示。

步骤 13：在桌面找到 AutoCAD 软件图标，右键点击“打开文件位置”，找到 AutoCAD 软件安装文件中的 Support ，双击进入文件夹，将素材中的填充图案复制到该文件夹中；然后点击进入“填充图案文件夹”，在地址栏中右键，复制该文件夹地址；回到软件中并打开“选项”面板，在文件的选项卡中点击“添加”按钮 添加(D)... ，将复制的文件夹地址粘贴进来 → D:\CAD\AutoCAD 2014\Support\填充图案 ，点击“确定”。

步骤 14：执行“填充”命令，类型选自定义，自定义图案选夹芯板“18mm”，角度设为“0”（纵向填充区域角度设为“90”），比例设为“1”，指定填充区域的一角为原点，点击“确定”，填充效果如图 5-117 所示。

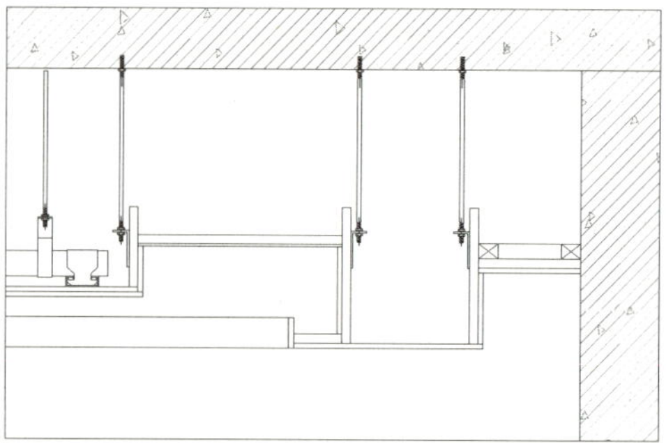

图 5-116 模型导入

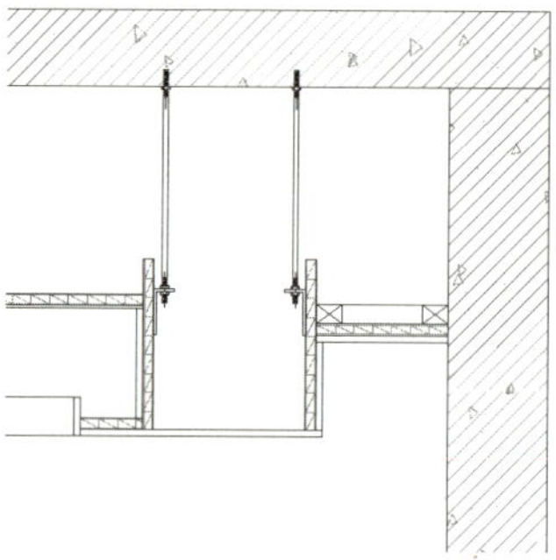

图 5-117 填充图案

步骤 15：执行“填充”命令，选择填充图案“CROSS”，设置填充比例为“20”，填充所有的石膏板区域，如图 5-118 所示。

步骤 16：复制立面图框，执行“缩放”命令，指定“比例因子”为“5/25”，将节点图放入图框中，如图 5-119 所示。

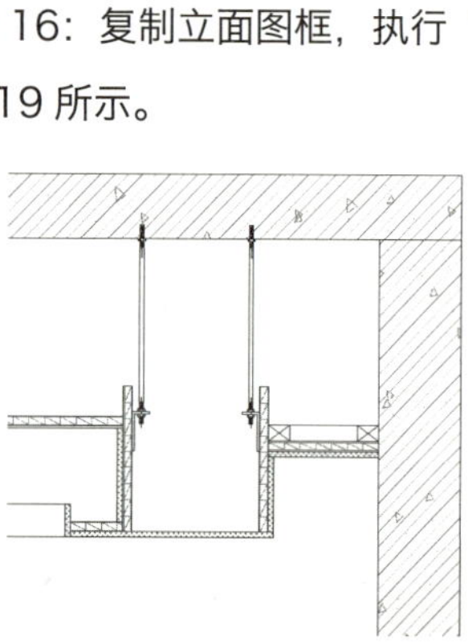

图 5-118 填充石膏板

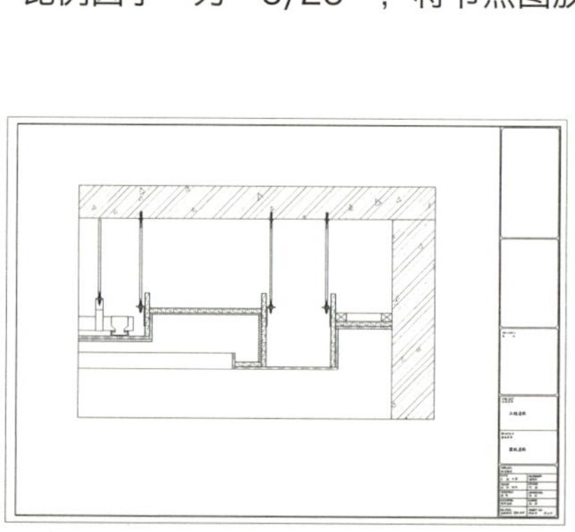

图 5-119 套图框

步骤 17：打开“标注样式管理器”，点击“新建”按钮 新建(N)... ，将“新样式”命名为“节点图尺寸”，“基础样式”设置为“平面外部尺寸”，点击“继续”，将“使用全局比例”设置为“5/40”，点击“确定”，将该尺寸样式置为当前。

步骤 18：执行“线性标注”命令，标注出节点图尺寸，如图 5-120 所示。

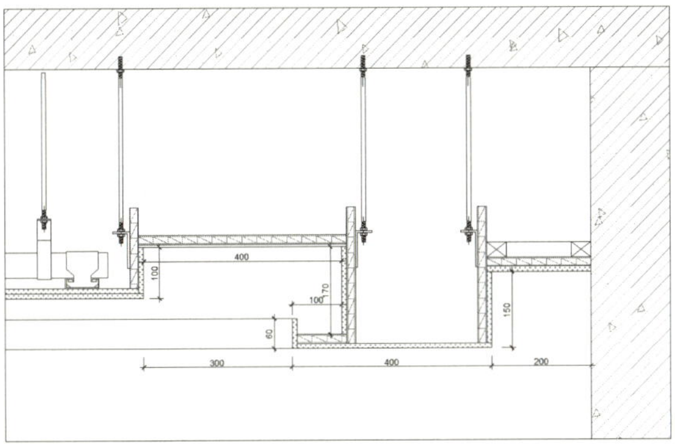

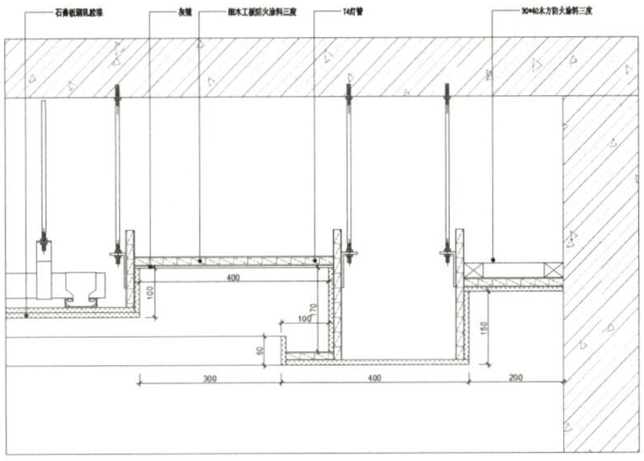

图 5-120 标注尺寸和材料

步骤 19：执行“引线”和“文字”命令，标注出相应的材料，“文字高度”设为“12.5”。

步骤 20：将立面图中的灯具和窗帘模型复制过来，如图 5-121 所示。

步骤 21：执行“直线”命令，绘制标高符号，然后放置在对应高度，如图 5-122 所示。

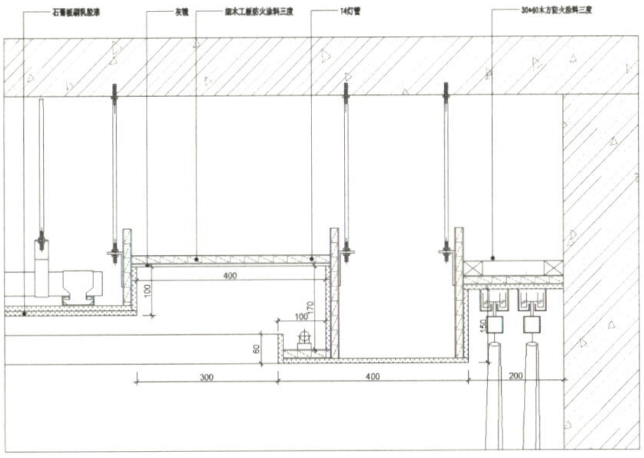

图 5-121 导入模型

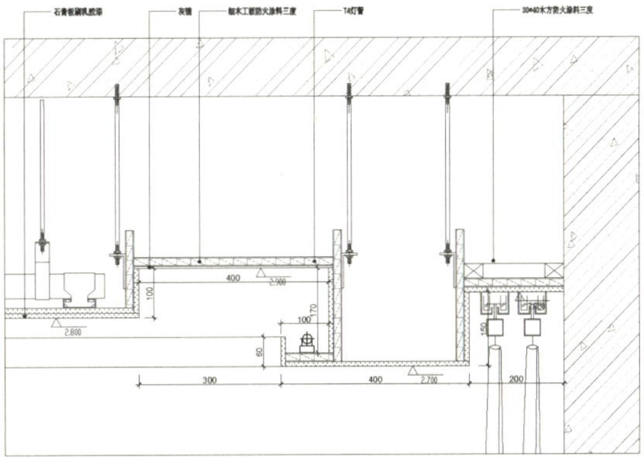

图 5-122 标高

步骤 22：选择外框，点击“线型控制”，将“外框的线型”设置为“DASHED”。

步骤 23：复制立面图的图纸名称，执行“缩放”命令，指定“比例因子”为“5/30”，然后修改文字放入节点图中，最终效果如图 5-123 所示。

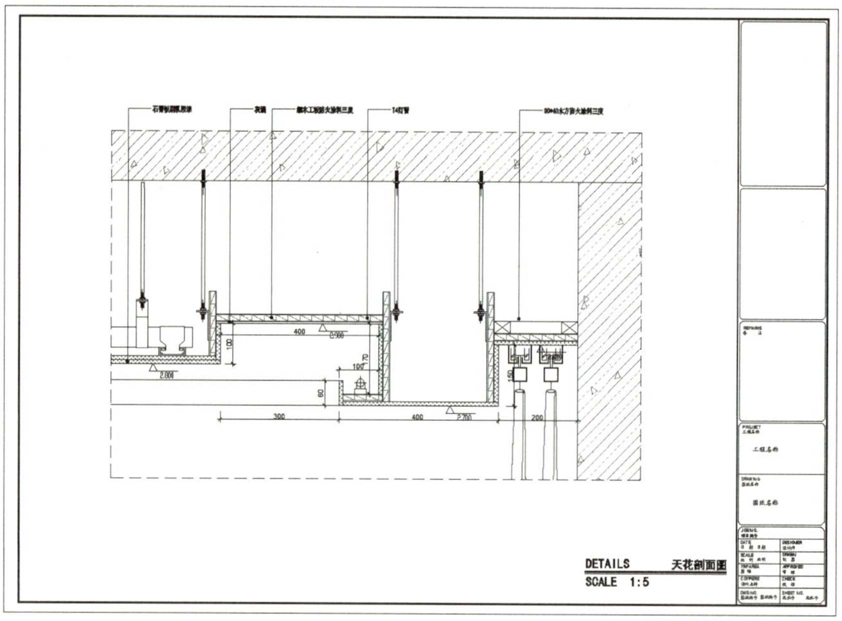


图 5-123　天花剖面图

# 第八节　图纸打印与常见的问题

## 一、图纸打印设置方法

1．打印设置流程

步骤 1：打开“打印—模型”对话框，设置打印机 / 绘图仪为“DWG TO PDF.pc3”（图 5-124 所示）。

步骤 2：设置图纸尺寸为“ISO expand A3”（长 420mm、宽 297mm）（如果选择的是连接打印机，则根据可打印的纸张尺寸来选择）。

步骤 3：设置打印区域，打印范围选择“窗口”，然后点击“窗口”按钮 窗口(O)< 进入绘图区域框选需要打印的范围。

步骤 4：勾选居中打印。

步骤 5：勾选布满图纸。

步骤 6：根据纸张尺寸，确定图形方向。

步骤 7：选择打印样式表。

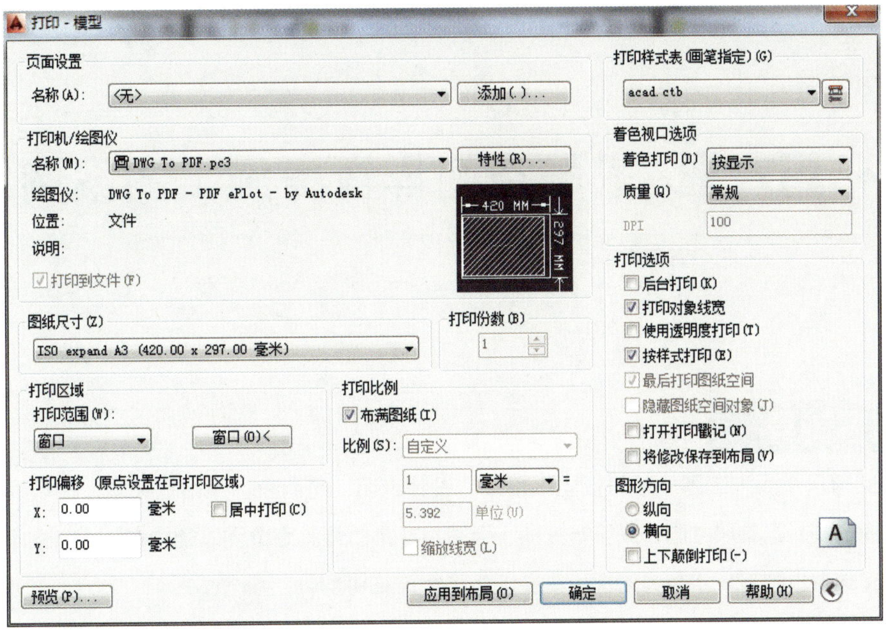


图 5-124 打印设置

2．打印样式表设置方法

步骤 1：选择“acad.ctb”，点击后面的“编辑按钮” ，进入打印样式表编辑器。

步骤 2：全选打印样式中的所有颜色，将特性中的“颜色”设置为“黑色”。

步骤 3：全选打印样式中的所有颜色，将特性中的“线宽”设置为“0”。

步骤 4：根据绘图所用颜色来设置线宽和线型。本案例指定墙体颜色为索引颜色“7”、门窗颜色为索引颜色“2”、家具外线颜色为索引颜色“4”、家具内线颜色为索引颜色“8”、“填充”为颜色“251”、“尺寸线”为颜色“35”，所以可以设置颜色“7”的“线宽”为“0.35”、颜色“2”的“线宽”为“0.2”、颜色“4”的“线宽”为“0.15”、颜色“35”的“线宽”为“0.15”。同时将颜色“251”的“淡显”设置为“40”，点击“保存”。

## 二、打印中的常见问题

1．打印的 AutoCAD 图纸不是彩色时，必须将“打印颜色”设置为“黑色”，或将“打印样式”选择为“monochrome.ctb”。

2．打印出的图纸需要有粗细、深浅的变化，设置的线宽一般从粗到细：原始墙体、新建墙体、门窗、文字、家具外线、家具内线、填充。家具内线和填充都为最细的“0.00”，也可通过淡显来区分。

3．利用颜色进行打印时，如果更换电脑需要将打印设置文件拷贝到打印电脑中的 AutoCAD 安装文件里。

4．虚拟打印时不建议直接打印成图片格式，这样的输入方式会导致打印出的图片因像素较低而不清晰，这时需要先打印成 PDF 文件格式，然后利用 Photoshop 软件转成图片格式。

# 第六章 家居空间样板房施工图案例绘制

## 本章知识前导

一套完整的家居空间施工图一般包括图纸目录、设计说明、材料表、原始框架图、拆墙砌墙图、平面布置图、地面铺贴图、家具尺寸图、天花布置图、天花尺寸图、灯具定位图、开关布置图、插座布置图、给排水定位图和立面索引图等。本章将对部分重要图纸进行详细讲解。

## 第一节 建筑原始资料与平面分析

从制图角度看，原始框架图实际上是一种水平剖面图，即用一个假象的水平剖切平面，沿房屋窗台上方将房屋剖开，移去上面部分后，由上向下对剩余部分进行投影所得到的就是正投影图。

原始框架图是室内设计绘制的第一张图纸，其他图纸（如拆墙砌墙图、平面布置图和天花布置图等）都是在该图纸的基础上绘制的。因此，设计前应对要设计的项目进行实地勘察，并将被设计对象和最终的测量结构用图纸表现出来，即为原始框架图。

### 一、原始框架图的主要内容

（1）原有建筑中的墙、柱子和梁，以及各区域的室内主要尺寸。

（2）原有建筑中的门、窗、楼梯、管道井和阳台灯。

（3）地面标高和楼梯平台标高（若室内各区域的地面高度相同，此项可不注出）。

（4）原有建筑中的管道、配电箱、下水、地漏、门禁系统等建筑构件。

（5）图名、比例及相关图例。

### 二、原始框架图的绘制流程

（1）绘制墙体。

（2）绘制门窗、台阶等。

（3）绘制梁。

（4）绘制管道、下水等建筑构件。

（5）标注尺寸，并注写图例和相关文字、图名和比例。

## 三、绘制墙体

在绘制建筑的原始框架图时一般有两种画法：

（1）对于框架结构的建筑，一般先绘制出定位轴线，再利用多线进行绘制。

（2）对于框剪结构的建筑，一般是根据量房图纸用直线从外墙绘制到内墙。目前家居空间以框剪结构为主，同时设计室内为主，所以图纸和测量数据都是以内墙为主。同时在绘制家居空间原始框架图时往往直接用直线进行绘制，具体绘图步骤如下：

步骤 1：执行“图层”命令，打开“图层特性管理器”，点击“新建图层”按钮 。创建一个图层，并将该图层的名称更改为“原始墙体”，颜色使用默认的“7 号”，并将当前图层设置为“原始墙体图层” 

。

步骤 2：执行“直线”命令，根据本书配套素材中的“墙体尺寸图”文件，选择以起点开始按一定的顺序绘制出所有的内部墙面，如图 6-1 所示。

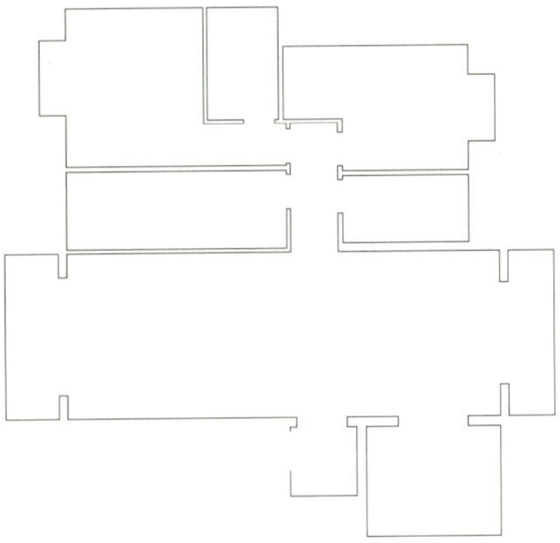

图 6-1 绘制内墙

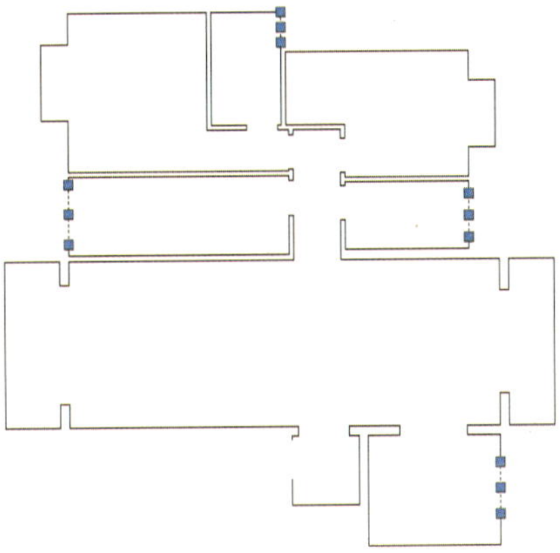

图 6-2 窗户与墙体分开绘制

注意：在绘制有窗户的墙面时要将窗户和墙体分开来绘制，如图 6-2 所示。

步骤 3：执行“偏移”命令，选择“外墙线”往外面偏移“240”，注意飘窗的地方先不进行偏移，如图 6-3（a）所示。

步骤 4：执行“圆角”命令，“圆角半径”设为“0”，参考素材“原始框架图”将多余的线剪切掉，把分开的线连接起来，从而将墙角做成“90”度，如图 6-3（b）所示。

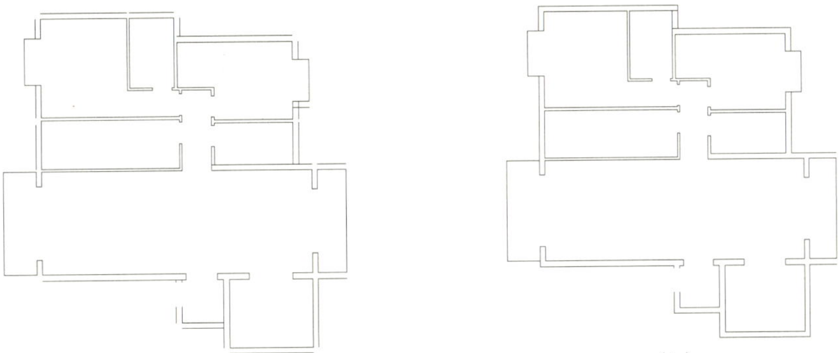

（a） （b）

图 6-3 绘制墙体厚度

步骤 5：执行“直线”命令，将入口门洞处连接起来。

步骤 6：执行“偏移”命令，将飘窗和阳台的线往外面偏移“50”，再重复偏移两次，如图 6-4（a）所示。

步骤 7：执行“圆角”命令，“半径”设为“0”，将飘窗的线连接起来，如图 6-4（b）所示。

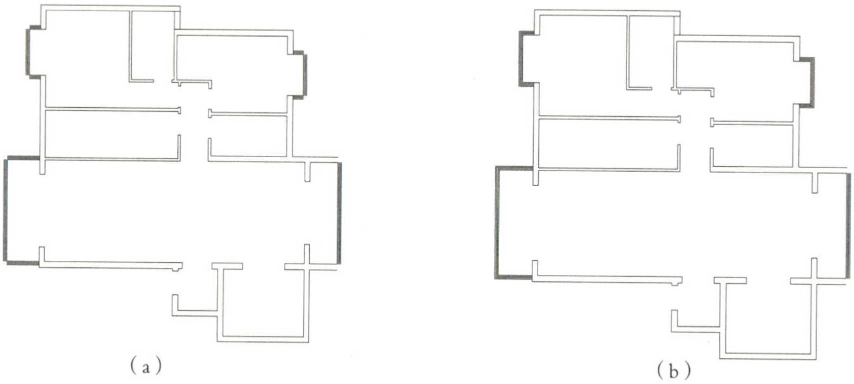

（a）　（b）

图 6-4　绘制飘窗

步骤 8：执行“直线”命令，将阳台的墙面完成，如图 6-5 所示。

步骤 9：执行“直线”命令，在墙体和窗户中间画两根线将墙体和窗户分开，如图 6-6（a）所示。

步骤 10：执行“偏移”命令，将窗户的线往外面偏移“80”，再重复偏移一次，如图 6-6（b）所示。

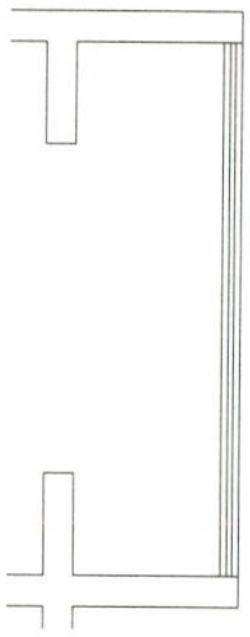

图 6-5　连接阳台墙体

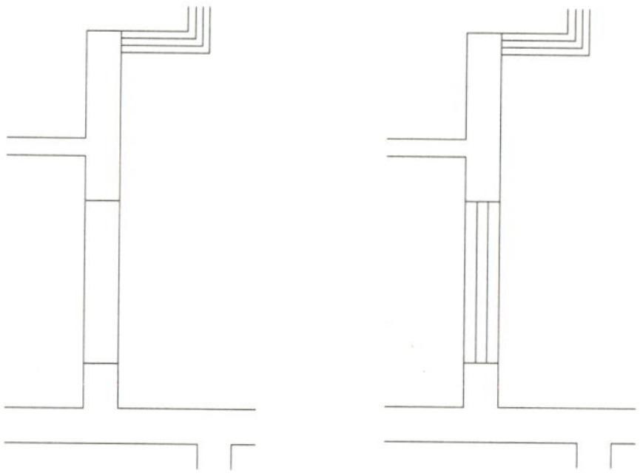

（a）　（b）

图 6-6　绘制窗户

步骤 11：采用相似的操作，绘制出其他窗户，如图 6-7 所示。新建两个图层分别命名为“门窗”和“家具内线”，并将其颜色分别设置为“2”和“8”，将窗户外侧的两根线放在门窗的图层中，将内部的两根线放在家具内线的图层中。

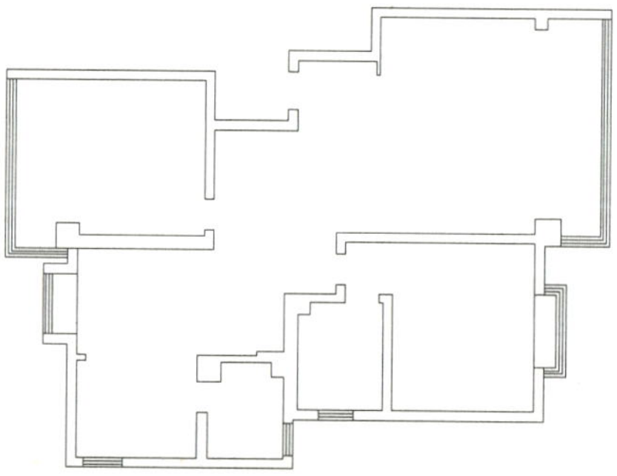

图 6-7　绘制其他窗户

步骤 12：执行“矩形”命令，绘制“950mm”×“40mm”的门扇平面，执行“圆弧”命令，依次选择门扇左侧两点和门洞左侧顶点作为圆弧的起点、第二点和端点，绘制出门的弧形如图 6-8 所示。将门扇放置在门窗图层，弧形放置在家具内线图层中。

步骤 13：执行“直线”和“偏移”命令，根据素材上提供的尺寸绘制出梁；执行“图层”命令，新建图层并改名为“梁”，将其颜色设置为“9”（本案例中梁的虚线是在打印时设置，没有直接在绘图时设置的），如图 6-9 所示。

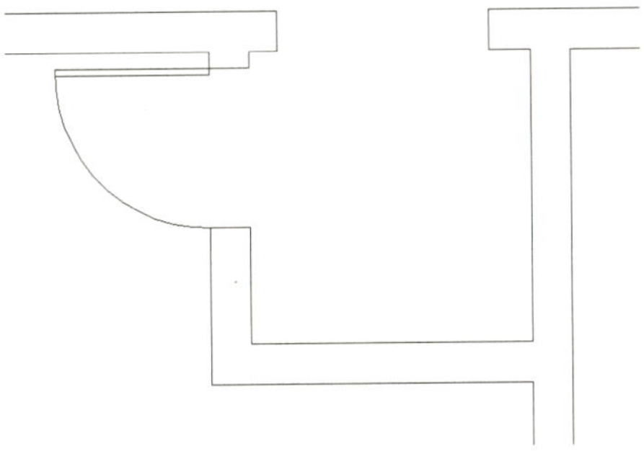

图 6-8　绘制门

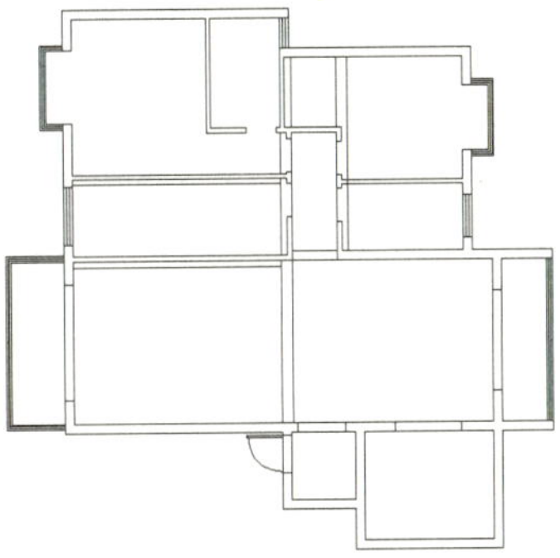

图 6-9　绘制梁

步骤 14：打开素材“图库”，将管道、配电箱、主排污管等建筑构件图例复制到框架图中，如图 6-10 所示。

步骤 15：执行“偏移”命令，配合“圆角”命令，绘制出烟道的墙体，再执行“直线”命令，绘制出中间的折线，如图 6-11 所示；执行“图层”命令，“新建图层”并将其名称改为“家具外线”，“颜色”设置为“4”；将烟道墙体部分放在家具外线的图层中，将折线放在家具内线的图层中。

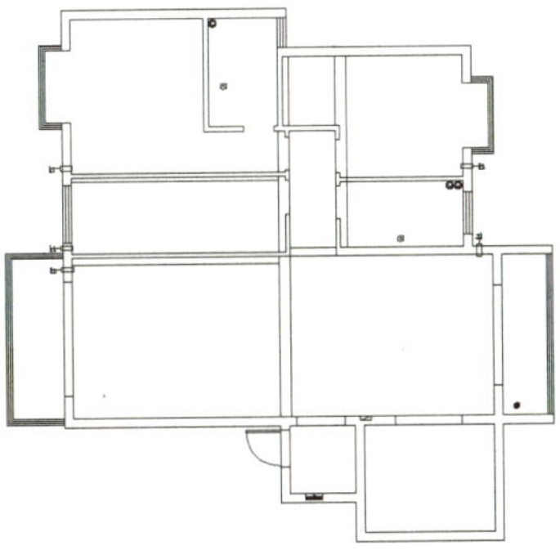

图 6-10　导入建筑构件

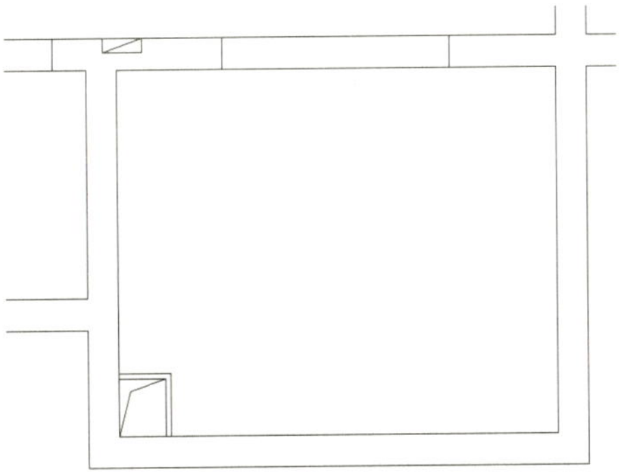

图 6-11　绘制烟道

步骤 16：打开“图框”的素材文件，复制图框，执行“缩放”命令，将图框放大“60”倍，居中放置在框架的外围，如图 6-12 所示。

步骤 17：执行“矩形”命令，在框架的外围画一个矩形，并向外以“300”的距离偏移出两个矩形，作为尺寸的参考，如图 6-13 所示。

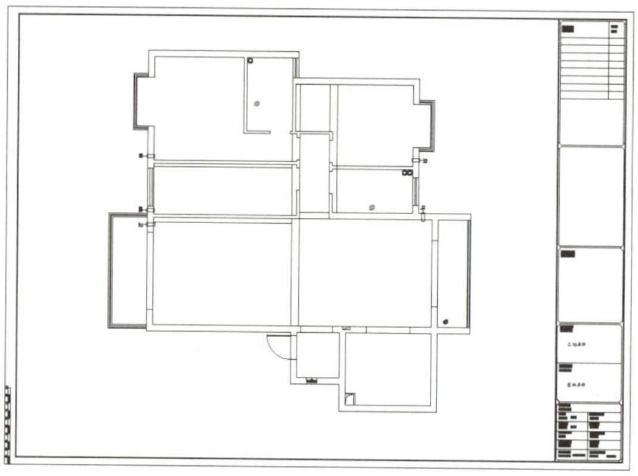

图 6-12　导入图框

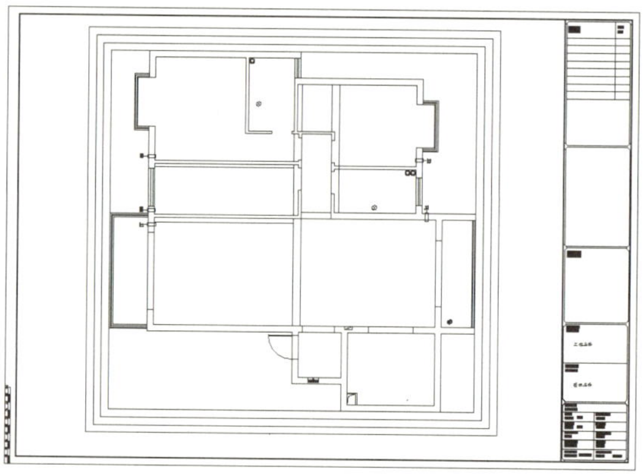

图 6-13　确定尺寸位置

步骤 18：打开“标注样式管理器”对话框，新建样式“平面标注”，如图 6-14 所示。

步骤 19：在“修改标注样式”对话框中设置“线”选项卡的参数，将“尺寸线”的颜色设置为“35”、“超出标记”设为“120”、“尺寸界线”颜色设为“35”、“超出尺寸线”设为“120”，勾选“固定长度的尺寸界线”，设置“长度”为“300”，其他参数默认，如图 6-15 所示。

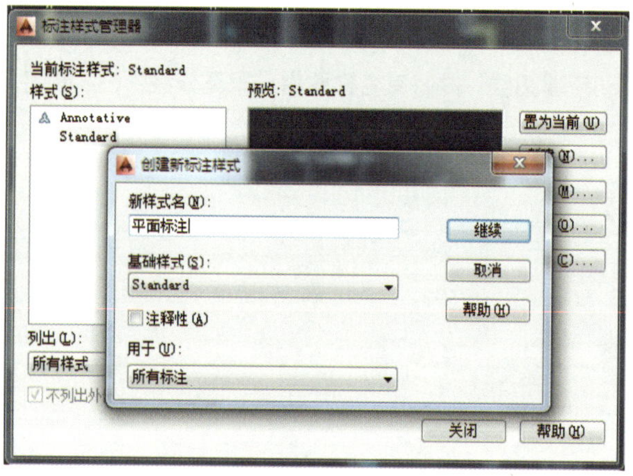


图 6-14　新建标注样式

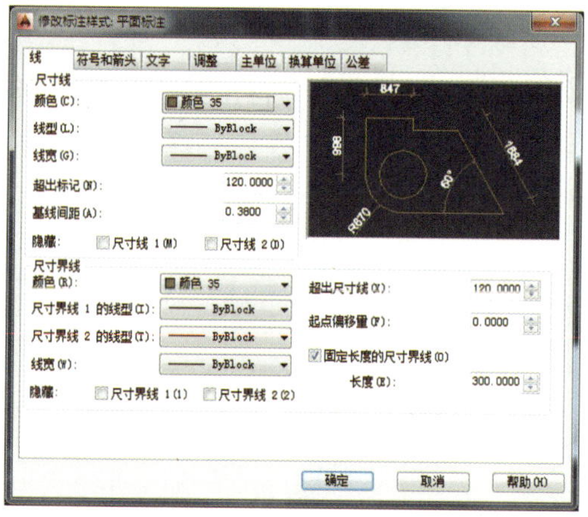


图 6-15　“线”选项卡设置

步骤 20：设置“符号和箭头”选项卡，“箭头”设置为“建筑标记”、“引线”设为“点”、“箭头”大小为“90”，其他参数默认，如图 6-16 所示。

步骤 21：设置“文字”选项卡，“文字高度”设为“150”；“文字位置”设为“垂直”“上”、“水平”设为“居中”、“从尺寸线偏移”设为“30”；“文字对齐”为“与尺寸线对齐”，其他参数默认，如图 6-17 所示。

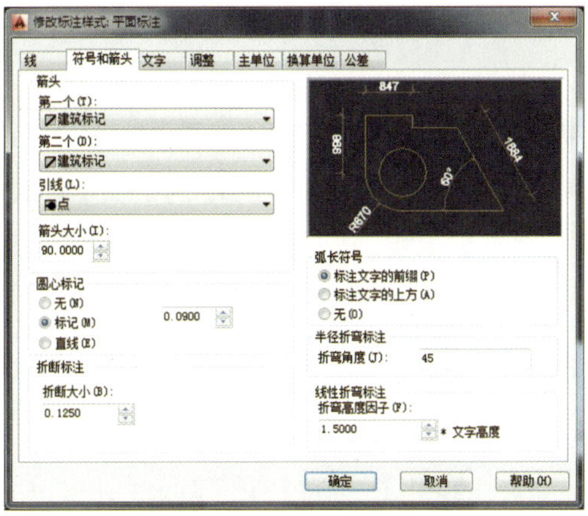


图 6-16 “符号”选项卡设置

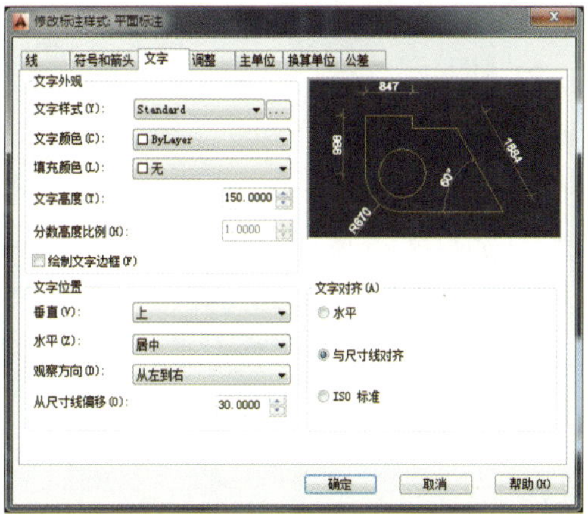


图 6-17 “文字”选项卡设置

步骤 22：设置“主单位”选项卡中“精度”为“0”，其他参数默认。

步骤 23：执行“线性标注”命令，标注出起始尺寸，尺寸线位于第三个矩形上，如图 6-18（a）所示。

步骤 24：执行“线性标注”命令，标注出后续尺寸，如图 6-18（b）所示。

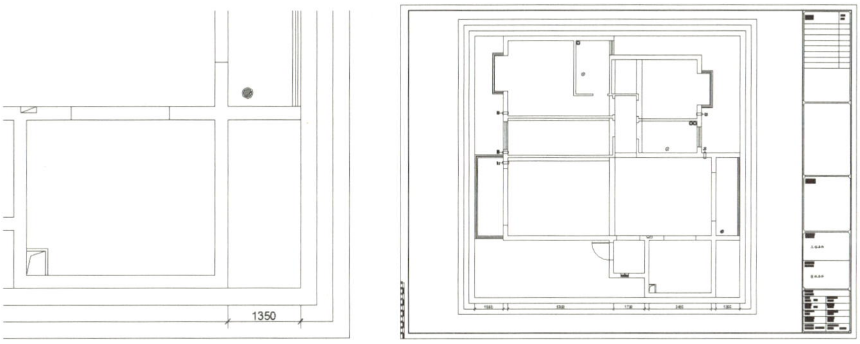


（a）　　　　（b）

图 6-18 尺寸标注（1）

步骤 25：执行“线性标注”命令，标注出下方的总尺寸。

步骤 26：执行“线性标注”命令，标注出其他尺寸，然后删除矩形，如图 6-19 所示。

步骤 27：打开素材“图库”，将图纸名称和图例复制过来放到合适的位置，如图 6-20 所示。

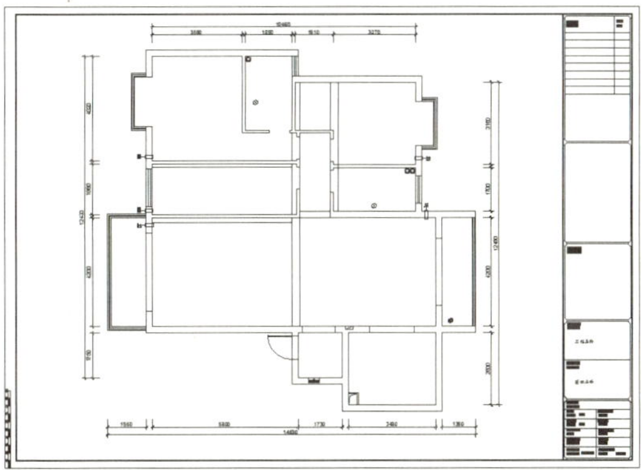

图 6-19 尺寸标注（2）

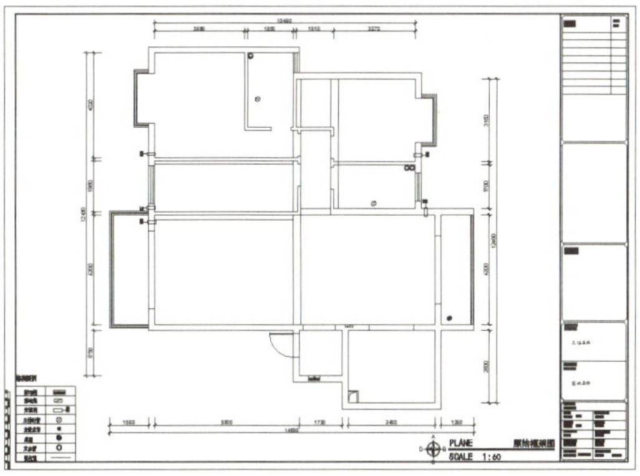

图 6-20 尺寸标注（3）

步骤 28：打开素材“图库”，复制标高符号，执行“文字”命令，在上面标注高度，并放在对应位置，如图 6-21 所示。

步骤 29：执行“文字”命令，标注卫生间下沉高度、梁的尺寸、窗户尺寸和房屋墙顶面材料；执行“图层”命令，“新建图层”，将其名称修改为“文字”，“颜色”设置为“4”，将所有尺寸和文字都放入文字图层中，如图 6-22 所示。

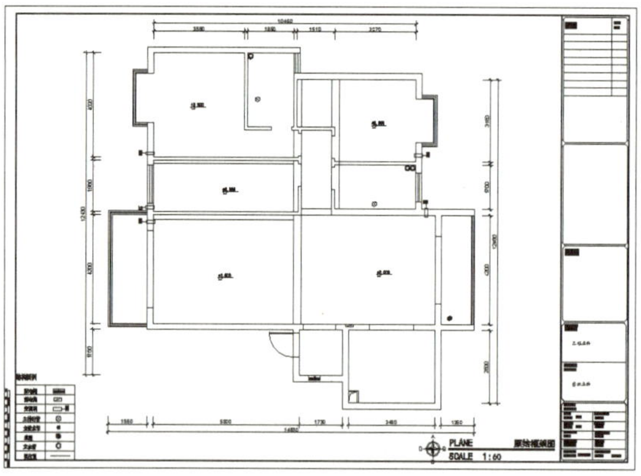

图 6-21　设置标高

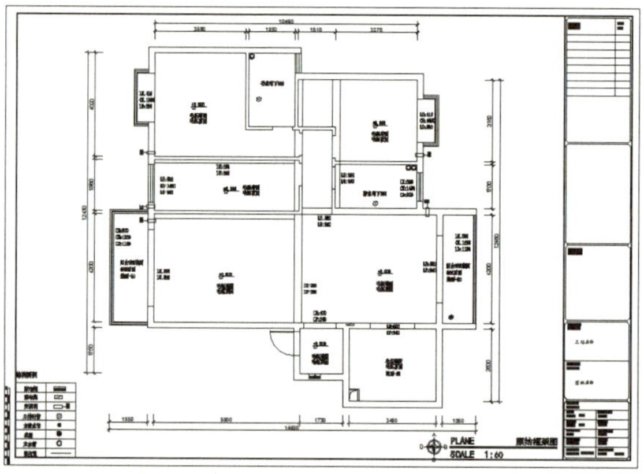

图 6-22　文字标注

步骤 30：执行“填充”命令，设置填充图案“SOLID”，填充承重墙；执行“图层”命令，新建图层并将其名称改为“填充”，设置其颜色为“251”，然后将所有填充图案放入填充图层中，最终效果如图 6-23 所示。

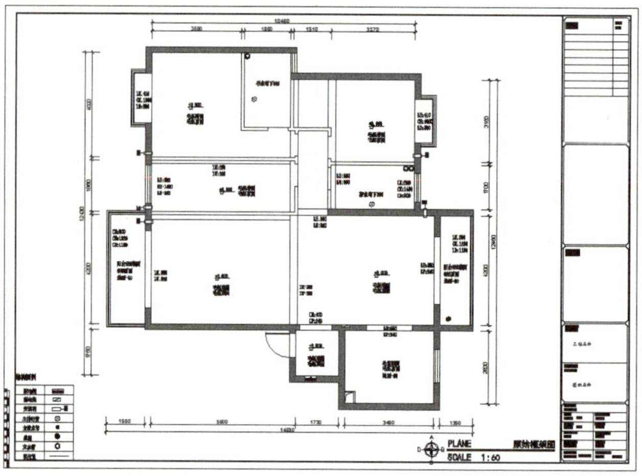

图 6-23　原始框架图

# 第二节 平面布置图绘制

平面布置图是在建筑平面图的基础上，根据业主的需求和设计师的设计意图，对室内空间进行详细的功能划分和相关设施定位。

## 一、平面布置图的主要内容

（1）反映楼面铺装构造、所用材料名称及规格、施工工艺要求等。

（2）反映门窗位置及其水平方向的尺寸。

（3）反映各房间的分布及形状大小。

（4）反映家具及其他设施（如卫生洁具、厨房用具、家用电器、室内绿化等）的平面布置。

（5）标注各种必要的尺寸，如开间尺寸、装修构造的定位尺寸、细部尺寸及标高等。

（6）为表示室内立面图在平面图上的位置，应在平面图上用内视符号注明视点位置、方向及立面编号。符号中的圆及直线应用细实线绘制，其直径可选择 8 ～ 12mm，里面编号用拉丁字母或阿拉伯数字。

## 二、室内平面图的表达方法及要求

（1）平面图应采用正投影法按比例绘制。

（2）平面图中的定位轴线编号应与建筑平面图的轴线编号一致。

（3）注明地面铺装材料的名称、规格、颜色等。

（4）平面图中的陈设品及用品（如卫生洁具、家具、家用电器、绿化等）应用图例（或轮廓简图）表示，图例宜采用通用图例。图例大小与所用比例大致相符。

（5）用于指导施工的室内平面图，非固定的家具、设施、绿化等可不必画出；而固定设施则以图例或简图表示。

（6）需要详细表达的部位应画出详图。

（7）图线线宽的选用与建筑平面图相同。

（8）需要画详图的部位应画出相应的索引符号。

## 三、绘制平面布置图

在砌墙尺寸图的基础上（由于篇幅和难度的原因，砌墙尺寸图没有在本书中详细讲解绘制过程），本节将开展室内平布置图的绘制，即依次介绍各个居室内的家具家电布置、装饰元素及细部处理、地面材料绘制，以及平面布置图中的文字说明及其他符号标注等内容。

在绘制平面布置图时，其中的大多数家具、家电直接调用图库中的模型即可，没必要重新画。对于没有现成图库的读者，为了方便大家学习，本书配套素材中的“图库 .dwg”文件中提供了一些常用图块，以供自学时使用。

1．布置入户玄关

步骤 1：执行“直线”命令，将门洞的位置用线连接起来，将连线放在家具内线的图层中，如图 6-24 所示。

步骤 2：执行“偏移”命令，将下方墙体线往上偏移“350”，画出鞋柜的位置，并将偏移的线放在家具外线的图层中，如图 6-25 所示。

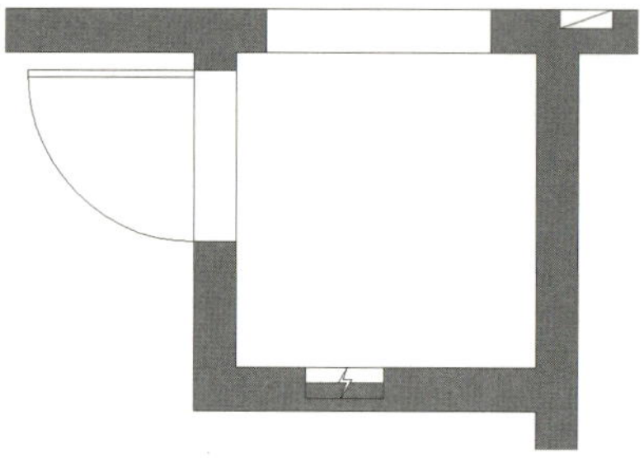

图 6-24　连接门洞

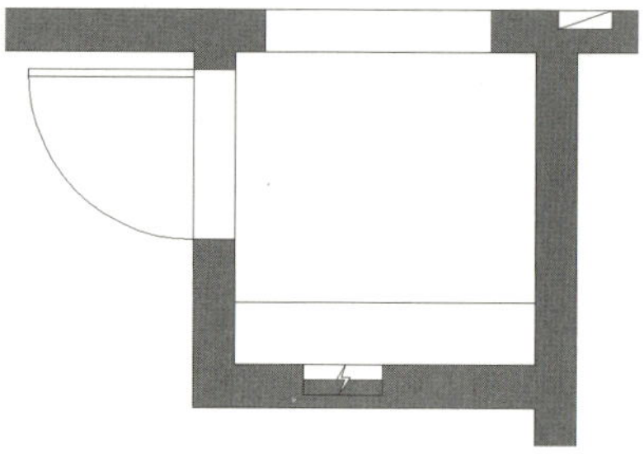

图 6-25　绘制鞋柜（1）

步骤 3：执行“偏移”命令，将鞋柜的外线往里面偏移“20”，并将偏移的线放在家具内线的图层中，如图 6-26 所示。

步骤 4：执行“圆角”命令，将鞋柜内线修剪好，然后执行“直线”命令连接鞋柜的中线，再分别画出“4 条”对角线，如图 6-27 所示。

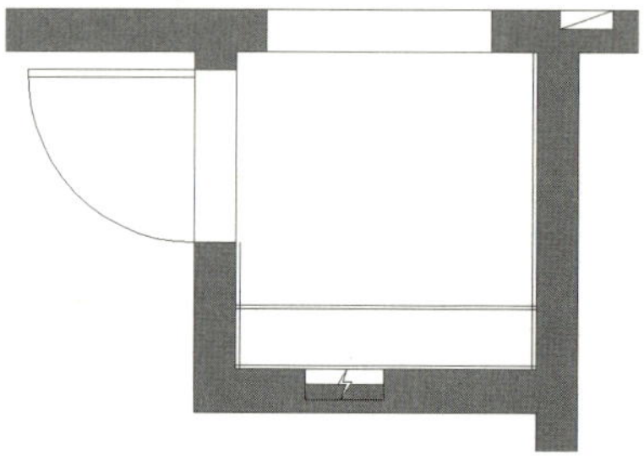

图 6-26　绘制鞋柜（2）

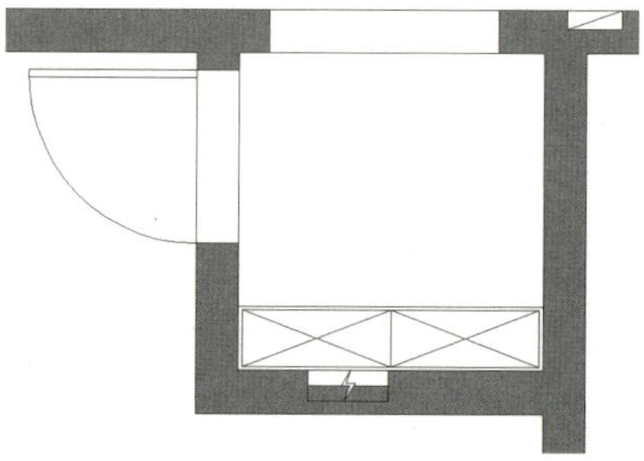

图 6-27　绘制鞋柜（3）

2．布置客餐厅

步骤 1：打开素材“图库”，根据设计尺寸找到合适的沙发、电视柜和餐桌模型并直接复制到案例户型中，然后将沙发和电视柜中心对齐并放置在客厅的中间，将餐桌同样也放置在餐厅的中间，如图 6-28 所示。

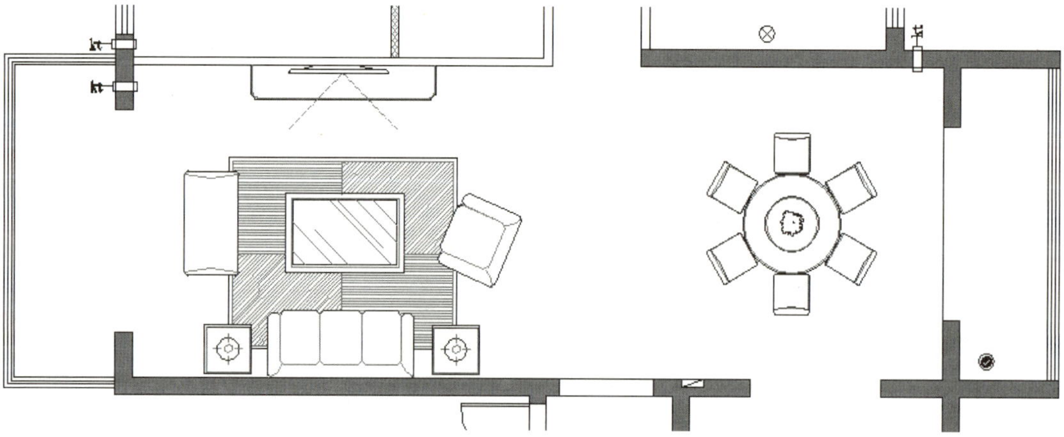

图 6-28　导入家具

步骤 2：执行“直线”命令，将门洞的位置用线连接起来，将连线放在家具内线的图层中，如图 6-29 所示。

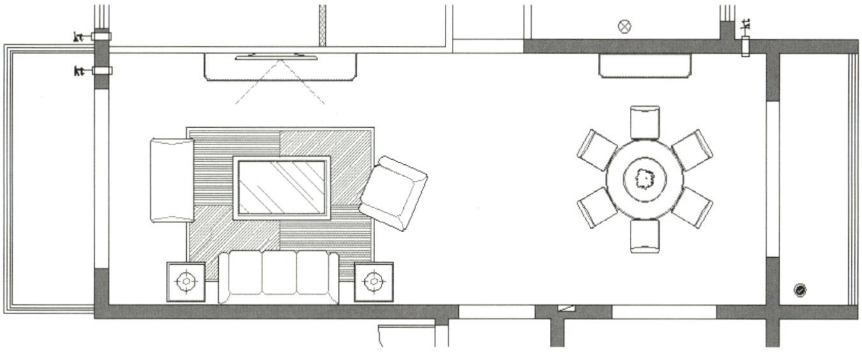

图 6-29 连接门洞

步骤 3：执行“矩形”命令，在门洞中间绘制长为“770mm”、宽为“40mm”的矩形；执行“复制”命令复制一个矩形，执行“镜像”命令，在门洞的另一边绘制出两扇门，并将所有的门扇放在窗的图层中，如图 6-30（a）所示。

步骤 4：用同样的方法绘制餐厅的推拉门，如图 6-30（b）所示。

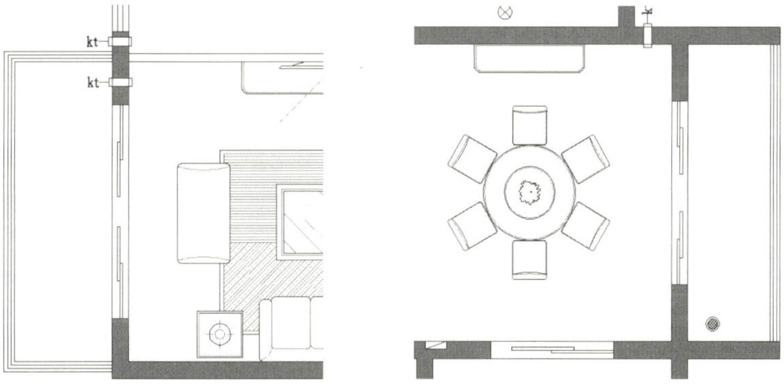

（a） （b）

图 6-30 绘制推拉门

3．布置次卫

步骤 1：执行“直线”命令，画出卫生间门洞并放入家具内线图层中；执行“矩形”工具，画出长为“800mm”、宽为“40mm”的门扇平面并放入窗的图层中；执行“圆弧”工具，画出门扇的弧形轨迹并放入家具内线图层中，如图 6-31 所示。

步骤 2：执行“偏移”命令，偏移出中间玻璃隔断的位置，如图 6-32 所示。

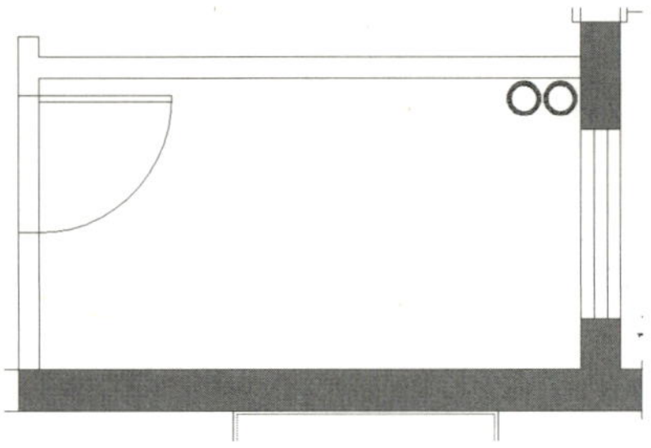

图 6-31　绘制卫生间门

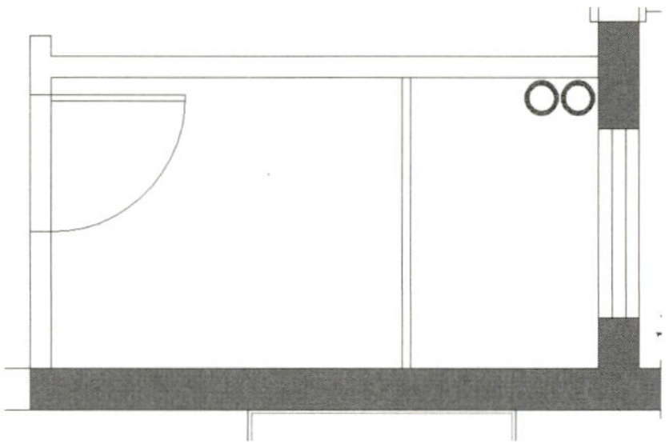

图 6-32　绘制隔断

步骤 3：打开素材“图库”，根据设计尺寸找到洁具模型，直接复制到案例户型中，并放在合适的位置，如图 6-33 所示。

步骤 4：执行“偏移”命令，偏移出包管的位置，并将偏移的线放入家具外线的图层中，如图 6-34 所示。

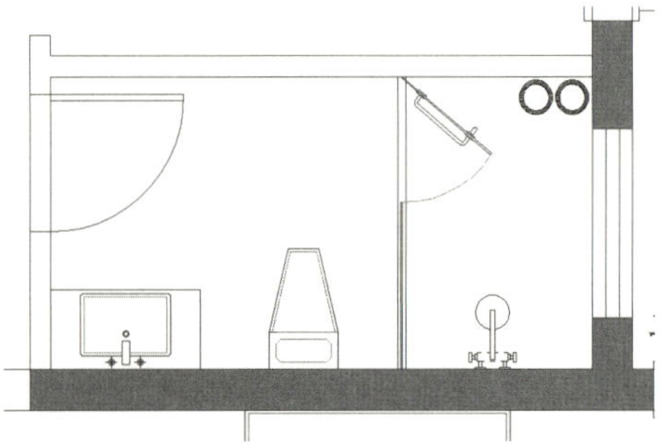

图 6-33　导入模型

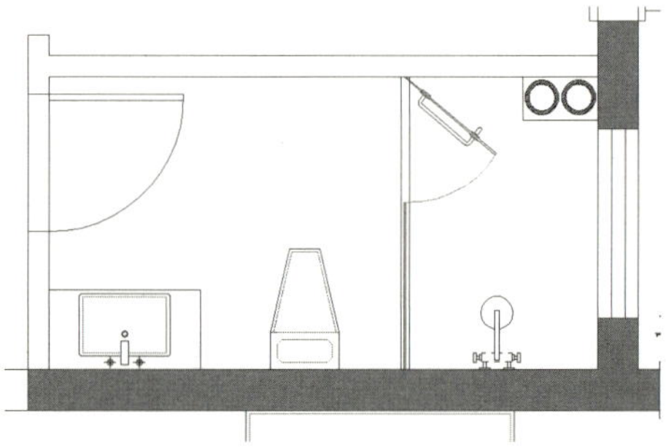

图 6-34　绘制包管

4．布置主卧

步骤 1：执行“直线”命令，绘制出所有的门洞位置，并将所绘制线条放入家具内线图层中，如图 6-35（a）所示。

步骤 2：执行“矩形”和“圆弧”命令，绘制出主卧和主卫的门，并将门扇放入窗的图层、弧形放入家具内线图层，如图 6-35（b）所示。

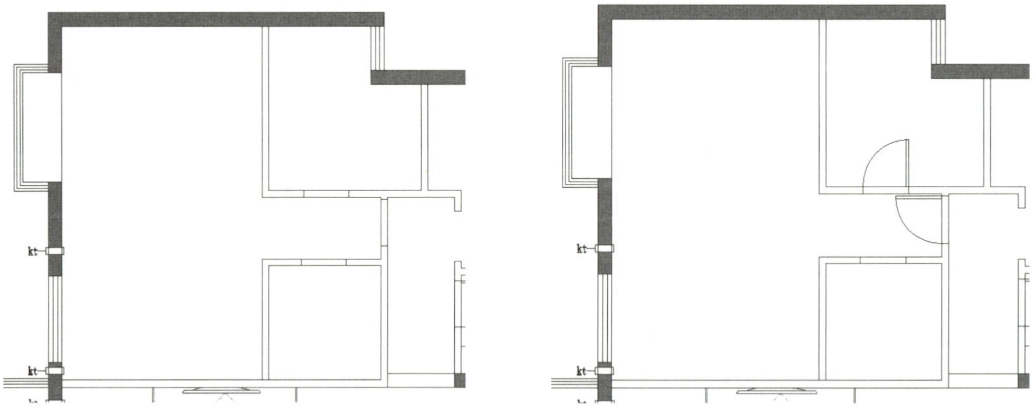


（a）　（b）

图 6-35　绘制主卧和主卫门

步骤 3：执行“偏移”和“直线”命令，按照前面鞋柜的绘制方法，绘制衣柜图，并将所绘制的线放入对应的图层中，如图 6-36 所示。

步骤 4：执行 “直线”“偏移”和“圆角”命令，绘制出主卧中间的隔断，并将所绘制的线放入对应的图层中，如图 6-37 所示。

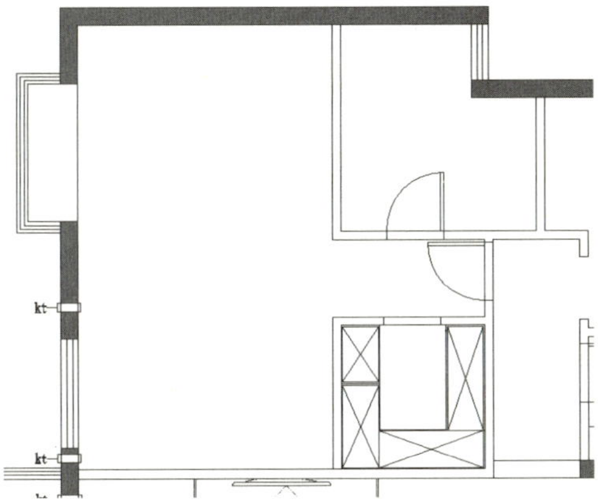


图 6-36　绘制衣柜

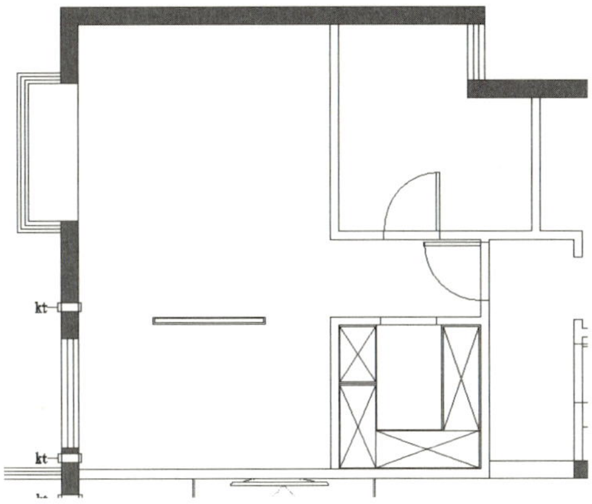


图 6-37　绘制隔断

步骤 5：打开素材 “图库”，根据设计尺寸找到双人床、电视柜和书桌模型，直接复制到案例户型中，并放在合适的位置，如图 6-38 所示。

步骤 6：按照前面绘制柜子的方法绘制出书柜，注意左边墙边要留出 150mm 的窗帘位，如图 6-39 所示。

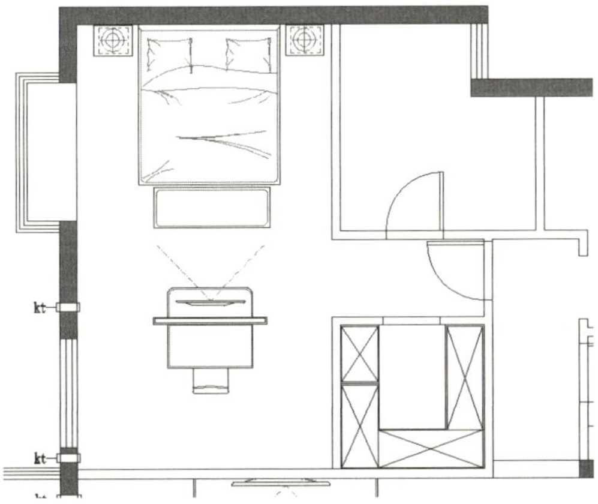


图 6-38　导入模型

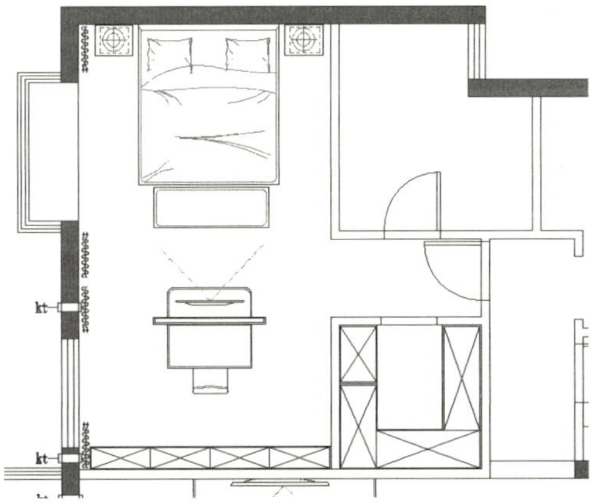


图 6-39　绘制书柜

步骤 7：执行“直线”命令，绘制出浴缸旁边的储物柜，如图 6-40 所示。

步骤 8：执行“直线”命令，绘制出淋浴房门的位置，如图 6-41 所示。

步骤 9：打开素材 “图库”，根据设计尺寸找到合适的洁具模型，直接复制到案例户型中，并放在合适的位置，如图 6-42 所示。

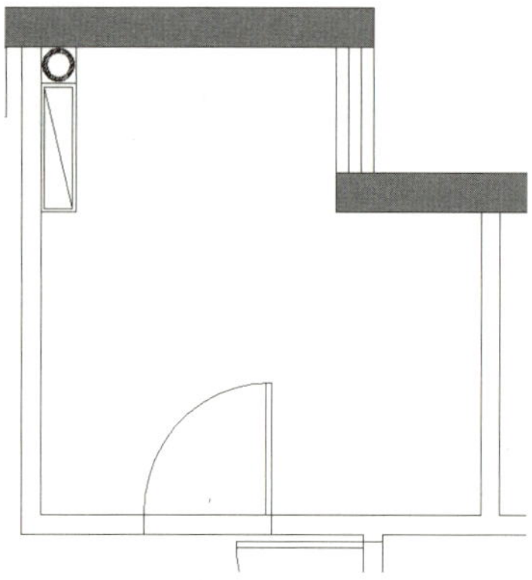

图 6-40 储物柜

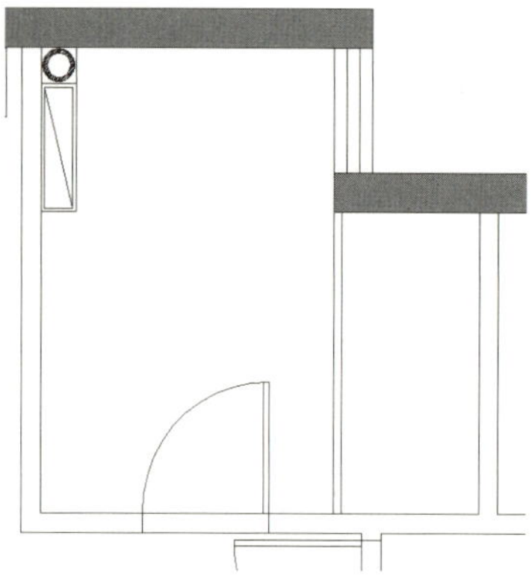

图 6-41 定出门的位置

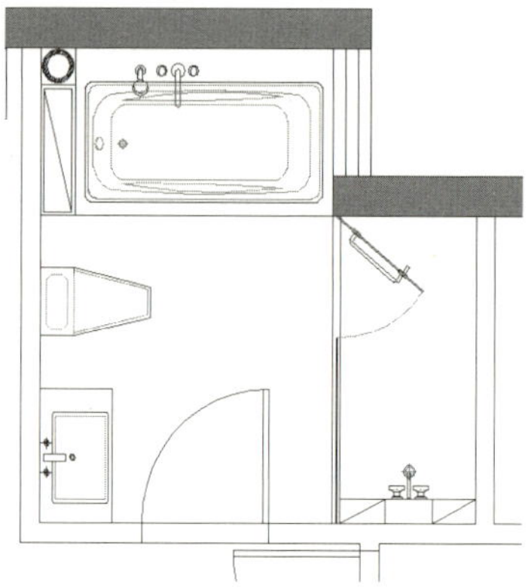

图 6-42 导入模型

5．布置次卧

步骤 1：执行“直线”“偏移”和“圆角”命令，按照前面绘制柜子的方法绘制出次卧衣柜，如图 6-43 所示。

步骤 2：执行“直线”和“圆弧”命令，绘制出次卧门，如图 6-44 所示。

步骤 3：打开素材“图库”，根据设计尺寸找到合适的床、书桌模型，直接复制到案例户型中，并放在合适的位置，如图 6-45 所示。

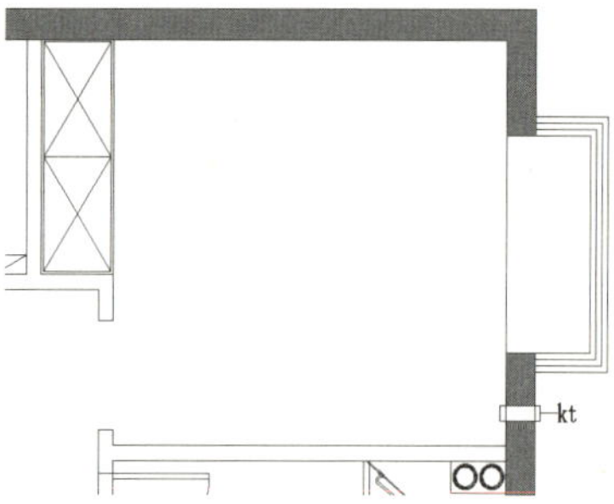


图 6-43 绘制次卧衣柜

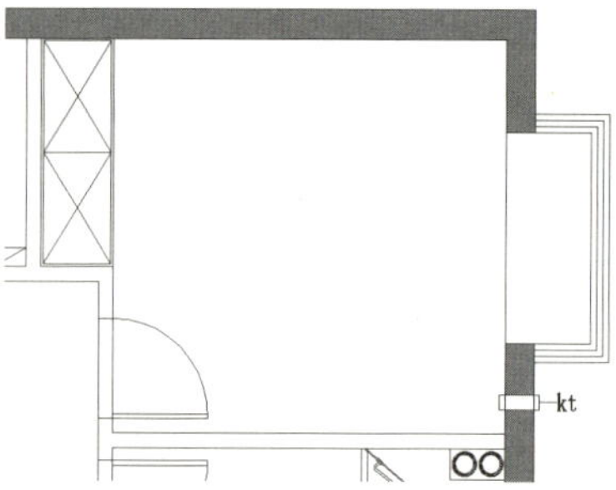


图 6-44 绘制次卧门

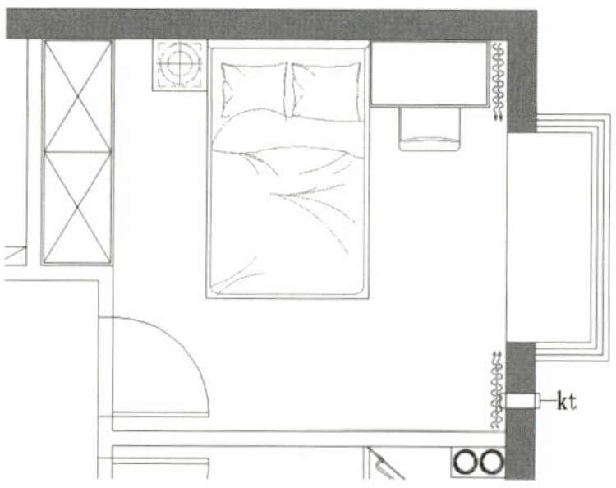


图 6-45 导入模型

步骤 4：执行“直线”“偏移”和“圆角”命令绘制出书架，然后点击“线型”按钮[ByLayer]，选择“其他”，在弹出的“线型管理器”中点击“加载”，选择线型“DASHED”并点击“确定”。然后选择书架的线条，在线型设置处点击“线型”按钮[ByLayer]，选择刚刚加载的线型，按快捷键“Ctrl+1”，在弹出的“特性面板”中将“线型比例”改为“200”，从而完成书架的绘制，如图 6-46 所示。

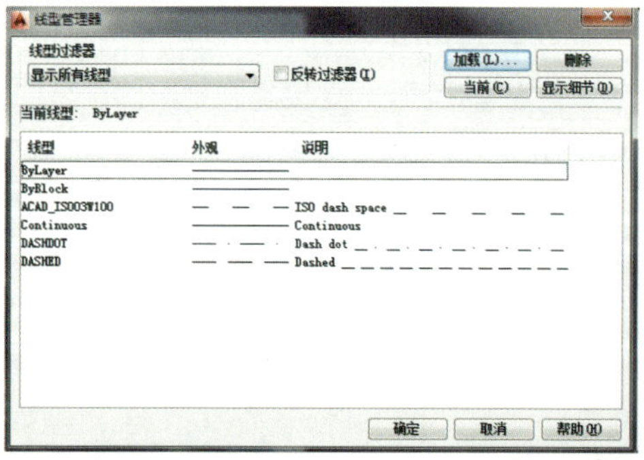


（a）

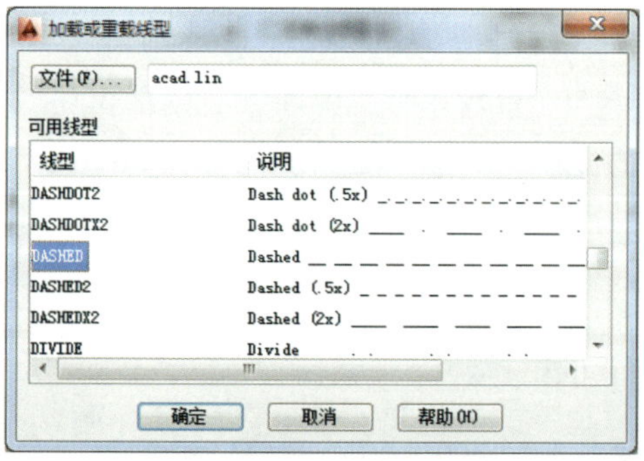


（b）

（c） （d）

图 6-46 设置虚线效果完成绘制

6．布置厨房和阳台

步骤 1：执行“偏移”和“圆角”命令，绘制出橱柜平面，注意在左边留出“1100mm”的冰箱位置，如图 6-47 所示。

步骤 2：打开素材“图库”，根据设计尺寸找到合适的燃气灶、洗菜盆和冰箱模型，直接复制到案例户型中，并放在合适的位置，如图 6-48 所示。

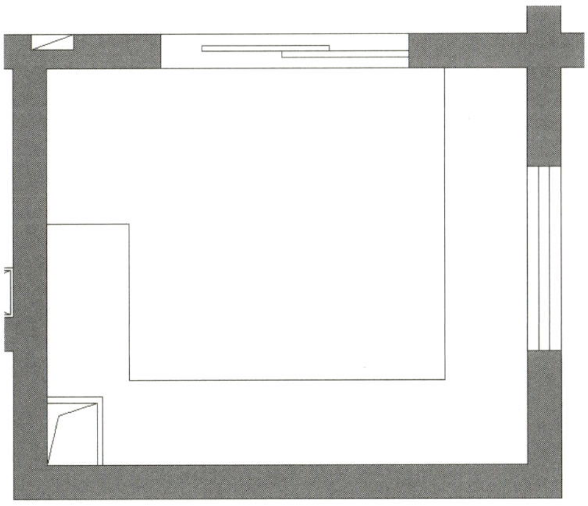

图 6-47 绘制台面

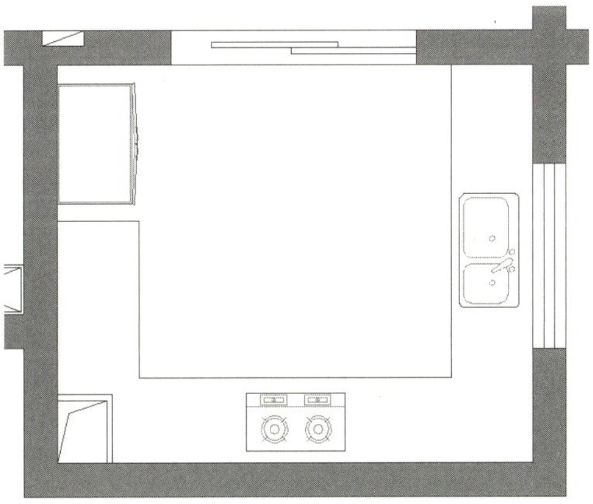

图 6-48 导入模型

步骤 3：打开素材“图库”，根据设计尺寸找到合适的洗衣机模型，直接复制到案例户型中，并放在合适的位置。

步骤 4：执行“直线”“偏移”和“圆角”命令，绘制阳台储物柜，并将其“线型”设置为“DASHED”、“线型比例”设置为“200”，如图 6-49（a）所示。

步骤 5：执行“直线”“偏移”和“圆角”命令，绘制阳台上方储物柜，如图 6-49（b）所示。

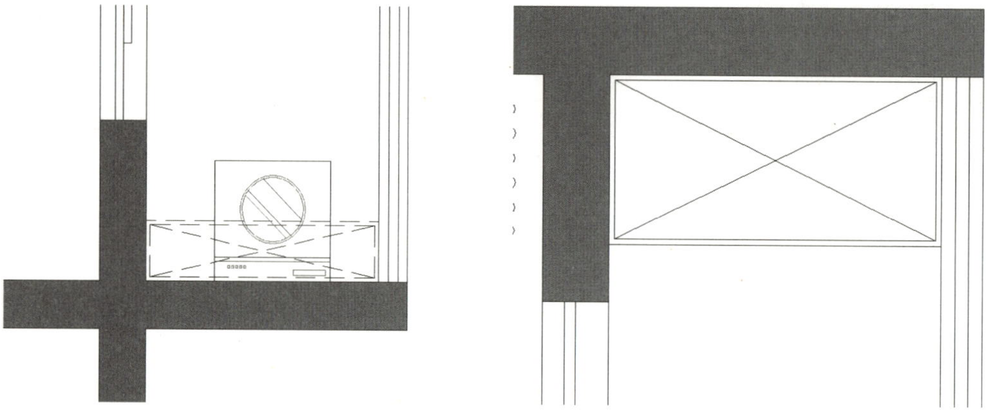

（a）　　　　（b）

图 6-49　绘制阳台储物柜

7．标注文字说明

步骤 1：将当前图层切换到文字图层，执行“文字”命令，输入“餐厅”并设置字体为“黑体”，“文字高度”设置为“150”。复制该文字到客厅中间，将“文字内容”改为“客厅”。然后用同样的操作标注完所有的功能空间，如图 6-50 所示。

步骤 2：执行“引线”命令，从电视柜向左画出一条引线，再执行“文字”命令，输入“成品电视柜自理”，“字体”设置为“黑体”，“文字高度”设置为“150”，“对齐方式”设置为“右对齐”。将文字和引线一起复制到书架处，修改文字内容为现场制作书架。最后用同样的方法完成其他固定家具的标注，注意户型右边的文字标注采用左对齐的方式，如图 6-50 所示。

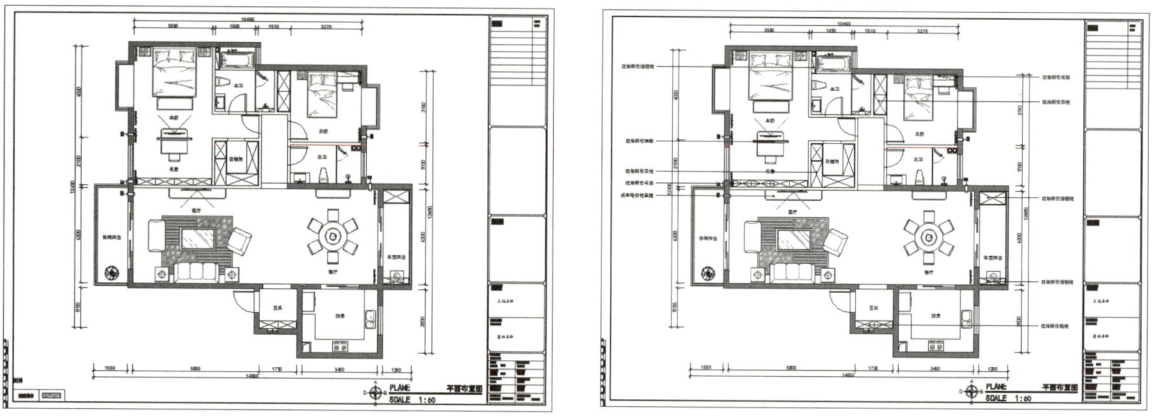

图 6-50　文字标注

步骤 3：执行“文字”命令，标注所有门及门套，最终效果如图 6-51 所示。

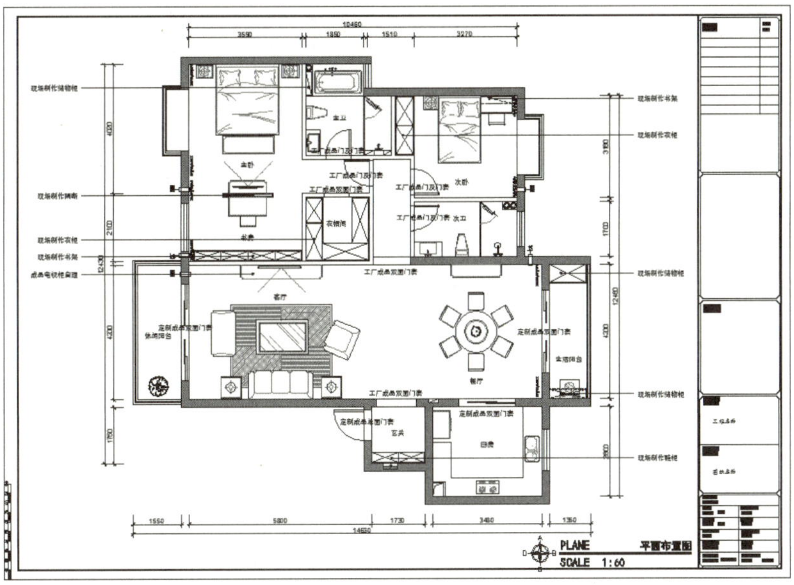


图 6-51 平面布置图

## 第三节 家具布置图与建墙尺寸图绘制

### 一、家具布置图

家具布置图需要标明所有现场制作的家具名称及尺寸。标注采用平面图内部尺寸文字大小，利用“线型”“对齐”和“直径”命令可以完成所有尺寸的标注；利用“文字”和“引线”命令可以完成文字标注，最终效果如图 6-52 所示。

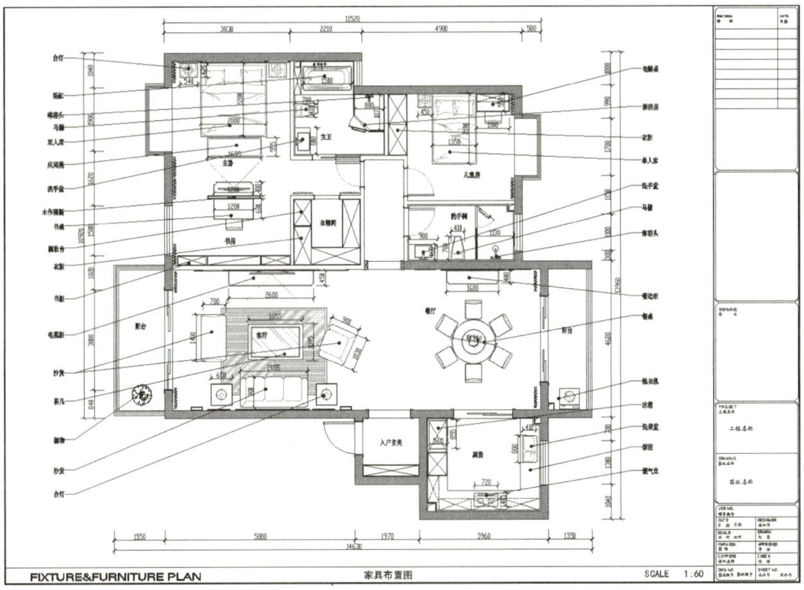


图 6-52 家具布置图

### 二、建墙尺寸图

建墙尺寸图的绘制需要填充新砌的墙体、标明新砌墙体尺寸（高度、宽度和厚度）、标明新砌墙体材质。利用“直线”“填充”和“线性”命令可以完成图纸的绘制，最终效果如图 6-53 所示。

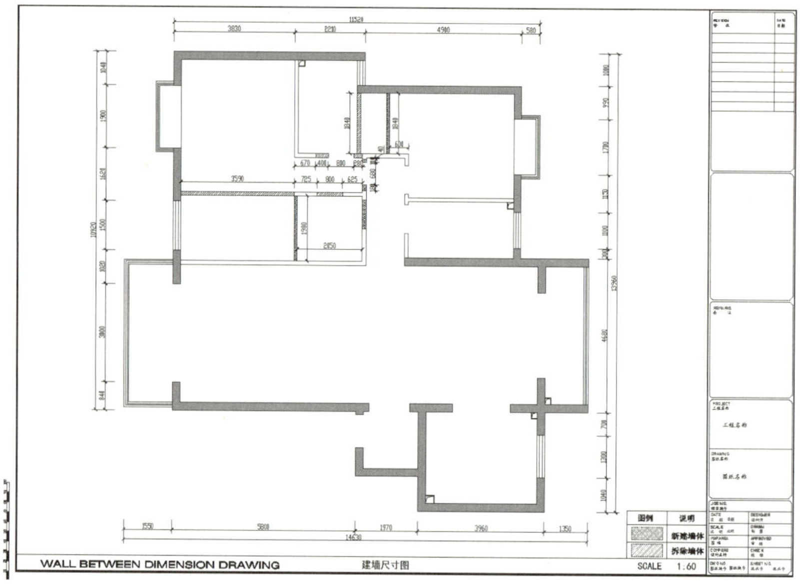


图 6-53　建墙尺寸图

## 第四节　地面铺装图绘制

平面图要表达的主要内容之一就是反映楼面铺装构造、所用材料名称及规格、施工工艺要求等。对于一些地面铺装稍复杂的项目来说，往往一些细节的拼花会被家具挡住难以表达，而且容易导致图纸太乱，所以要将地面铺装图单独作为一张图来进行绘制。

### 一、地面铺装图的绘制要求

（1）所有瓷砖铺设需排版，并标明起始点和结束点尺寸。

（2）地面拼花需标明对缝位置及考虑材料利用问题，并标明尺寸。

（3）文字需标明地面材质及填充，并标明勾缝宽度及颜色。

（4）标明门槛、沿台及窗台（飘窗、平窗）材质并填充。

（5）贴瓷砖区域有柜子的也必须排版，将柜子平面示意去除。

（6）字体及尺寸按比例大小。

（7）标明每个空间的地面完成面高度。

## 二、地面铺装图的绘制步骤

步骤 1：执行“偏移”命令，在玄关中间偏移出“100”宽度的波导线；执行“圆角”命令，将波导线 4 个角修剪好，并将偏移的线放在家具外线的图层中，如图 6-54（a）所示。

步骤 2：执行“直线”命令，连接中间矩形各边的中点，并以矩形的中心为圆心画一个直径为“1000mm”的圆。打开素材“图库”找到拼花图案复制对齐刚刚所画圆的圆心，剪切掉圆内的直线，如图 6-54（b）所示。

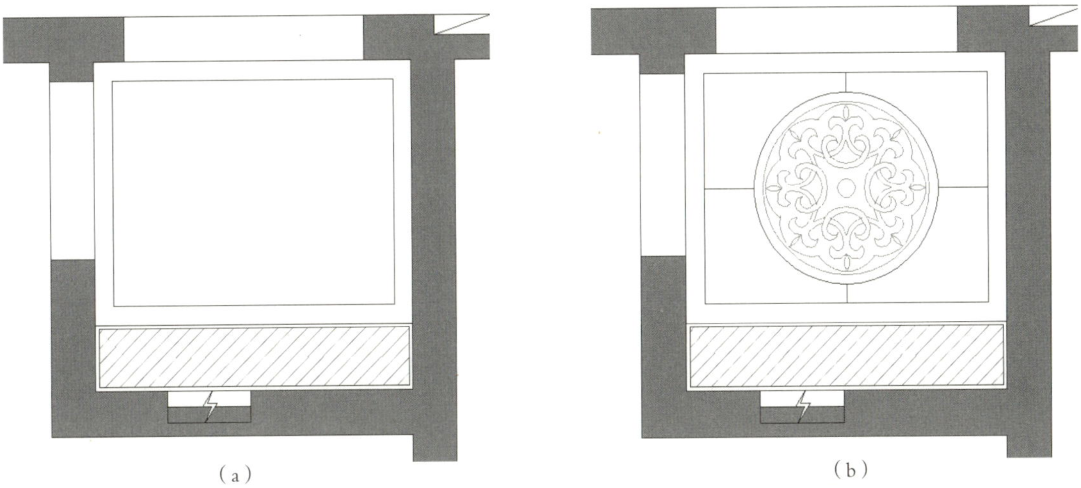

（a）　　（b）

图 6-54　绘制玄关拼花

步骤 3：执行“直线”和“偏移”命令，根据素材“地面铺装图”的尺寸，用步骤 2 的方法绘制出客厅和餐厅之间过道的波导线，并将波导线放入家具外线的图层中，如图 6-55（a）所示。

步骤 4：执行“填充”命令，在弹出的对话框中点击“拾取”按钮 添加:拾取点(K)，拾取中间矩形的区域，设置填充类型“为用户定义”、“角度”为“45”、“间距”为“400”，并勾选“双向”，参数如图 6-55（b）所示；点击“确定”，填充结果如图 6-55（c）所示。

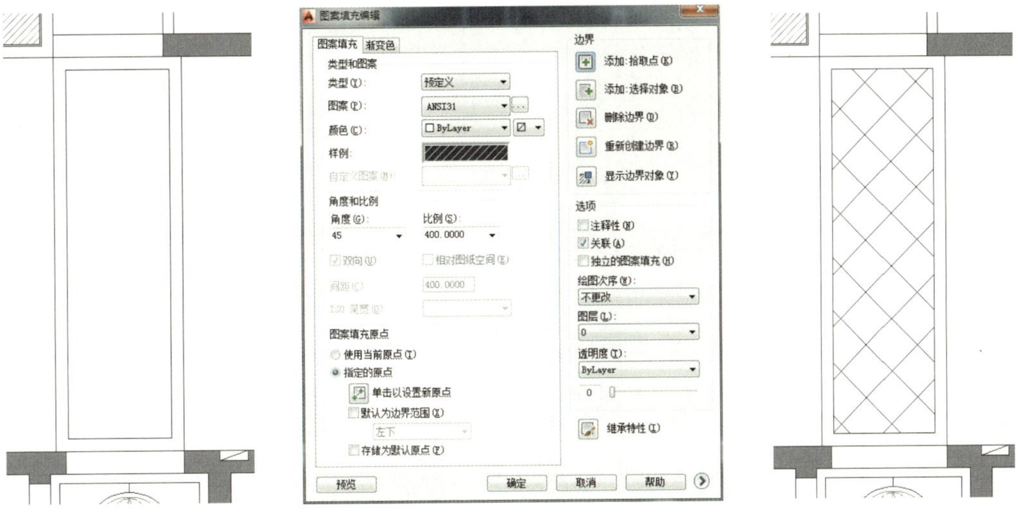


（a）　　（b）　　（c）

图 6-55　绘制过道拼花

步骤 5：选择刚刚填充好的图案，使用快捷键“H+E+ 空格”点击 单击以设置新原点，将“填充原点”指定为“波导线内部矩形的左上角顶点”，点击“确定”，填充结果如图 6-56（a）所示。

步骤 6：执行“选项”命令，在绘图的选项卡中取消勾选“忽略图案填充对象”，点击“确定”；执行“直线”命令画出如图 6-56（b）所示的直线。

步骤 7：选择填充好的图案，使用快捷键“H+E+ 空格”点击 单击以设置新原点，将“填充原点”指定为“刚刚所画直线和波导线的交点”，点击“确定”，删掉所画直线，最终的填充结果如图 6-56（c）所示。

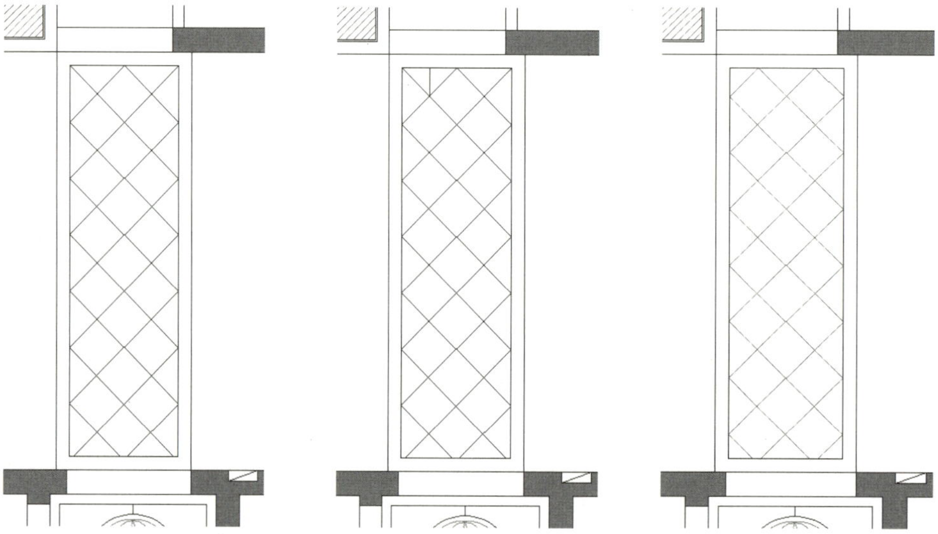

（a）　（b）　（c）

图 6-56　设置拼花填充原点

步骤 8：采用上述方法，根据素材“地面铺装图”的尺寸完成阳台地面铺装的绘制，如图 6-57 所示。

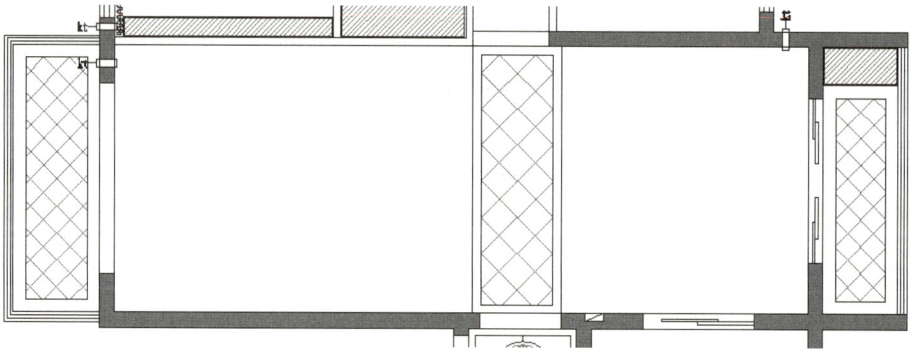

图 6-57　填充其他区域

步骤 9：执行“偏移”和“圆角”命令，绘制出客厅的波导线，并将波导线放入家具外线的图层中，如图 6-58（a）所示。

步骤 10：执行“填充”命令，设置矩形的中心点为填充原点，在内部的矩形区域填充间距“800”“45”度角的图案，如图 6-58（b）所示。

（a）

（b）

图 6-58　绘制客厅拼花（1）

步骤 11：执行“填充”命令，设置波导线外框左下角的顶点为填充原点，在外部的矩形区域填充间距“800”、角度为“0”的图案，如图 6-59（a）所示。

步骤 12：执行“矩形”命令，画一个“100mmX100mm”的矩形，将矩形旋转“45”度，然后把矩形的中心放在填充图案的交点上，如图 6-59（b）所示。

（a）

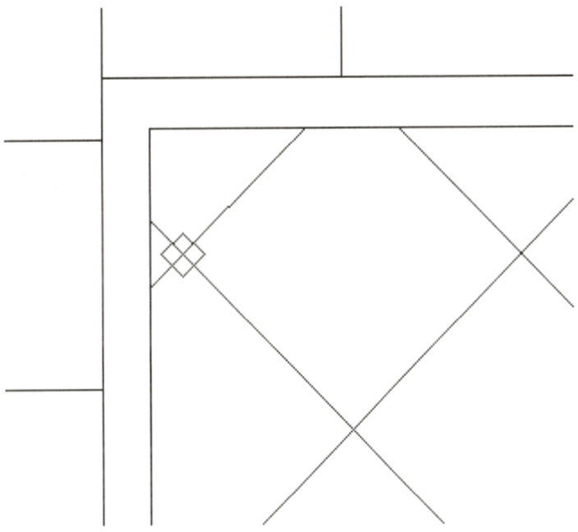
（b）

图 6-59　绘制客厅拼花（2）

步骤 13：执行“遮罩”命令，沿矩形的四个顶点画出同样大小的区域，如图 6-60（a）所示。

步骤 14：将所绘制的区域复制到其他交点上，如图 6-60（b）所示。

（a）

（b）

图 6-60　绘制客厅拼花（3）

步骤 15：用上述方法绘制出餐厅和过道的地面铺装，如图 6-61 所示。

步骤 16：执行“填充”命令，类型选择“预定义”、图案选择“ANSI33”、比例为“550”，拾取所有波导线区域进行填充，如图 6-62 所示。

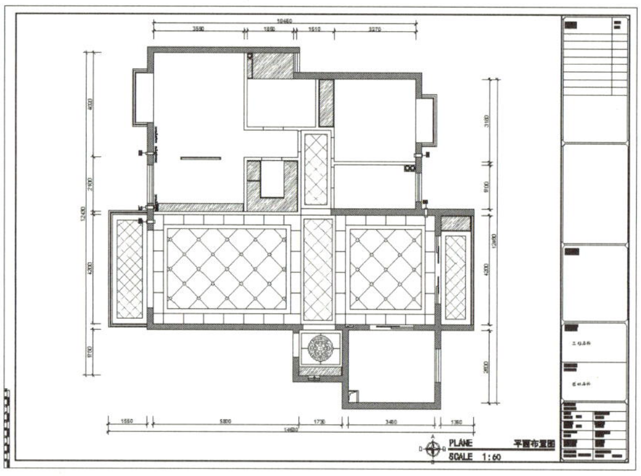

图 6-61　绘制餐厅和过道拼花

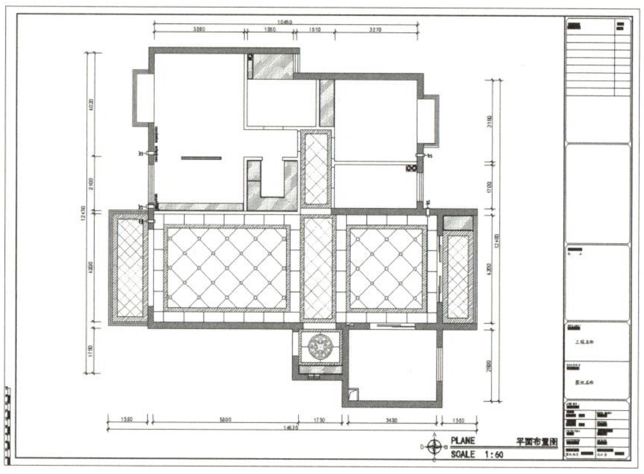

图 6-62　填充波导线

步骤 17：执行“填充”命令，类型选择“预定义”、图案选择“AR-CONC”、比例为“550”，拾取所有门槛石区域进行填充，如图 6-63 所示。

步骤 18：执行“填充”命令，类型选择“用户定义”、角度设为“0”、间距设为“120”、取消“勾选双向”，将主卧和次卧区域填充，如图 6-64 所示。

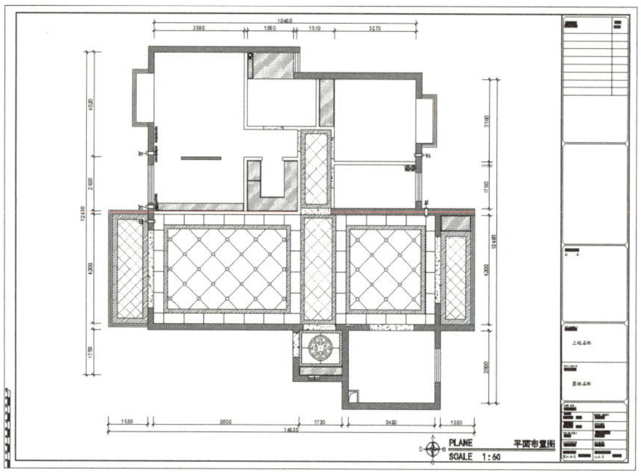

图 6-63　填充门槛石

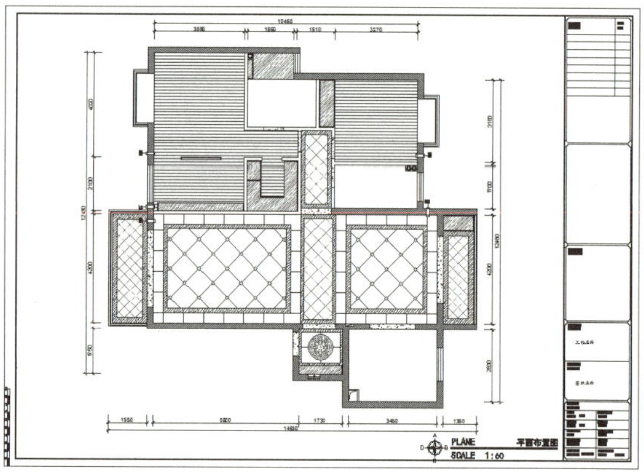

图 6-64　填充卧室

步骤 19：执行“填充”命令，类型选择“用户定义”、角度设为“45”、间距设为“300”、勾选“双向”，将厨房、次卫和主卫区域填充，如图 6-65 所示。

步骤 20：执行“文字”命令，完成所有文字标注，如图 6-66 所示。

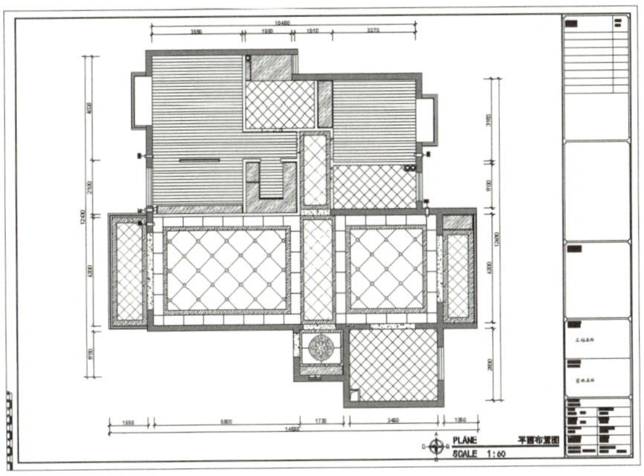

图 6-65 填充卫生间和厨房

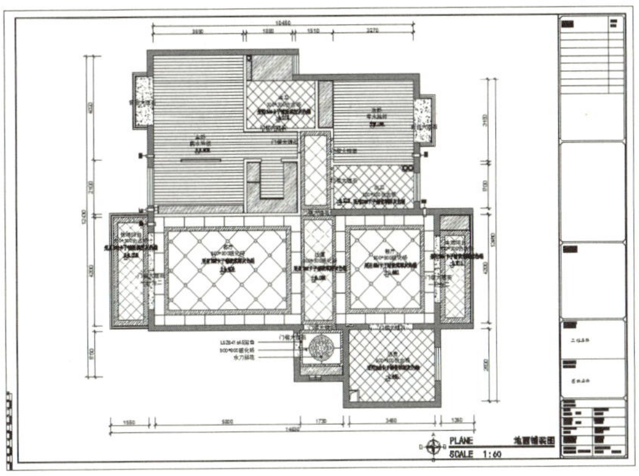

图 6-66 文字标注

步骤 21：执行“线型标注”和“对齐标注”命令，完成所有尺寸标注，最终效果如图 6-67 所示。

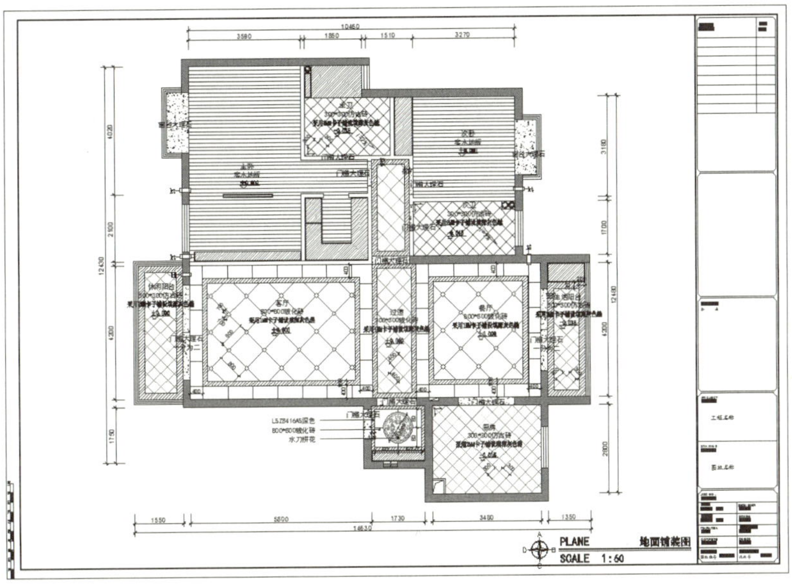

图 6-67 地面铺装图

## 第五节 天花布置图绘制

天花布置图是用假想的水平剖分面从窗台上方将房屋剖开，移动下面部分后，向顶面方向看，然后按正投影原理画出的图形。天花布置图与建筑平面图的形成方法基本相同，而不同之处在于是投影方向恰好相反。

天花布置图是重要的施工图纸之一，它需要反映出住宅顶面造型的效果。天花布置图常由顶面造型线、标高、材料注释、灯具图块及灯具列表组成。下文将逐一讲解这些组成部分的绘制方法。

步骤 1：执行“复制”命令，复制一份平面布置图。

步骤 2：执行“删除”命令，删除文字和家具等图形，如图 6-68 所示。

步骤 3：执行“偏移”和“圆角”命令，根据素材“天花尺寸图”所提供的数据绘制出客厅吊顶造型，并将所绘制的天花造型线放入家具外线的图层中，如图 6-69 所示。

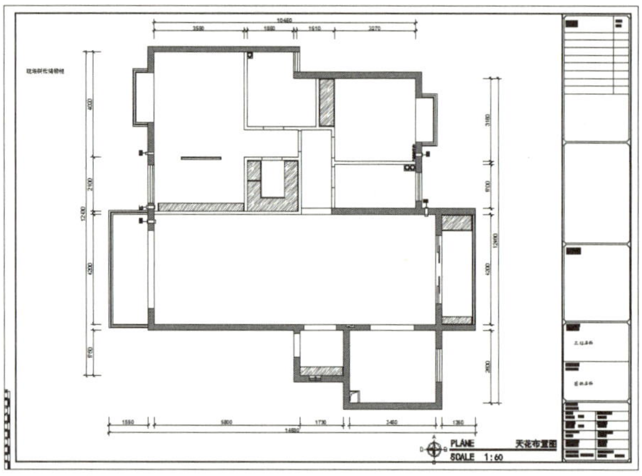


图 6-68　复制平面图

图 6-69　绘制客厅天花造型

步骤 4：执行“偏移”命令，将最外圈的造型线向外偏移“50mm”，绘制灯带线条，再执行“圆角”命令，将灯带的边角修整好，如图 6-70 所示。

步骤 5：选择灯带的线条，将“线型”改为“DASHED”，打开“特性”面板将比例改为“300”，如图 6-70 所示。

图 6-70　绘制客厅灯带

步骤 6：执行“偏移”和“圆角”命令，偏移出石膏线的内线，如图 6-71 所示。

步骤 7：用上述方法绘制出过道的吊顶造型，如图 6-72 所示。

图 6-71 绘制石膏线

图 6-72 绘制过道吊顶

步骤 8：执行“偏移”命令，将餐厅上面的墙线往下面偏移“2100”，将餐厅右边的墙线往左偏移“2065”，找到餐厅圆形吊顶的中心点，如图 6-73（a）所示。

步骤 9：执行“圆”和“偏移”命令，绘制出餐厅的吊顶造型，如图 6-73（b）所示。

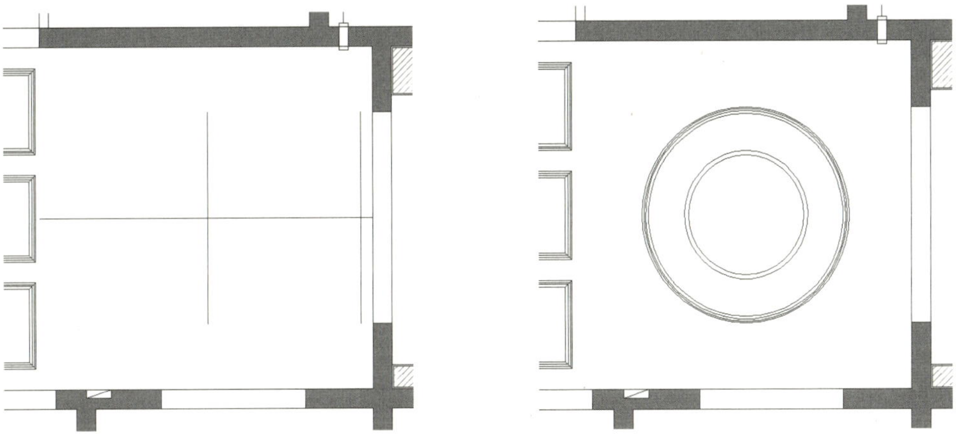

（a）　（b）

图 6-73 绘制餐厅吊顶

步骤 10：执行“偏移”命令，绘制出客厅和餐厅灯带和预留窗帘盒位置，然后打开素材“图库”找到灯具的图例复制到客厅和餐厅中，如图 6-74 所示。

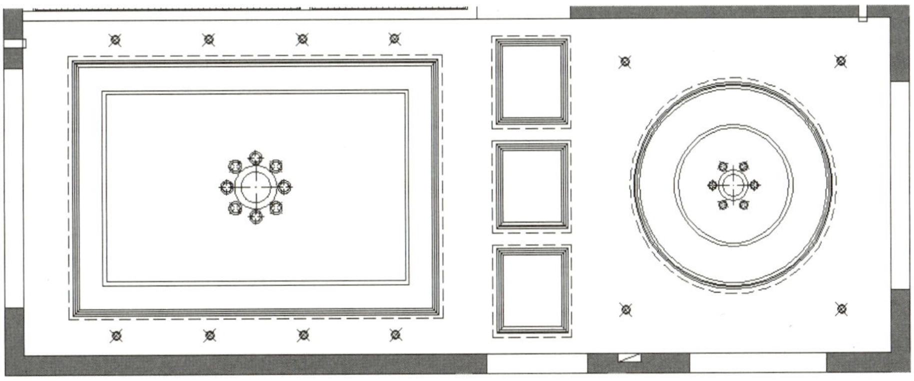

图 6-74 导入灯具

步骤 11：参照客厅吊顶造型的绘制方法，绘制出其他区域的吊顶造型，并插入合适的灯具图例，如图 6-75 所示。

步骤 12：执行“矩形”命令，画一个长为“990mm”、宽为“480mm”的矩形，然后执行“直线”命令，分成如图 6-76 所示的 4 份。

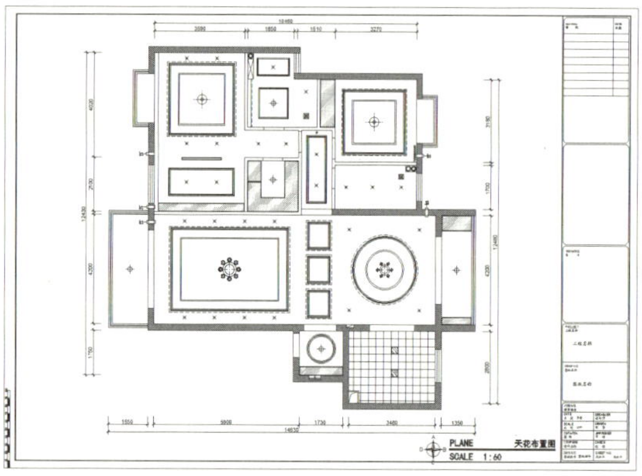


图 6-75　绘制其他区域吊顶

图 6-76　绘制表格

步骤 13：使用快捷键“ALT+ 空格”，打开“属性定义对话框”，将“标记”设为“CH”，“提示”设为“层高”，“对正”设为“居中”，“文字样式”设为“宋体”，点击“确定”，将光标在左上角的框中间点一下，如图 6-77（a）所示。

步骤 14：选择文字，打开“特性”窗口，将“高度”设为“150”，如图 6-77（b）所示。

步骤 15：重复上述操作，完成表格文字，如图 6-77（c）所示。

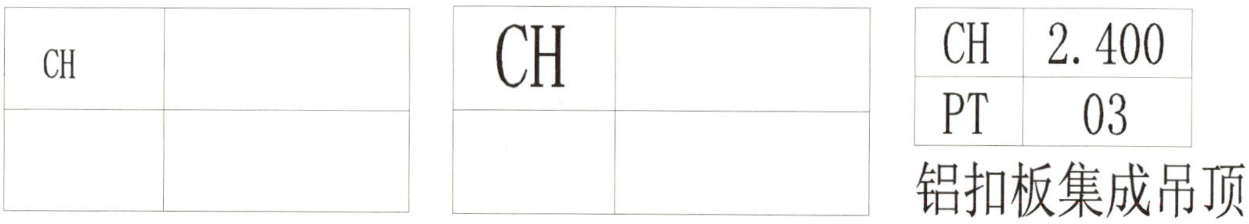


（a）　（b）　（c）

图 6-77　绘制文字标注

步骤 16：选择整个表格，执行“块定义”命令，名称改为标高和材料，点击确定。

步骤 17：执行“引线”命令，绘制引线，连接刚刚绘制好的表格，如图 6-78（a）所示。

步骤 18：双击表格，修改其中的内容，用引线连接到对应的位置，完成天花图纸的标高和材料标注，如图 6-78（b）所示。

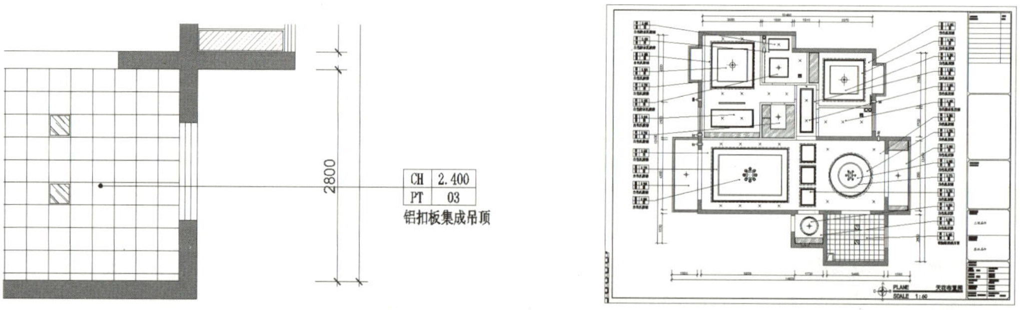


（a）　（b）

图 6-78　指定文字标注位置

步骤 19：插入表格，执行“文字”命令，制作灯具图例表，最终效果如图 6-79（c）所示。

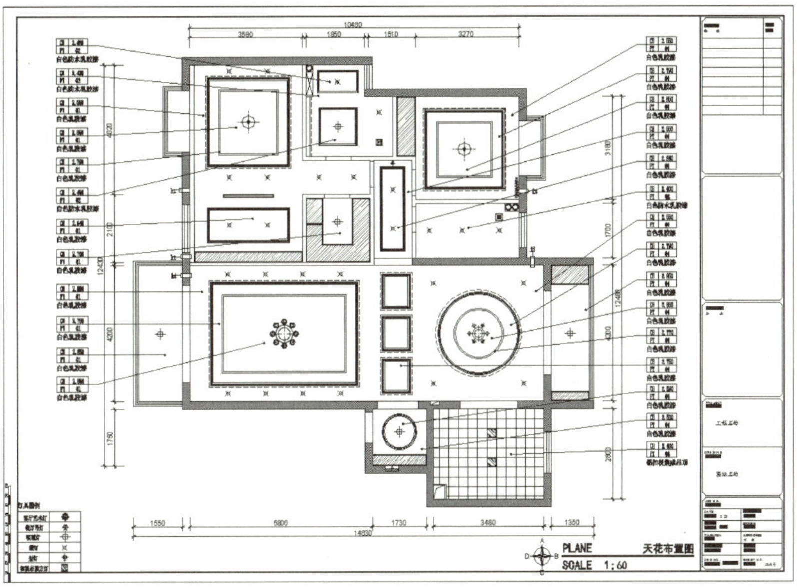


图 6-79　天花布置图

## 第六节　天花尺寸图与灯具定位图绘制

天花尺寸图与灯具定位图是在天花布置图的基础上进行绘制的两张图，旨在标明所有天花造型的详细尺寸和每个灯具的安装位置。在图纸较为简单时可将其合成为一张图纸来绘制。

### 一、天花尺寸图绘制

步骤 1：将天花布置图复制一份，删掉旁边的文字标注，如图 6-80 所示。

步骤 2：执行“线性标注”命令，标注出客厅吊顶造型尺寸，如图 6-81 所示。

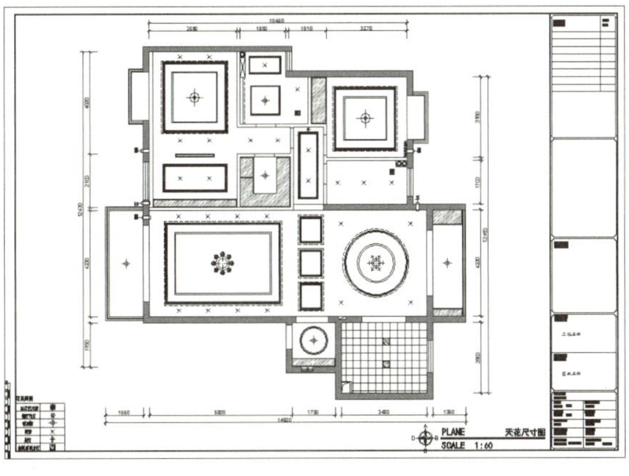


图 6-80　复制天花布置图

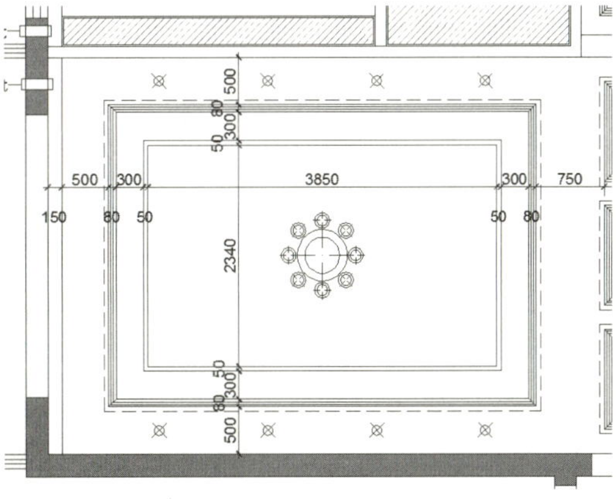


图 6-81　标注客厅尺寸

步骤 3：执行“线性标注”和“直径标注”命令，标注出其他尺寸，如图 6-82 所示。

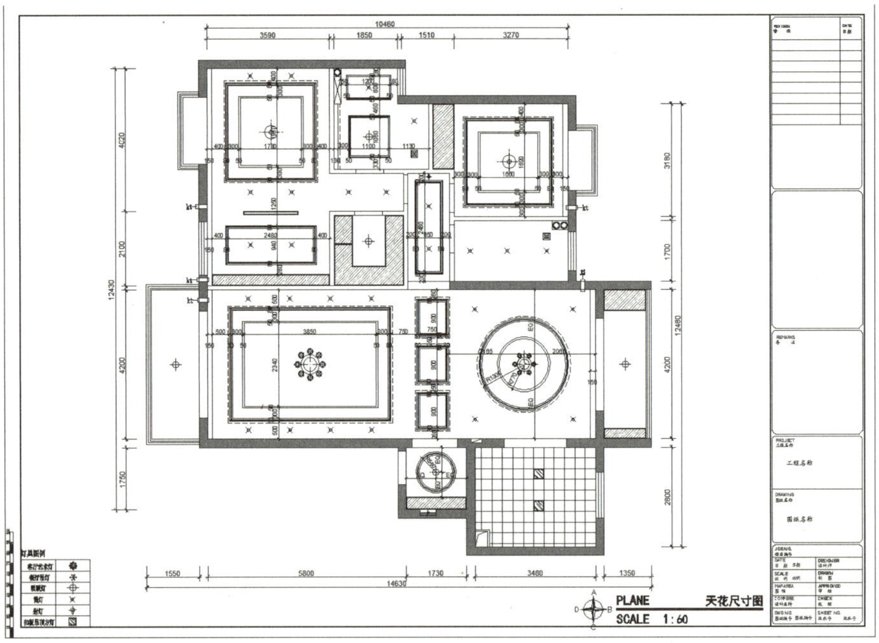


图 6-82　天花尺寸图

## 二、灯具定位图绘制

标注灯具定位尺寸时注意是从灯具图例的中心点到最近的墙的距离。绘制方法和天花尺寸图一样，最终效果如图 6-83 所示。

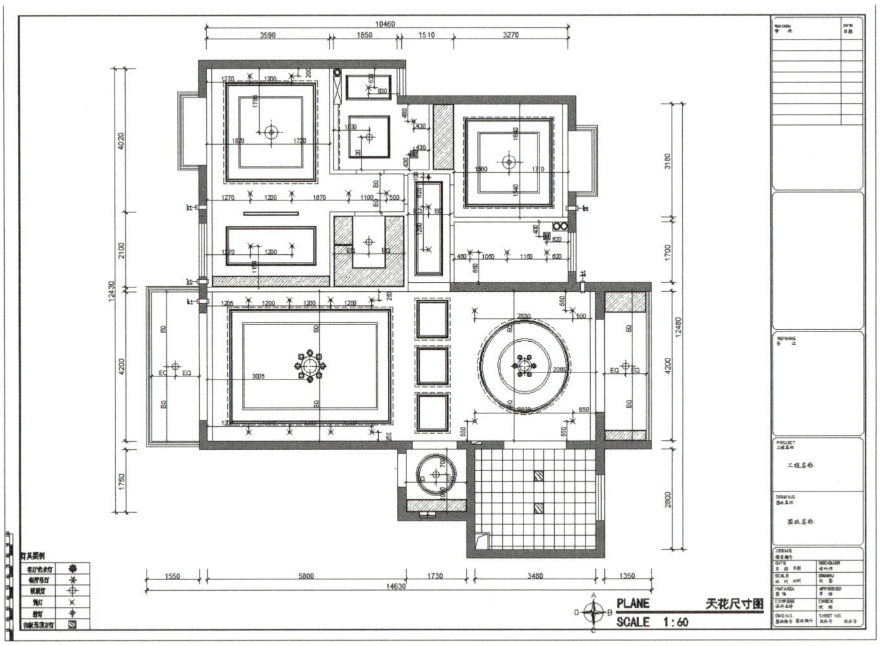


图 6-83　灯具定位图

## 第七节 开关布置图与插座布置图

### 一、开关布置图

开关布置图也是在天花布置图基础之上绘制的，旨在标明开关的位置及每个开关所控制的灯具，为电工铺设电线提供依据。在绘制开关与灯具的连线时要尽量避免连线相交。

步骤 1：将天花布置图复制一份，删掉旁边的文字标注，如图 6-84 所示。

步骤 2：将图中所绘制图形除灯具和墙体填充外全部放入家具内线的图层中。

步骤 3：打开素材“图库”，将单联单控开关复制到玄关相应位置，并将开关的图例放入家具外线的图层中，如图 6-85 所示。

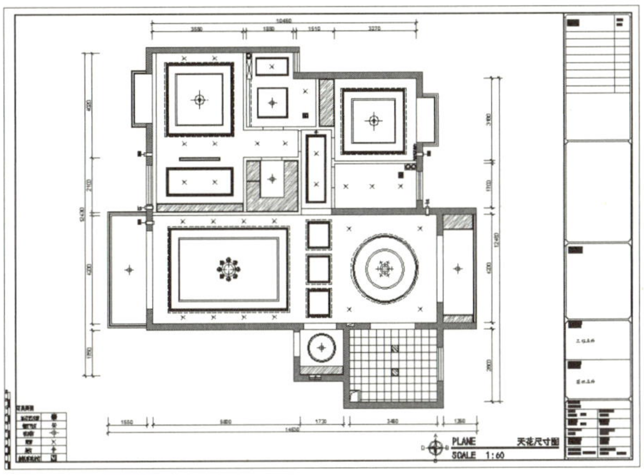


图 6-84 复制天花布置图

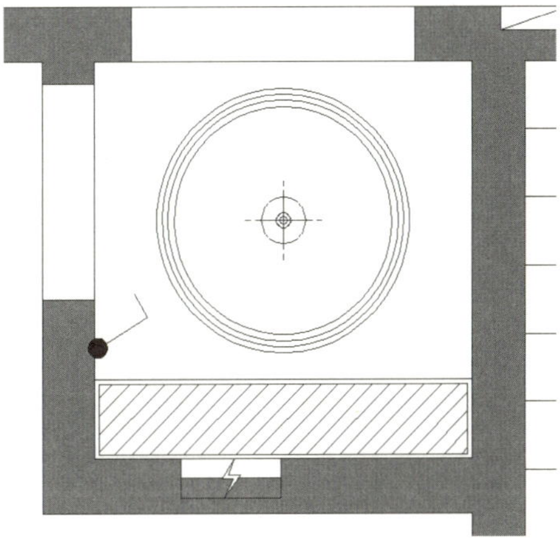

图 6-85 插入图例

步骤 4：将当前图层设置为家具外线图层，执行“多段线”命令，将线的“宽度”设为“0”，绘制出开关与灯具之间的连线，如图 6-86 所示。

步骤 5：将三联单控开关复制到餐厅相应位置，并将开关的图例放入家具外线的图层中，如图 6-87 所示。

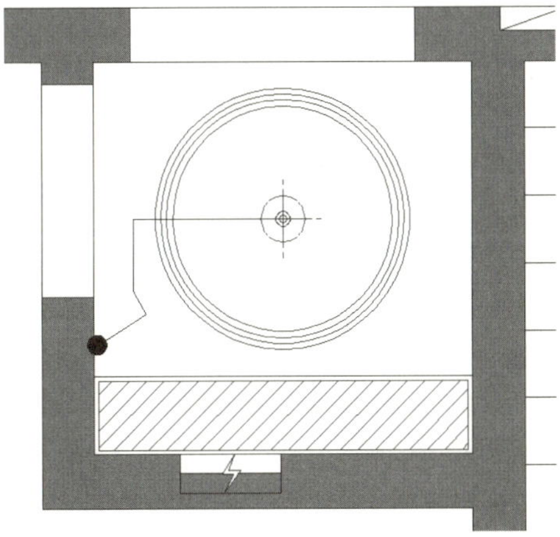

图 6-86 绘制连线

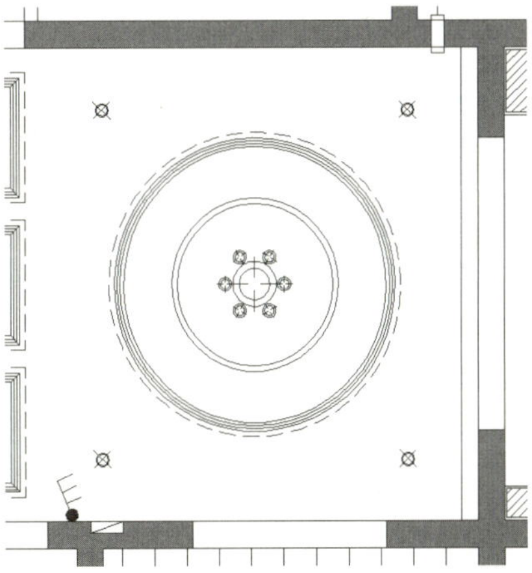

图 6-87 插入图例

步骤 6：执行“多段线”命令，绘制出开关与灯具之间的连线，如图 6-88 所示。

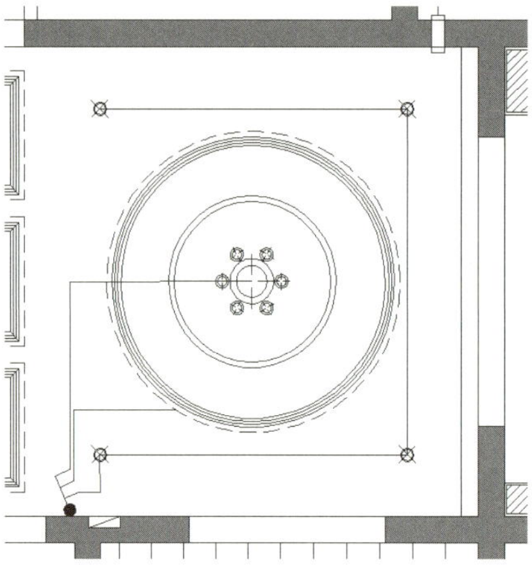

图 6-88　绘制连线

步骤 7：运用上述方法可以绘制出其他开关和连线，并修改好图例说明，最终效果如图 6-89 所示。

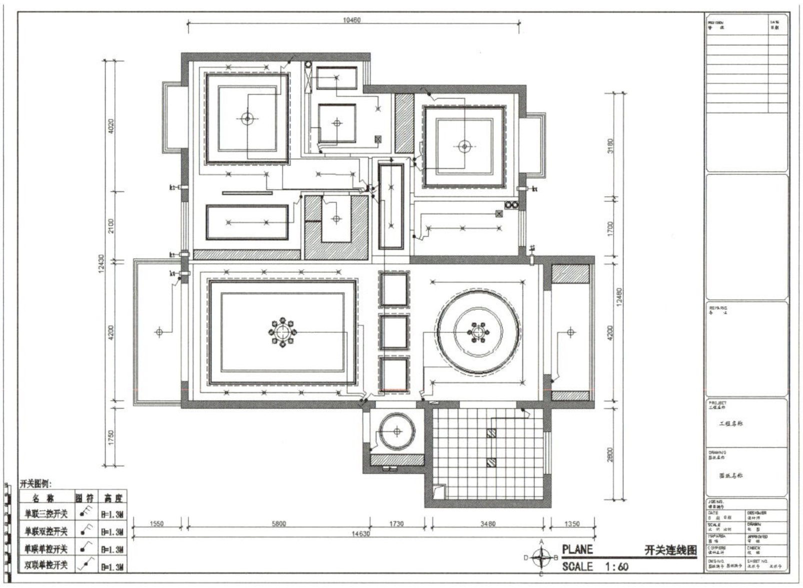


图 6-89　开关连线图

## 二、插座布置图

插座布置图是在平面布置图的基础之上绘制的，旨在标明安装插座的具体位置，为电工铺设电线提供依据。

步骤 1：复制一份平面布置图，删掉文字标注。

步骤 2：将除了墙体填充以外的全部图形选中并放入家具内线的图层中。

步骤 3：打开素材“图库”找到相应的插座图例，并复制到相应位置。

步骤 4：执行“线性标注”命令，标注出插座的水平位置。

步骤 5：执行“文字”命令，标注插座离地的高度。

步骤 6：修改图例说明，最终效果如图 6-90 所示。

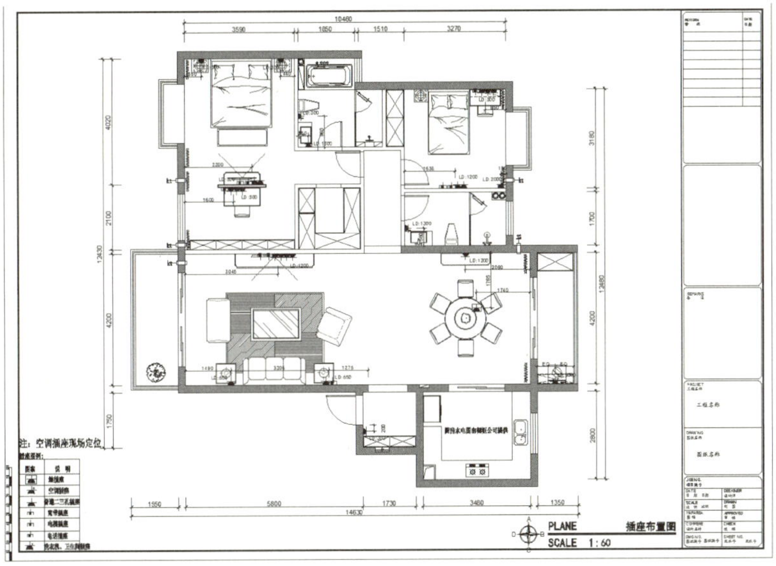


图 6-90 插座布置图

## 第八节 给排水定位图和立面索引图

### 一、给排水定位图

给排水定位图和插座布置图一样，需要将平面图整体放入家具内线的图层中，然后执行“多段线”命令，可以很容易地绘制出该图。绘制时注意区分冷热水的线型，最终效果如图 6-91 所示。

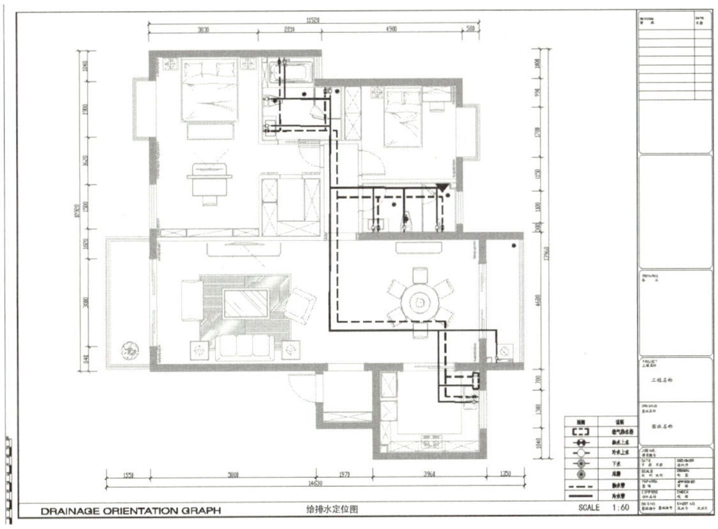


图 6-91 给排水定位图

## 二、立面索引图

打开素材“图库”可以找到对应比例的立面索引符号，绘制立面索引的关键在于要了解索引符号所表示的内容。索引符号中的上半部分表示该立面图的编号，下半部分表示该立面图所在的图纸编号。如图 6-92 所示的“索引符号”表示编号为“01”的电视背景墙立面图绘制在编号为“EL-01”的图纸上。

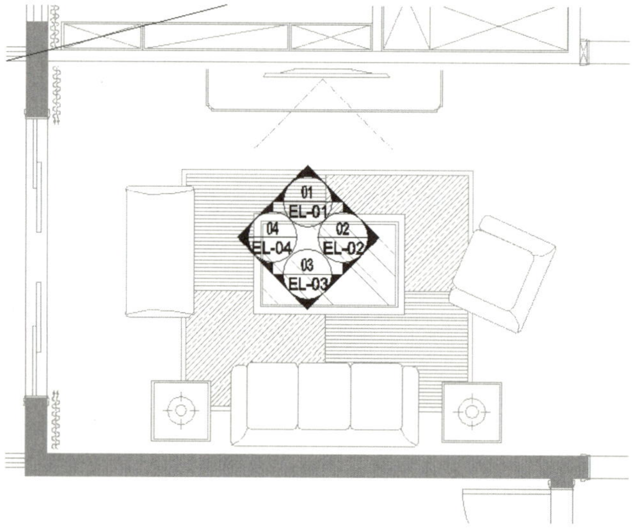


图 6-92　立面索引符号

将图库中的索引符号导入图纸修改其编号，可以绘制出本案例的立面索引图，最终效果如图 6-93 所示。

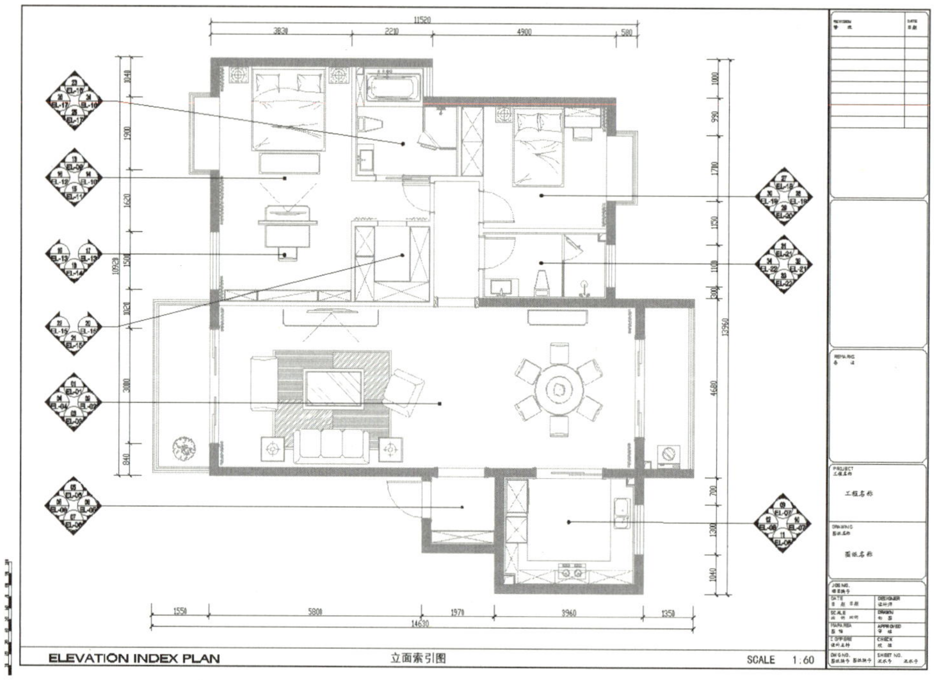


图 6-93　立面索引图

## 第九节　客厅和餐厅立面图绘制

### 一、室内立面图概述

立面图是装饰细节的体现，也是施工的重要依据。在绘制室内立面图之前，首先需要对室内立面图有个基础的认识。

装饰立面图是将建筑物外观墙面或内部墙面向铅直的投影面所做的正投影图，主要反映的是墙面的装饰造型、饰面处理、剖切吊顶顶棚的断面形状以及投影到的灯具等内容。

1．室内立面图的图示内容

（1）反映投影方向可见的室内立面轮廓、装修造型及墙面装饰的工艺要求等。

（2）墙面装饰材料名称、规格、颜色及工艺做法等。

（3）反映门窗及构配件的位置及造型。

（4）反映靠墙的固定家具、灯具及需要表达的靠墙非固定家具、灯具的形状及位置关系。

（5）反映室内需要表达的装饰构件（如悬挂物、艺术品等）的形状及位置关系。

（6）标注各种必要的尺寸和标高。

2．室内立面图的表达方法及要求

（1）室内立面图应按比例绘制。

（2）室内立面图的顶棚轮廓线可根据具体情况只表达吊平顶或同时表达吊平顶及结构顶棚。

（3）平面形状曲折的建筑物可绘制展开室内立面图；圆形或多边形平面的建筑物，可分段展开绘制室内立面图，但均应在图名后加注“展开”二字。

（4）室内立面图的名称应根据平面图中内视符号的编号或字母确定（如 1 立面图、A 立面图等）。

（5）在室内立面图上，应用文字说明各部位所用面材名称、规格、颜色及工艺做法。

（6）室内立面图标注定位轴线位置及编号时，应与室内平面图相对应。

（7）室内立面图应画出门窗投影形状，并注明其大小及位置、尺寸。

（8）室内立面图应画出立面造型及需要表达的家具等物品的投影形状。

（9）对需要详细表达的部位，应画出详图。

（10）室内立面图中的附加物品应用图例或投影轮廓简图表示。无关的墙断面可不必画出。

3．室内立面图的画法步骤

（1）选定图幅，确定比例。

（2）画出立面轮廓线及主要分隔线。

（3）画出门窗、家具及立面造型的投影。

（4）完成各细部作图。

（5）检查后，擦去多余图线并按线型、线宽加深图线。

（6）标注全部尺寸，注写文字说明。

## 二、客厅电视背景墙立面绘制

步骤 1：执行“矩形”命令，在如图 6-94 所示的位置绘制出一个矩形。

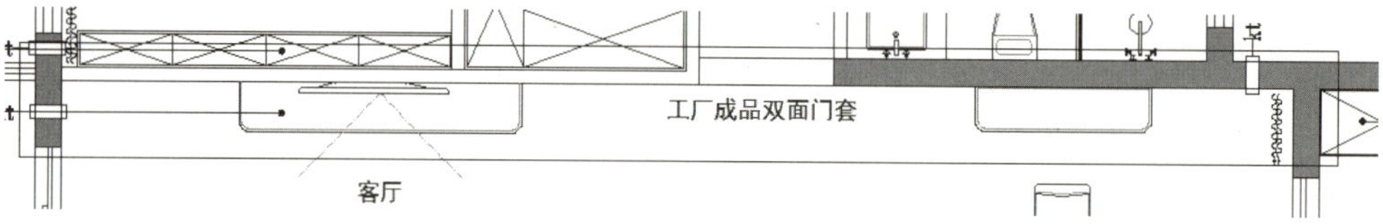


图 6-94　截取平面（1）

步骤 2：将矩形区域的图形复制出来，并删除多余图形，如图 6-95 所示。

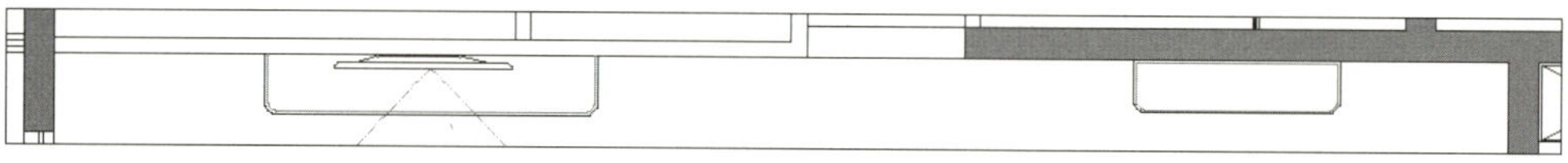

图 6-95　截取平面（2）

步骤 3：执行“直线”命令，根据平面图画出立面宽度，如图 6-96（a）所示。

步骤 4：执行“直线”命令，画出地面线，然后执行“偏移”命令，向上偏移出层高和楼板的厚度，向下偏移出下方楼板的厚度，如图 6-96（b）所示。

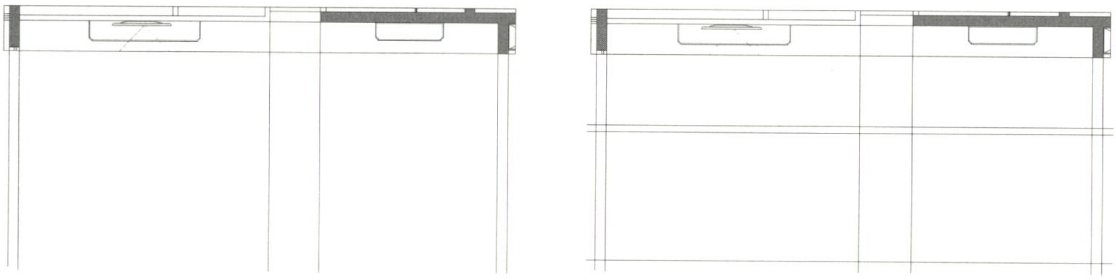

（a）　（b）

图 6-96　绘制立面轮廓（1）

步骤 5：执行“剪切”命令，修剪掉多余的线条，绘制出立面的形状，并将所绘制的线放入墙体的图层中，如图 6-97 所示。

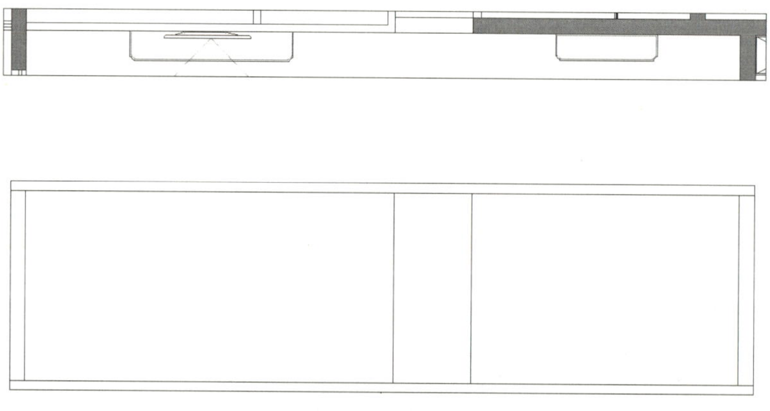

图 6-97　绘制立面轮廓（2）

步骤 6：将左边的内墙线往里偏移“150”，并将偏移的线放入家具外线的图层中，然后根据天花造型的水平尺寸依次偏移“500”“80”“300”“50”“3850”“50”“300”“80”“750”“80”“750”“80”“865”“80”“450”“50”“1440”“50”“450”“80”“615”，如图 6-98 所示。

图 6-98 绘制天花造型（1）

步骤 7：执行“偏移”命令，根据天花吊顶的高度分别将顶面直线向下偏移“150”“300”“60”“30”，执行“剪切”命令，修剪掉多余线条，并将偏移的线放入家具外线图层中，如图 6-99（a）所示。

步骤 8：执行“剪切”命令，修剪掉垂直方向的多余线条，如图 6-99（b）所示。

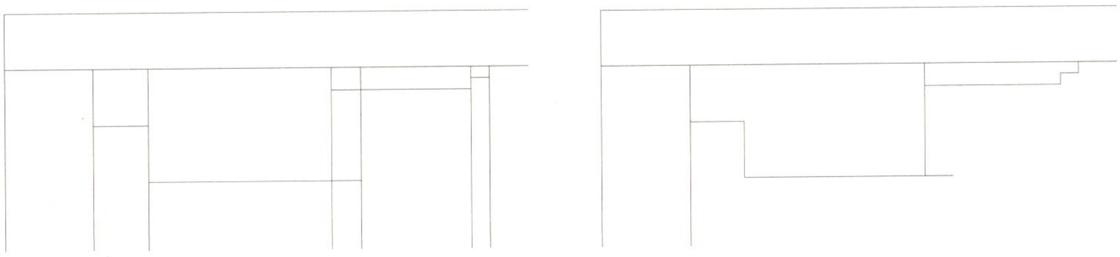

（a）（b）

图 6-99 绘制天花造型（2）

步骤 9：执行“偏移”命令，将中间的竖线向左偏移“80”，将中间的横线向上偏移“58”，如图 6-100（a）所示。

步骤 10：执行“剪切”命令，修剪掉多余线条，如图 6-100（b）所示。

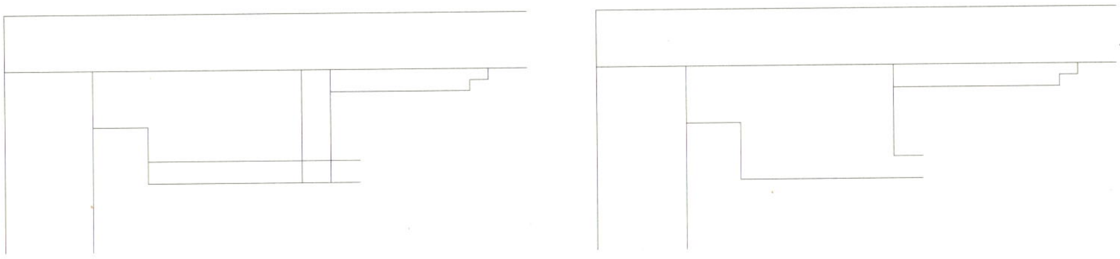

（a）（b）

图 6-100 绘制天花造型（3）

步骤 11：打开素材“图库”，找到石膏线剖面和灯具图例，复制到吊顶位置。客厅左边吊顶最终效果如图 6-101（a）所示。

步骤 12：运用上述方法可以绘制出客厅和餐厅其他区域的吊顶剖面，如图 6-101（b）所示。

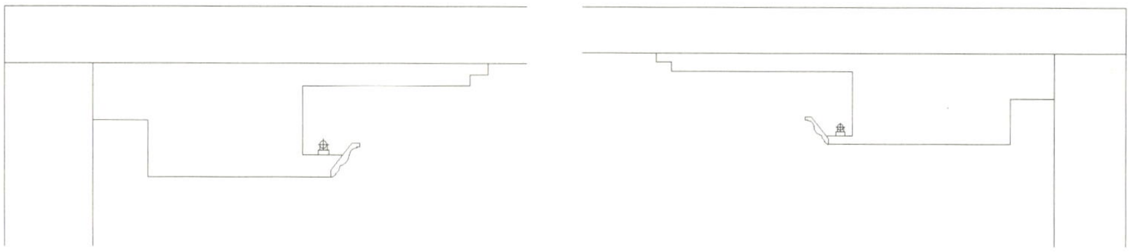

（a）　　（b）

图 6-101　绘制天花造型（4）

步骤 13：执行“直线”命令，将当前图层切换到家具内线，绘制出后方吊顶的看线，如图 6-102 所示。

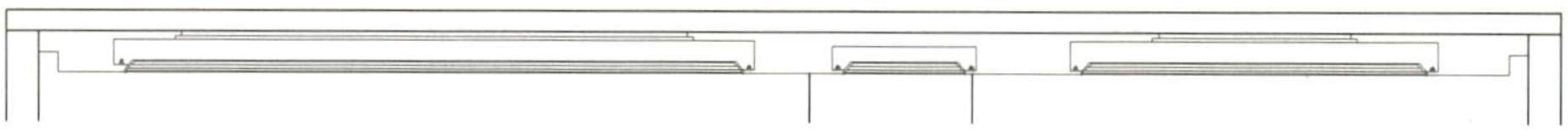

图 6-102　绘制天花看线

步骤 14：执行“直线”命令，将地面线向上偏移“50”，绘制出地面的完成面。

步骤 15：执行“直线”命令，将地面的完成面向上偏移“120”，绘制出踢脚线。

步骤 16：执行“偏移”命令，绘制出墙面造型轮廓，如图 6-103 所示。

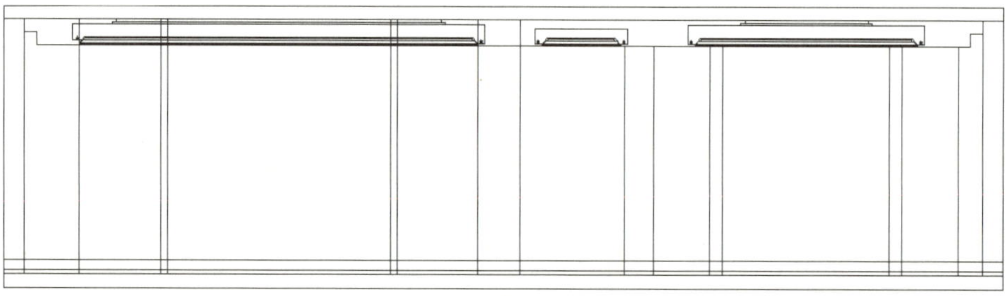

图 6-103　绘制墙面造型轮廓（1）

步骤 17：执行“剪切”命令，将多余的线修剪掉，如图 6-104 所示。

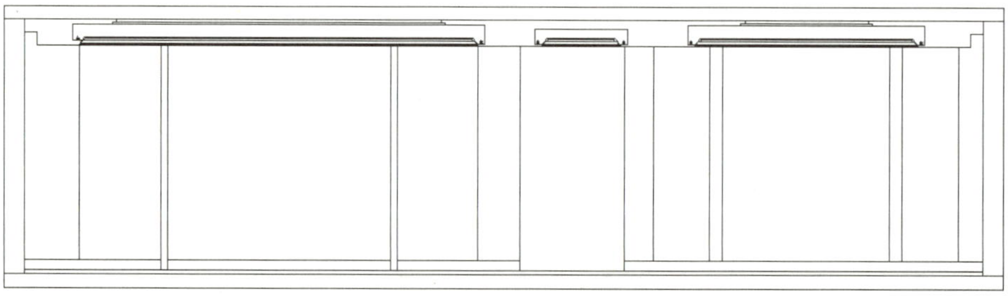

图 6-104　绘制墙面造型轮廓（2）

步骤 18：执行“偏移”命令，向内偏移出实木线条的宽度，并用“剪切”命令，修剪掉多余的线条，如图 6-105 所示。

图 6-105　绘制实木线条（1）

步骤 19：执行“偏移”“直线”和“剪切”命令，绘制出实木线条的细节，如图 6-106 所示。

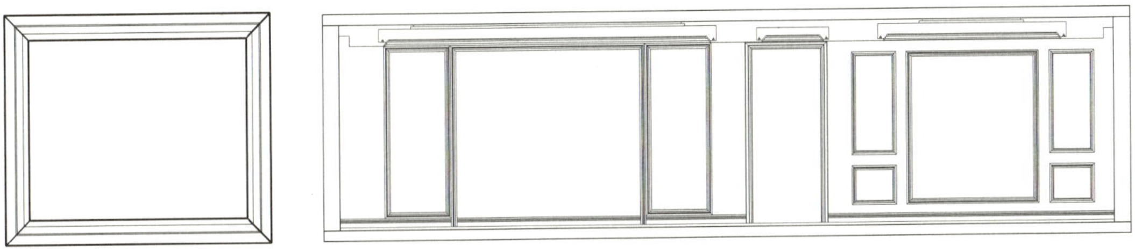

图 6-106　绘制实木线条（2）

步骤 20：执行“填充”命令，类型选择“预定义”、图案选择“ANST31”、比例设置为“350”，填充墙体部分，如图 6-107 所示。

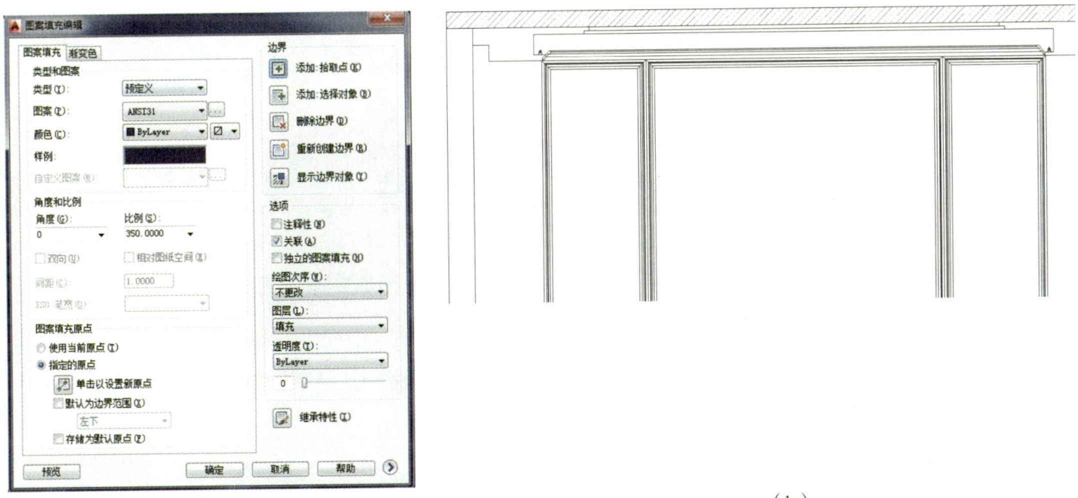


（a）　　　　（b）

图 6-107　填充墙体（1）

步骤 21：执行“矩形”命令，在墙体的位置画一个矩形，再执行“填充”命令，点击“添加:选择对象(B)”拾取矩形，将填充类型选择为“预定义”、图案设置为“AR-CONC”、比例设置为“35”，点击“确定”，然后删掉矩形，填充效果如图 6-108 所示。

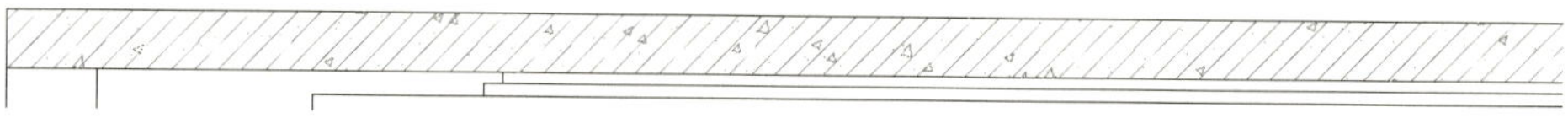

图 6-108　填充墙体（2）

步骤 22：执行“填充”命令，选择合适的图案填充其他区域，如图 6-109 所示。

图 6-109　填充其他区域

步骤 23：执行“偏移”命令，在左边的相框内偏移出“100mm×100mm”的方格，如图 6-110（a）所示。

步骤 24：执行“直线”命令，沿方格的对角线画出菱形格子，如图 6-110（b）所示。

步骤 25：执行“删除”命令，删除偏移出来的方格，并将菱形方格放入家具外线的图层中，如图 6-110（c）所示。

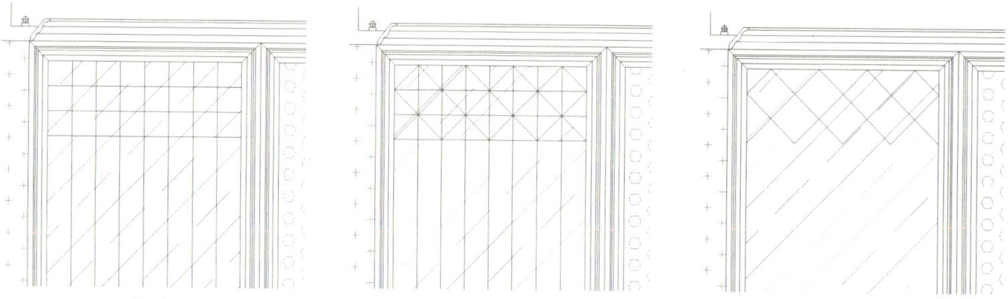

（a）　（b）　（c）

图 6-110　银镜倒边（1）

步骤 26：选择菱形方格，执行“镜像”命令，设置镜像线为相框中线，将方格镜像到相框的下方，如图 6-111（a）所示。

步骤 27：执行“直线”命令，连接上下方格，执行“复制”命令，将所绘制图形复制到右边的相框中，如图 6-111（b）所示。

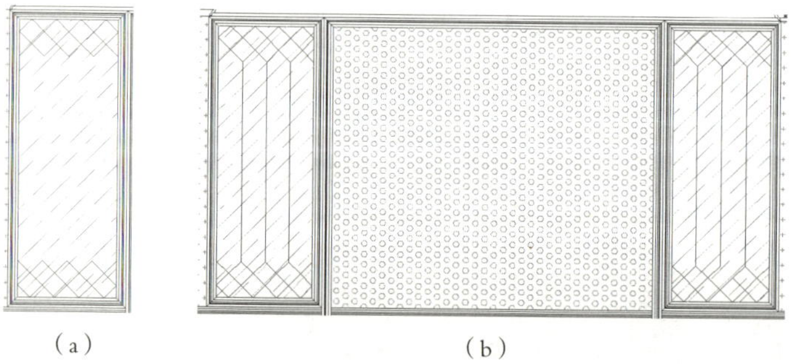

（a）　（b）

图 6-111　银镜倒边（2）

步骤 28：执行“直线”命令，在门洞中绘制折线，并将折线放入家具内线的图层中，如图 6-112 所示。

步骤 29：执行“填充”命令，填充餐厅中间相框内部。填充类型设置为“用户定义”、角度设置为“45”、勾选“双向”、间距设置为“300”，并指定“相框的中心点”为原点，点击“确定”，填充效果如图 6-113 所示。

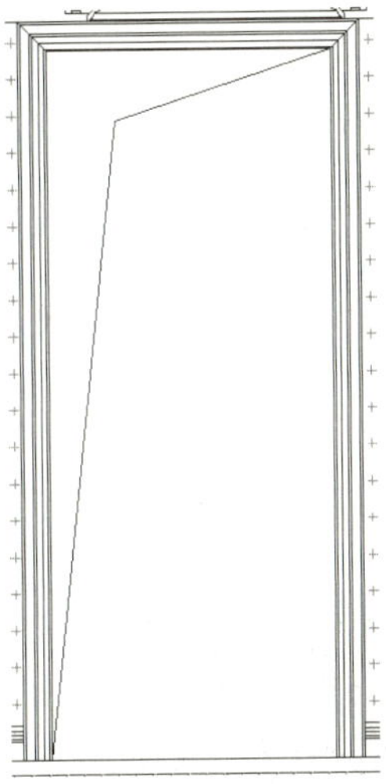

图 6-112　门洞

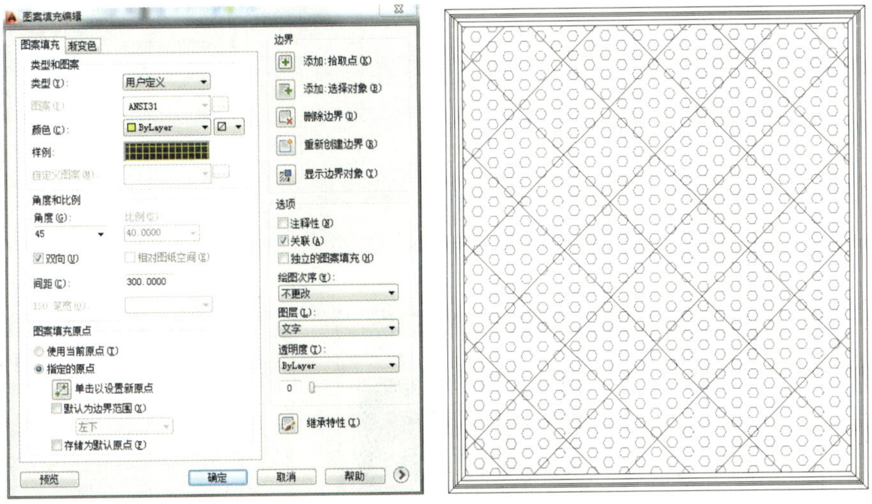


图 6-113　填充倒边线

步骤 30：打开素材“图库”，将模型导入立面图中，如图 6-114 所示。

图 6-114　导入模型

步骤 31：复制平面图框执行“缩放”命令，指定“比例因子”为“40/60”，并将立面图放入图框中，如图 6-115 所示。

步骤 32：打开“标注样式管理器”新建标注样式，命名为“立面图尺寸”，将超出标记设置为“80”、超出尺寸线设为“80”、固定长度设为“200”、箭头设为“建筑标记”、箭头大小设置为“1.5”、文字高度设为“100”、文字位置垂直方向设为“上”、水平方向设为“居中”、尺寸线偏移设为“20”，对齐方式设为“与尺寸线对齐”，主单位中精度设为“0”，点击“确定”，并将该尺寸样式置为当前，如图 6-116 至图 6-118 所示。

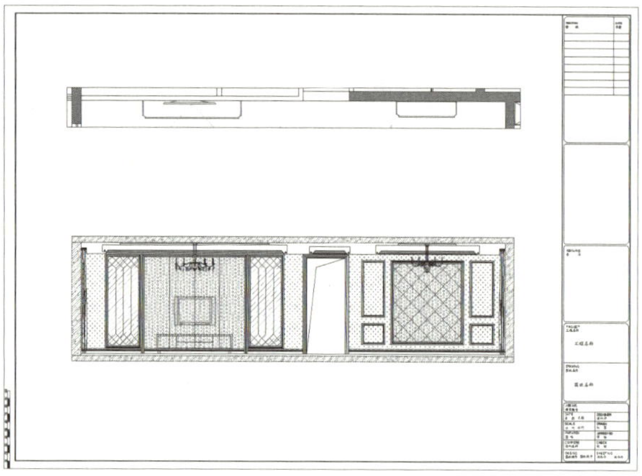

图 6-115　套图框

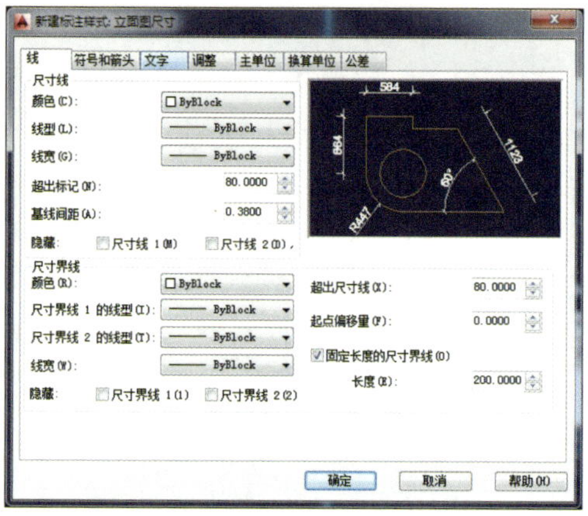


图 6-116　“线”选项卡设置

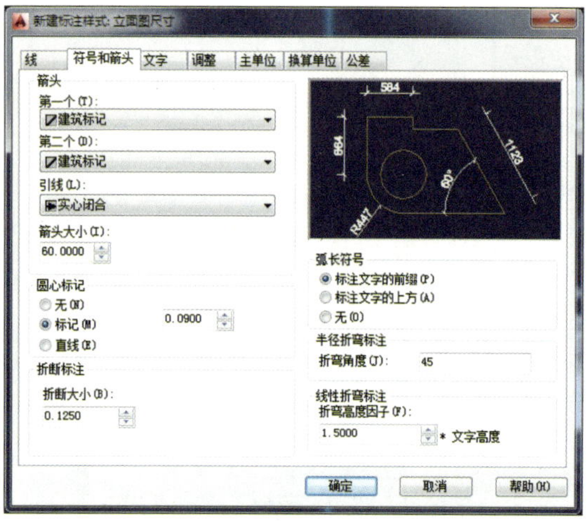


图 6-117　“符号和箭头”选项卡设置

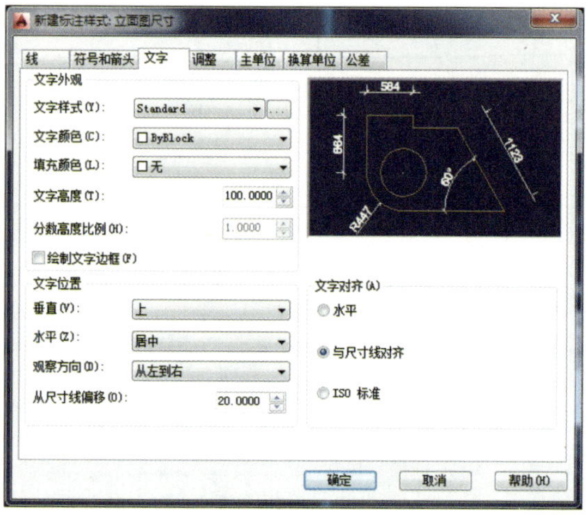


图 6-118　“文字”选项卡设置

步骤 33：执行“线性标注”命令，标出立面图尺寸，如图 6-119 所示。

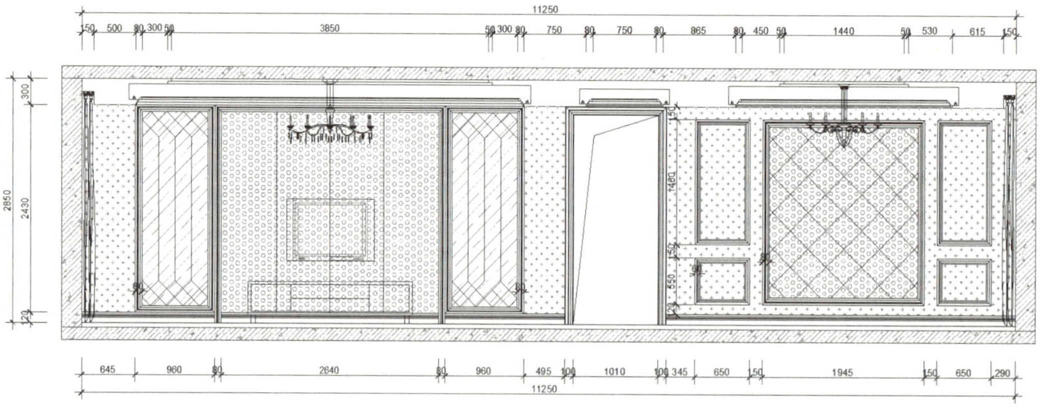


图 6-119　标注尺寸

步骤 34：执行“引线”命令，绘制一条引线，如图 6-120（a）所示。

步骤 35：执行“文字”命令，在引线后方输入相应的文字，如图 6-120（b）所示。

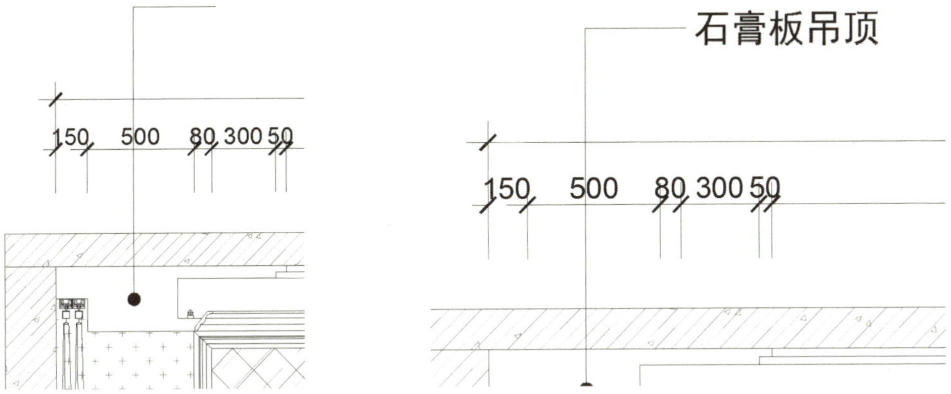


（a）　　　　（b）

图 6-120　标注文字

步骤 36：选择引线和文字，将两者复制到需要标注的位置上，并调整引线箭头到相应位置以及更改文字说明，如图 6-121 所示。

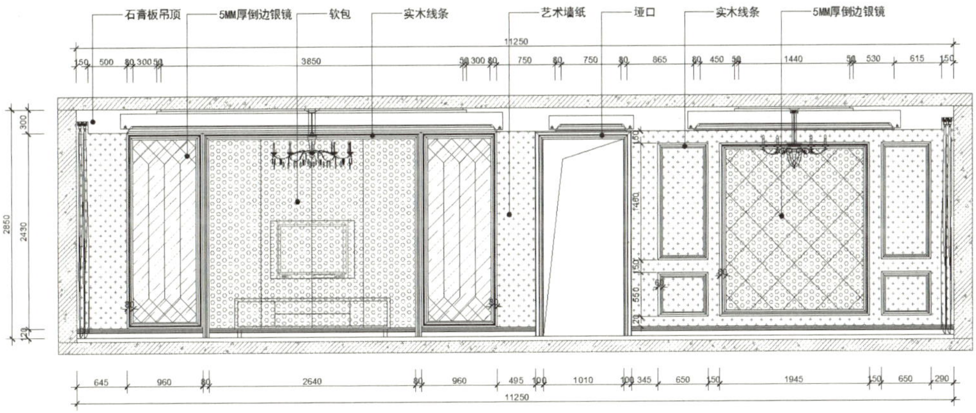


图 6-121　标注其他文字

步骤 37：执行“偏移”和“圆角”命令，根据原始结构图绘制出梁的位置，并填充，如图 6-122 所示。

步骤 38：执行“填充”命令，填充吊顶部分，图案类型选择“ANSI33”、角度设为“0”、比例设为“250”，如图 6-123 所示。

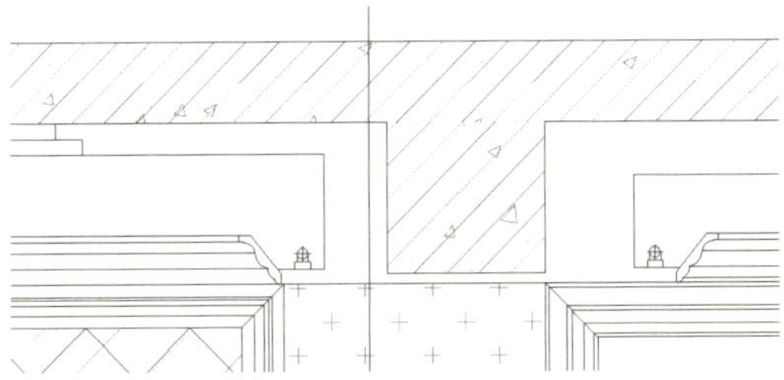

图 6-122　绘制梁

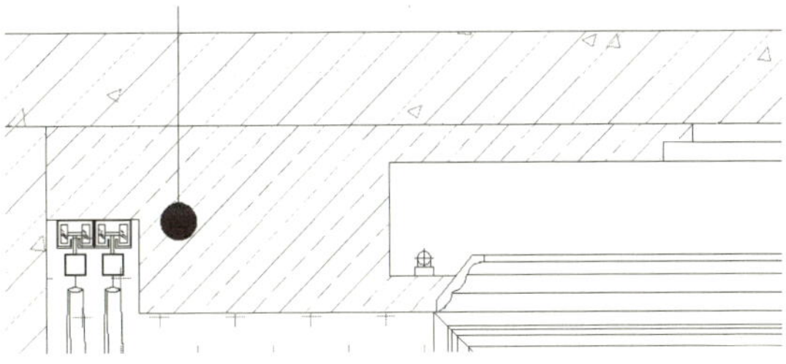

图 6-123　填充吊顶

步骤 39：执行“圆”命令，绘制“半径”为“240”的圆；执行“直线”命令，连出圆的直径，如图 6-124（a）所示。

步骤 40：执行“文字”命令，在圆的上下部分输入相应文字，“文字高度”设为“120”，如图 6-124（b）所示。

步骤 41：执行“多段线”命令，分别绘制“宽度”为“0”和“24”的两条直线，如图 6-124（c）所示。

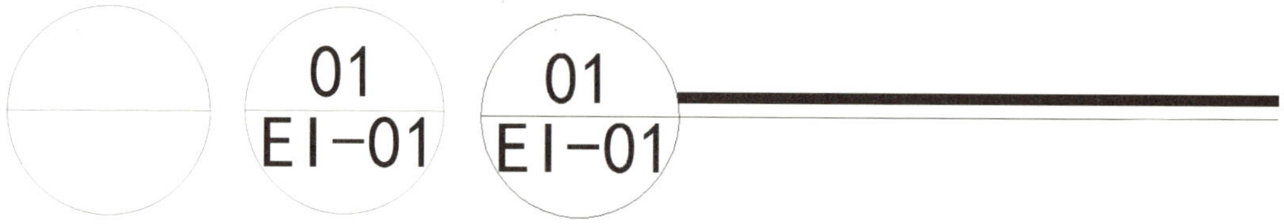


（a）　（b）　（c）

图 6-124　绘制图纸编号

步骤 42：执行“文字”命令，在直线的上下各输入相应文字，“文字高度”设为“150”，如图 6-125 所示。

步骤 43：执行“直线”命令，绘制出标高符号，执行直线命令，在标高符号上输入数字，并将标高符号放置在对应高度的位置上，如图 6-126 所示。

图 6-125　绘制图纸名称

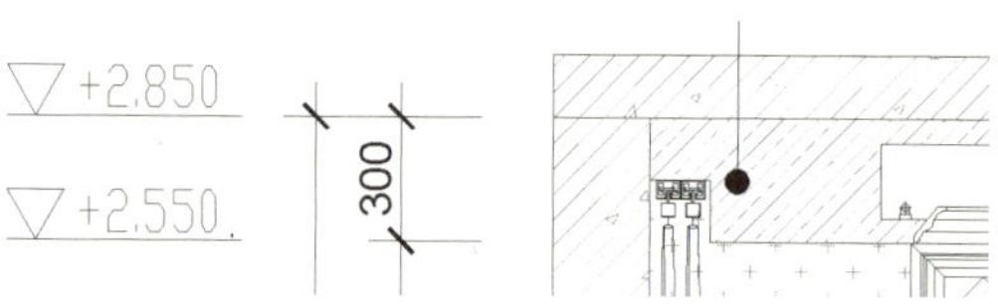


图 6-126　标注高度

步骤 44：运用上述方法绘制出电视背景墙的剖切符号，最终效果如图 6-127 所示。

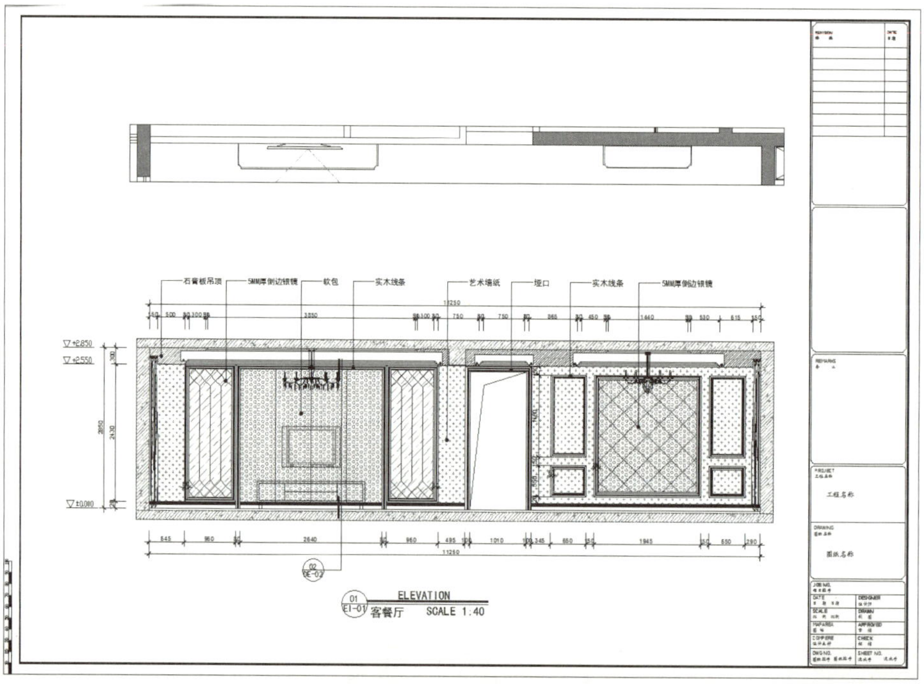


图 6-127　客厅电视背景墙立面图

## 第十节　主卧立面图绘制

步骤 1：复制平面图中主卧床头的部分，执行“矩形”命令，画一个矩形框出需要的部分，执行“剪切”命令，修剪掉多余部分，如图 6-128 所示。

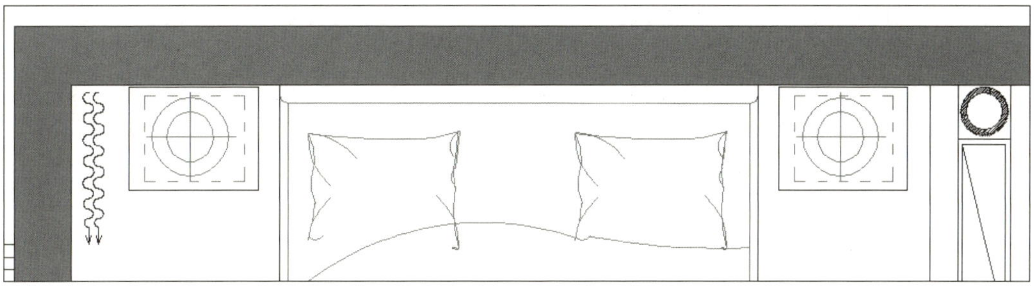

图 6-128　截取平面

步骤 2：执行“直线”命令，连出立面图的宽度，如图 6-129（a）所示。

步骤 3：执行“直线”命令，画出地面，执行“偏移”命令，向上偏移出层高和上方楼板，向下偏移出下方楼板，如图 6-129（b）所示。

步骤 4：执行“剪切”命令，修剪掉多余线条，并将所绘制图形放入家具外线图层中，如图 6-129（c）所示。

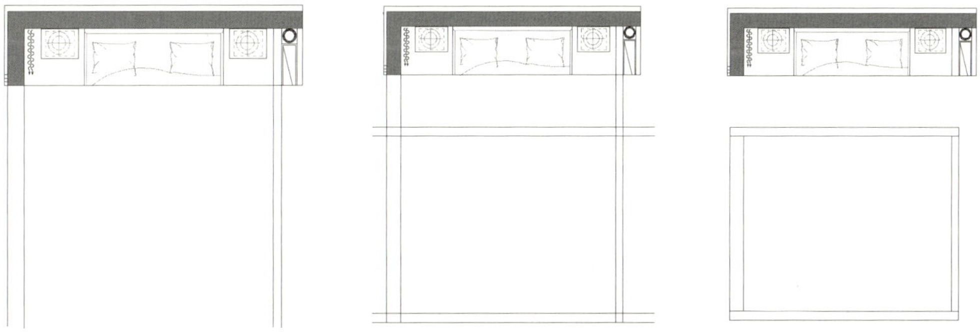

（a）　（b）　（c）

图 6-129　绘制立面轮廓

步骤 5：执行“填充”命令，按照客厅和餐厅立面所教方法填充墙体部分，如图 6-130 所示。

步骤 6：绘制吊顶部分。主卧吊顶和客厅吊顶造型基本一样，参照上节客厅吊顶的绘制方法可以很容易绘制出主卧吊顶，如图 6-131 所示。

图 6-130　填充墙体

图 6-131　绘制吊顶

步骤7: 执行“偏移”命令,将地面的线向上偏移“50”和“100”,绘制出地面完成面和踢脚线,如图6-132所示。

步骤8: 执行“直线”和“圆弧”命令,绘制出踢脚线的截面,如图6-133所示。

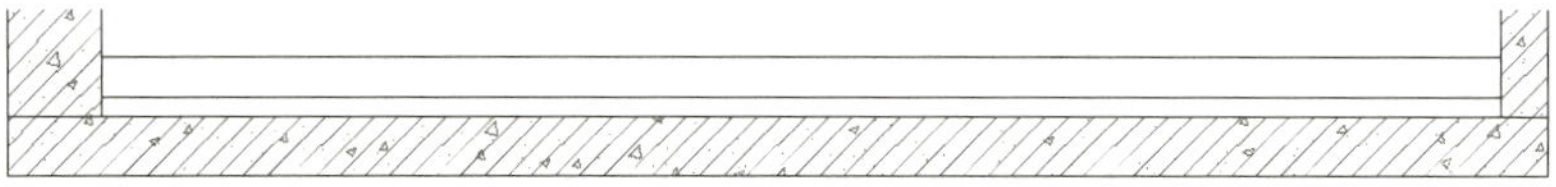
图6-132　地面线

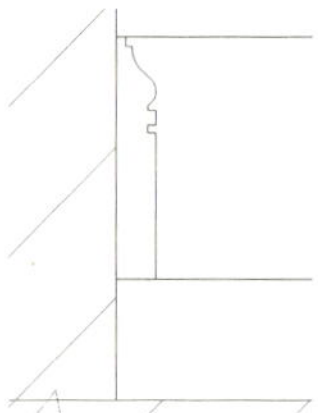
图6-133　踢脚线截面

步骤9: 执行“镜像”命令,将截面镜像到右边,执行“直线”命令,连接踢脚线的截面转折处,绘制出踢脚线的看线,如图6-134所示。

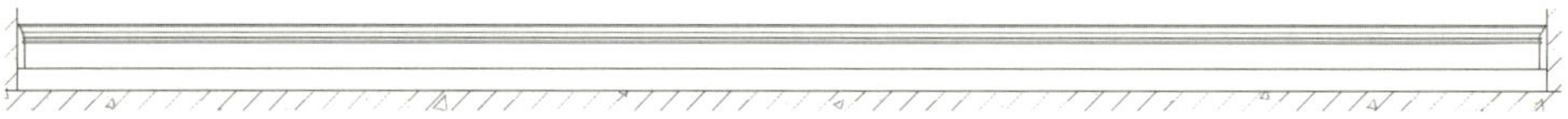
图6-134　绘制踢脚线转折线

步骤10: 执行“偏移”“圆角”和“直线”命令,绘制出实木线条的造型,如图6-135所示。

步骤11: 执行“填充”命令,在实木线条内填充对应图案,如图6-136所示。

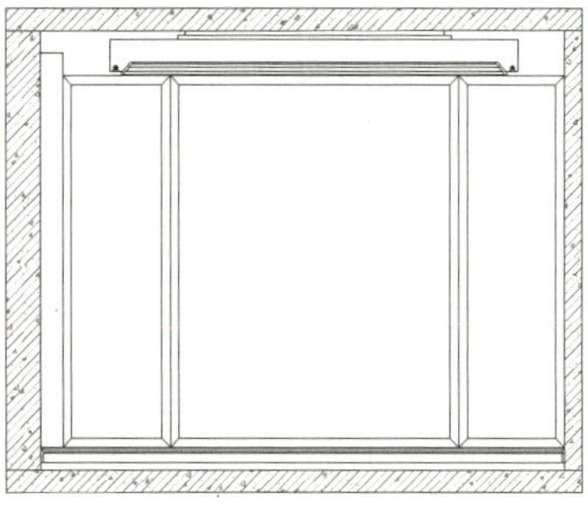
图6-135　绘制实木线条

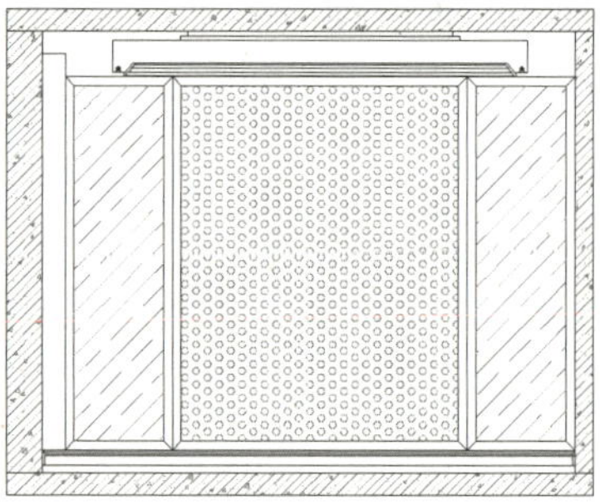
图6-136　填充图案

步骤12: 执行“偏移”命令,绘制银镜倒边,如图6-137所示。

步骤13: 执行“填充”命令,按照上节餐厅背景墙的填充方法填充出软包的图形,如图6-138所示。

图6-137　绘制银镜倒边

图6-138　填充软包案

步骤 14：执行“填充”命令，绘制吊顶填充图案（参考上节吊顶填充的绘制）。

步骤 15：执行“偏移”和“圆角”命令，绘制实木线条的转折线，如图 6-139 所示。

步骤 16：打开素材“图库”，将模型复制到立面图中，如图 6-140 所示。

图 6-139 绘制转折线

图 6-140 导入模型

步骤 17：复制客厅和餐厅立面图图框，执行“缩放”命令，指定“比例因子”为“25/40”，将绘制好的主卧平面图和立面图放在图框中间，如图 6-141 所示。

步骤 18：打开“标注样式管理器”，点击“新建”按钮 新建(N)...，将新样式命名为“立面图尺寸 25”，“基础样式”设置为“立面图尺寸”，点击“继续”，将“使用全局比例”设置为“25/40”，点击“确定”，将该尺寸样式置为当前。

步骤 19：执行“线性标注”命令，标注出立面图尺寸，如图 6-142 所示。

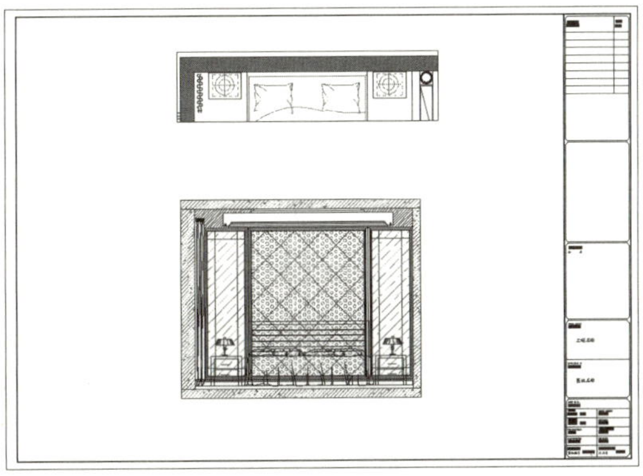

图 6-141 套图框

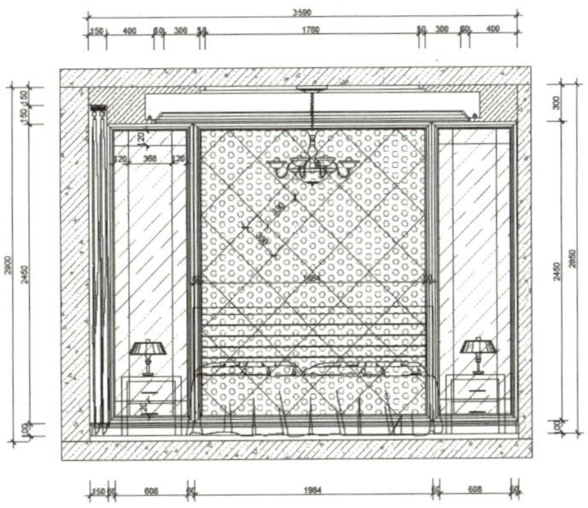

图 6-142 标注尺寸

步骤 20：执行“引线”和“文字”命令，标注出所用材料，“文字高度”设置为“62.5”，如图 6-143 所示。

步骤 21：将客厅和餐厅立面图中的图纸名称复制过来，执行“定义块”，将图纸名称定义成块，然后执行“缩放”命令，指定“比例因子”为“25/40”，将图纸名称缩小。双击图纸名称进入“块编辑器”，修改文字内容，如图 6-144 所示。

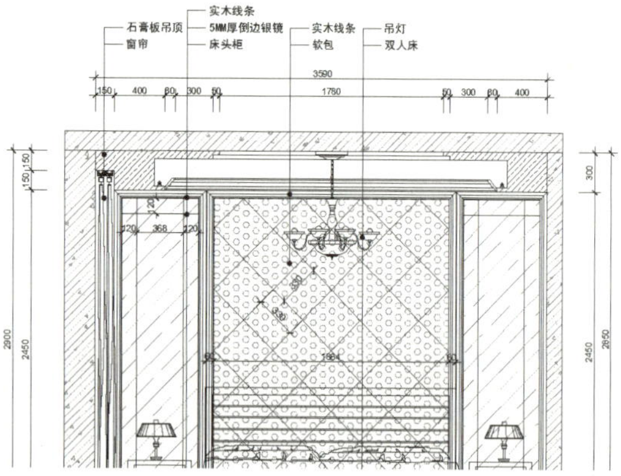


图 6-143　标注文字

图 6-144　修改图纸名称

步骤 22：将客厅和餐厅立面图中的标高符号和文字复制过来，执行“缩放”命令，指定“比例因子”为“25/40”，并将其放置在对应高度上。主卧室最终效果如图 6-145 所示。

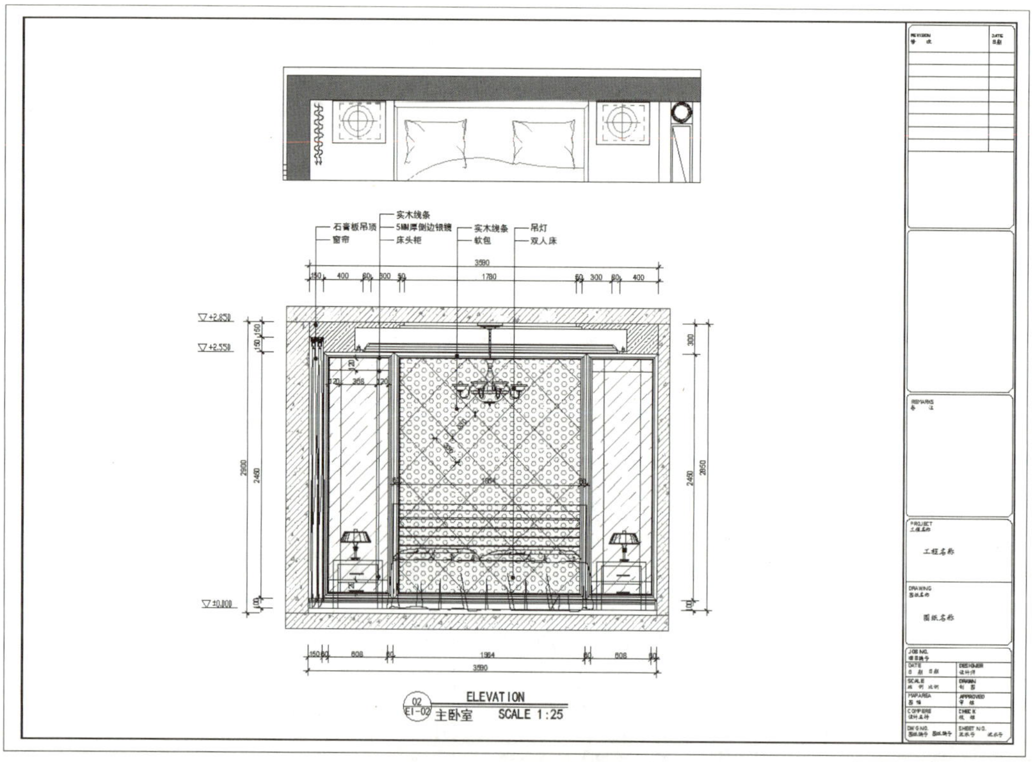


图 6-145　主卧室立面图

## 第十一节 书房立面图绘制

步骤 1：复制平面图中书房书柜的部分，执行“矩形”命令，画一个矩形框出需要的部分，执行“剪切”命令，修剪掉多余部分，如图 6-146 所示。

步骤 2：执行“旋转”命令，将平面图旋转到人面对书柜的角度，如图 6-146 所示。

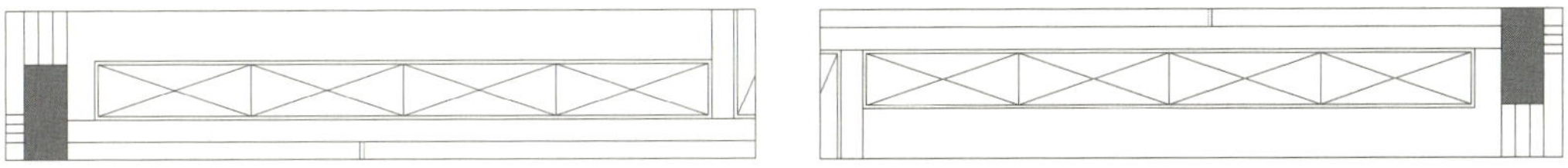

图 6-146 截取平面

步骤 3：执行“直线”命令，连出立面图的宽度，如图 6-147（a）所示。

步骤 4：执行“直线”命令，画出地面，执行“偏移”命令，向上偏移出层高和上方楼板，向下偏移出下方楼板，如图 6-147（a）所示。

步骤 5：执行“剪切”命令，修剪掉多余线条，并将所绘制图形放入原始墙体的图层中，如图 6-147（a）所示。

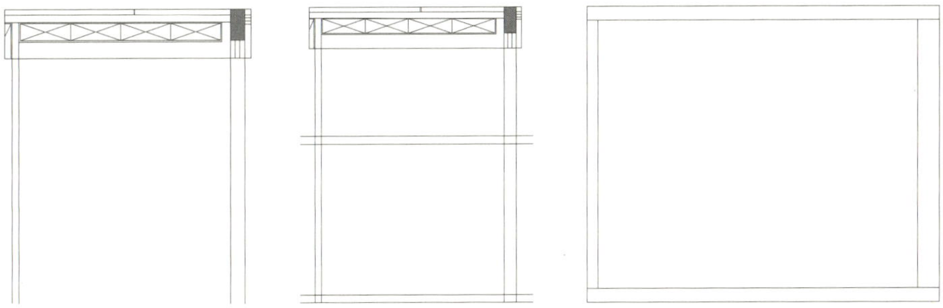

（a） （b） （c）

图 6-147 绘制立面轮廓

步骤 6：执行“填充”命令，按照客厅和餐厅立面所教方法填充墙体部分，如图 6-148 所示。

步骤 7：绘制吊顶部分（参照客厅吊顶的绘制方法），如图 6-149 所示。

图 6-148 填充墙体

图 6-149 绘制吊顶

步骤 8：执行“偏移”命令，将地面的线向上偏移“50”和“100”，绘制出地面完成面和踢脚线，如图 6-150 所示。

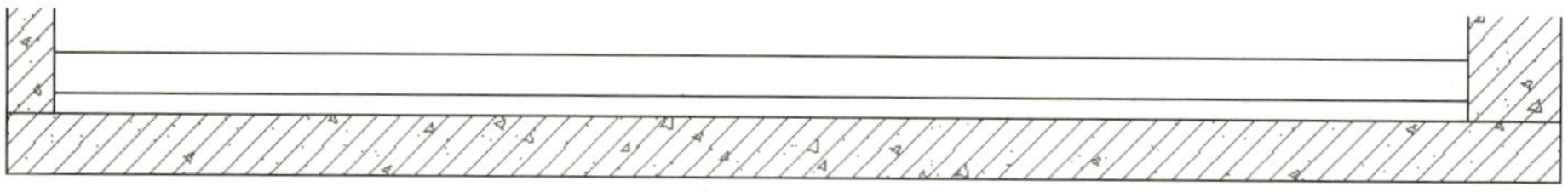

图 6-150　绘制地面

步骤 9：复制主卧室踢脚线的截面，如图 6-151 所示。

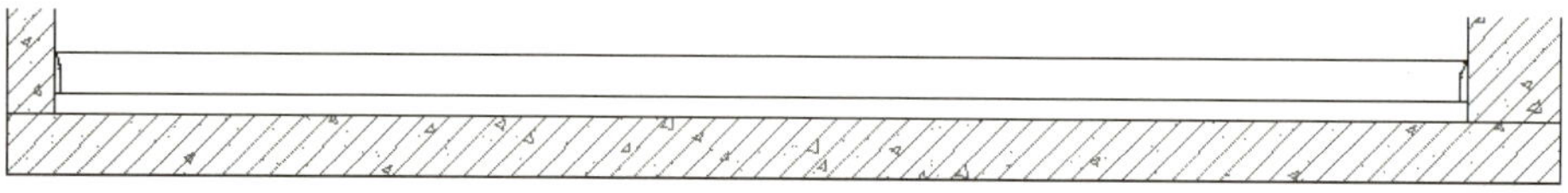

图 6-151　绘制踢脚线截面

步骤 10：执行“直线”命令，沿窗帘盒位置画出书柜的宽度；然后执行“偏移”命令，将地面完成面向上偏移“2300”，绘制出书柜的高度，如图 6-152 所示。

步骤 11：执行“偏移”命令，将书柜右边的竖线向左偏移“20”，绘制出书柜的侧板，并执行“剪切”命令，修剪掉多余线条，如图 6-153 所示。

图 6-152　确定高度

图 6-153　绘制侧板

步骤 12：执行“偏移”命令，绘制出踢脚线的转折线，如图 6-154 所示。

步骤 13：执行“偏移”命令，将书柜踢脚的线向上偏移“750”，绘制出地柜的高度；将书柜左右两边的线各向内偏移“880”，绘制出书柜的大致布局，如图 6-155 所示。

图 6-154　绘制踢脚线转折线

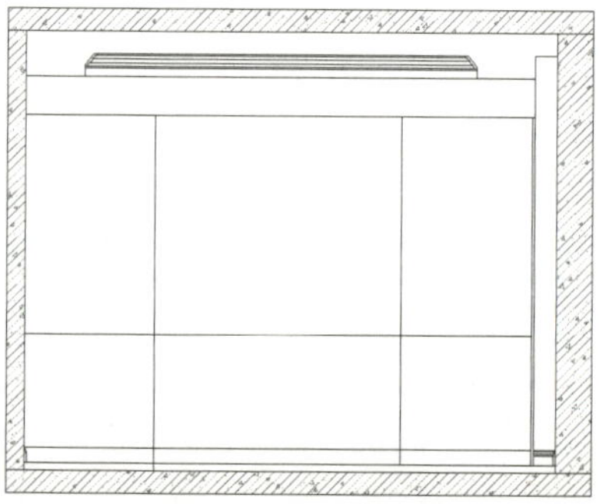

图 6-155　确定地柜高度

步骤 14：执行“偏移”命令，参考绘制好的立面图上的尺寸绘制出地柜的各个柜门，如图 6-156 所示。

步骤 15：将绘制好的天花和柜体的线放入家具外线的图层中，将吊顶的看线和踢脚线的转折线放入家具内线的图层中。

步骤 16：执行“偏移”命令，将柜门各边的线分别向内偏移“10”“35”“15”“20”“10”，如图 6-157（a）所示。

步骤 17：执行“圆角”命令，将偏移的线剪切成矩形，并将这些矩形放入家具内线的图层中；执行“直线”命令，将矩形的角连接起来，如图 6-157（b）所示。

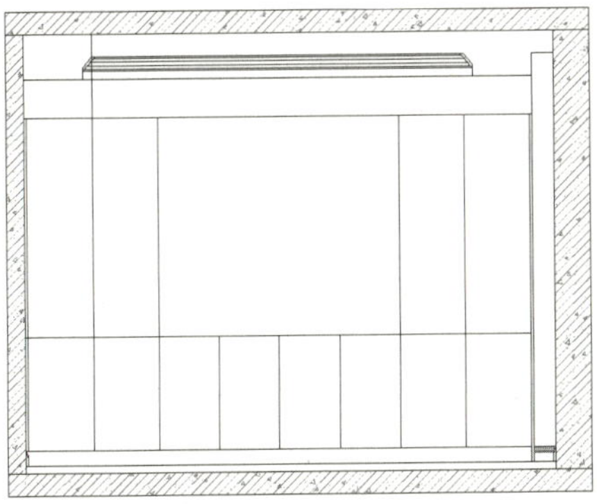

图 6-156　确定柜子布局

（a）　　（b）

图 6-157　绘制柜门（1）

步骤 18：用同样的方法绘制出其他柜门的造型线，如图 6-158 所示。

图 6-158　绘制柜门（2）

步骤 19：执行“圆”命令，绘制“半径”为“20”的圆；执行“偏移”命令，分别向里面偏移“4”和“12”，并将所绘制内容放在柜门角上，如图 6-159 所示。

步骤 20：执行“镜像”和“复制”命令，将圆复制到每个柜门上，如图 6-159 所示。

图 6-159　绘制拉手

步骤 21：执行“直线”命令，连接柜门一侧的两个角和另一侧的中点，并将绘制的线放入家具内线的图层中。选中绘制的线，点击 ByLayer，将线型设置为“DASH”，打开“特性”面板，将比例设置为“350”，如图 6-160 所示。

步骤 22：用同样的方法绘制出其他柜门的开合线，如图 6-160 所示。

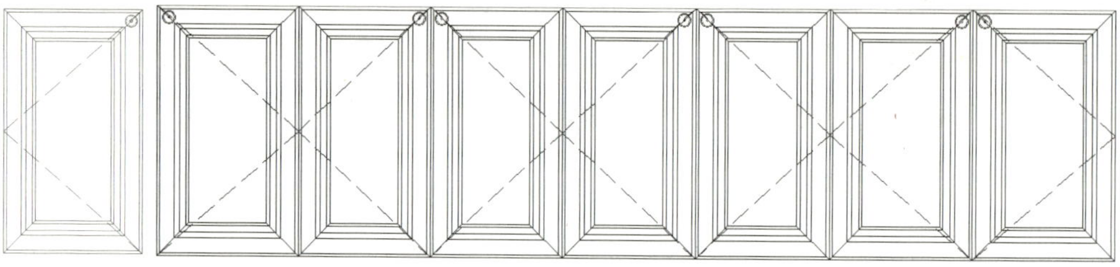

图 6-160　绘制开合线

步骤 23：用同样的方法完成上方柜门的绘制，如图 6-161 所示。

步骤 24：打开素材“图库”，找到对应的模型复制过来，执行“填充”命令，完成全部图形的绘制，如图 6-162 所示。

图 6-161　绘制其他柜门

图 6-162　填充图案

步骤 25：复制主卧室立面图的图框，将书房立面图放到图框中，如图 6-163 所示。

步骤 26：执行“线性标注”命令，标注出所有的尺寸，如图 6-164 所示。

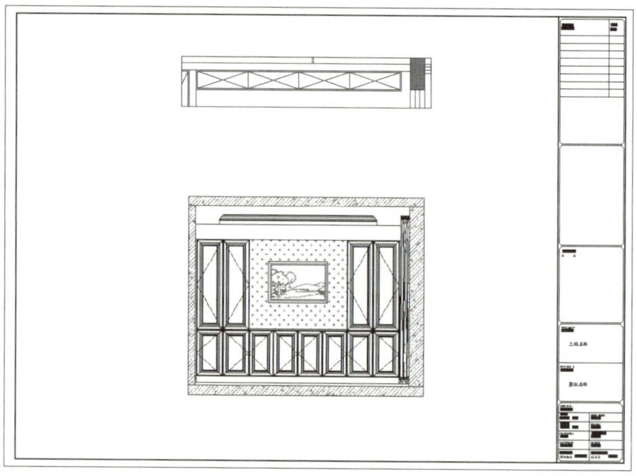

图 6-163　套图框

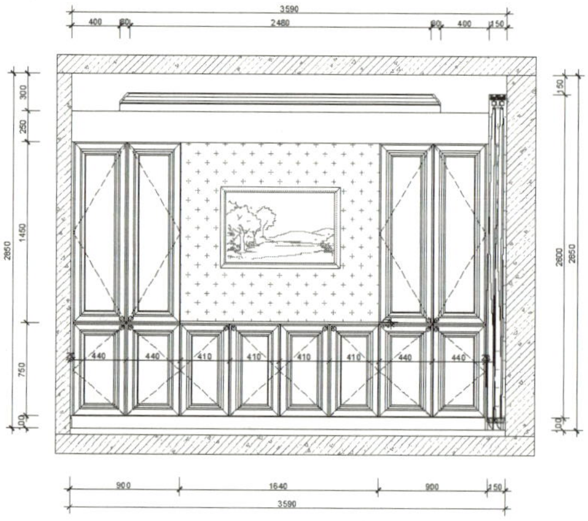

图 6-164　标注尺寸

步骤 27：执行“引线”和“文字”命令，标注出所用材料，文字高度设置为“62.5”，如图 6-165 所示。

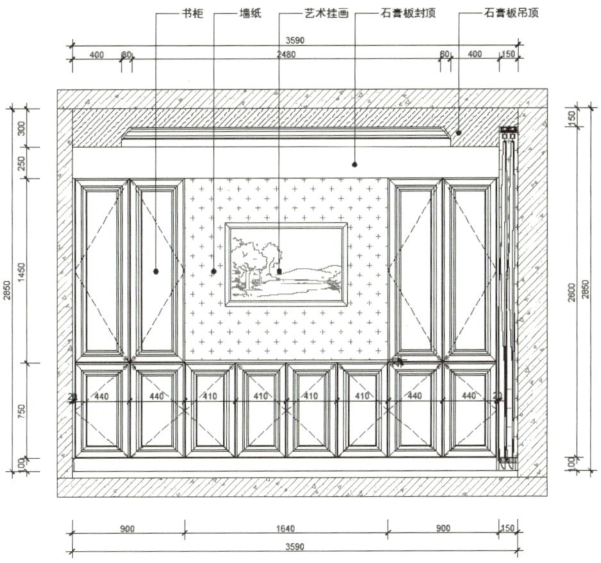


图 6-165　标注文字

步骤 28：复制主卧室立面图图纸名称，修改其中文字；复制主卧室立面图标高，放置在书房立面图对应高度处，最终效果如图 6-166 所示。

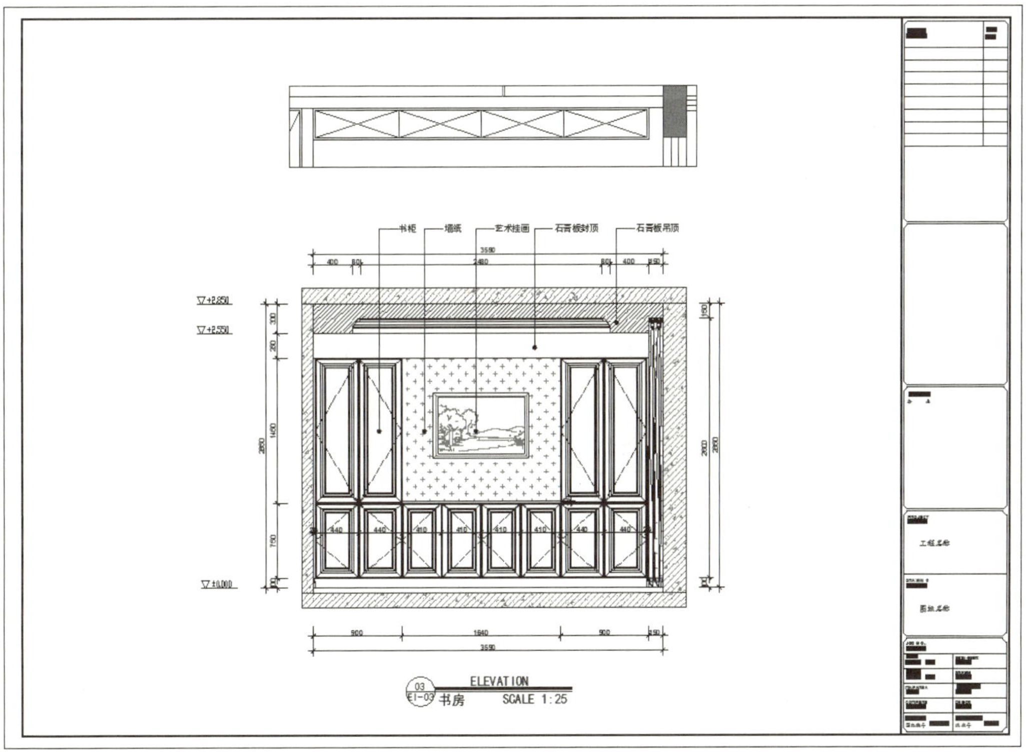


图 6-166　书房立面图

## 第十二节　天花板节点图绘制

步骤 1：执行“矩形”命令，绘制长为“1420mm”、宽为“560mm”的矩形。

步骤 2：执行“分解”命令，将矩形分解，将上面的线和左边的线分别向里偏移“120”和“180”；执行“剪切”命令，修剪掉上方线条，如图 6-167（a）所示。

步骤 3：执行“填充”命令，填充上方和左边的区域，如图 6-167（b）所示。

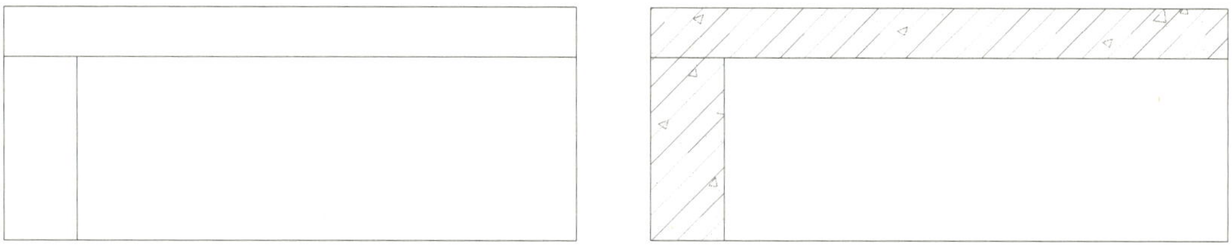

（a）　　（b）

图 6-167　绘制局部墙体

步骤 4：执行“偏移”命令，将上方线往下面偏移“150”，如图 6-168（a）所示。

步骤 5：将客厅和餐厅的吊顶造型复制到节点图中，并将窗帘盒上方的线对齐好刚刚偏移的线，如图 6-168（b）所示。

步骤 6：执行“删除”命令，删除掉偏移的线。

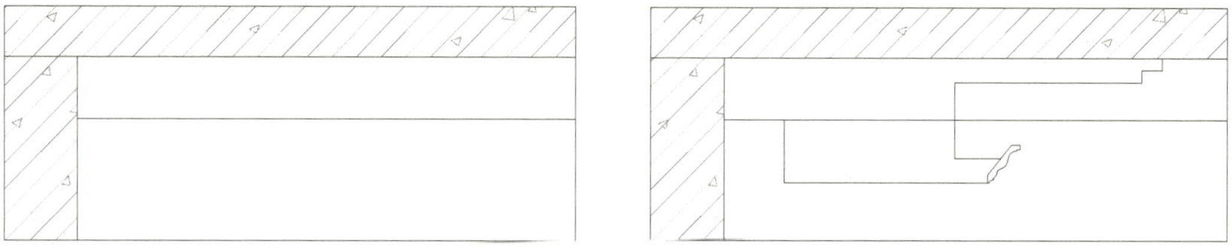

（a）　　（b）

图 6-168　绘制天花板轮廓

步骤 7：执行“偏移”命令，将部分线条往里面偏移“10”，如图 6-169（a）所示。

步骤 8：执行“延伸”和“圆角”命令，绘制出板材与板材之间的搭接关系，如图 6-169（b）所示。

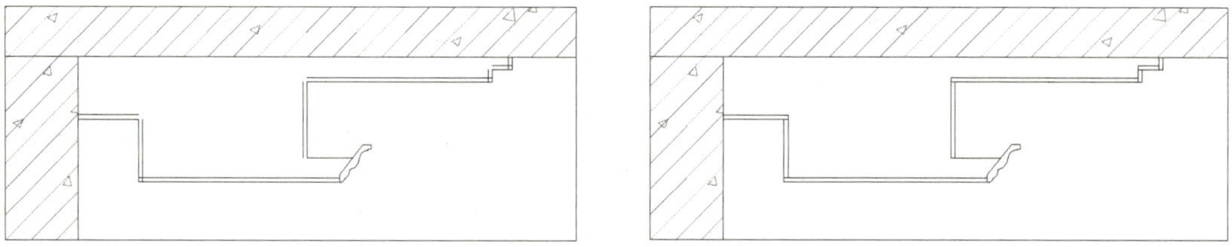

（a）　　（b）

图 6-169　绘制石膏板

步骤 9：执行“偏移”命令，将部分线条往里面偏移“18”，如图 6-170 所示。

步骤 10：执行“延伸”和“圆角”命令，绘制出板材与板材之间的搭接关系。

步骤 11：执行“偏移”和“直线”命令，绘制木龙骨，如图 6-171 所示。

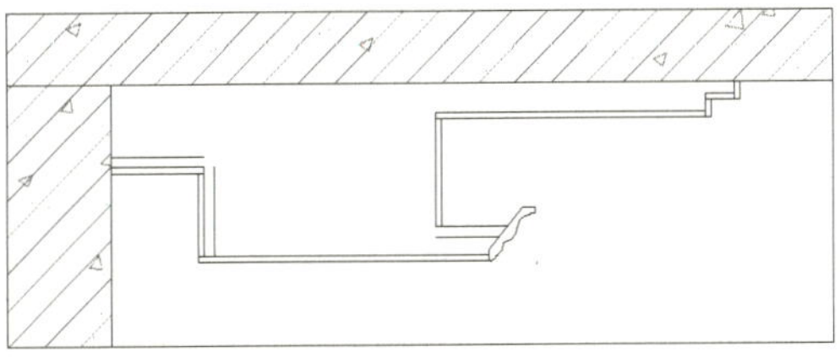

图 6-170 绘制细木工板

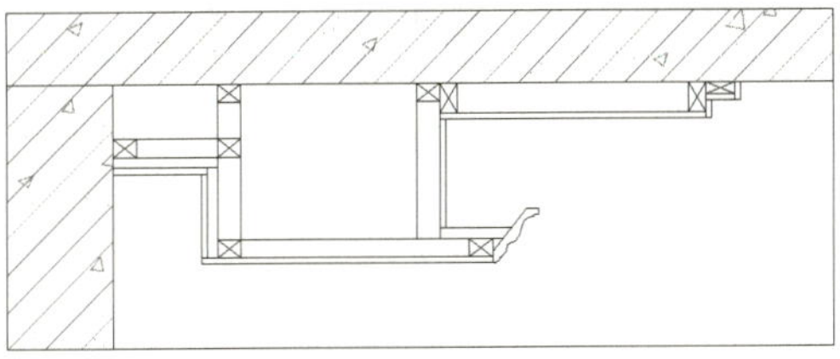

图 6-171 绘制木龙骨

步骤 12：执行“直线”命令，画出吊顶的看线，如图 6-172 所示。

步骤 13：执行“填充”命令，类型选“自定义”，自定义图案选夹芯板为“18mm”，“角度”设为“0”（纵向填充区域角度设为“90”），“比例”设为“1”，指定“填充区域”的一角为“原点”，点击“确定”，填充效果如图 6-173 所示。

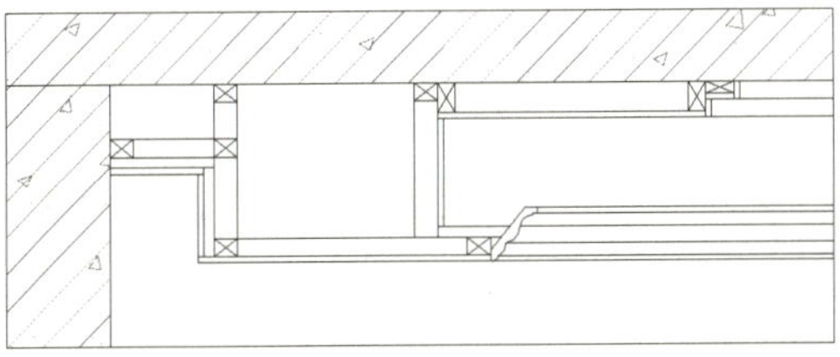

图 6-172 绘制天花看线

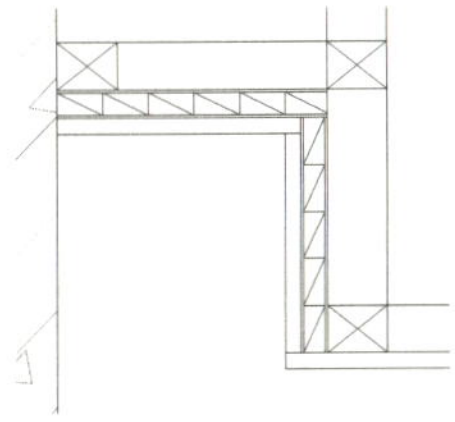

图 6-173 填充细木工板

步骤 14：执行“填充”命令，选择填充图案为“CROSS”，设置填充比例为“20”，填充所有的石膏板区域，如图 6-174 所示。

步骤 15：复制主卧立面图框，执行“缩放”命令，指定“比例因子”为“5/25”，将节点图放入图框中，如图 6-175 所示。

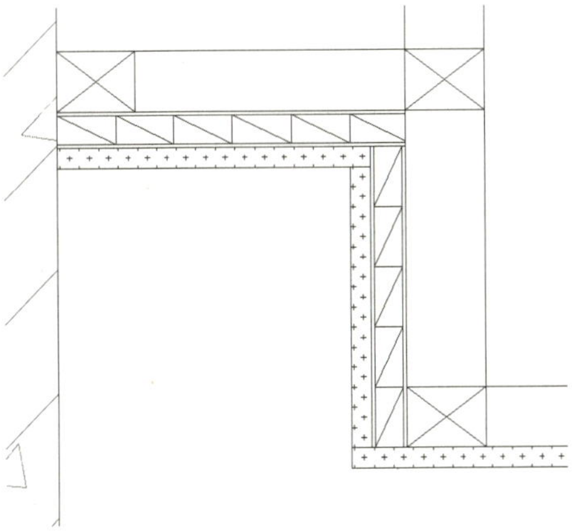

图 6-174 填充石膏板

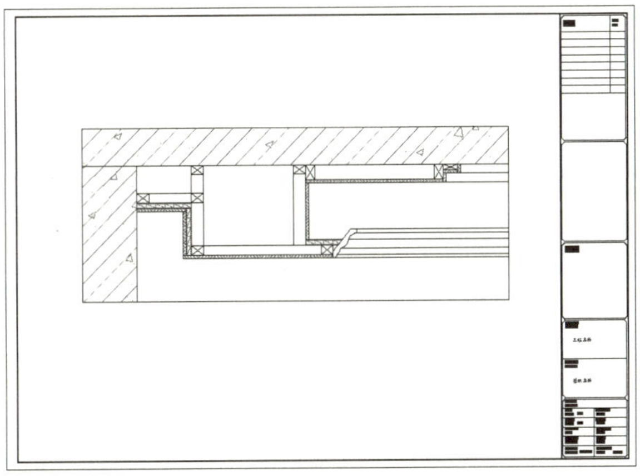

图 6-175 套图框

步骤 16：打开“标注样式管理器”，点击“新建”按钮 新建(N)...，将新样式命名为“节点图尺寸”，“基础样式”设置为“立面图尺寸”，点击“继续”，将“使用全局比例”设置为“5/40”，点击“确定”，将该尺寸样式置为当前。

步骤 17：执行“线性标注”命令，标注出节点图尺寸，如图 6-176 所示。

步骤 18：执行“引线”和“文字”命令，标注出相应的材料，“文字高度”设为“12.5”，如图 6-177 所示。

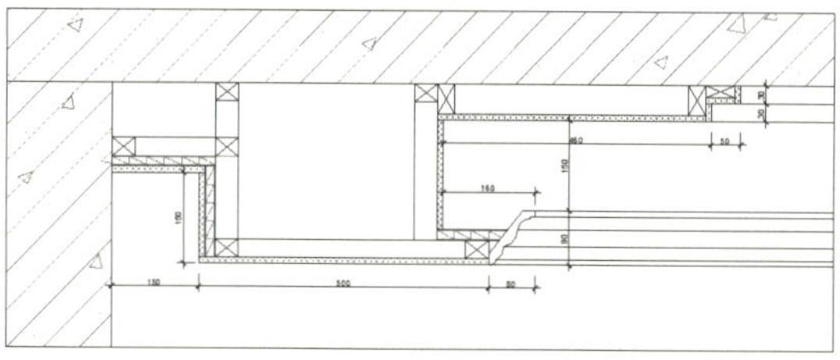

图 6-176　标注尺寸

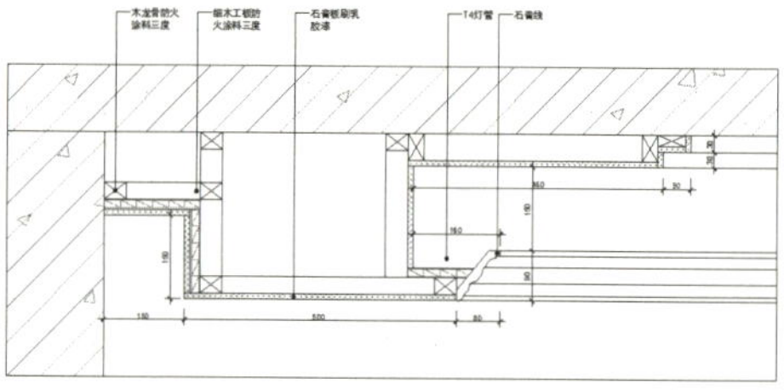

图 6-177　标注文字

步骤 19：将立面图中的灯具和窗帘模型复制过来，如图 6-178 所示。

步骤 20：复制主卧立面图的标高，执行“缩放”命令，指定“比例因子”为“5/25”，然后放置在对应高度，如图 6-179 所示。

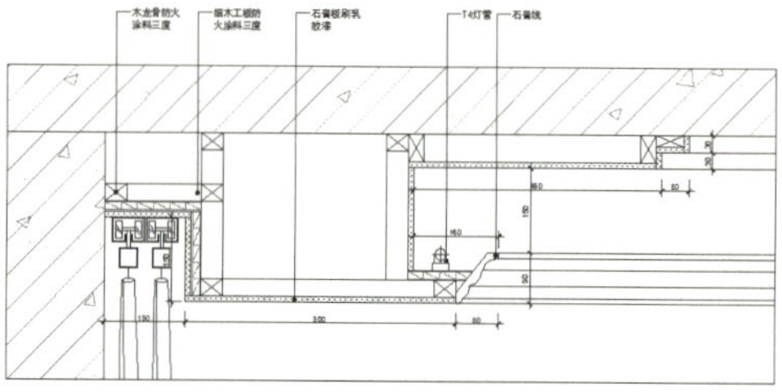

图 6-178　导入模型

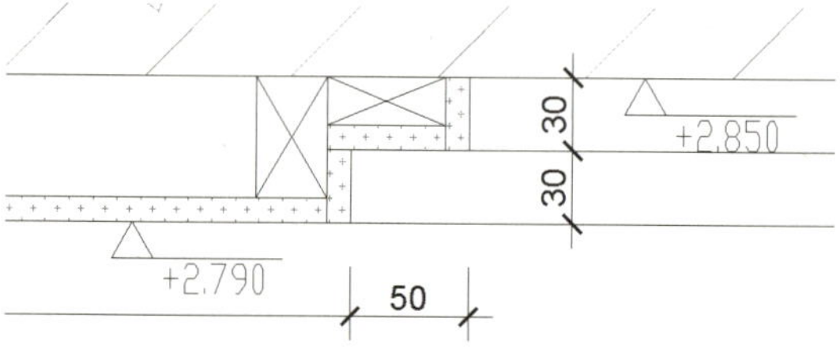


图 6-179　标注高度

步骤 21：复制主卧立面图的图纸名称，执行“缩放”命令，指定“比例因子”为“5”/25”，然后将修改文字放入天花板节点图中，最终效果如图 6-180 所示。

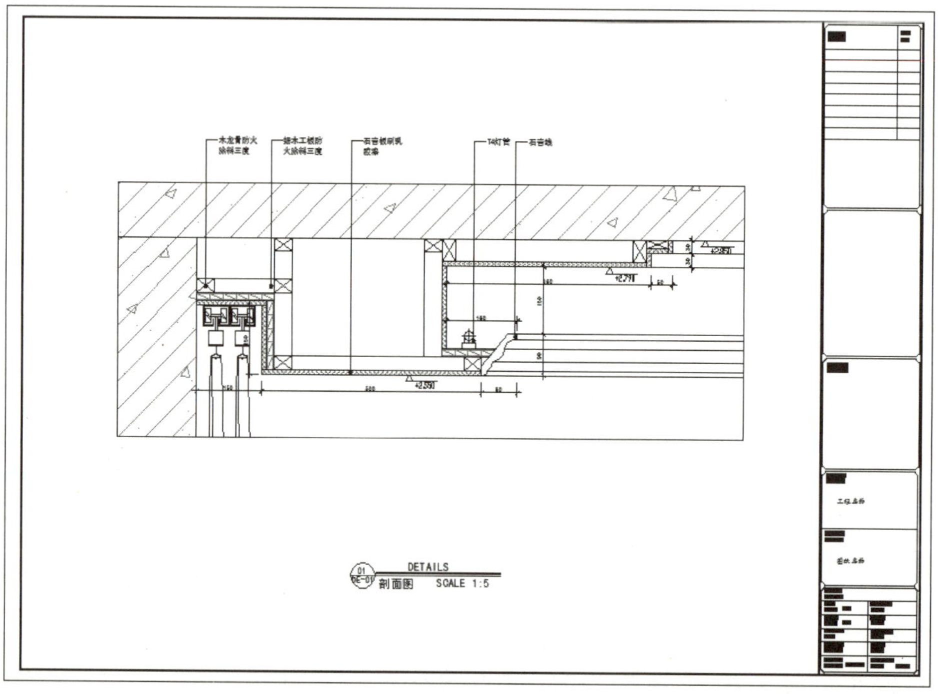


图 6-180　天花板节点图

## 第十三节 电视墙节点图绘制

步骤 1：执行“矩形”工具，绘制长为“230mm”、宽为“185mm”的矩形。

步骤 2：执行“分解”命令，将矩形分解；执行“偏移”命令，将上面和左边的线向内各偏移“50”，并进行修剪，如图 6-181（a）所示。

步骤 3：执行“填充”命令，填充石膏板和墙体图案，如图 6-181（b）所示。

步骤 4：执行“偏移”命令，将墙体线向右偏移“9”，然后执行“填充”命令，选择填充图案夹芯板为“18mm”，设置角度为“90”、填充比例为“0.5”，指定“原点为填充区域的一角”，如图 6-182 所示。

步骤 5：执行“多段线”命令，参考素材中实木线条 A 大样图的尺寸，绘制出实木线条的剖面，如图 6-183 所示。

（a） （b）

图 6-181 绘制局部墙体

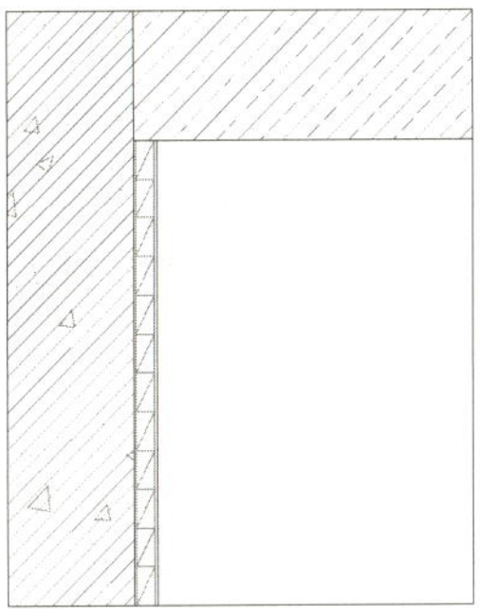

图 6-182 绘制细木工板

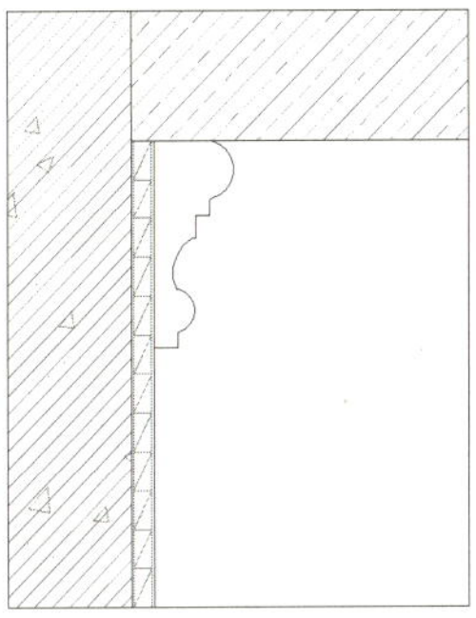

图 6-183 线条剖面

步骤 6：执行“填充”命令，选择填充图案木纹“2”，设置填充比例为“100”，填充实木线条剖面，如图 6-184 所示。

步骤 7：执行“偏移”命令，将左边的竖线往右边偏移“20”，执行“直线”命令，从实木线条剖面的左下角做偏移线的垂线，如图 6-185（a）所示。

步骤 8：执行“圆角”命令，设置半径为“15”，将两根线做成圆角，如图 6-185（b）所示。

步骤 9：执行“填充”命令，选择填充图案为“HONEY”，设置填充比例为“40”，填充软包区域，如图 6-186 所示。

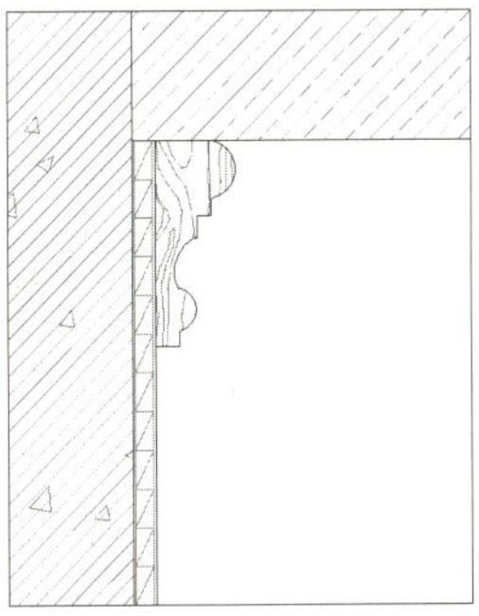

图 6-184 填充木纹

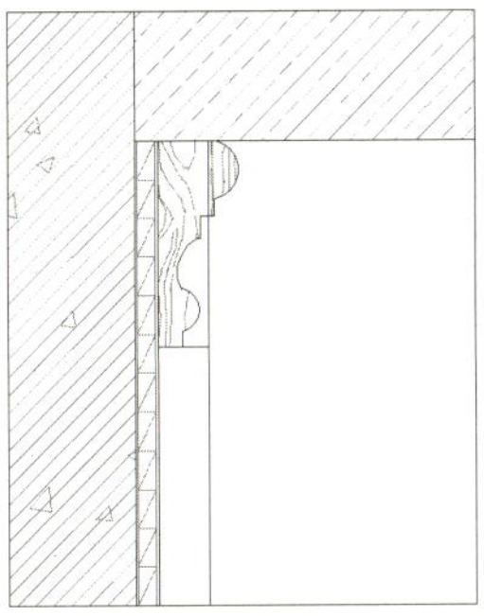

图 6-185 绘制软包

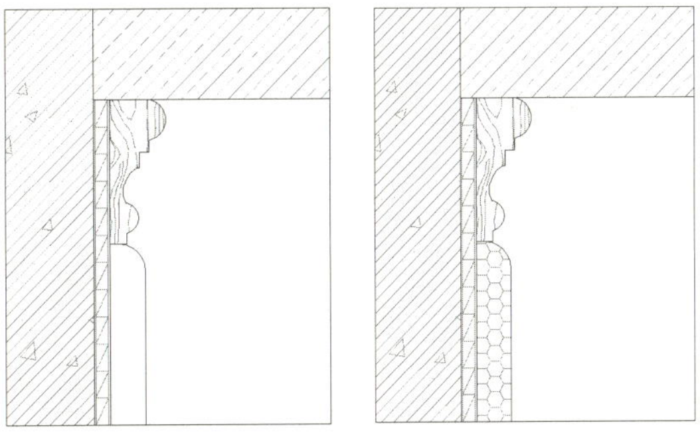

（a） （b）

图 6-186 填充软包

步骤 10：执行“矩形”命令，在上一个矩形的正下方绘制一个长为“330mm”、宽为“185mm”的矩形。

步骤 11：执行“分解”命令，将矩形分解；执行“偏移”命令，将左边的线向右偏移“50”，将下面的线向上分别偏移“50”“30”“20”并进行修剪，如图 6-187（a）所示。

步骤 12：执行“填充”命令，选择相应的图案，分别填充相应的区域，如图 6-187（b）所示。

步骤 13：采用前述方法，绘制出“9cm”的板，如图 6-188 所示。

步骤 14：执行“多段线”命令，参考素材中踢脚线大样图的尺寸绘制出踢脚线的剖面，并填充“木纹”，如图 6-189 所示。

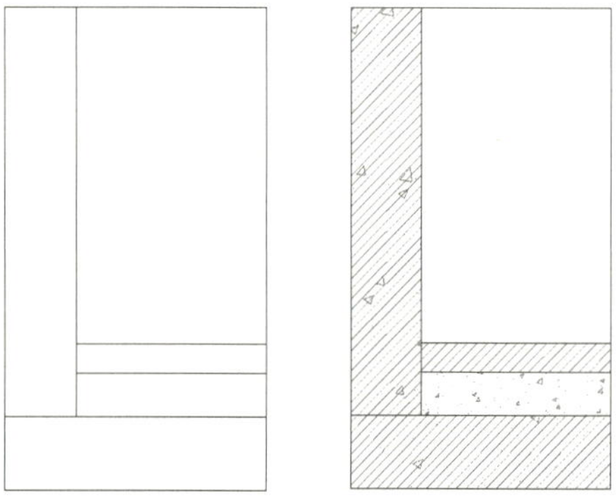

（a）　　（b）

图 6-187　绘制局部墙体

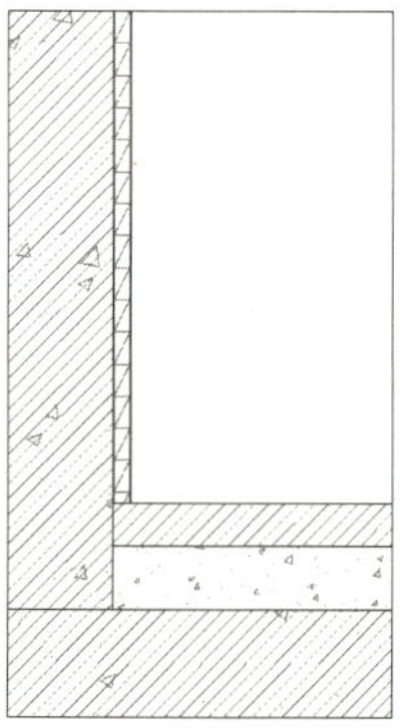

图 6-188　绘制 9cm 的板

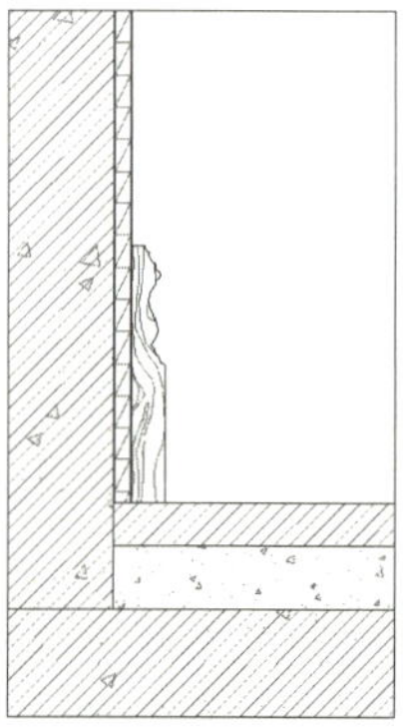

图 6-189　踢脚线剖面

步骤 15：利用前面所讲方法绘制出软包截面。

步骤 16：选择两个图形的外框，点击“线型”按钮 ByLayer ，设置“线型”为“DASH”，打开“特性”面板，设置“比例”为“50”，如图 6-190 所示。

步骤 17：复制节点图图框，执行“缩放”命令，指定“比例因子”为“3/5”，将绘制好的剖面图放入图框中，如图 6-191 所示。

步骤 18：打开标注样式管理器，点击“新建”按钮 新建(N)... ，将新样式命名为“节点图尺寸”，“基础样式”设置为“立面图尺寸”，点击“继续”，将“使用全局比例”设置为“3/40”，点击“确定”，将该尺寸样式置为当前。

步骤 19：执行“线性标注”命令，标注出节点图尺寸。

步骤 20：执行“引线”和“文字”命令，标注出相应的材料，“文字高度”设为“7.5”。

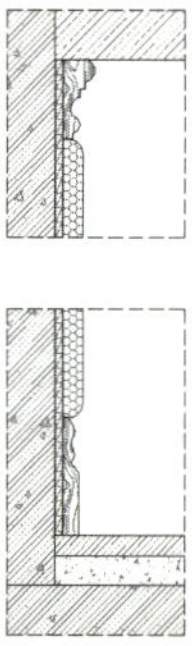

图 6-190　设置外框虚线

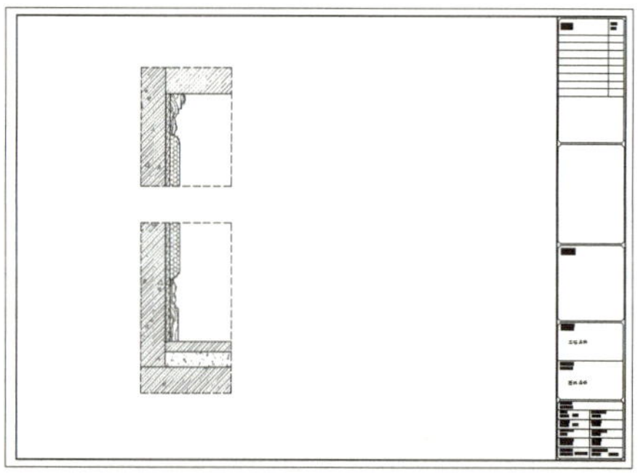

图 6-191　套图框

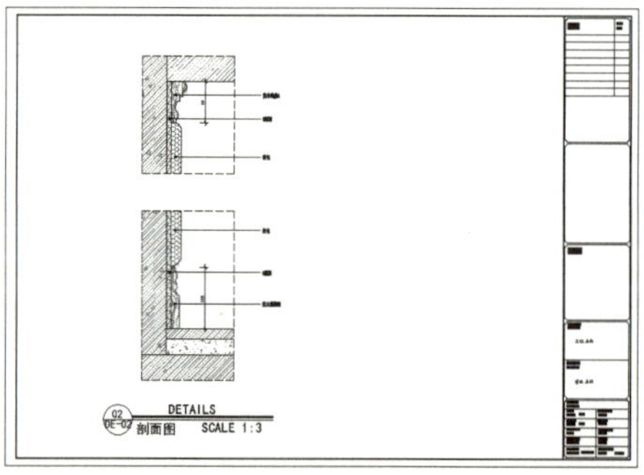


图 6-192　剖面完成

步骤 21：复制节点图的图纸名称，执行“缩放”命令，指定“比例因子”为“3/5”，然后修改文字放入节点图中，最终效果如图 6-192 所示。

步骤 22：将实木线条和踢脚线的截面复制出来，执行“缩放”命令，指定“比例因子”为“3”，如图 6-193 所示。

步骤 23：打开“标注样式管理器”，新建“标注样式”，新样式命名为“节点图”，设置基础样式为“大样图 3”，点击“继续”，在主单位的选项卡中设置“比例因子”为“1/3”，点击“确定”，将该标注样式置为当前。

步骤 24：执行“线性标注”命名，标注出大样图的尺寸，如图 6-194 所示。

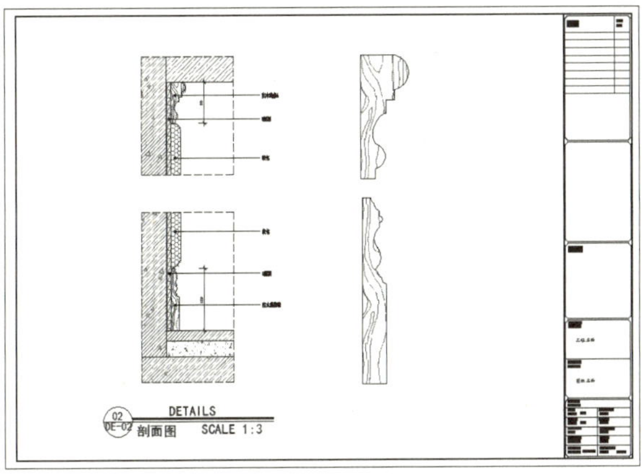


图 6-193 放大截面

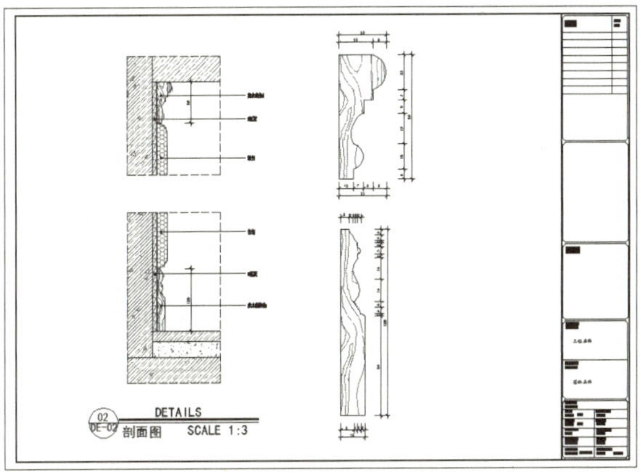


图 6-194 标注尺寸

步骤 25：复制本图框中剖面图的图纸名称，并修改其中文字，最终效果如图 6-195 所示。

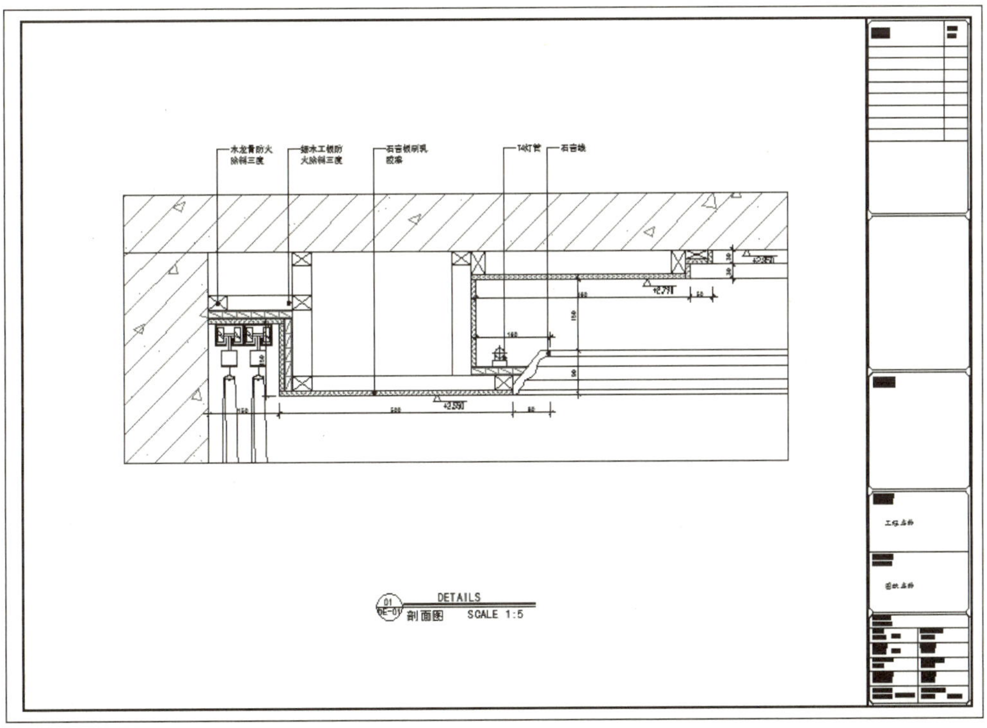


图 6-195 电视墙节点图

# 第七章 酒店空间施工图案例解析

## 本章知识前导

一个优秀的酒店空间设计方案，既要满足酒店管理者与使用者的正常使用要求，还要能恰到好处地突出酒店所蕴含的商业与地域文化。酒店的装饰风格能彰显相应的文化气质，酒店装修的好坏也能直接影响着酒店营业状况与对外形象。随着科技水平的提高，酒店的装饰工程要求更多的是要体现出简约、时尚、舒适、实用的特点，让人身处其中能放松心情、享受生活。

本章以某温泉度假酒店为例，带领读者分别学习酒店空间的平面布置图、地面铺贴图、顶面布置图、立面图及节点图等相关图形的设计方案。

## 第一节 温泉酒店平面图

本套图纸包含了某温泉酒店其中一个独栋别墅区的设计方案，该栋共四层，负一层为大堂区，一层为活动休闲及更衣区，二至三层为客房区，如图 7-1 至图 7-14 所示。

图纸目录

| 序号 | 图别图号 | 图纸内容 | 图幅 | 备注 | 序号 | 图别图号 | 图纸内容 | 图幅 | 备注 |
|---|---|---|---|---|---|---|---|---|---|
| 01 | -1F-P01 | 2~6#楼负一层平面隔墙尺寸图 | A2 | | 34 | 2FHDS-D01 | 2~6#活动室节点大样图 | A2 | |
| 02 | -1F-P02 | 2~6#楼负一层天花图 | A2 | | 35 | 2FHDS-D02 | 2~6#活动室节点大样图 | A2 | |
| 03 | 1F-P01 | 2~6#楼一层平面布置图 | A2 | | 36 | 2FHDS-D03 | 2~6#活动室服务台详图 | A2 | |
| 04 | 1F-P02 | 2~6#楼一层天花布置图 | A2 | | 37 | 2FHDS-D04 | 2~6#活动室服务台详图 | A2 | |
| 05 | 1F-P03 | 2~6#楼一层地材布置图 | A2 | | 38 | KF1-P01 | 客房平面/天花布置图 | A2 | |
| 06 | 1F-P04 | 2~6#楼一层隔墙尺寸图 | A2 | | 39 | KF1-P02 | 客房地材、隔墙尺寸定位图 | A2 | |
| 07 | 2F-P01 | 2~6#楼二层平面布置图 | A2 | | 40 | KF1-L01 | 客房卧室立面图一 | A2 | |
| 08 | 2F-P02 | 2~6#楼二层天花布置图 | A2 | | 41 | KF1-L02 | 客房卧室立面图二 | A2 | |
| 09 | 2F-P03 | 2~6#楼二层地材布置图 | A2 | | 42 | KF1-L03 | 客房卫生间立面图 | A2 | |
| 10 | 2F-P04 | 2~6#楼二层隔墙尺寸图 | A2 | | 43 | KF2-P01 | 客房2平面布置图 | A2 | |
| 11 | 3F-P01 | 2~6#楼三层平面布置图 | A2 | | 44 | KF2-P02 | 客房2天花布置图 | A2 | |
| 12 | 3F-P02 | 2~6#楼三层天花布置图 | A2 | | 45 | KF2-P03 | 客房2地材布置图 | A2 | |
| 13 | 3F-P03 | 2~6#楼三层地材布置图 | A2 | | 46 | KF2-P04 | 客房2隔墙尺寸图 | A2 | |
| 14 | 3F-P04 | 2~6#楼三层隔墙尺寸图 | A2 | | 47 | KF2-L01 | 客房卧室立面图 | A2 | |
| 15 | 1FQT-P01 | 2~6#前厅平面、天花布置图 | A2 | | 48 | KF2-L02 | 客房卧室/阳台立面图 | A2 | |
| 16 | 1FQT-P02 | 2~6#前厅地面、尺寸及索引图 | A2 | | 49 | KF2-L03 | 客房盥洗间立面图 | A2 | |
| 17 | 1FQT-L01 | 2~6#前厅立面图 | A2 | | 50 | KF2-L04 | 客房卫生间立面图 | A2 | |
| 18 | 1FQT-D01 | 2~6#前厅节点大样图 | A2 | | 51 | KF2-L05 | 客房淋浴房立面图 | A2 | |
| 19 | 1FQT-D02 | 2~6#前厅节点大样图 | A2 | | 52 | GYJD-D01 | 剖面图 | A2 | |
| 20 | 1FQT-D03 | 2~6#前厅服务台详图 | A2 | | 53 | GYJD-D02 | 剖面图 | A2 | |
| 21 | 1FQT-D04 | 2~6#前厅服务台详图 | A2 | | 54 | GYJD-D03 | 剖面图 | A2 | |
| 22 | 2FWQ-P01 | 二层温泉吧平面天花图 | A2 | | 55 | GYJD-D04 | 剖面图 | A2 | |
| 23 | 2FWQ-P02 | 二层温泉吧地材尺寸索引图 | A2 | | 56 | GYJD-D05 | 剖面图 | A2 | |
| 24 | 2FWQ-L01 | 二层温泉吧立面图 | A2 | | 57 | GYJD-D06 | 剖面图 | A2 | |
| 25 | 2FWQ-L02 | 二层温泉吧男更衣间立面图 | A2 | | 58 | GYJD-D07 | 剖面图 | A2 | |
| 26 | 2FWQ-D01 | 二层温泉吧剖面图 | A2 | | 59 | GYJD-D08 | 剖面图 | A2 | |
| 27 | 2FHDS-P01 | 2~6#活动室平面布置图 | A2 | | 60 | GYJD-D09 | 剖面图 | A2 | |
| 28 | 2FHDS-P02 | 2~6#活动室天花布置图 | A2 | | 61 | 3FGD-P01 | 三层过道平面布置、天花布置图 | A2 | |
| 29 | 2FHDS-P03 | 2~6#活动室地面布置图 | A2 | | 62 | 3FGD-P02 | 三层过道地材布置、尺寸索引图 | A2 | |
| 30 | 2FHDS-P04 | 2~6#活动室尺寸及索引图 | A2 | | 63 | 3FGD-L01 | 三层过道01、02立面图 | A2 | |
| 31 | 2FHDS-L01 | 2~6#活动室立面图一 | A2 | | 64 | 3FGD-L02 | 三层过道03、04立面图 | A2 | |
| 32 | 2FHDS-L02 | 2~6#活动室立面图二 | A2 | | 65 | 3FGD-D01 | 三层过道剖面图 | A2 | |
| 33 | 2FHDS-L02 | 2~6#活动室立面图三 | A2 | | 66 | | | | |

图 7-1 图纸目录

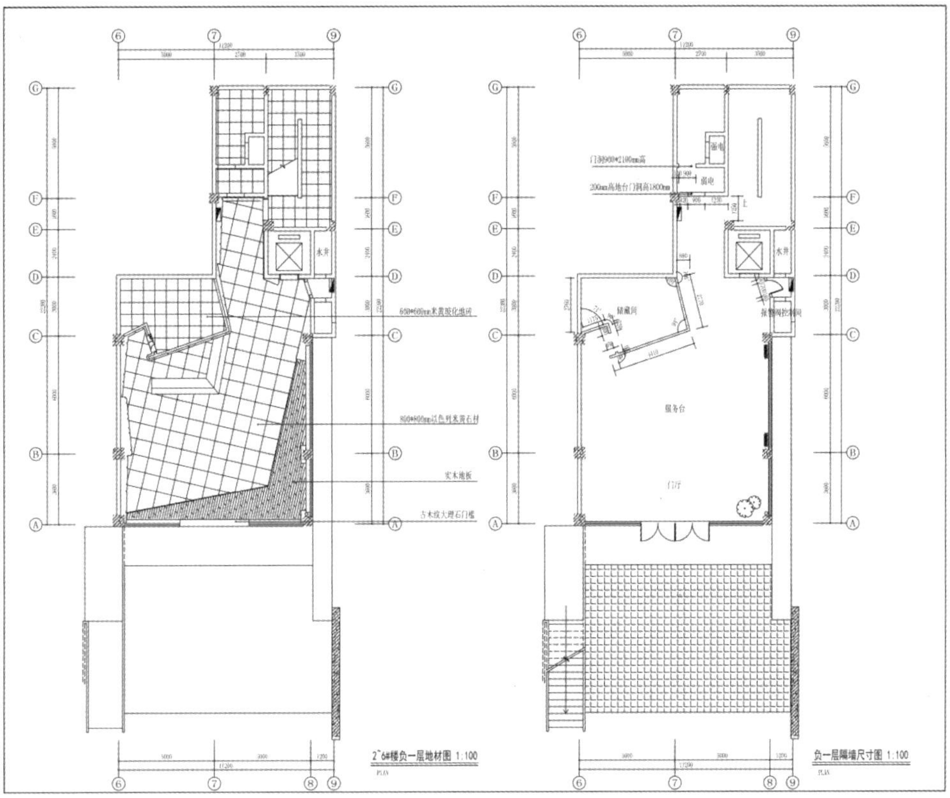


图 7-2 负一层地材图与隔墙尺寸图

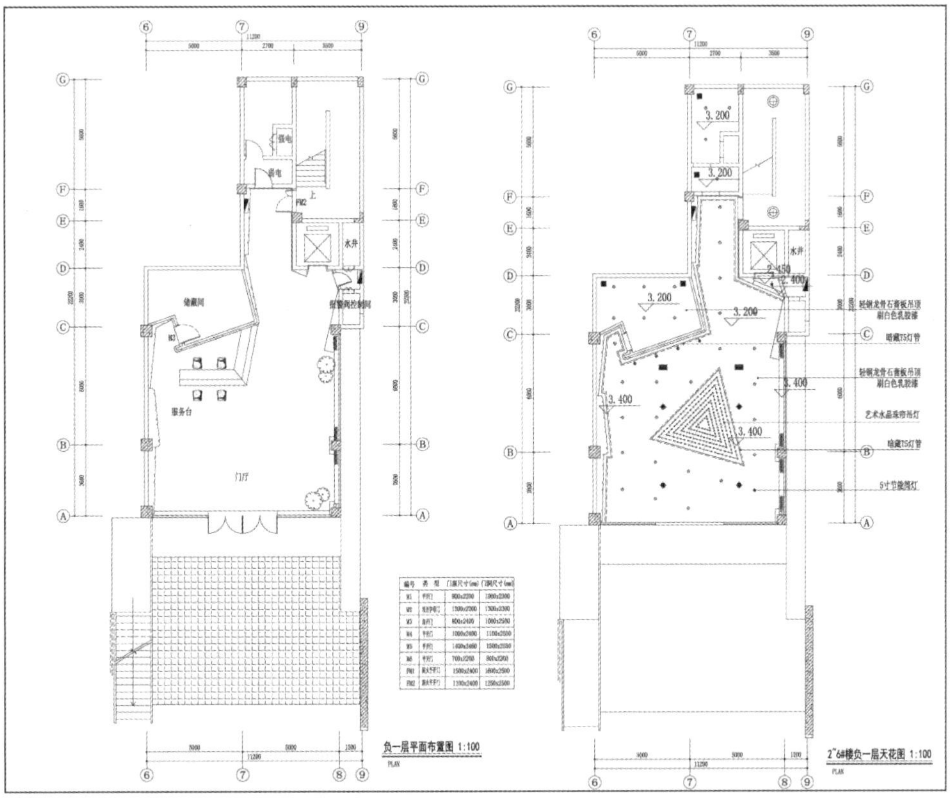


图 7-3 负一层天花板图

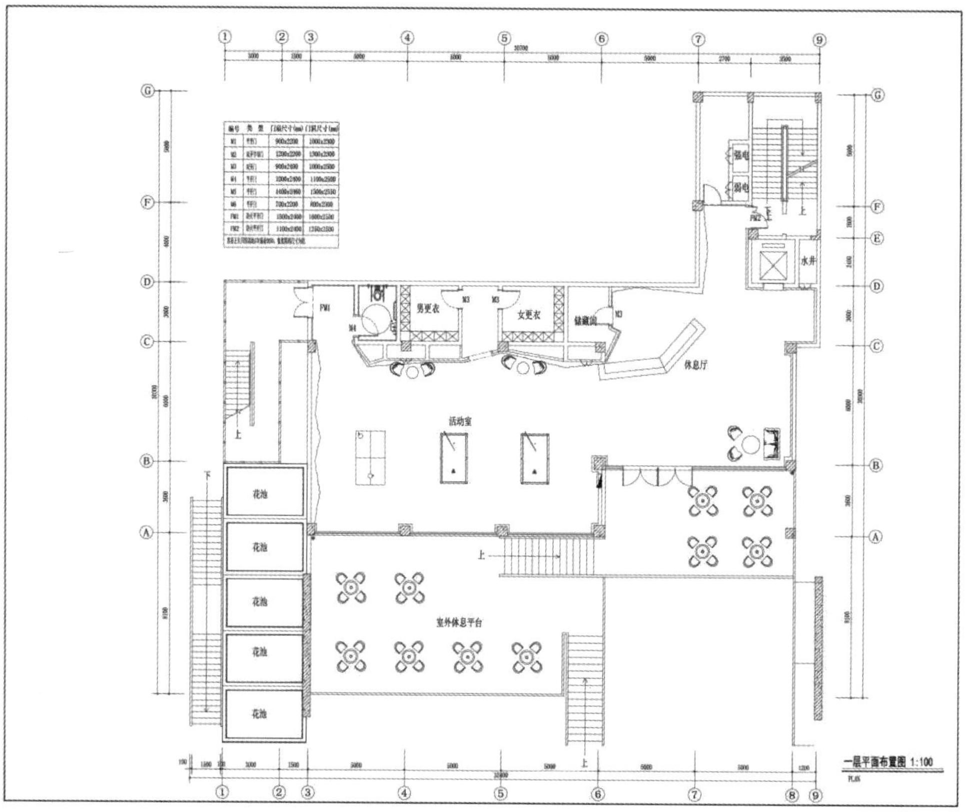


图 7-4　一层平面布置图

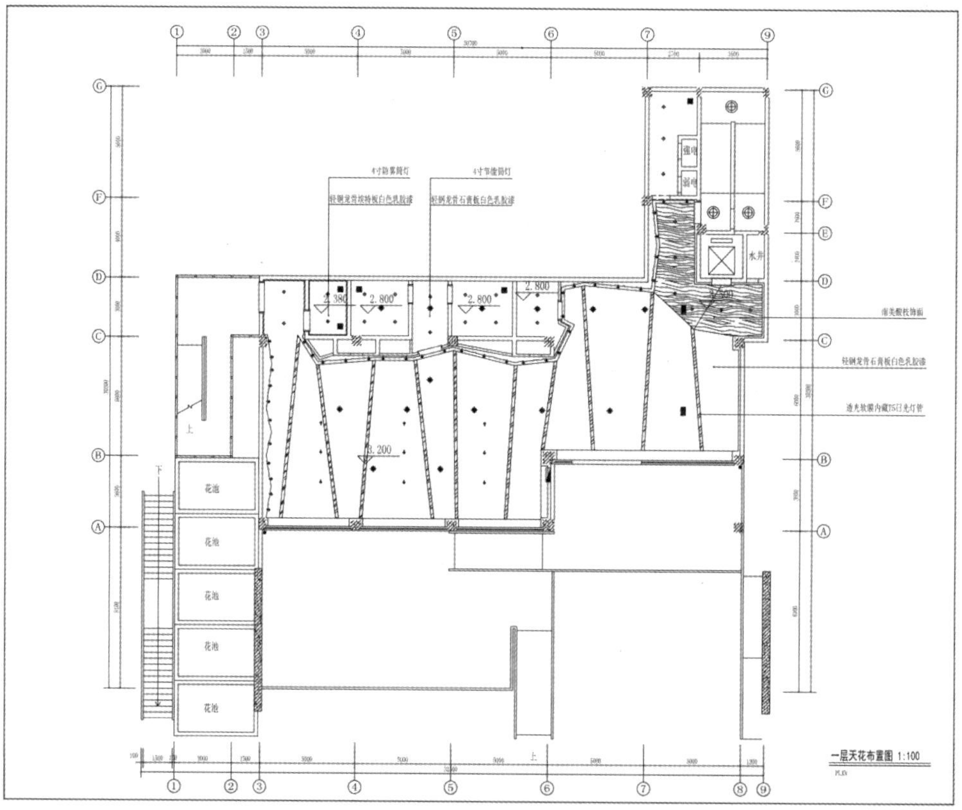


图 7-5　一层天花板布置图

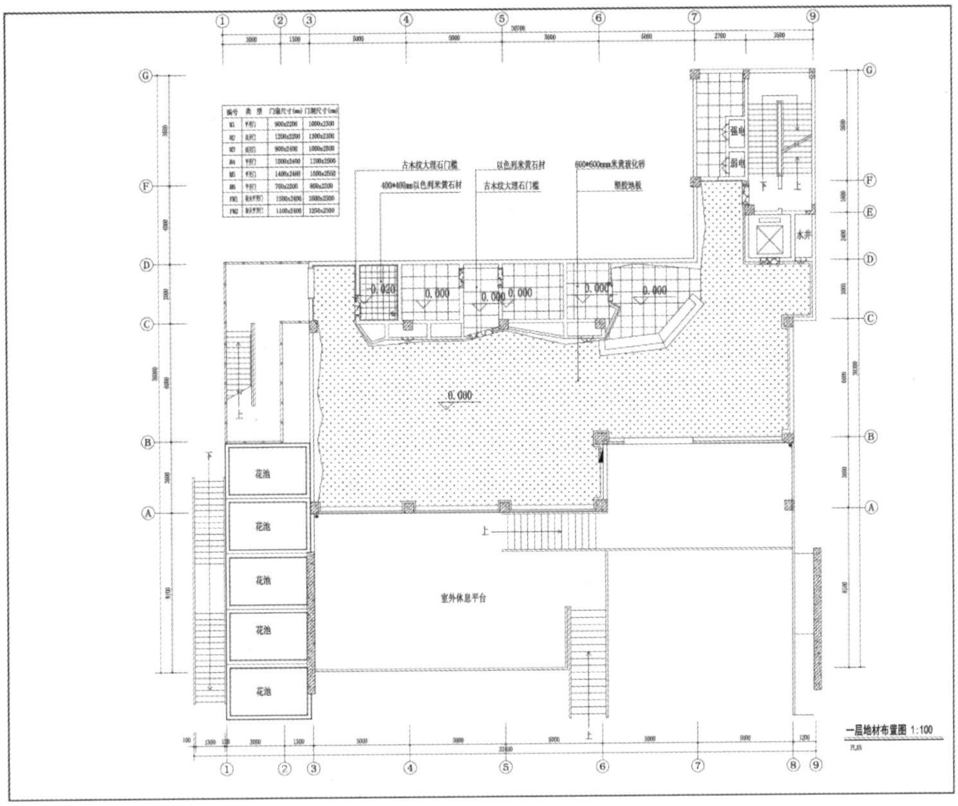


图 7-6　一层地材布置图与隔墙尺寸图

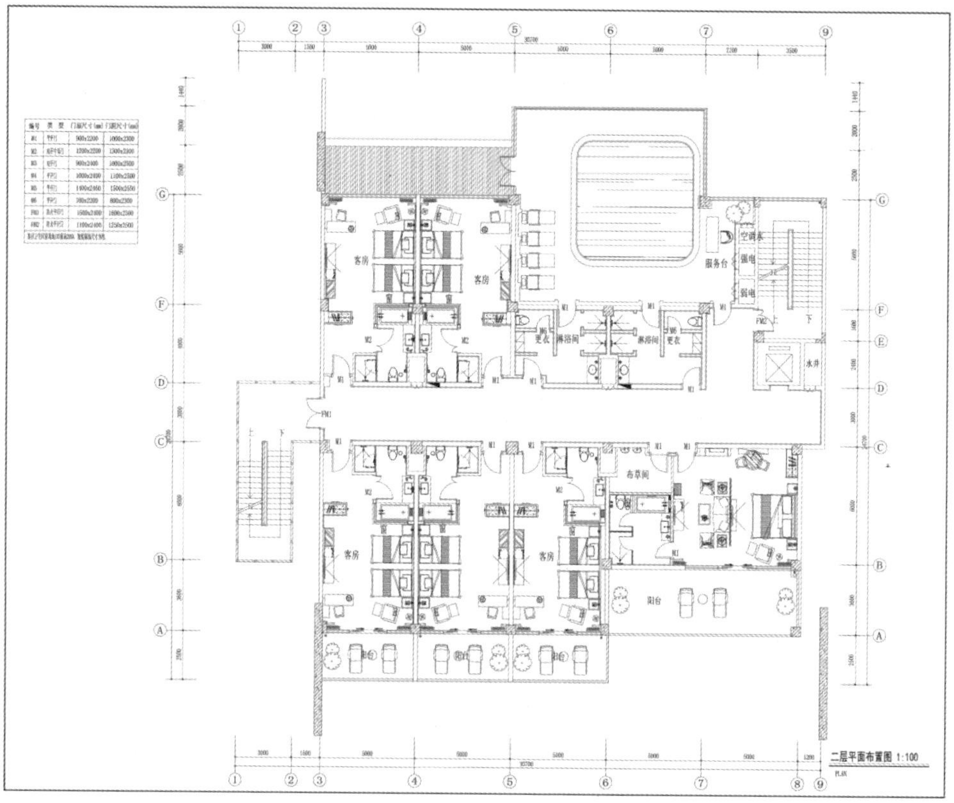


图 7-7　二层平面布置图

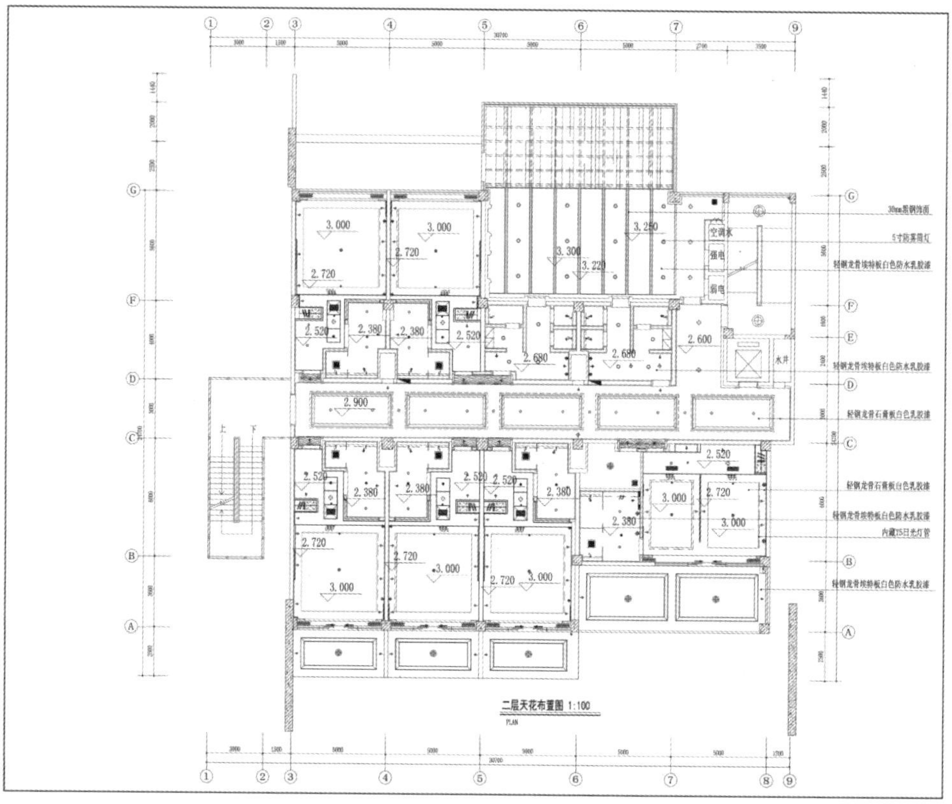


图 7-8　二层天花板布置图

图 7-9 二层地材布置图

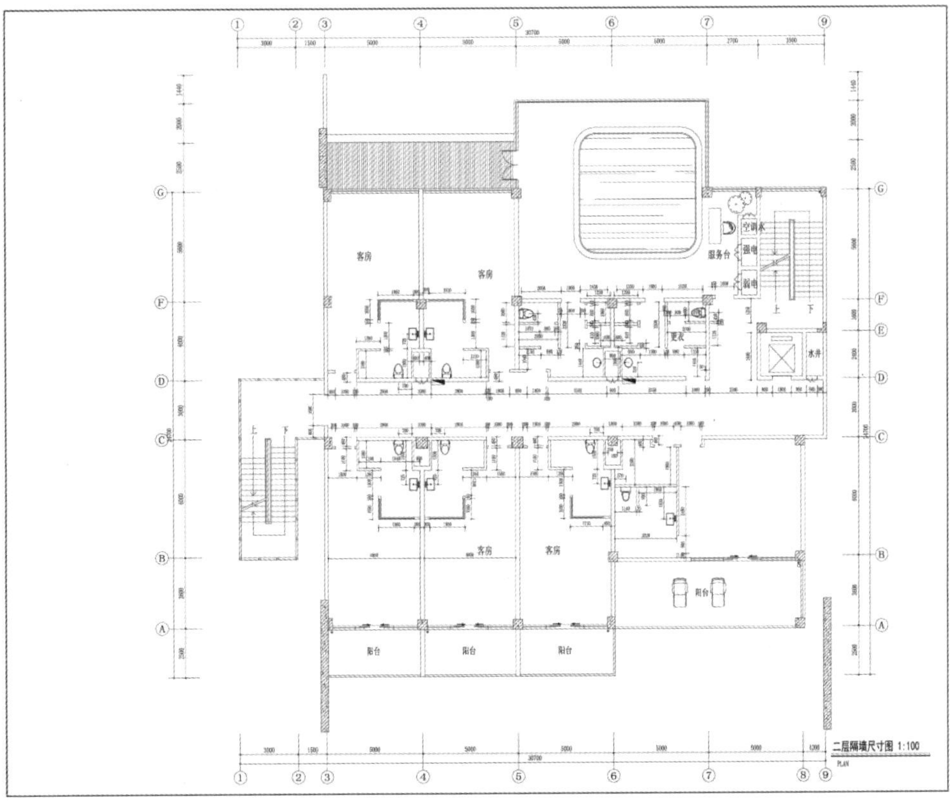


图 7-10 二层隔墙尺寸图

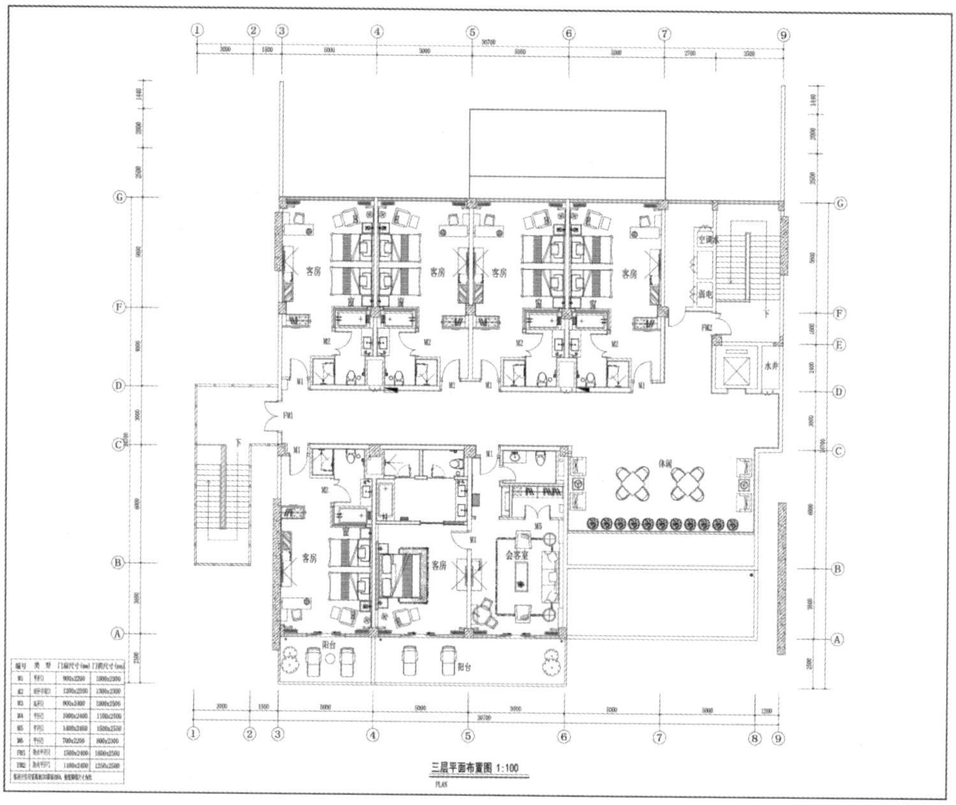


图 7-11　三层平面布置图

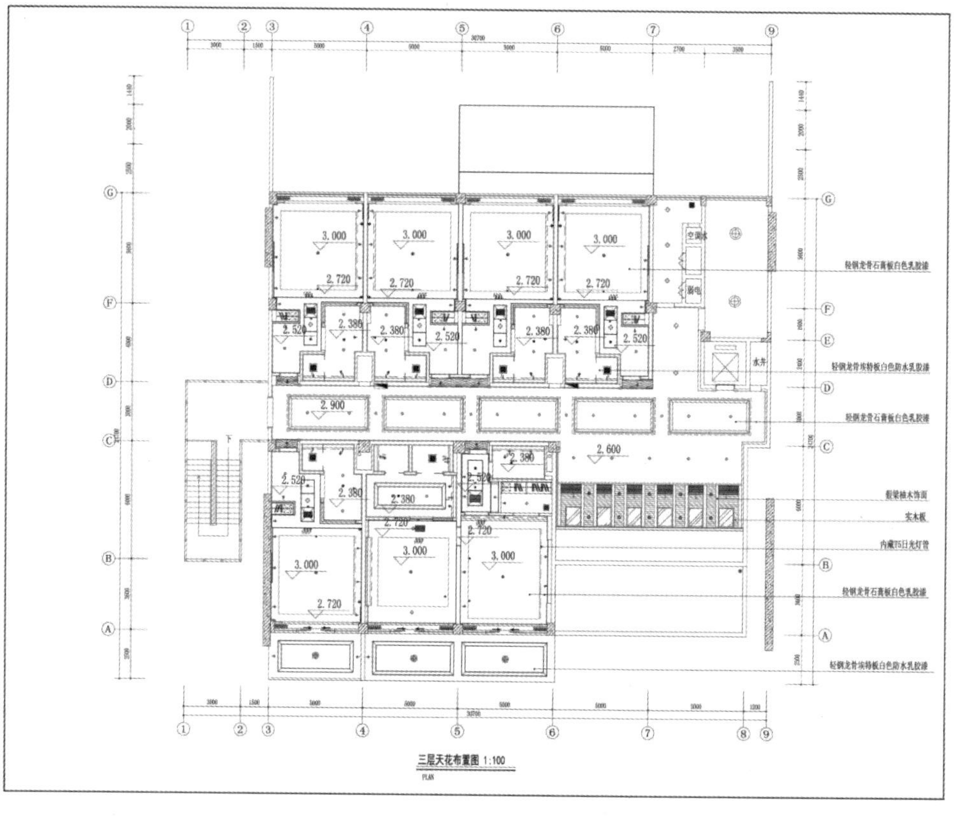


图 7-12　三层天花板布置图

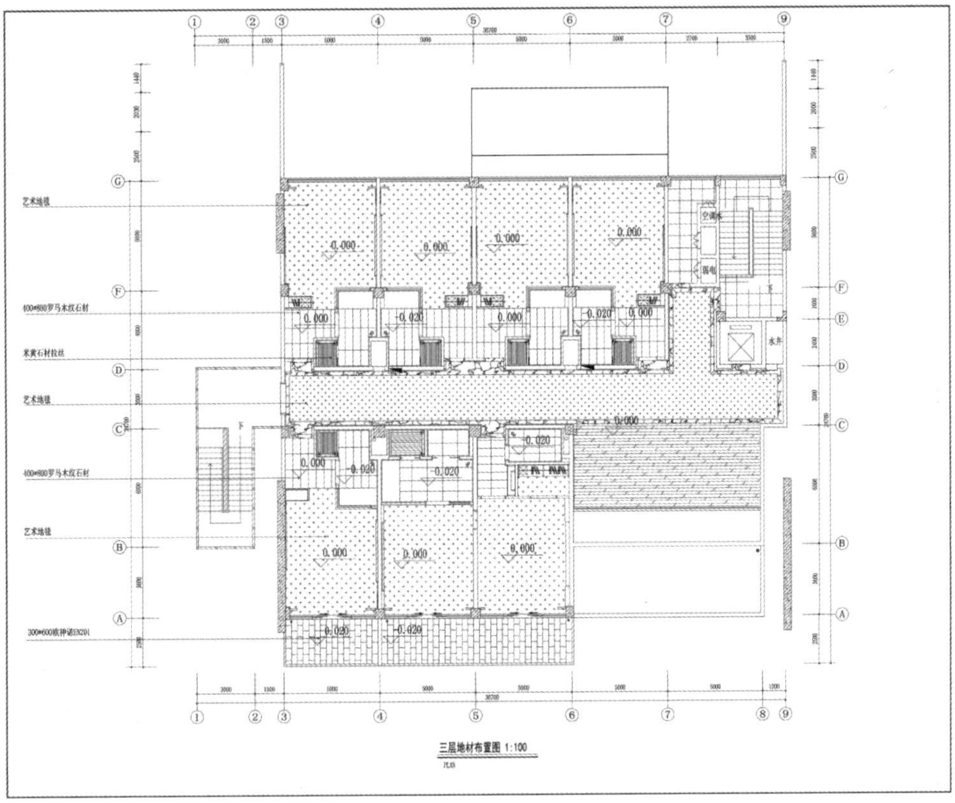


图 7-13 三层地材布置图

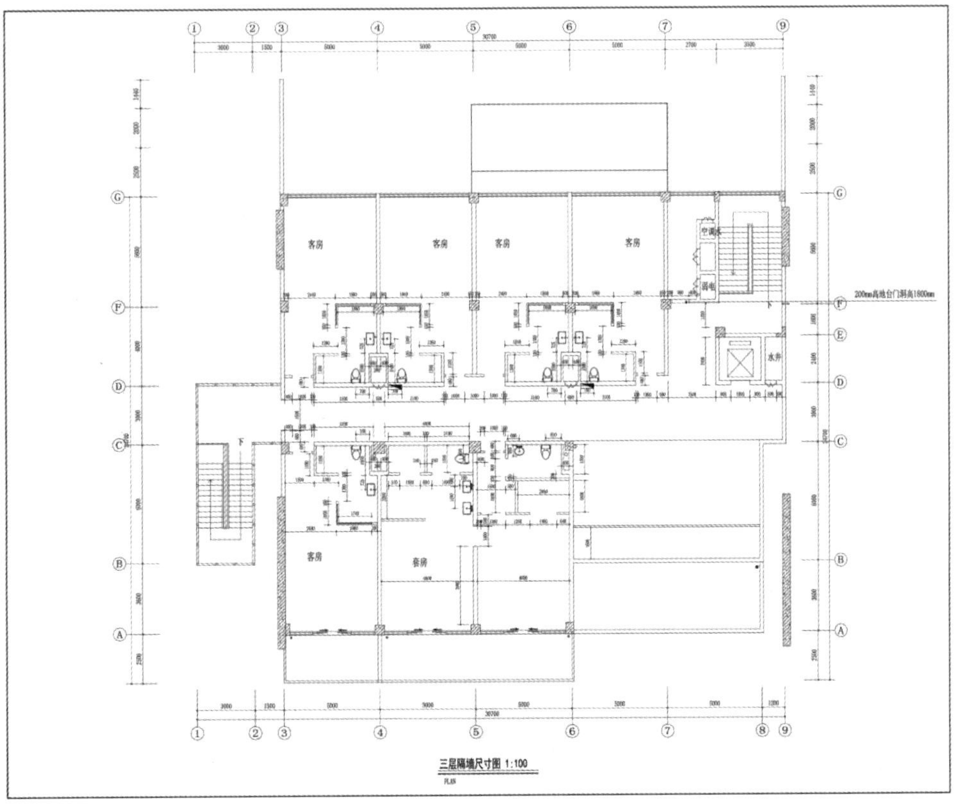


图 7-14 三层隔墙尺寸图

# 第二节　前厅平面、立面及节点图

前厅是酒店主入口处的大厅。它是一个功能性场所，是给客人留下第一印象的地方。因此，前厅的设计应该很好地展现该酒店的文化、档次和客户群体，同时也要处理好宾客流线、服务流线、物品流线等问题。

该区域包含门厅、服务台、储藏间及电梯井和其他管井。地面采用以色列米黄石材搭配实木地板，门槛石选用古木纹。顶面为大面积轻钢龙骨石膏板吊顶刷白色乳胶漆，局部区域采用南美酸枝木饰面吊顶。灯具选用艺术水晶珠帘吊灯、单头格栅射灯、暗藏 T5 灯管及 5 寸节能灯。墙面大面积选用石材干挂的方式进行装饰，选用意大利木纹石材饰面，部分阳角及工艺缝处采用黑色不锈钢进行装饰，局部墙面选用南美酸枝饰面进行装饰。踢脚线为黑色不锈钢，部分墙面石材结构转折处设计暗藏 T5 灯管以增加墙面装饰的层次感。服务台采用 50mm×50mm×5mm 的镀锌角钢及大芯板做基层，饰面选用古木纹石材、以色列米黄石材及南美酸枝木饰面作为面层材料。

该功能区图纸中包含前厅吊顶灯光槽区域节点图、大厅墙面部分结构较复杂处的大理石干挂节点图、服务台的细部及剖面结构图等，如图 7-15 至图 7-21 所示。

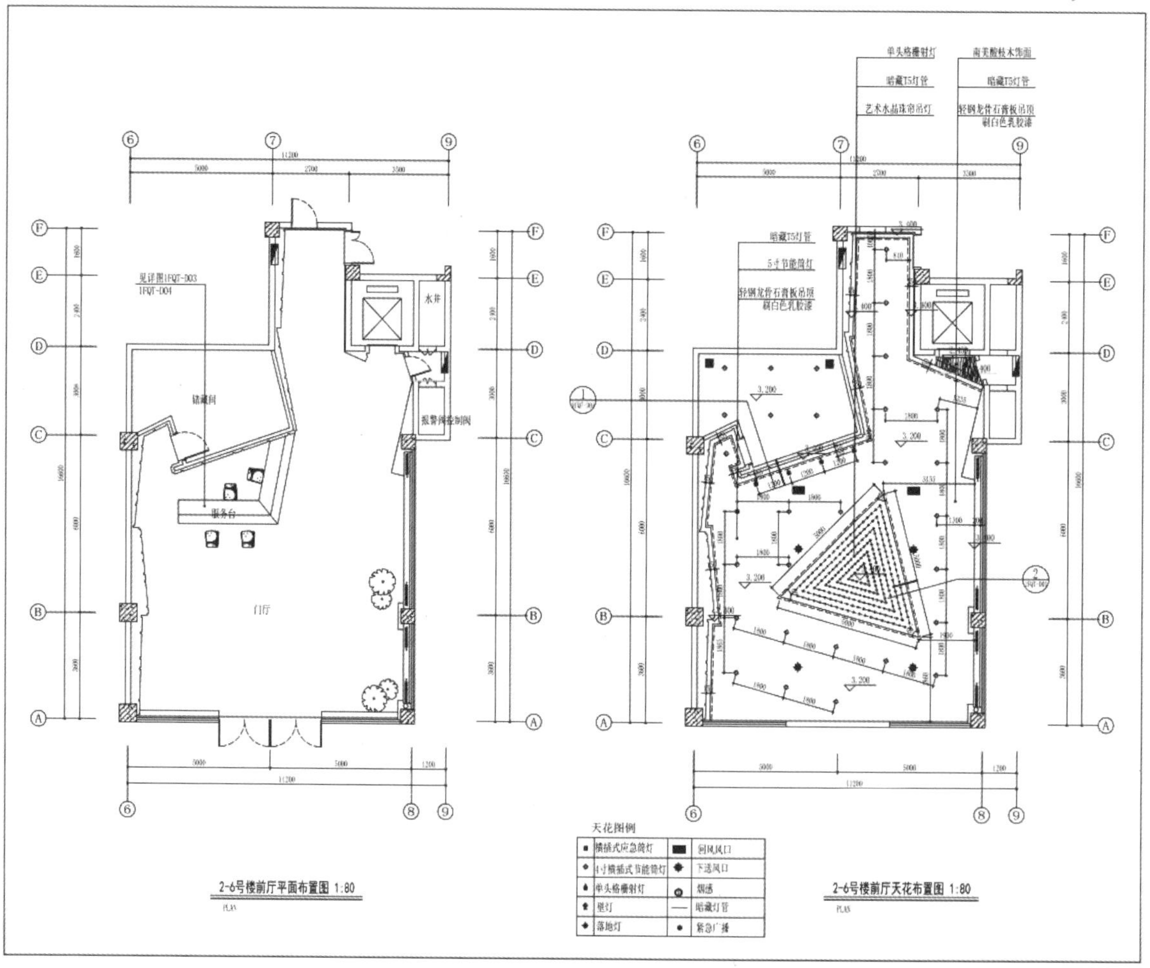


图 7-15　前厅平面、天花板布置图

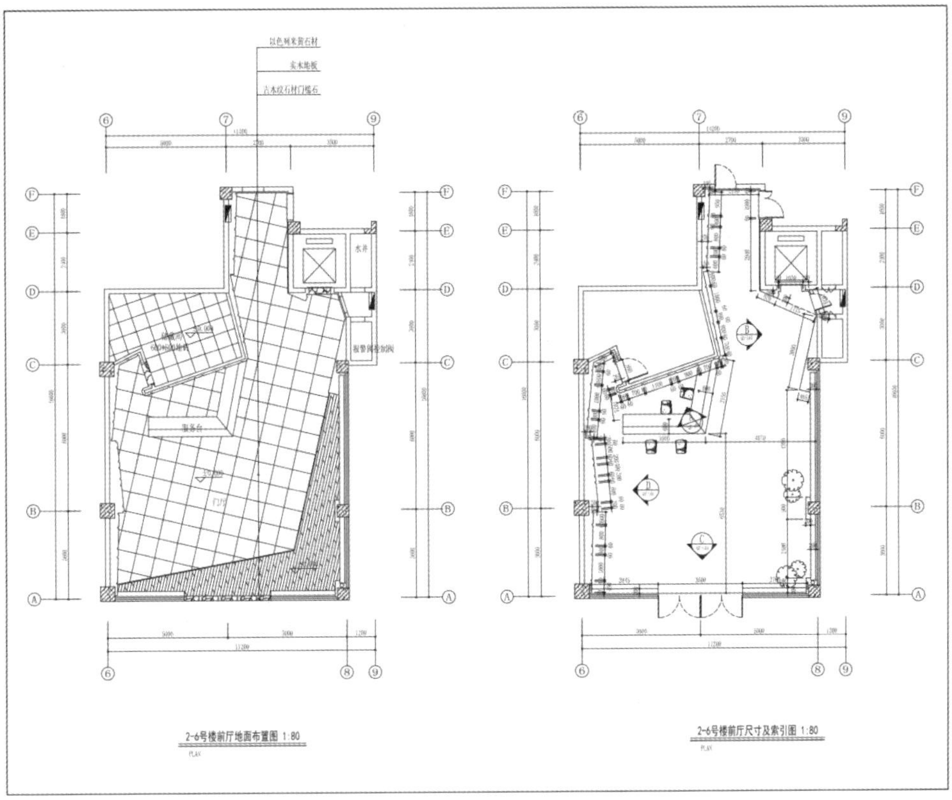

图 7-16 前厅地面、尺寸及索引图

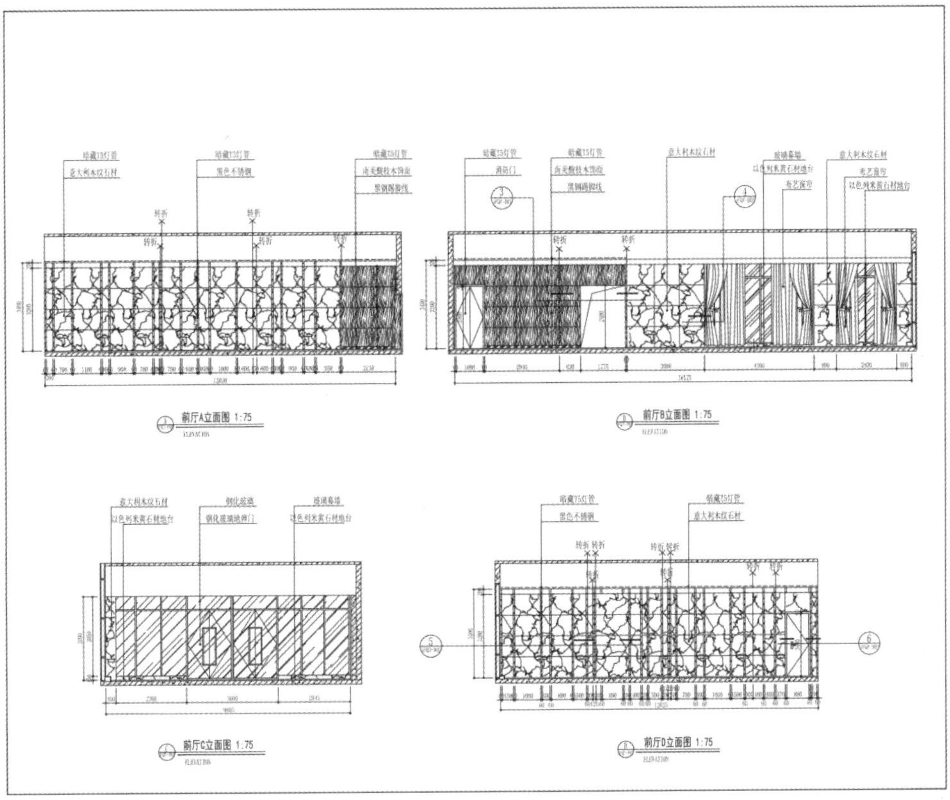

图 7-17 前厅立面图

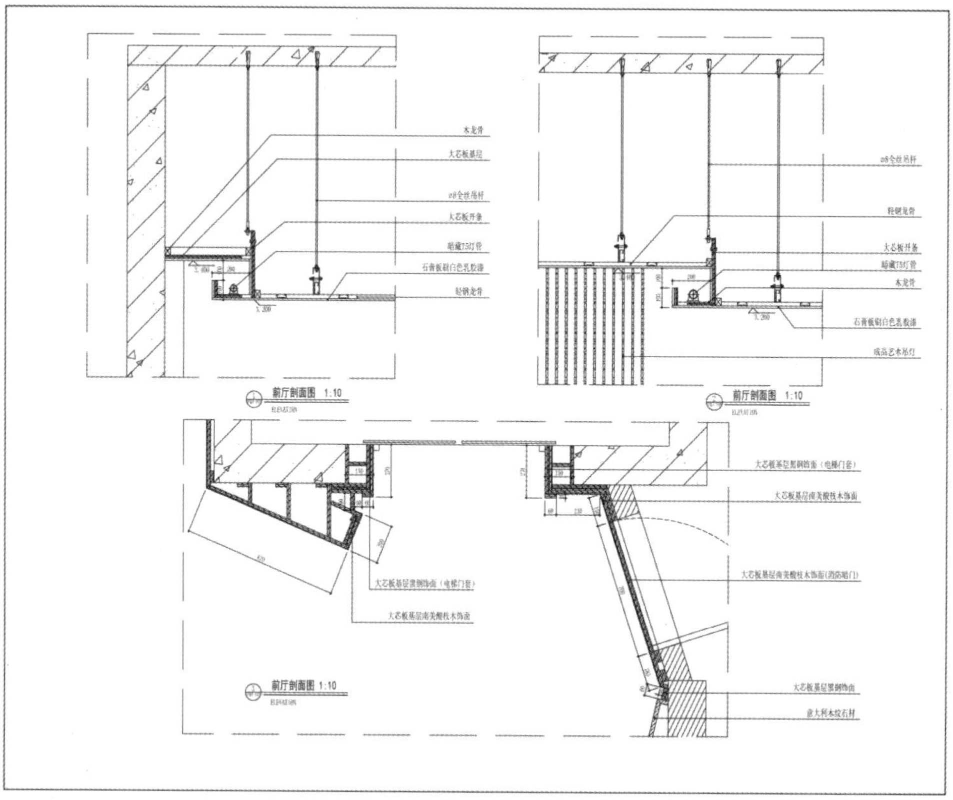


图 7-18　前厅节点大样图（1）

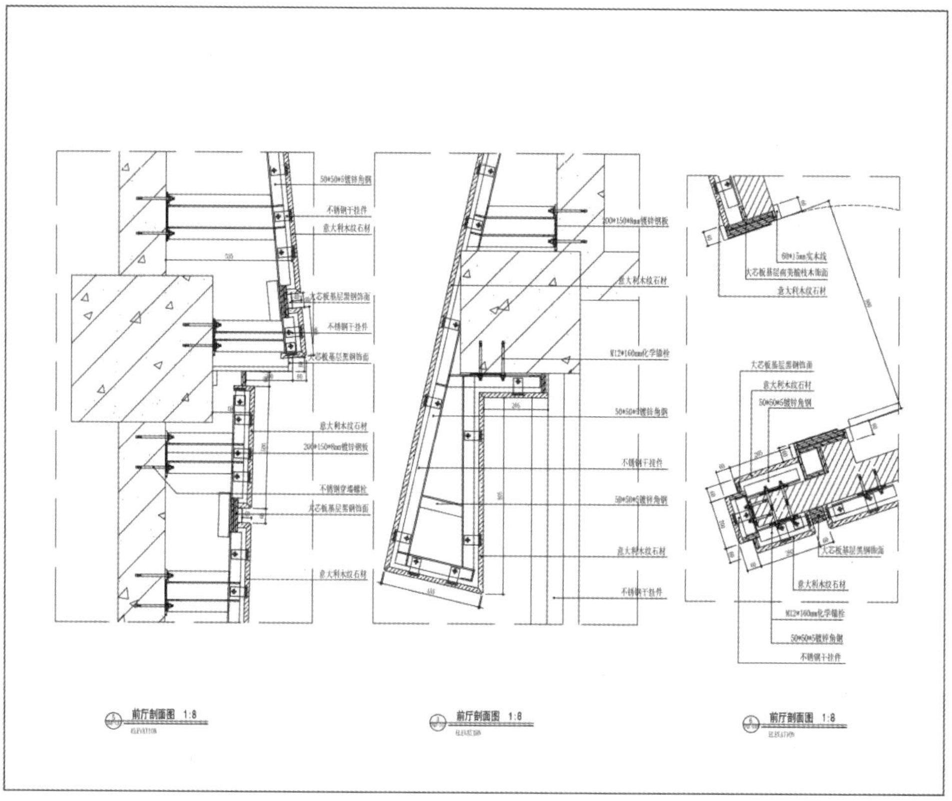


图 7-19　前厅节点大样图（2）

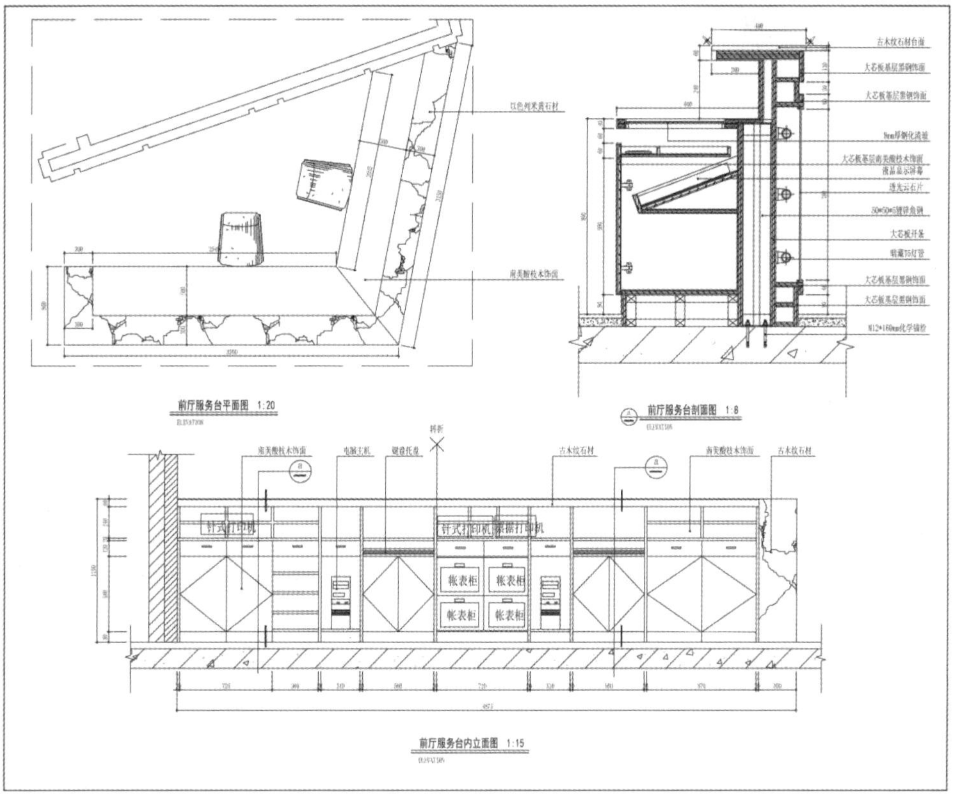


图 7-20 前厅服务台详图（1）

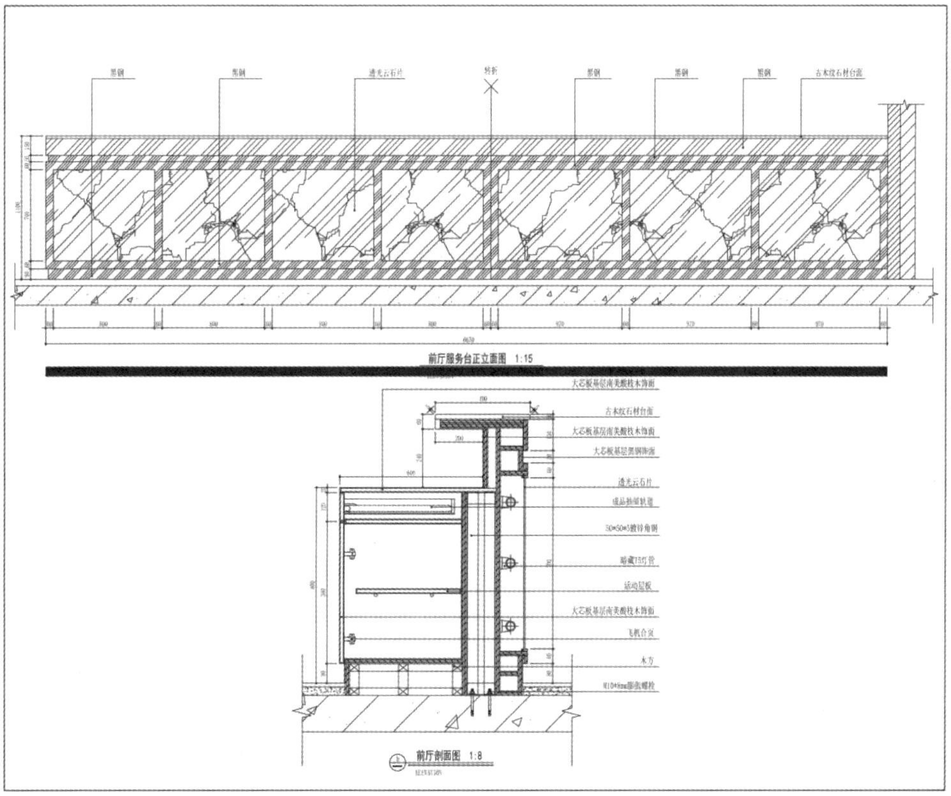


图 7-21 前厅服务台详图（2）

# 第三节　温泉吧平面、立面及节点图

温泉吧是该酒店的特色之一，其相应的温泉配套设施应进行合理的设置。温泉区设置于该独栋别墅的二层位置，客人可从客房直接进入温泉区感受酒店特色。

该区域包含温泉池、男女更衣室及强弱电井和其他管井。地面采用以色列米黄石材、600mm×600mm 罗马木纹石材铺贴，温泉池采用艺术马赛克地砖铺贴，更衣室使用 20mm×20mm 米黄色石材及 600mm×600mm 罗马木纹大理石铺贴，门槛石为古木纹石材。顶面局部为半开放的玻璃幕墙结构，大面积为轻钢龙骨艾特板刷白色防水乳胶漆，局部装 30mm 黑钢饰面。墙面为意大利木纹石材干挂，部分区域为 50mm×50mm 艺术马赛克及文化石装饰。

该功能区图纸中包含墙面石材干挂门套节点图、大芯板基层石材饰面门套节点图、局部吊顶剖面图、以色列米黄石材、南美酸枝饰面洗手池剖面图等，如图 7-22 至图 7-26 所示。

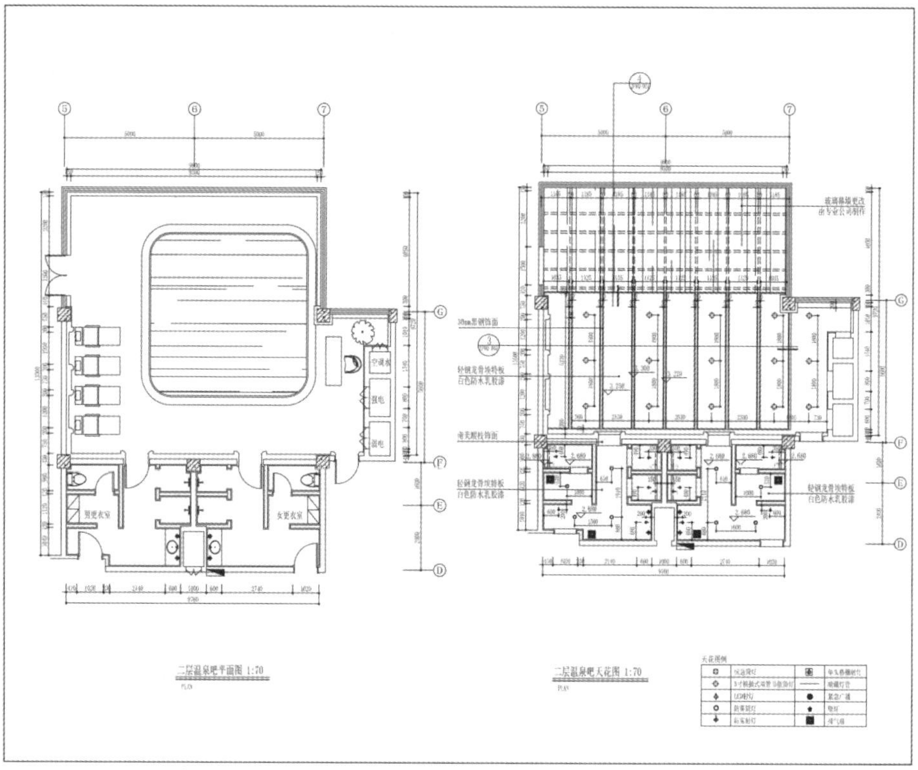


图 7-22　二层温泉吧平面天花板图

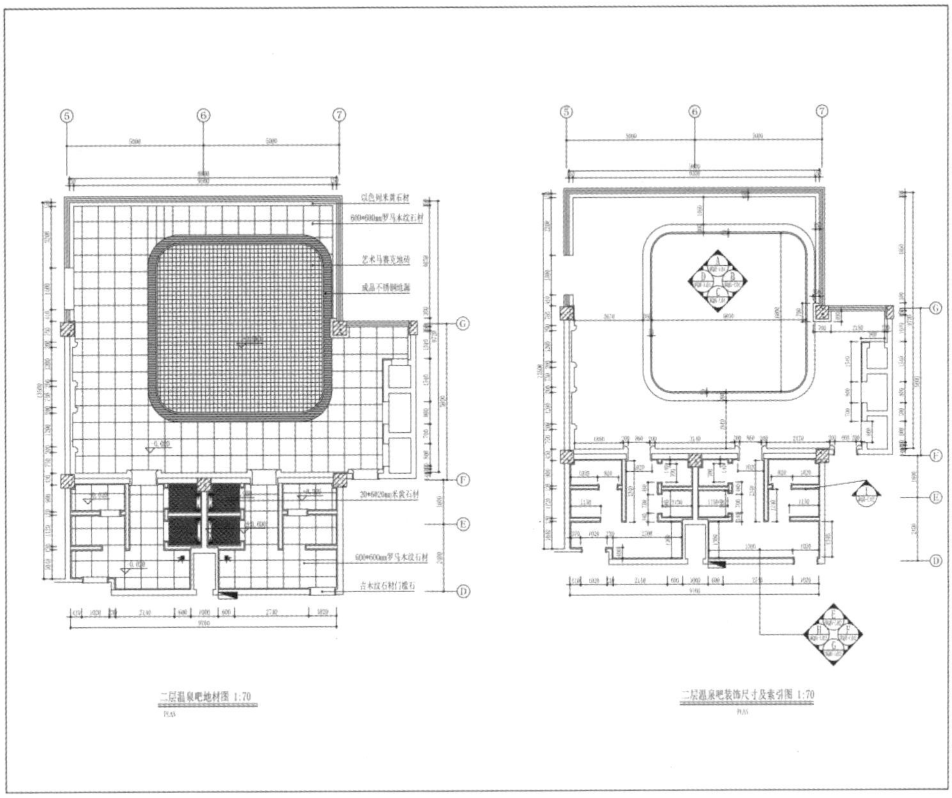

图 7-23　二层温泉吧地材、尺寸索引图

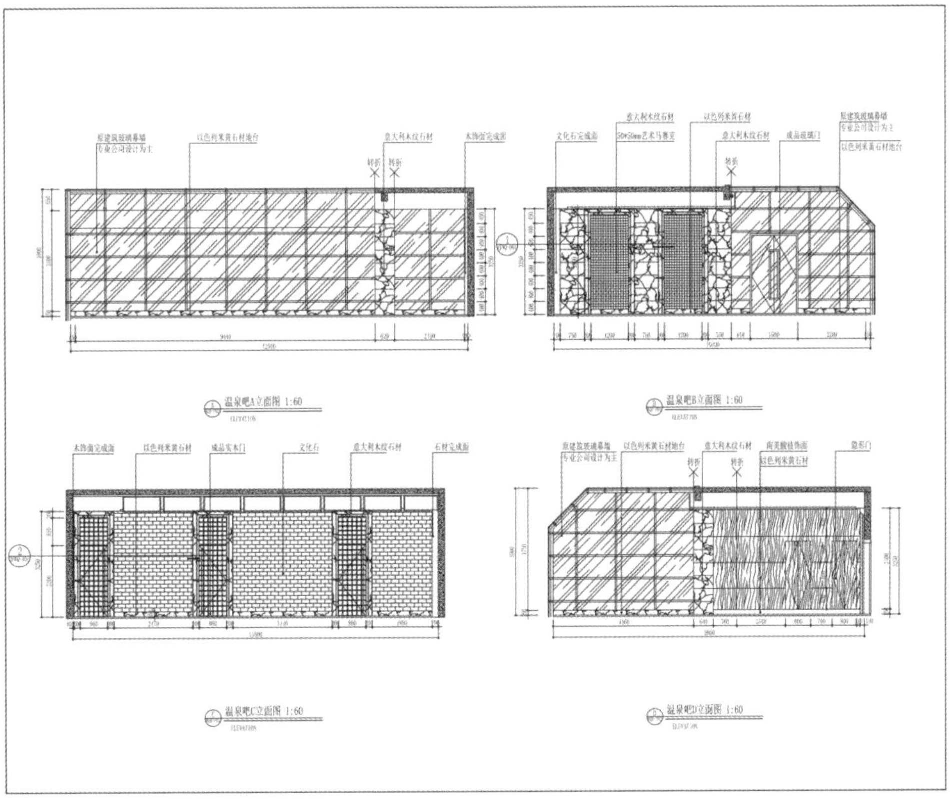

图 7-24　二层温泉吧立面图

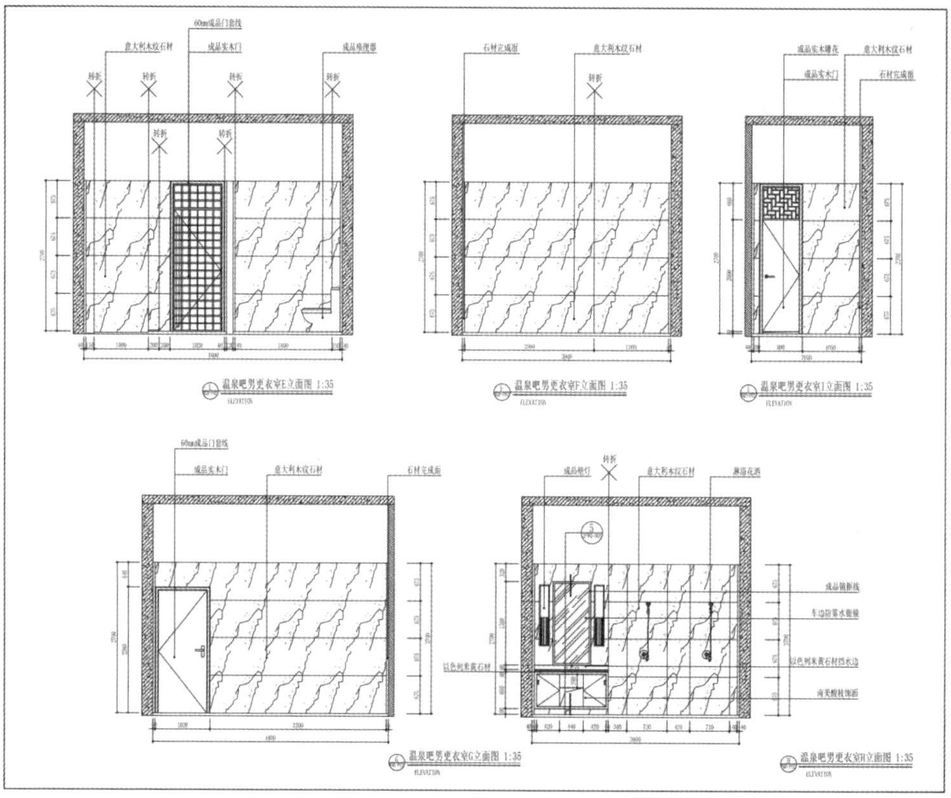

图 7-25　二层温泉吧男更衣间立面图

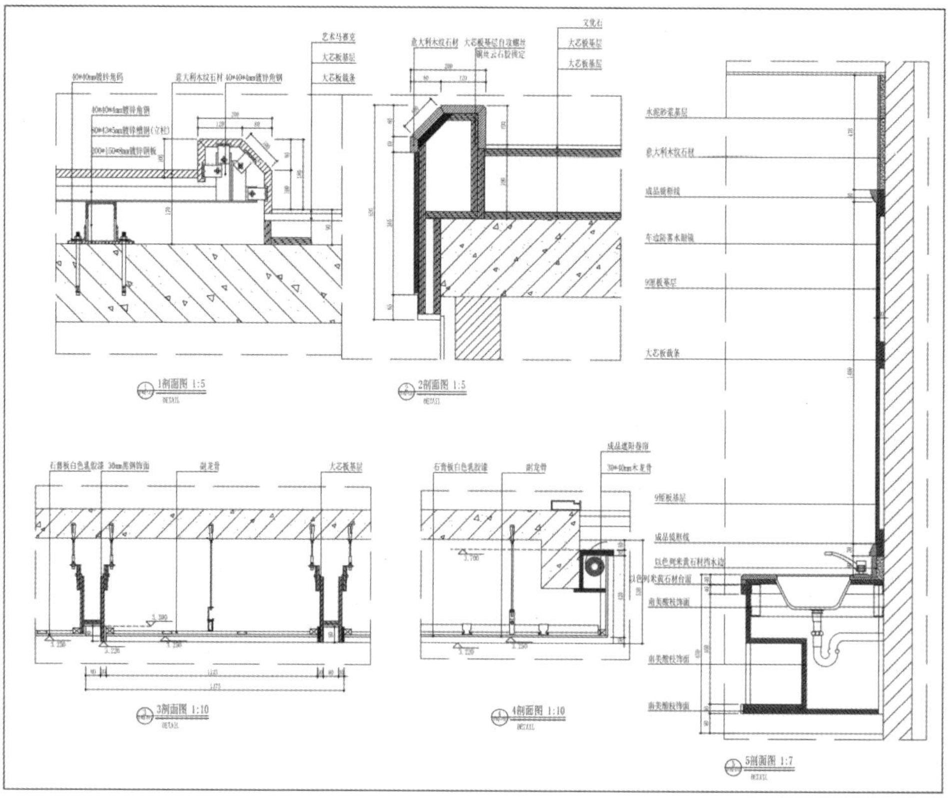

图 7-26　二层温泉吧剖面图

# 第四节 活动室平面、立面及节点图

酒店二层位置设有专门的活动空间，供客人休闲娱乐使用；客人在享受温泉之余，可适当地进行休闲活动及短暂休息。

该区域包含活动室、休息厅、男女更衣室、残疾人卫生间、储藏室、电梯井及其他管井。活动室与休息厅地面采用塑胶地板及以色列米黄石材铺贴，更衣室采用 600mm×600mm 米黄玻化砖铺贴，残疾人卫生间采用 300mm×300mm 防滑地砖铺贴。顶面为轻钢龙骨石膏板，吊顶刷白色乳胶漆，照明处理为乳白色透光软膜，内藏T5灯管，更衣室及残疾人卫生间均为4寸节能筒灯，局部区域为南美酸枝木饰面吊顶。该区域墙面均为大芯板基层南美酸枝木饰面，中间间隔 5mm 黑镜装饰条，部分区域为意大利木纹石材干挂饰面，踢脚线及门均为实木材质。

该功能区图纸中包含活动室乳白色软膜灯槽顶面节点图、大芯板南美酸枝木饰面吊顶节点图、活动室意大利木纹石材包柱干挂节点图、活动室墙面大芯板基层南美酸枝木饰面节点图、活动室服务台剖面图等，如图 7-27 至图 7-37 所示。

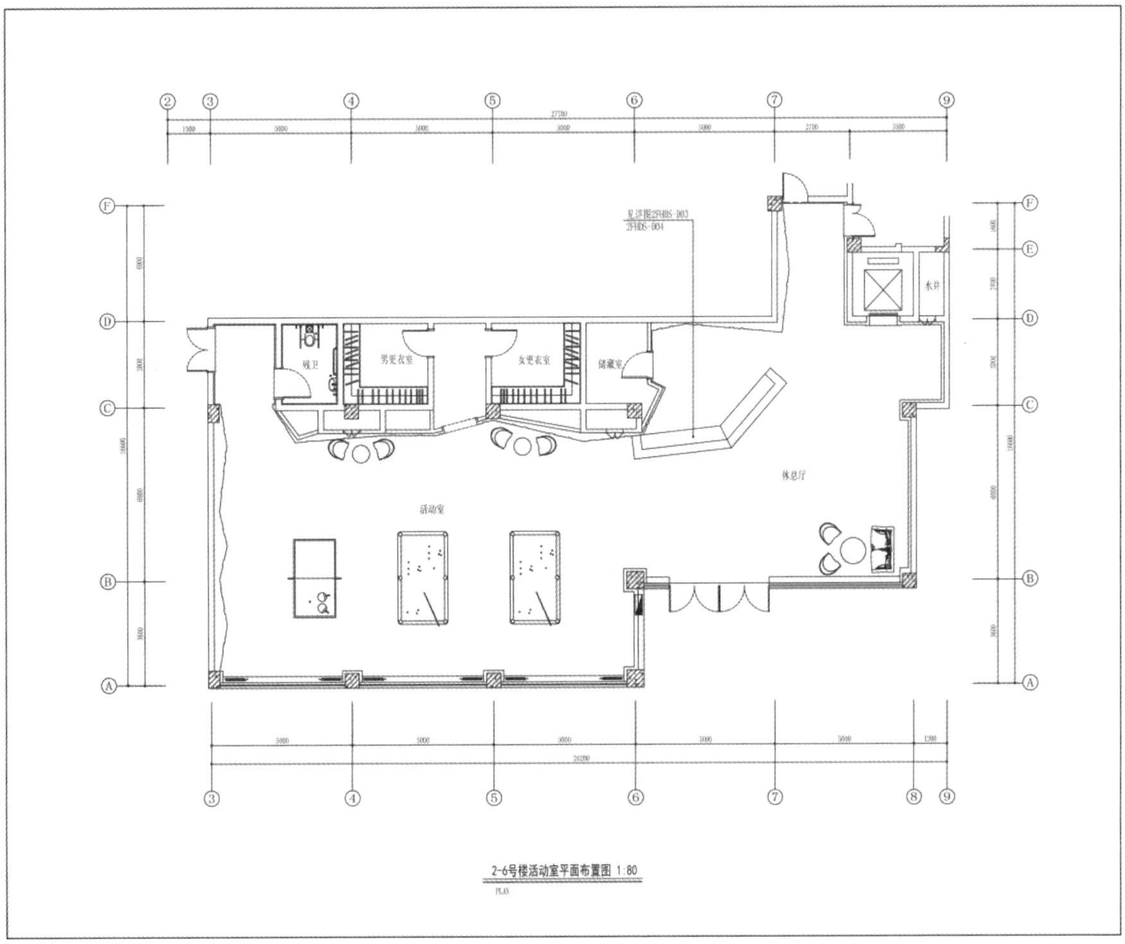


图 7–27 活动室平面布置图

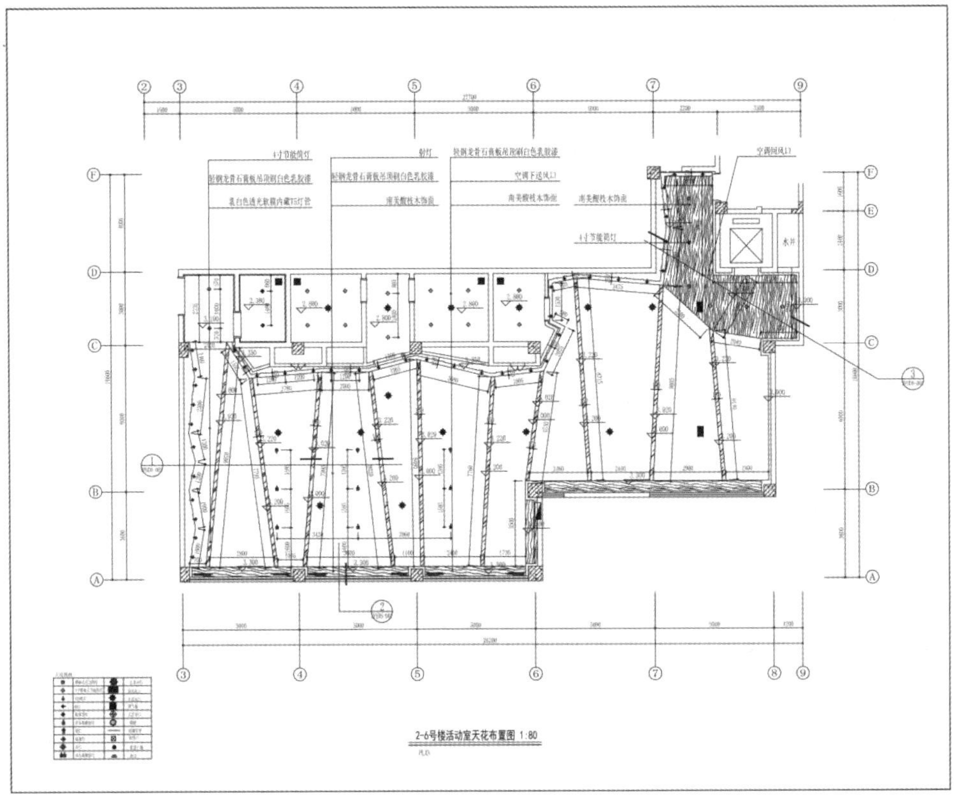


图 7-28　活动室天花板布置图

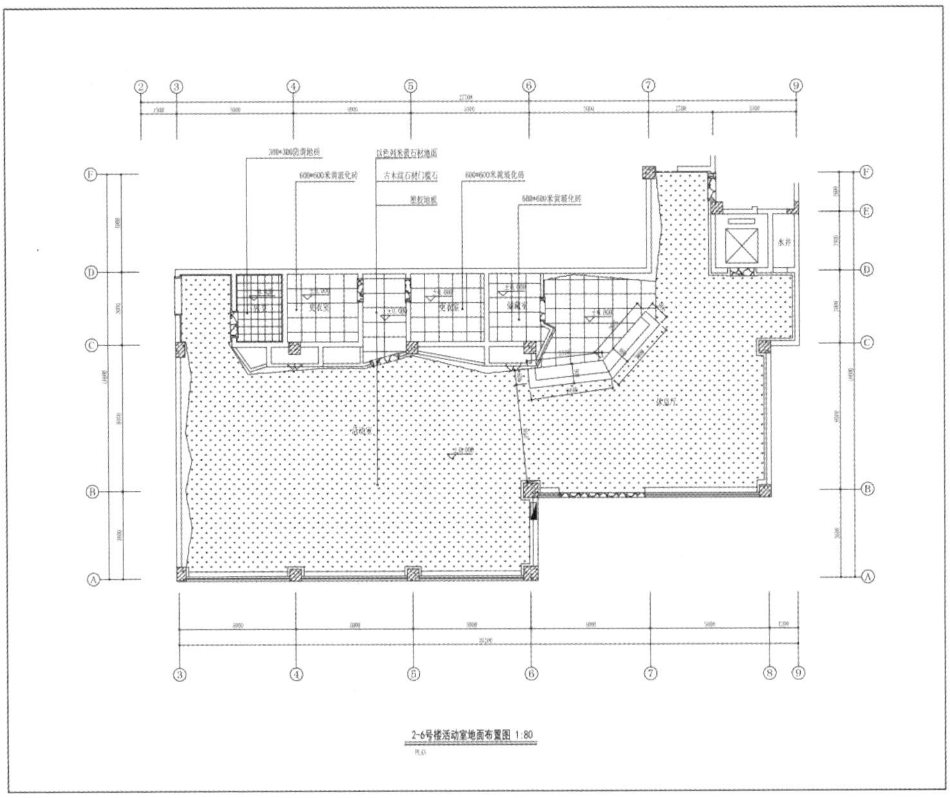


图 7-29　活动室地面布置图

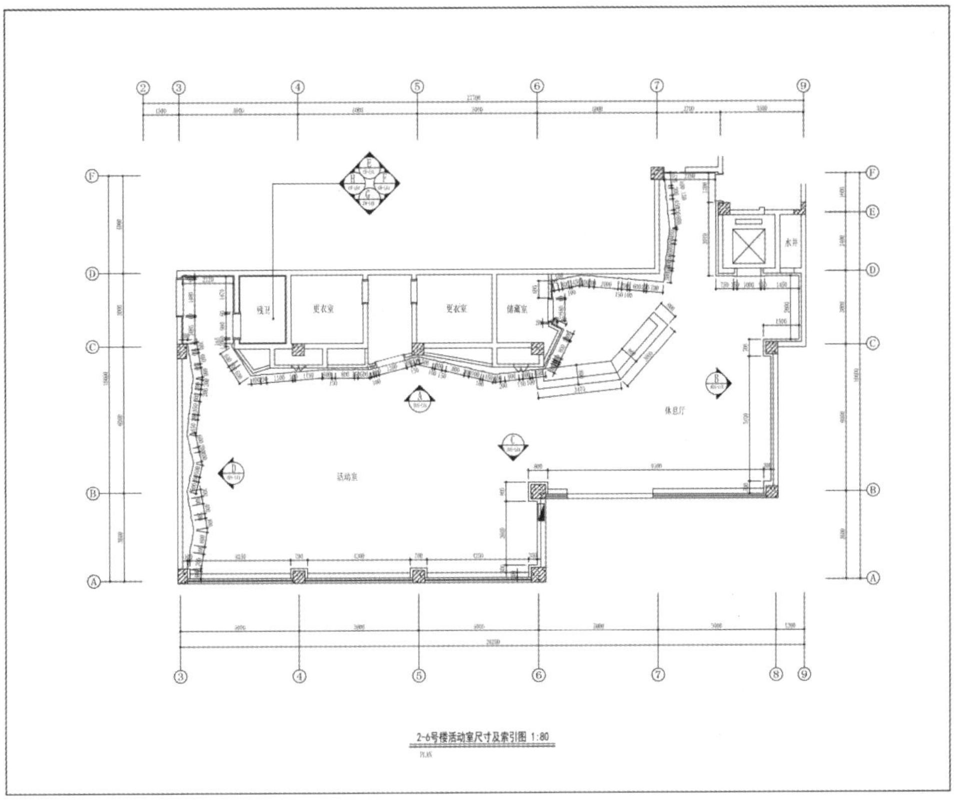


图 7-30 活动室尺寸及索引图

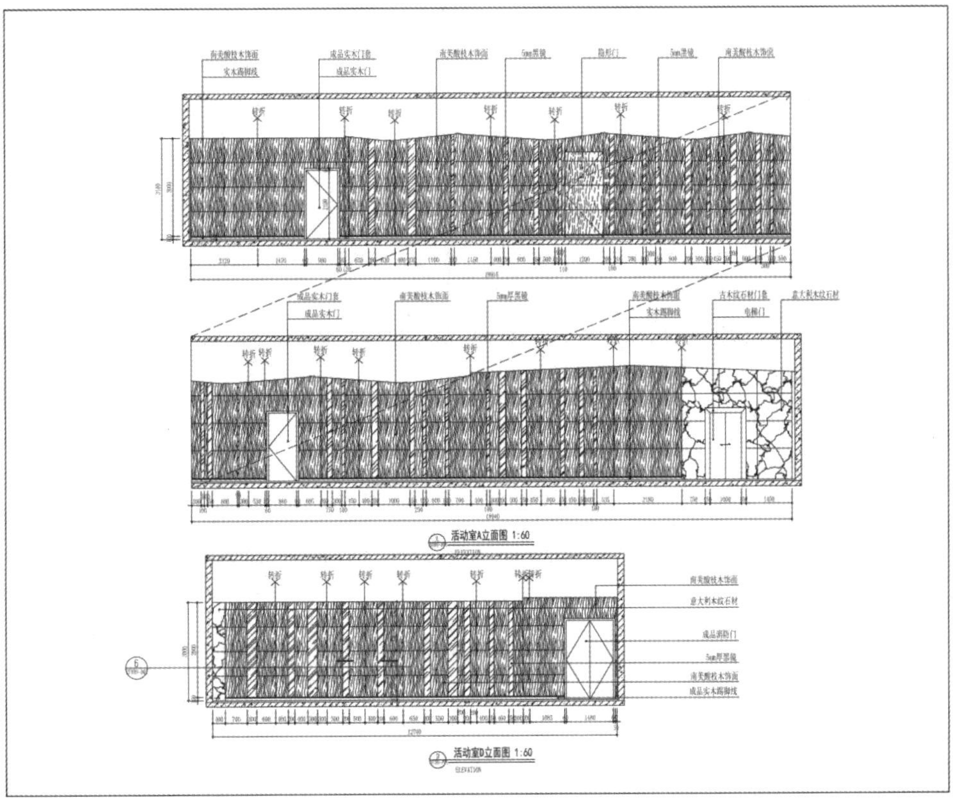


图 7-31 活动室立面图（1）

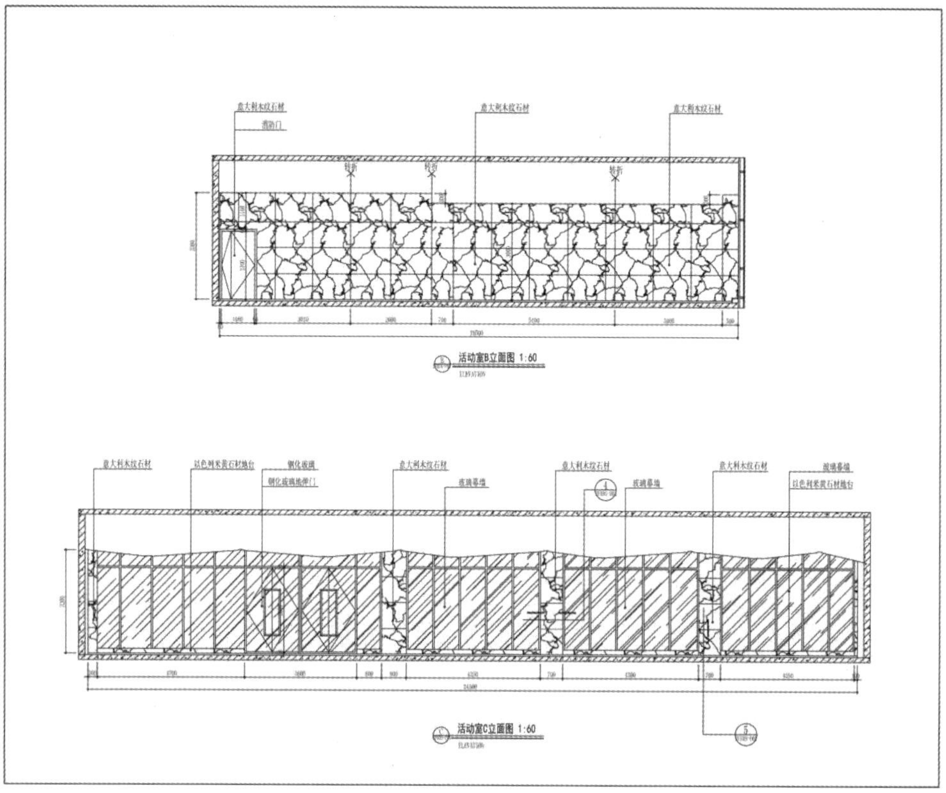


图 7-32　活动室立面图（2）

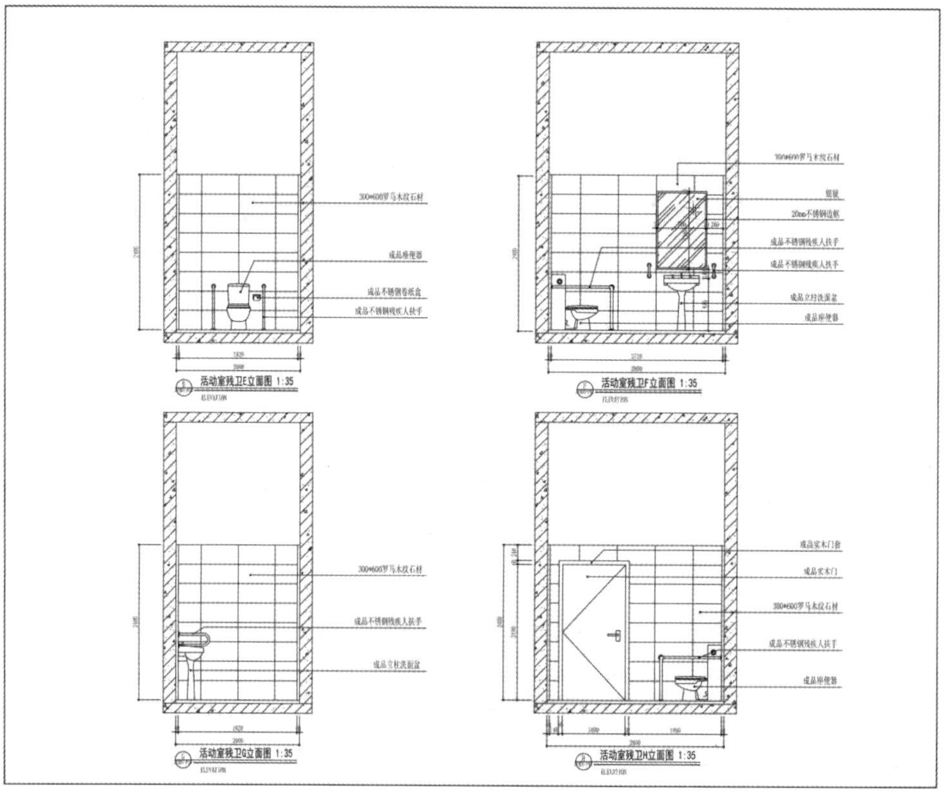


图 7-33　活动室立面图（3）

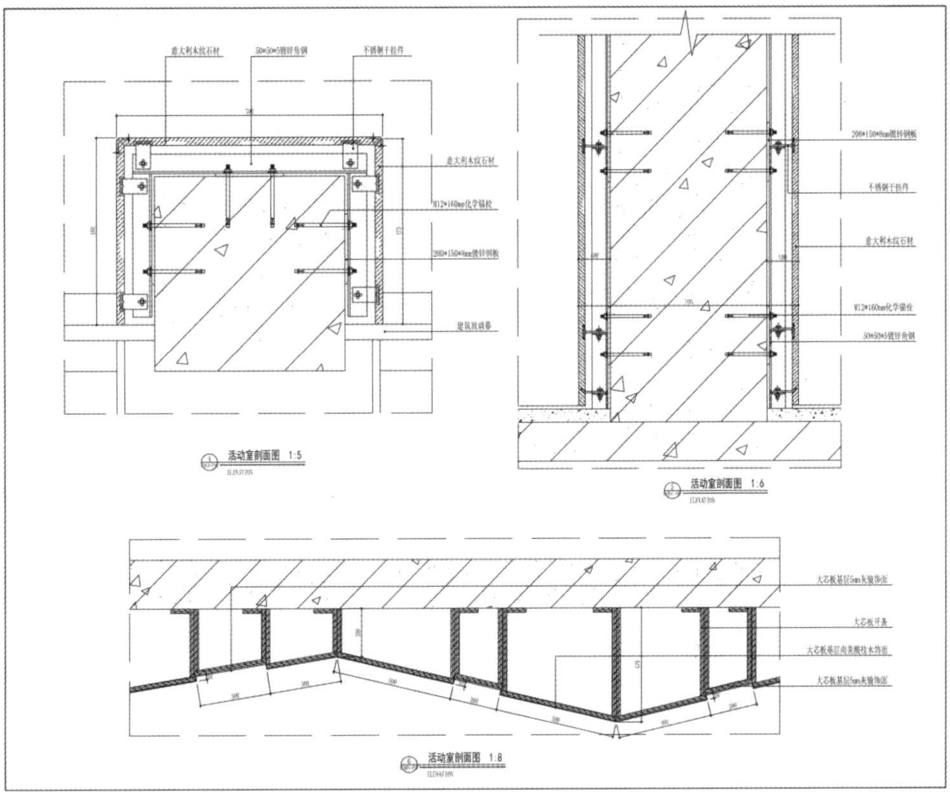


图 7-34 活动室节点大样图（1）

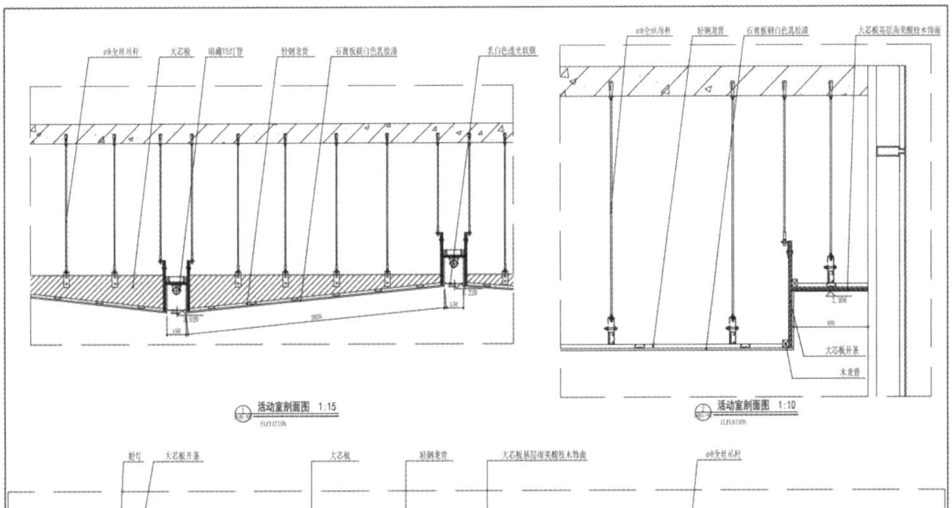


图 7-35 活动室节点大样图（2）

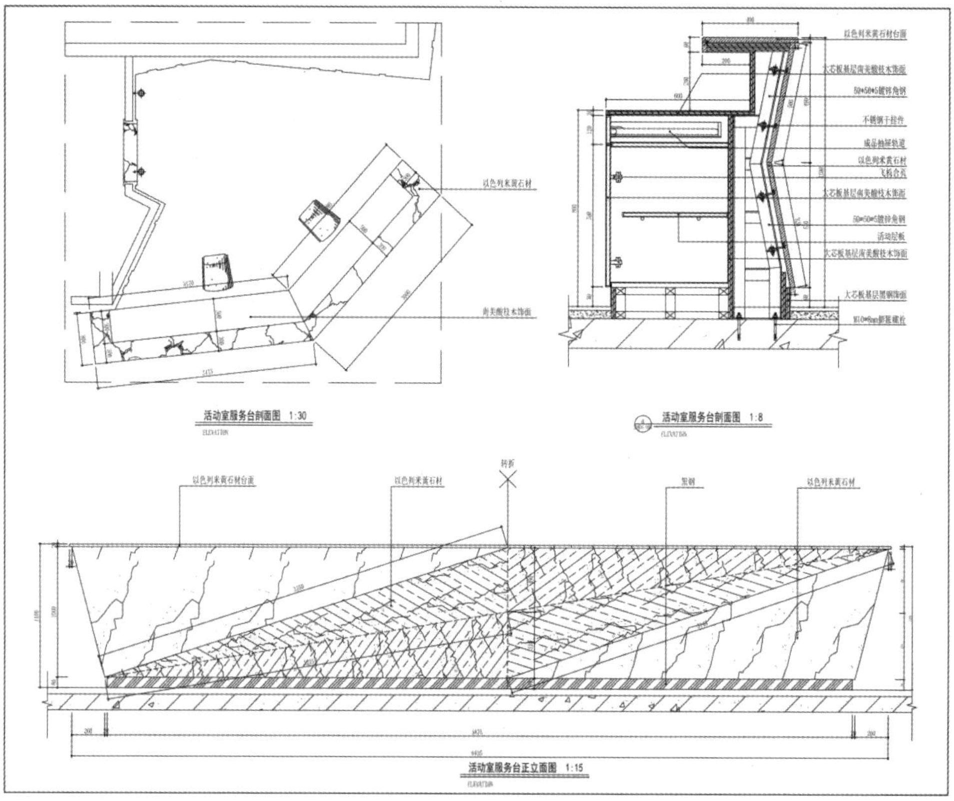


图 7-36 活动室服务台详图（1）

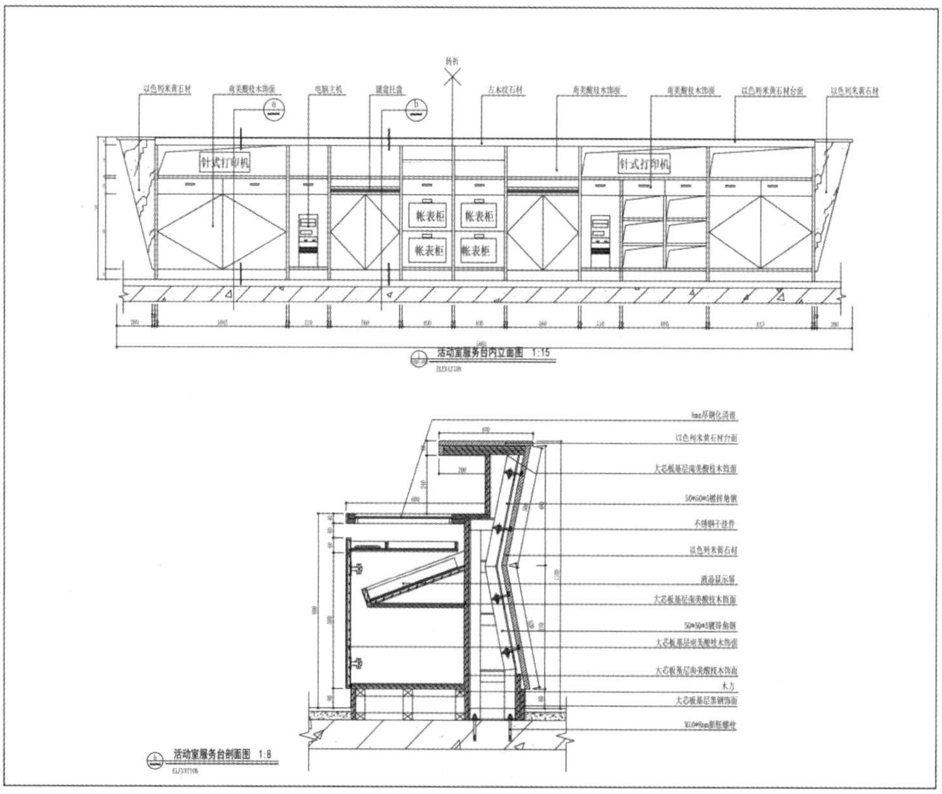


图 7-37 活动室服务台详图（2）

# 第五节 客房及其他区域平面、立面及节点图

酒店三层及四层位置为客房空间。二楼与三楼均设有 6 间客房，其中每层有 1 间为套房。普通客房均为标间，其包含标准客房所具备的功能元素。

客房包含过道、卫生间、就寝区、办公区、休闲区、阳台，套房除包含以上功能空间之外还包含会客区。客房过道及卫生间地面采用 400mm×800mm 罗马木纹石材铺贴；客房门口及卫生间门口采用古木纹门槛石铺贴；浴室地面采用罗马木纹石材拉丝铺贴处理；客房就寝及办公休闲区地面采用艺术地毯铺贴处理；阳台地面使用 300mm×600mm 欧神诺石材铺贴；客房顶面采用轻钢龙骨石膏板吊顶处理；墙边做二级吊顶灯光槽暗藏 T5 灯带，卫生间及阳台为埃特板刷白色乳胶漆；客房墙面采用大芯板基层南美酸枝木饰面搭配素色墙纸，踢脚线采用 100mm 高实木；床头位置为成品软包；家具采用 550cm×500cm×550cm 床头柜及 2000cm×1350cm×600cm 成品床；套房增设古木纹石材与南美酸枝木饰面搭配作为电视背景墙，并用 40mm 不锈钢条作为装饰；卫生间墙面采用 400mm×800mm 罗马木纹石材湿贴；淋浴间使用 8mm 钢化玻璃，并用罗马木纹石材做挡水边。

该部分图纸还包括客房灯光槽吊顶节点图、客房窗帘盒节点图、套房大理石与木饰面墙面节点图、卫生间洗手台面节点图、客房衣柜剖面及大样图等，如图 7-38 至图 7-65 所示。

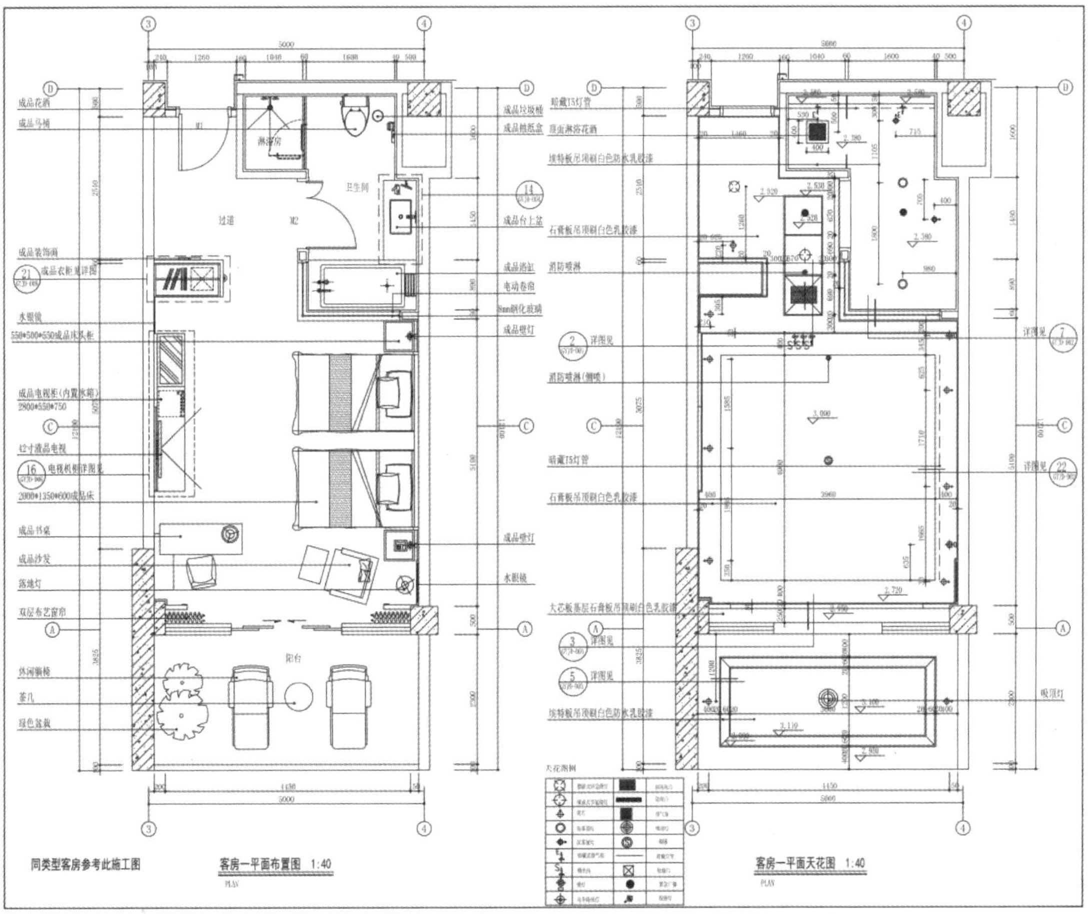


图 7-38 客房 - 平面天花板布置图

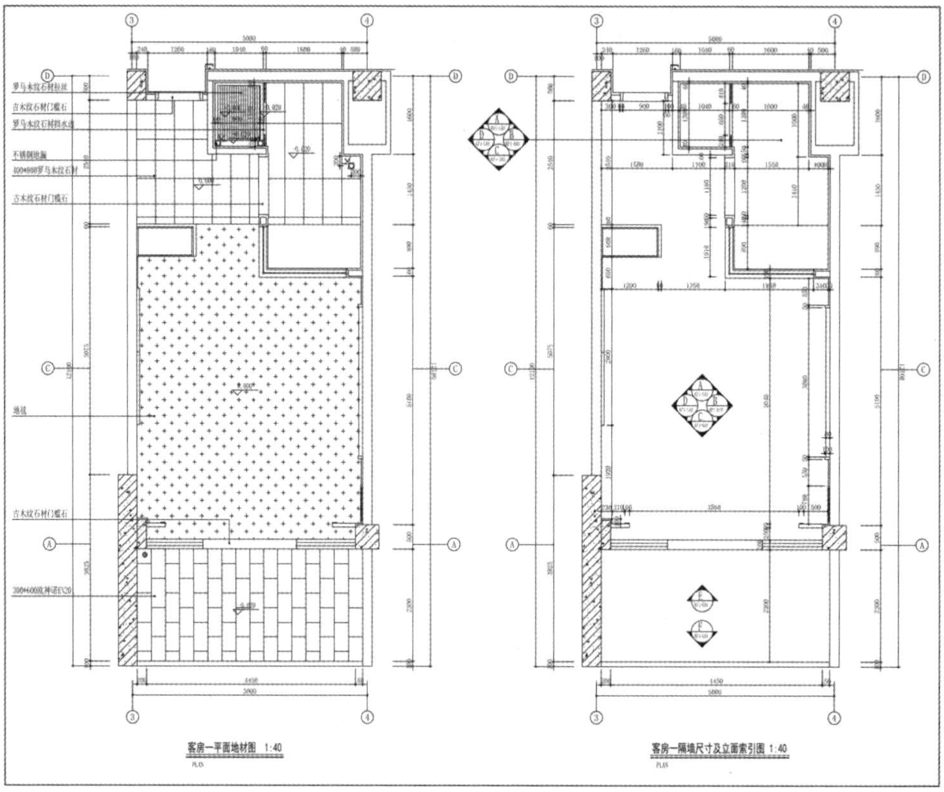


图 7-39　客房地材、隔墙尺寸及立面索引图

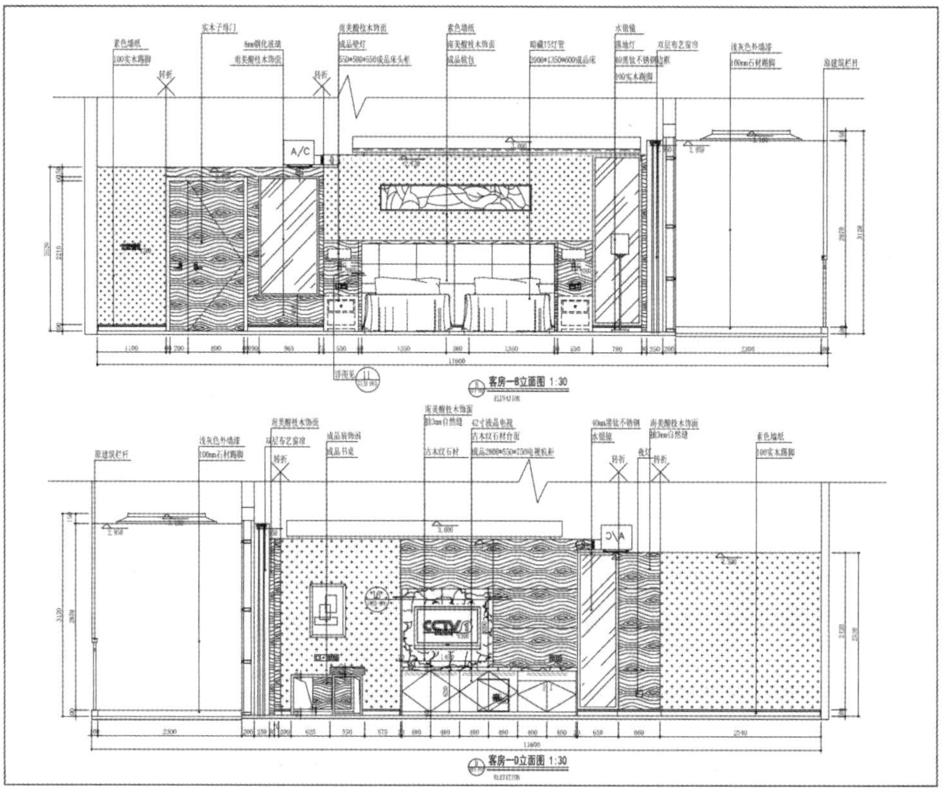


图 7-40　客房－卧室立面图（1）

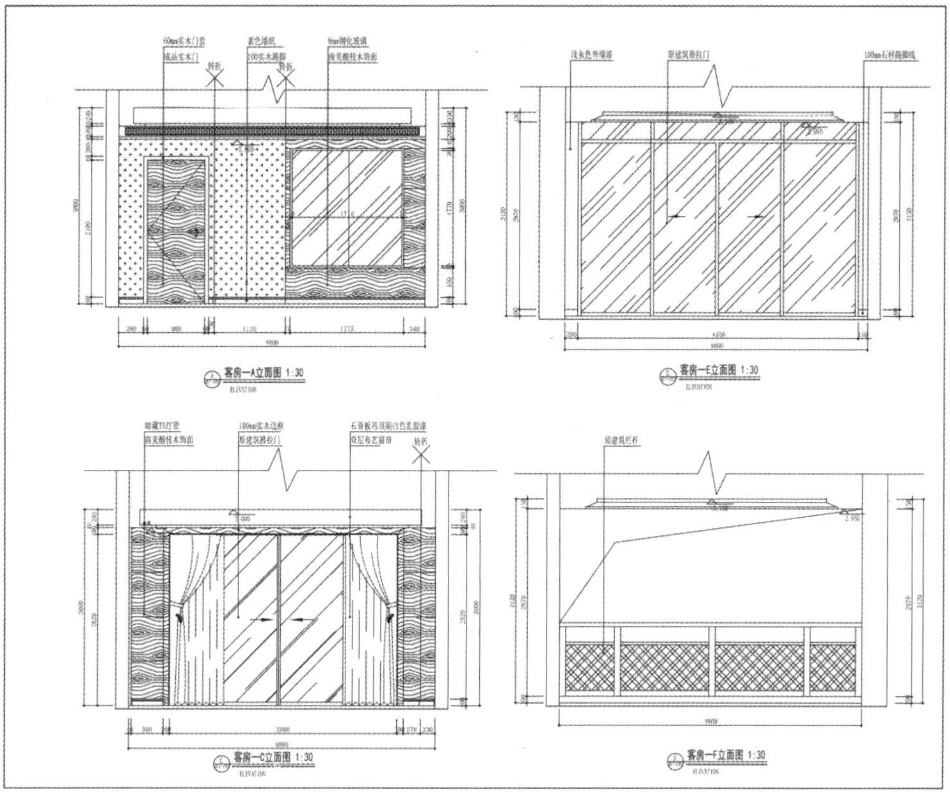

图 7-41 客房－卧室立面图（2）

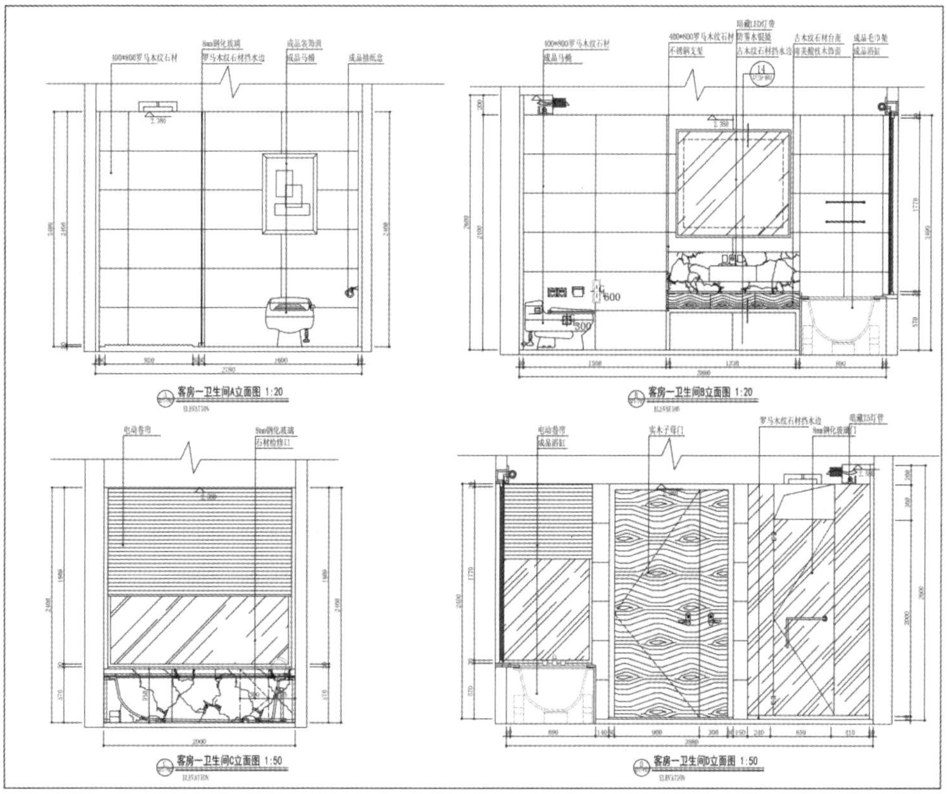

图 7-42 客房－卫生间立面图

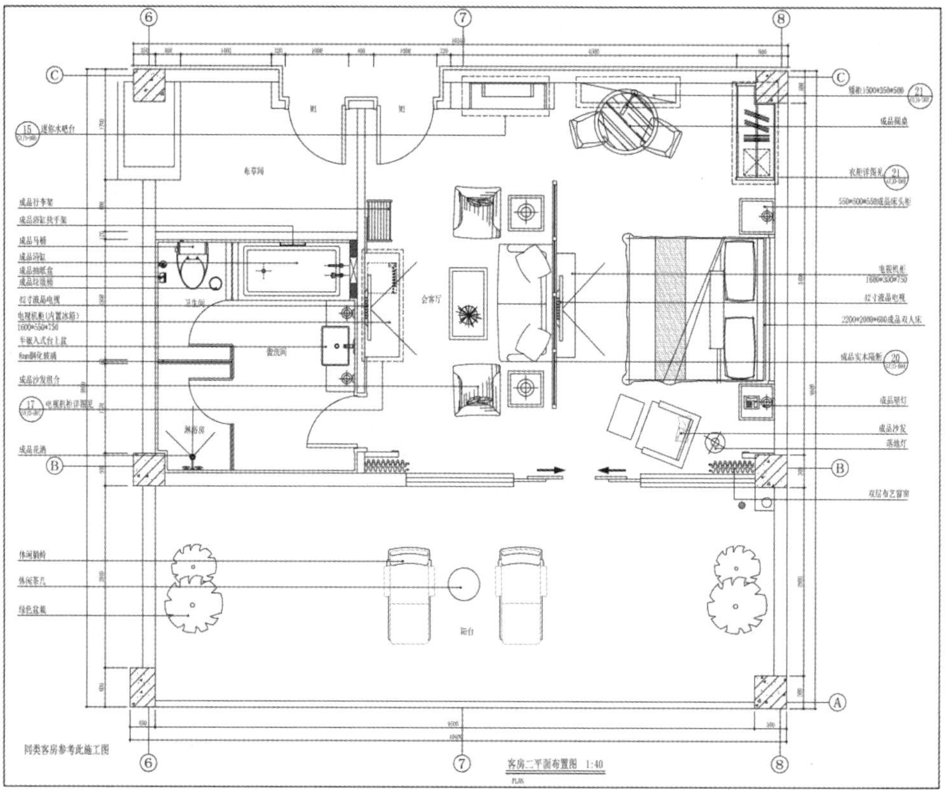

图 7–43　二层客房平面布置图

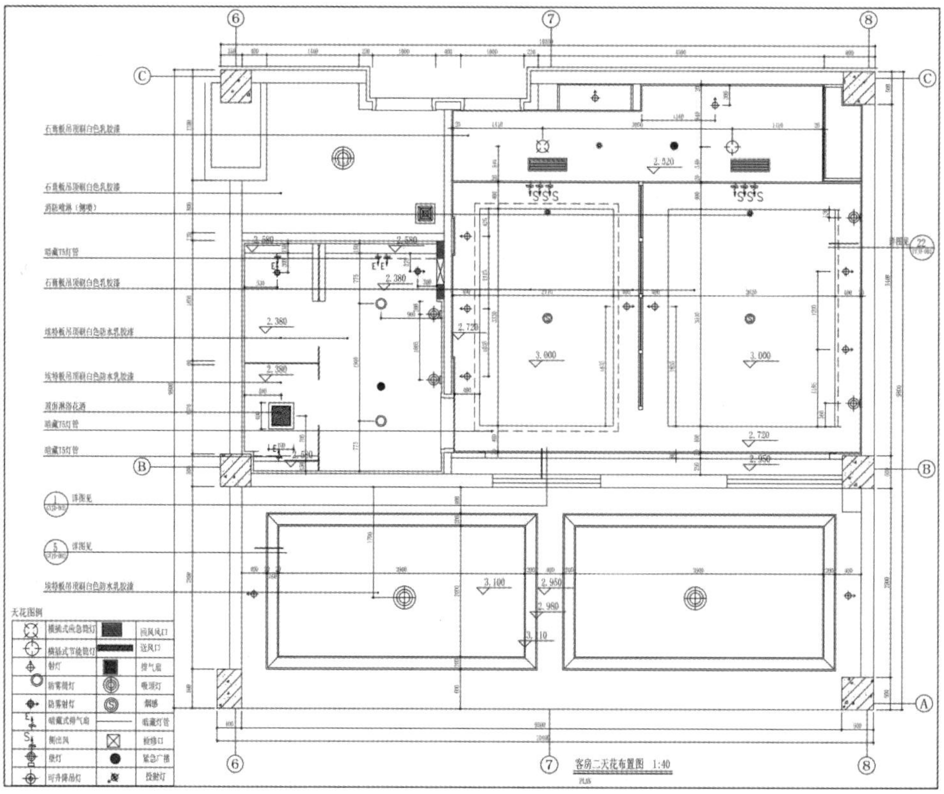

图 7–44　二层客房天花板布置图

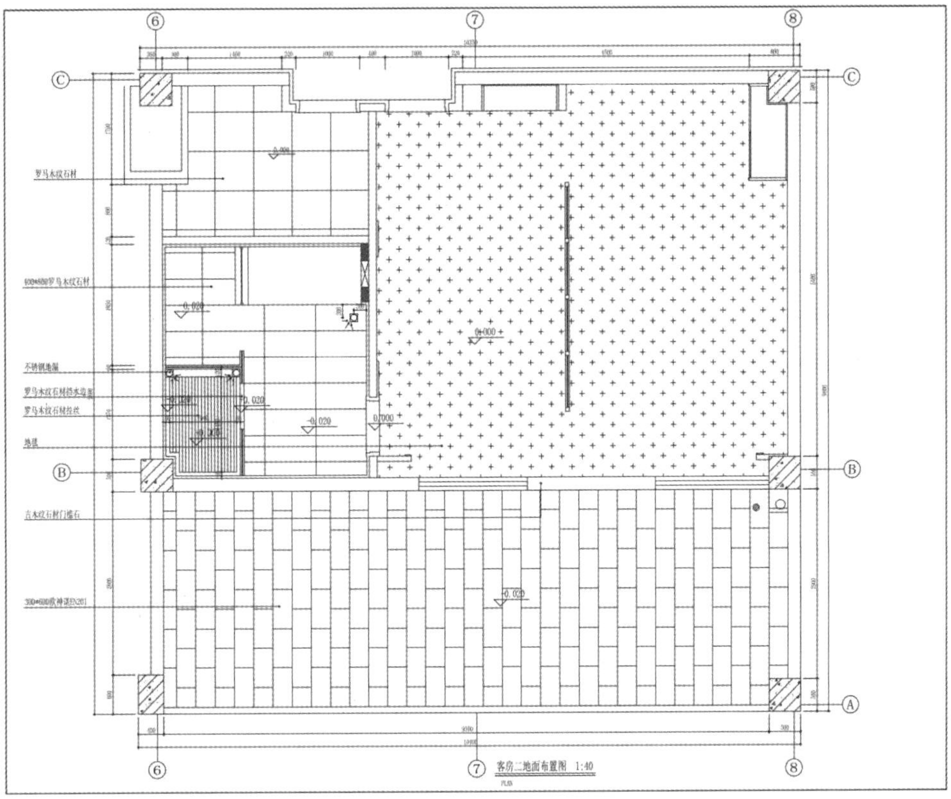


图 7-45 二层客房地材布置图

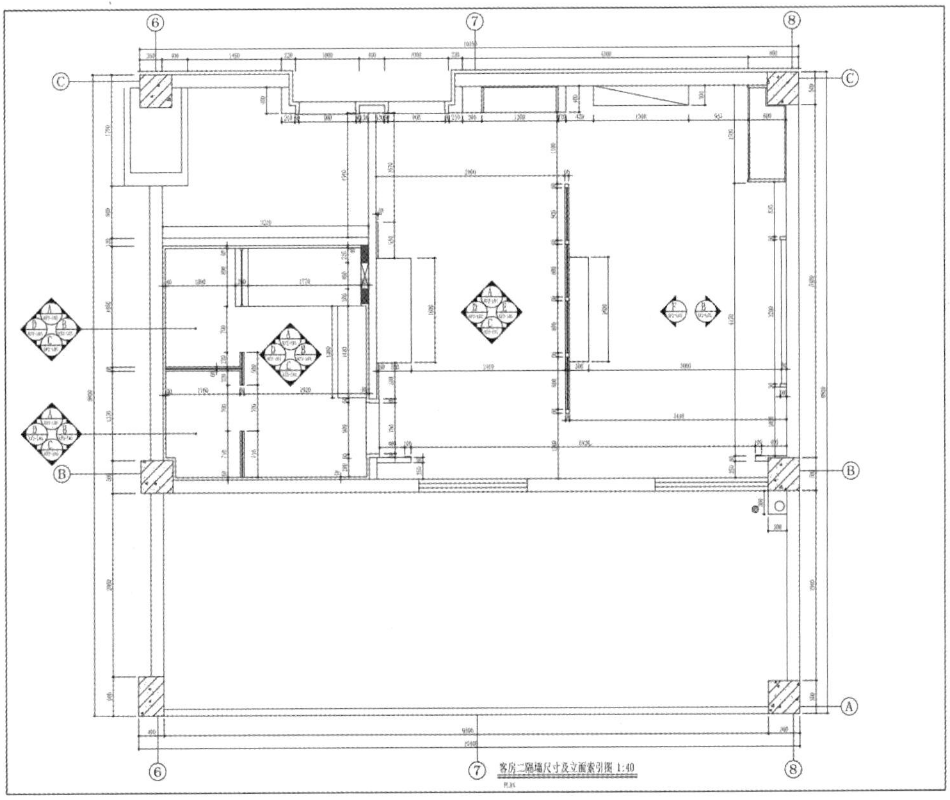


图 7-46 二层客房隔墙尺寸图

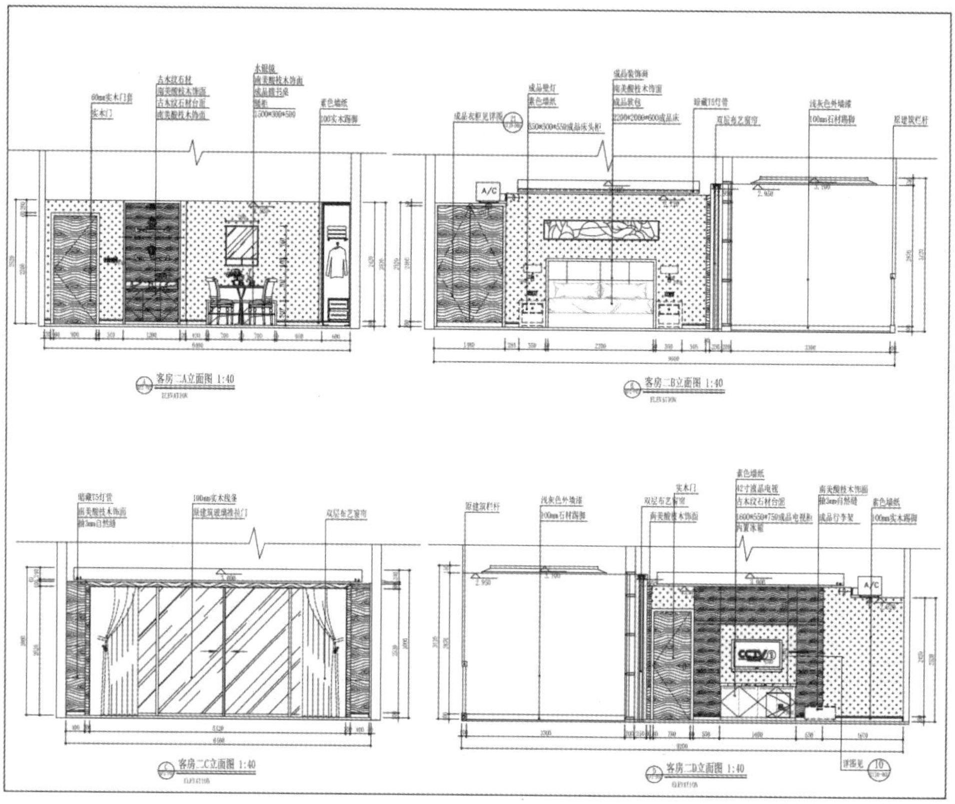

图 7-47　二层客房卧室立面图

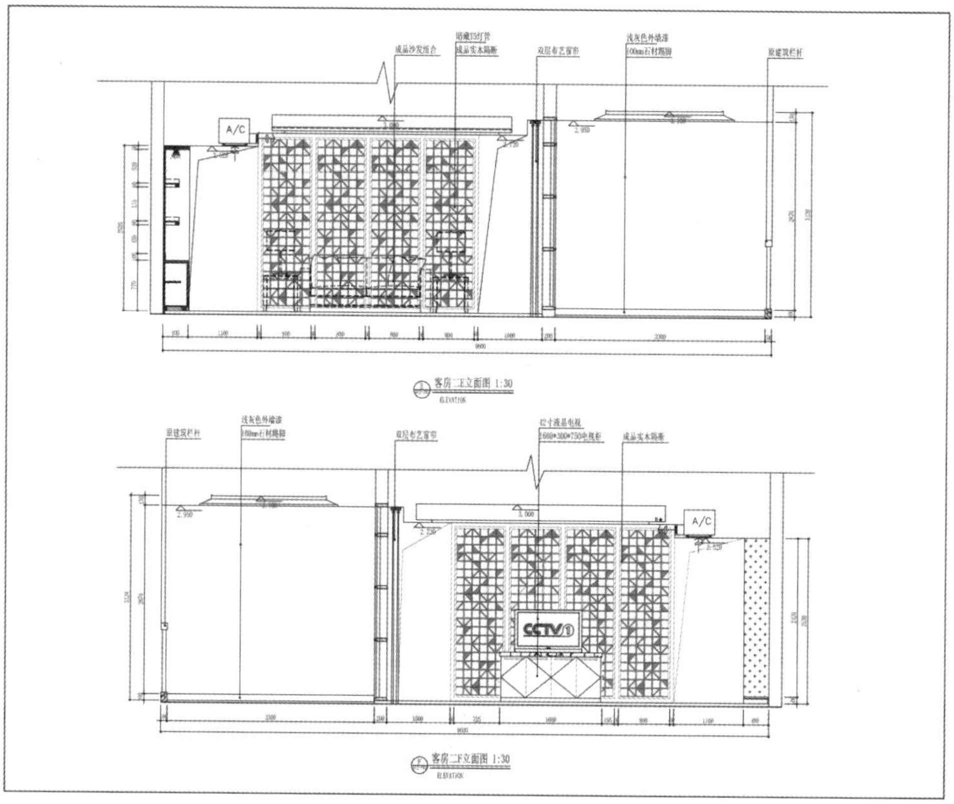

图 7-48　二层客房卧室和阳台立面图

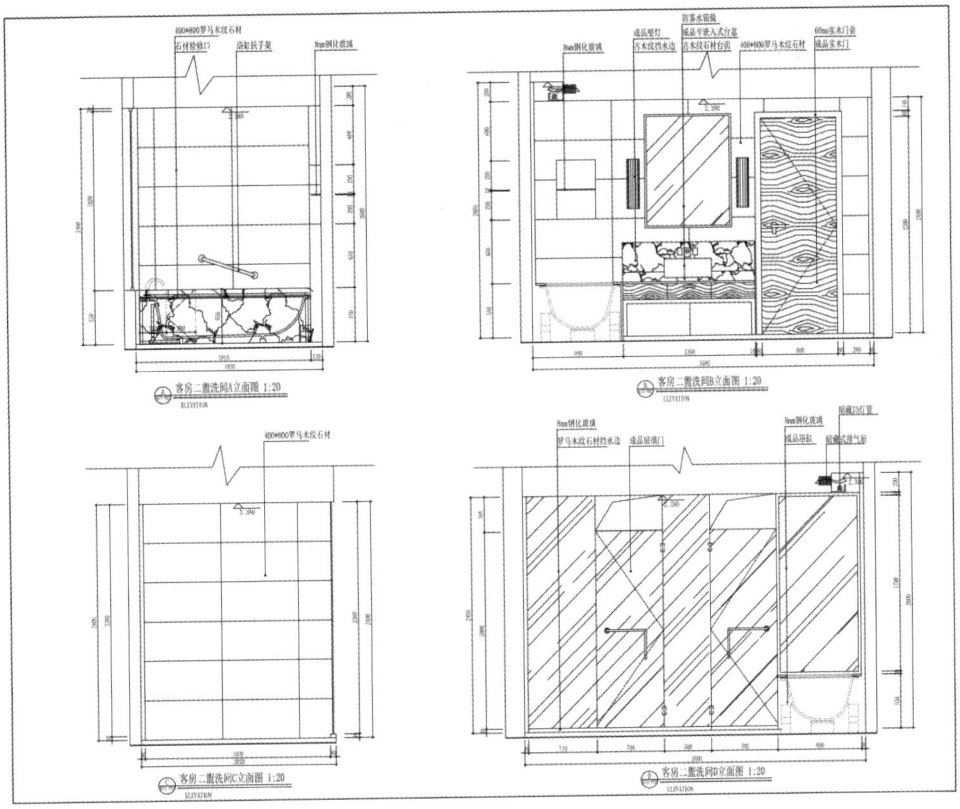


图 7-49 二层客房盥洗间立面图

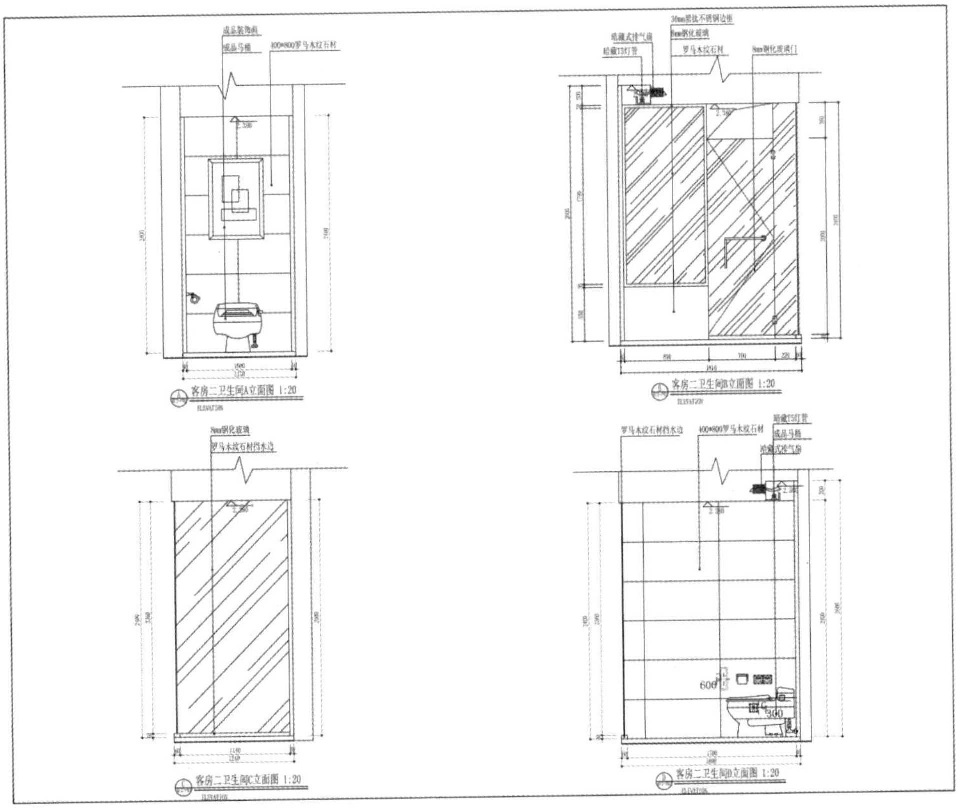


图 7-50 二层客房卫生间立面图

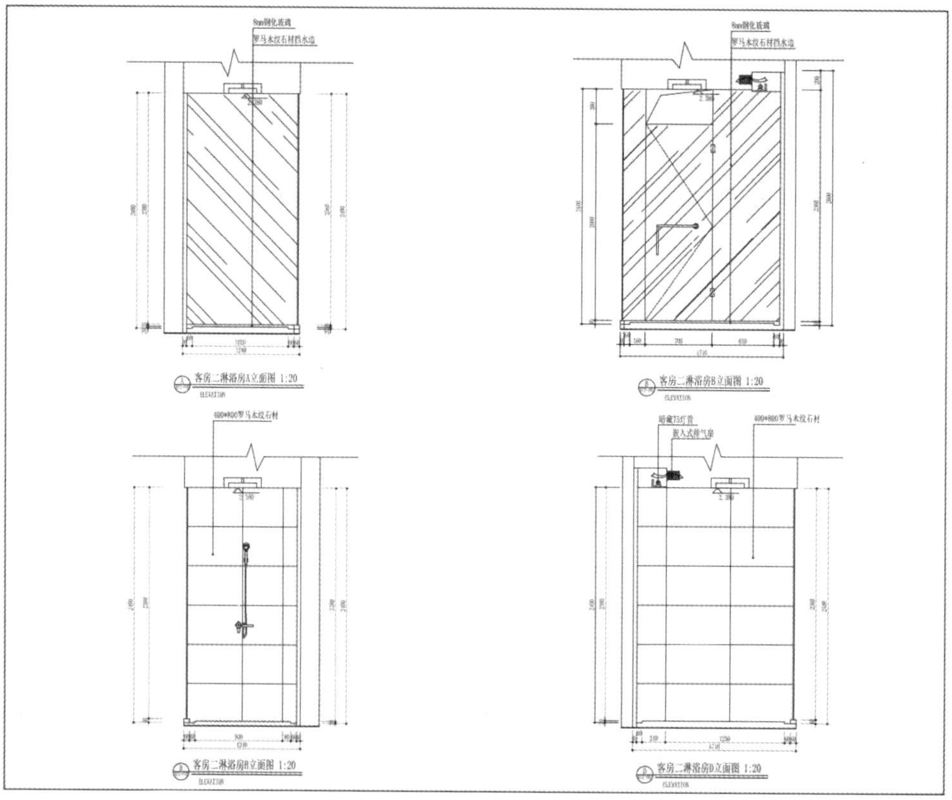

图 7-51　二层客房淋浴间立面图

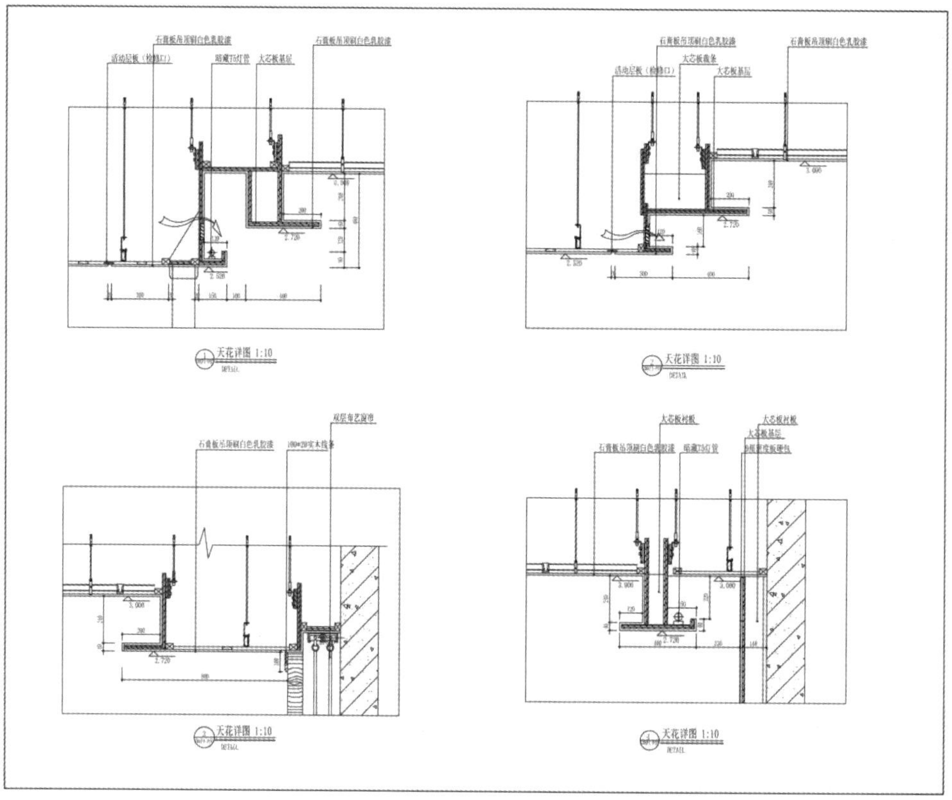


图 7-52　剖面图（1）

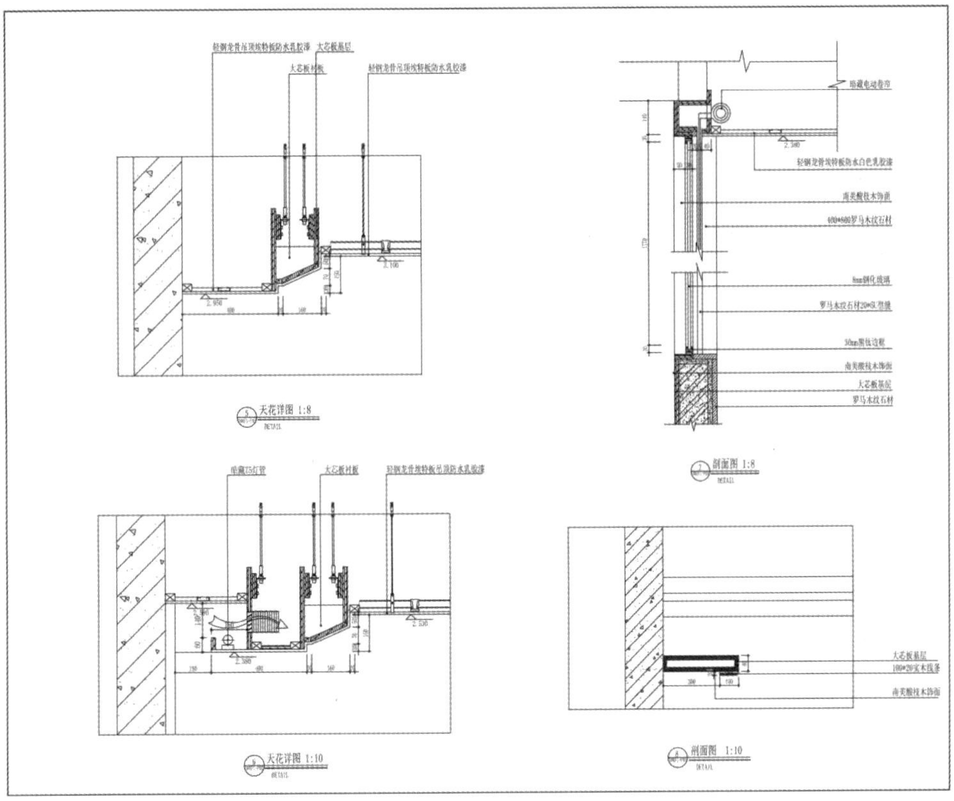


图 7-53 剖面图（2）

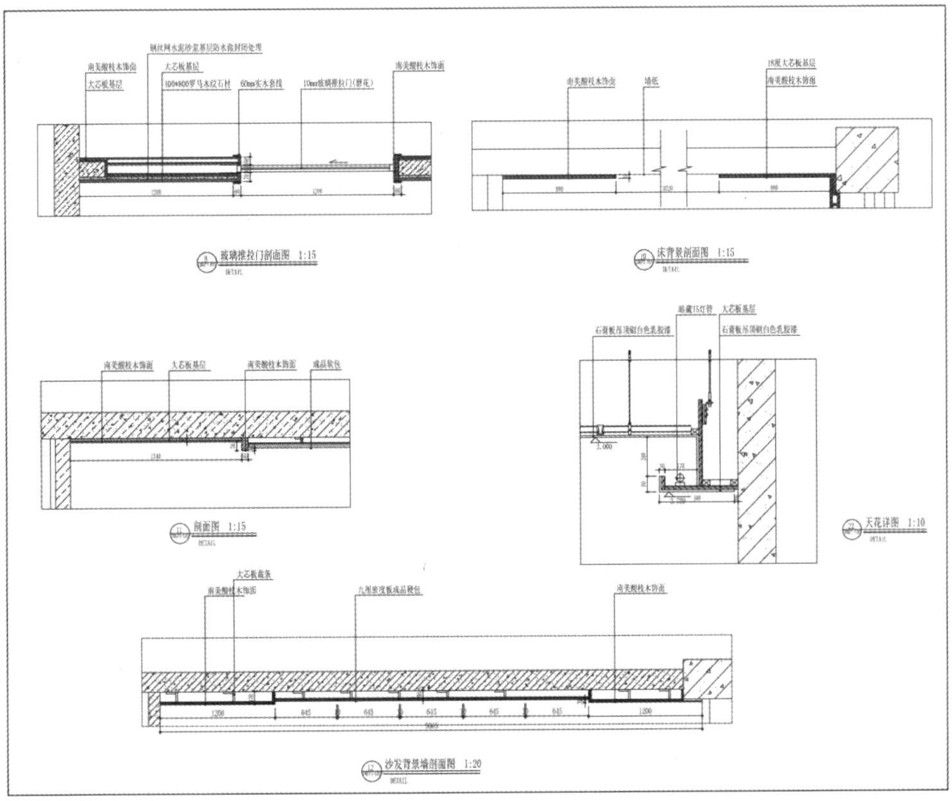


图 7-54 剖面图（3）

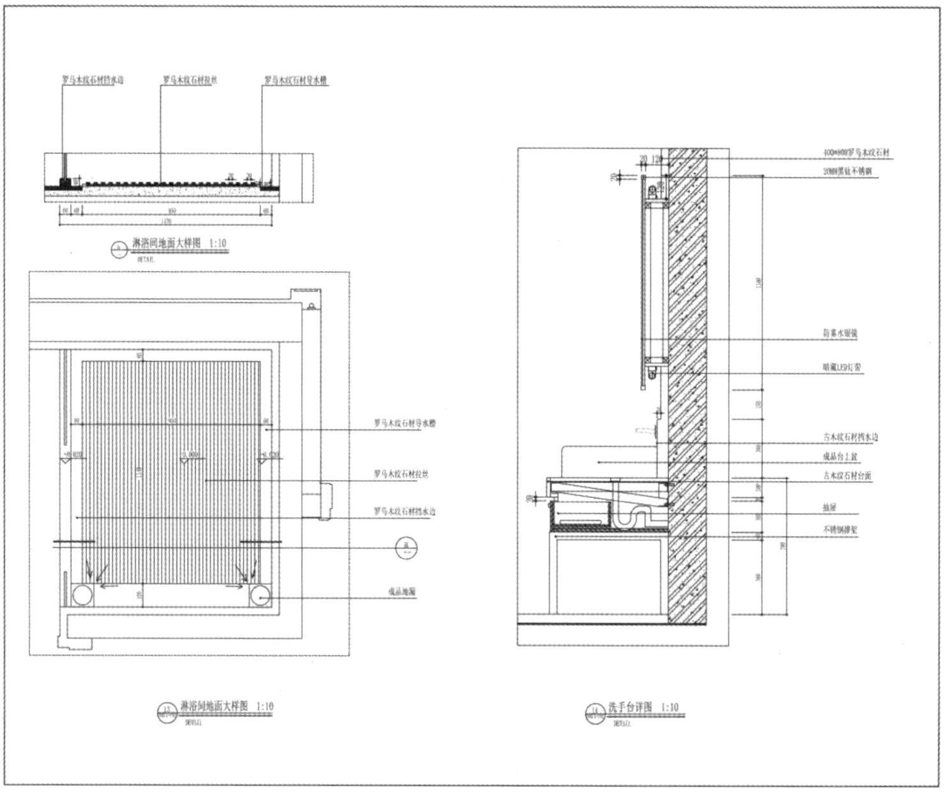


图 7-55　剖面图（4）

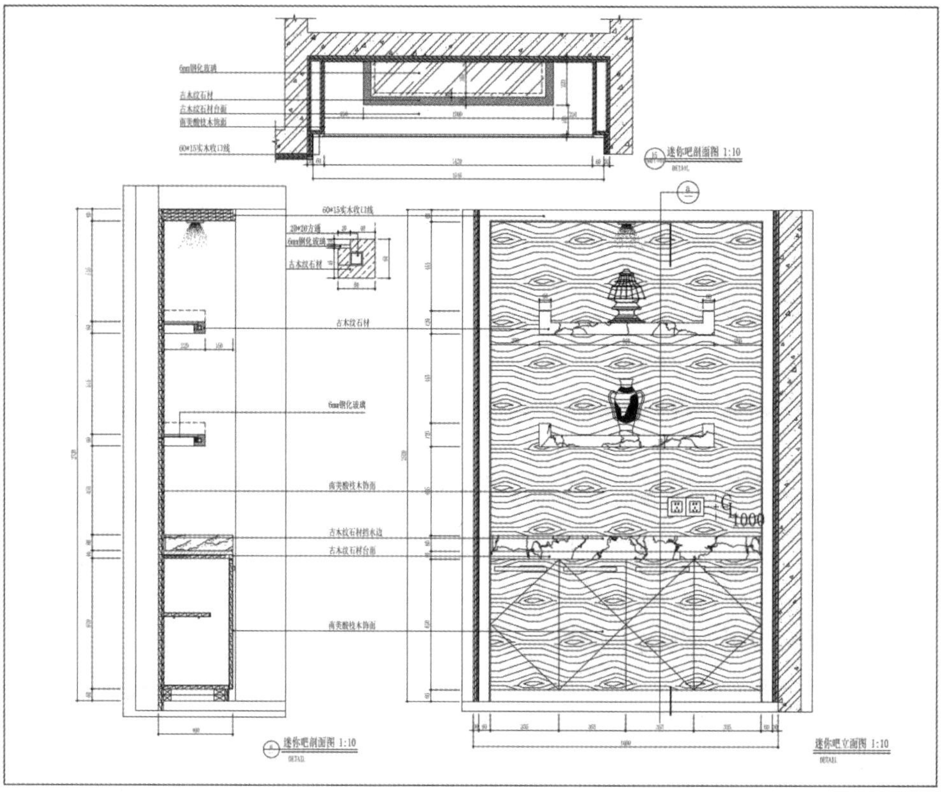


图 7-56　剖面图（5）

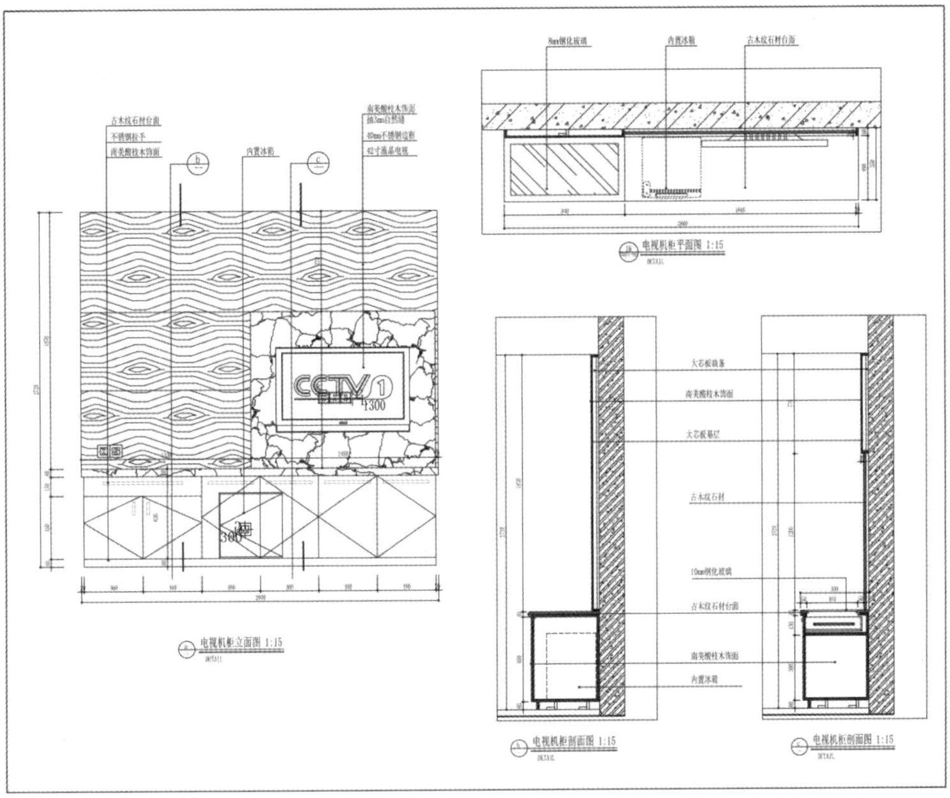

图 7-57 剖面图（6）

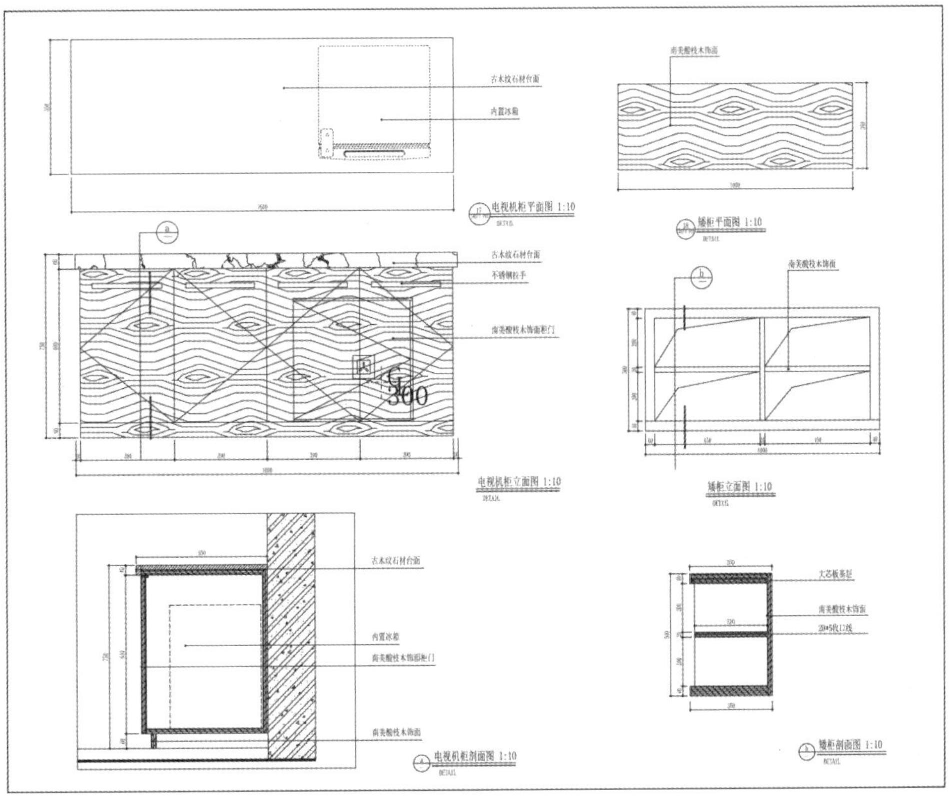

图 7-58 剖面图（7）

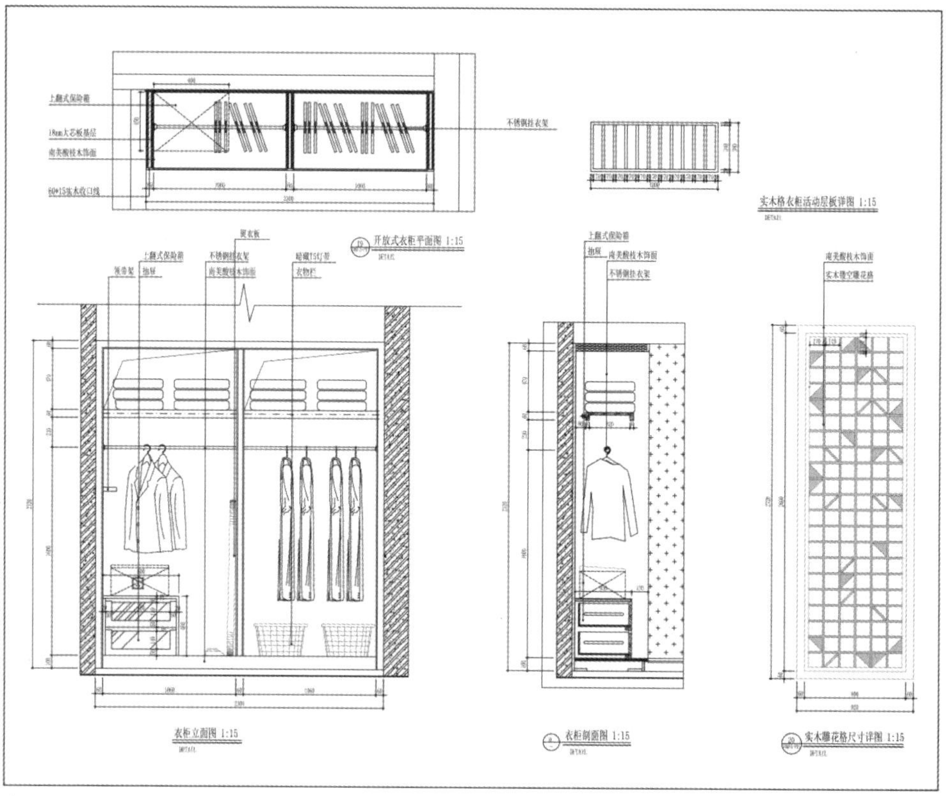

图 7-59　剖面图（8）

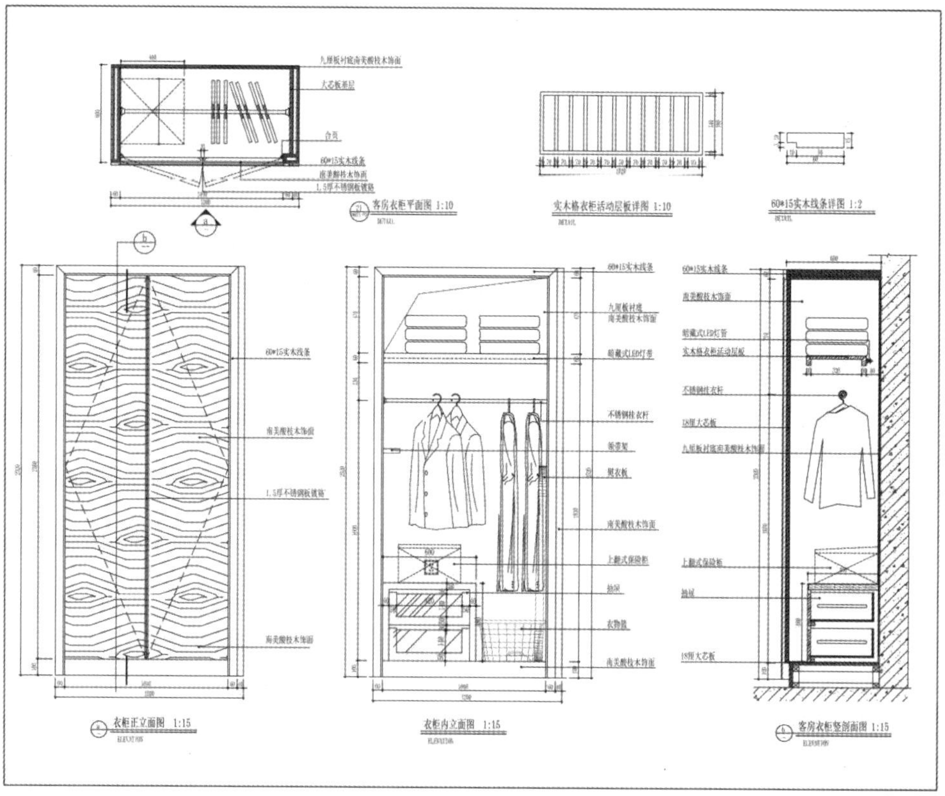

图 7-60　剖面图（9）

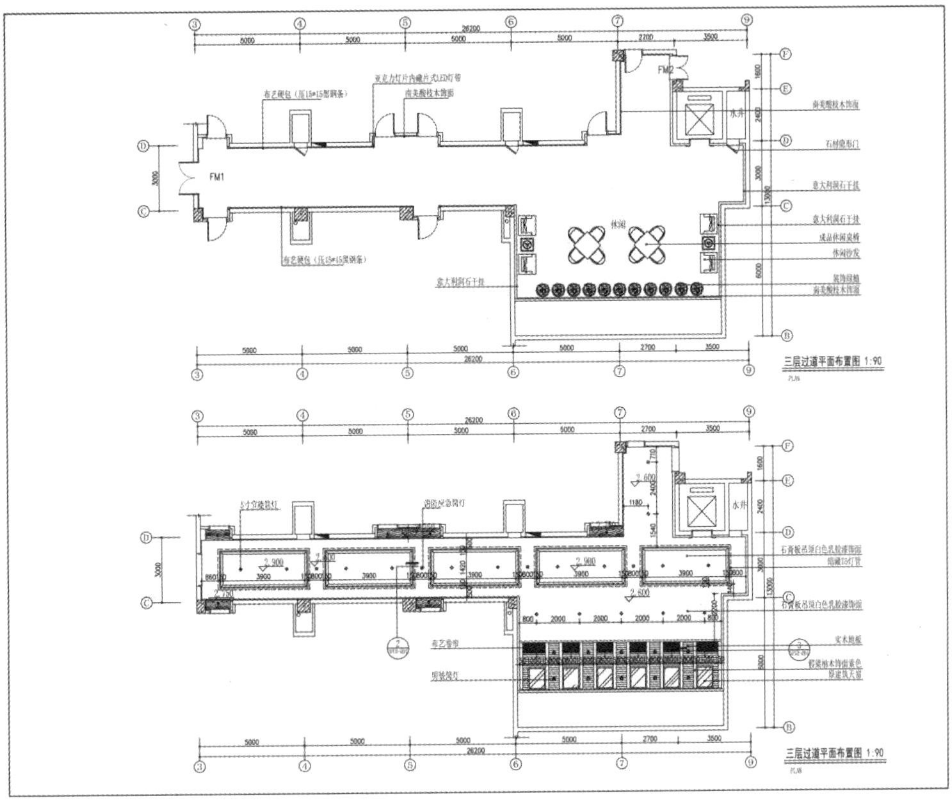

图 7-61 三层过道平面布置、天花板布置图

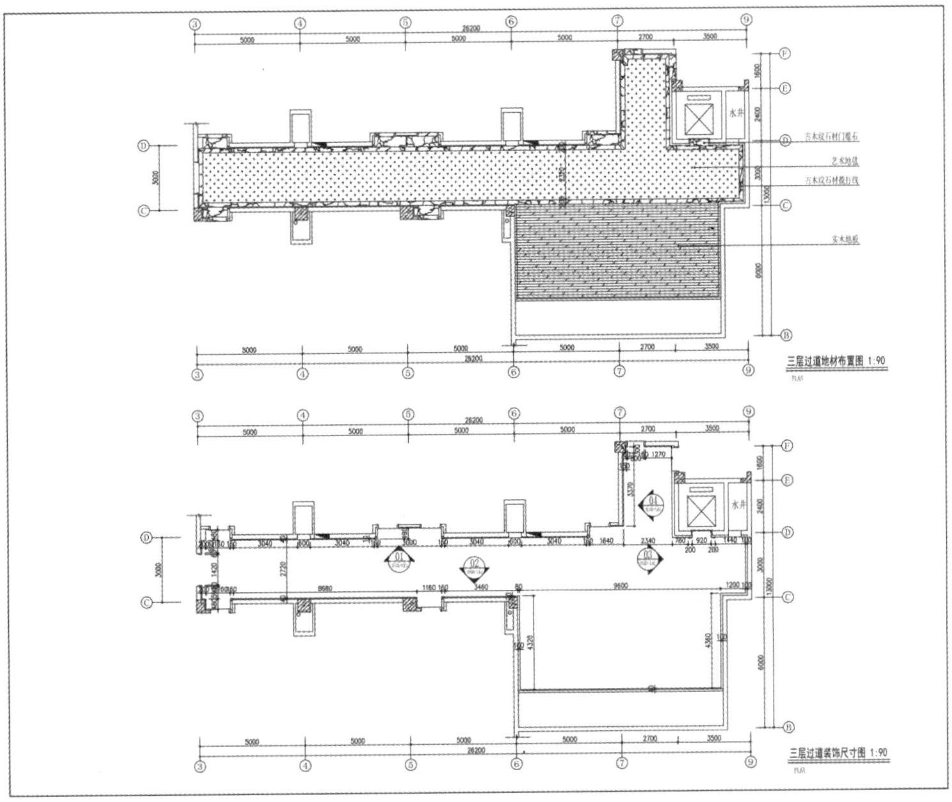

图 7-62 三层过道地材布置、尺寸索引图

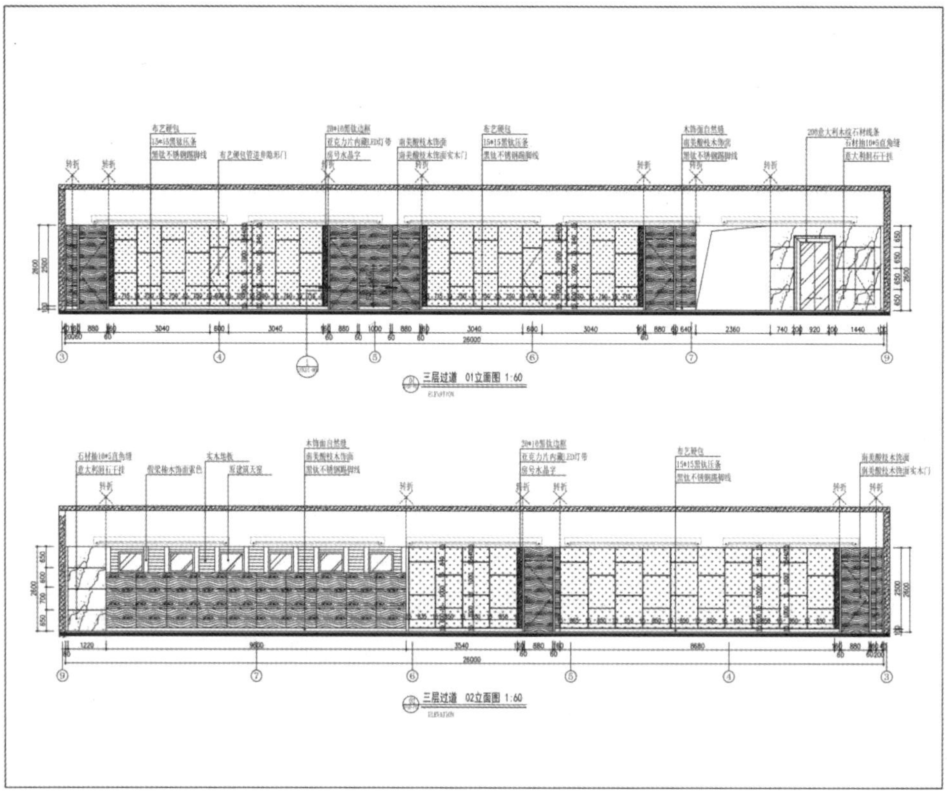


图 7-63　三层过道 01、02 立面图

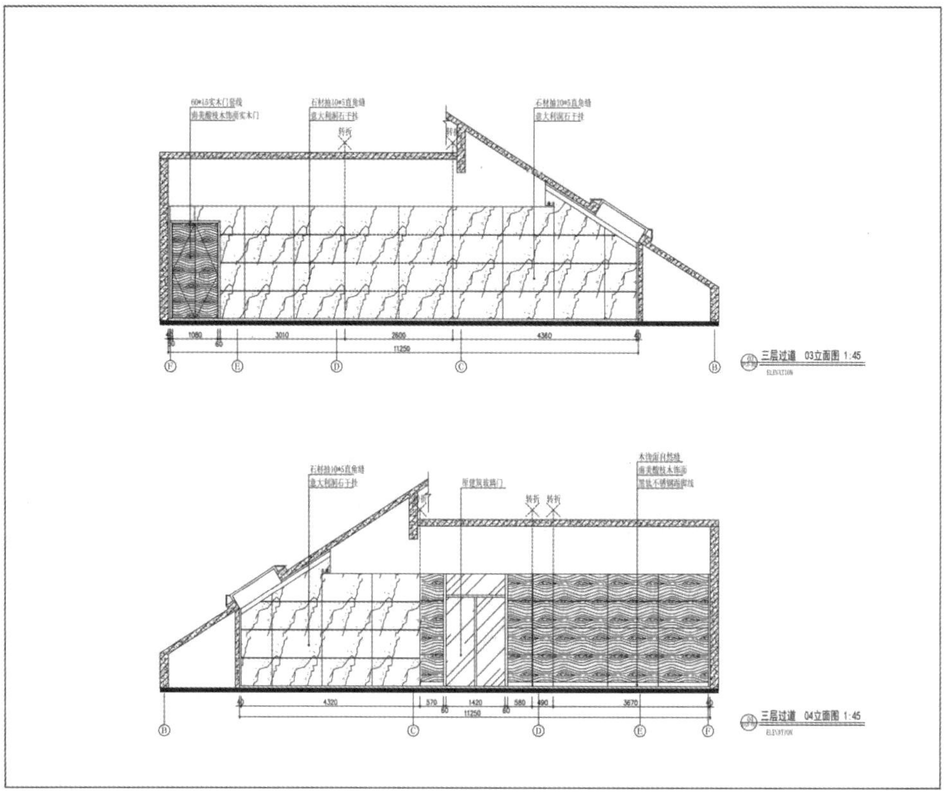


图 7-64　三层过道 03、04 立面图

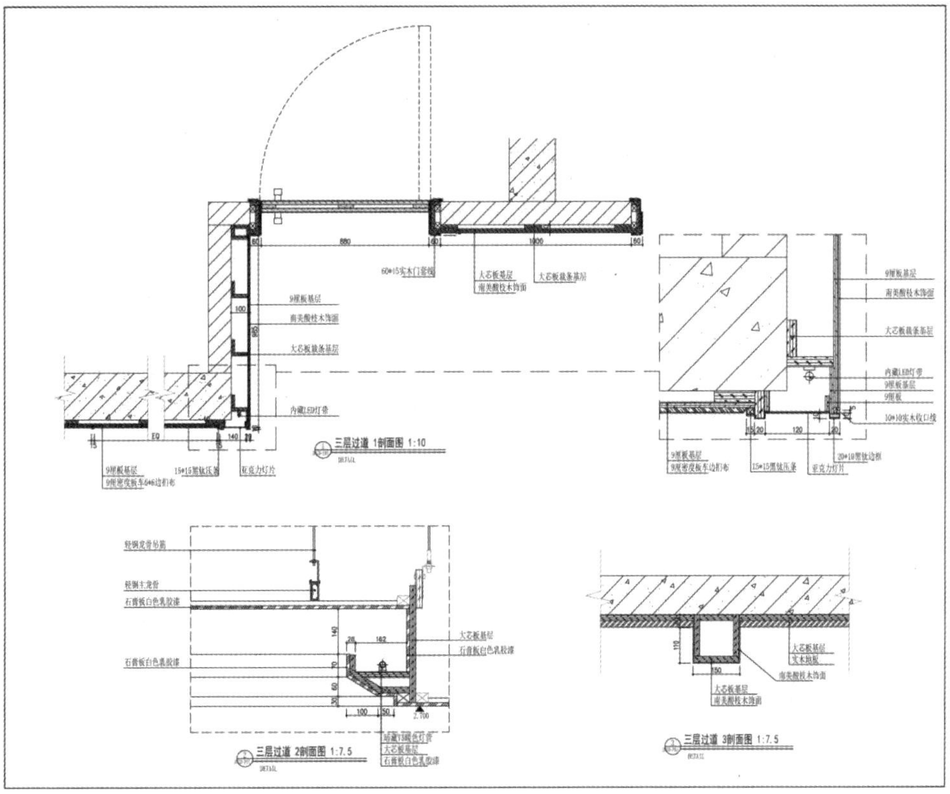


图 7-65　三层过道剖面图

# 参考文献

[1] 陈峥，张卫利，王杰．AutoCAD 2014 中文版教程 [M]. 南京：东南大学出版社，2016.
[2] 张秀．无师自通 AutoCAD 中文版建筑设计 [M]. 北京：人民邮电出版社，2017.
[3]CAD/CAM/CAE 技术联盟．AutoCAD 2014 中文版园林景观设计从入门到精通 [M]. 北京：清华大学出版社，2014.
[4] 丁凯．AutoCAD 2013 室内设计绘图基础入门与范例精通 [M]. 北京：科学出版社，2013.
[5] 前沿文化．案例学：AutoCAD 室内装饰设计 [M]. 北京：科学出版社，2013.
[6] 麓山．AutoCAD 2013 室内设计入门与实战 [M]. 北京：人民邮电出版社，2013.
[7] 陈志民．AutoCAD 建筑设计与施工图绘制课堂实录 [M]. 北京：清华大学出版社，2015.
[8] 老虎工作室，姜勇．AutoCAD 建筑设计标准教程：慕课版 [M]. 北京：人民邮电出版社，2016.
[9] 胡海燕．建筑室内设计：思维、设计与制图 [M]. 北京：化学工业出版社，2011.
[10] 张英杰．建筑室内设计制图与 CAD[M]. 北京：化学工业出版社，2016.
[11] 周宇，刘珊．办公建筑室内设计 [M]. 北京：中国建筑工业出版社，2011.
[12] 李军，陈雪杰，孚祥建材，等．室内装饰装修材料应用与选购 [M]. 北京：人民邮电出版社，2016.